U0274928

ཧི་མ་ལ་ཡའི་གཟི།

喜马拉雅天珠

Himalayan dZi Beads

◎ 朱晓丽 著

广西美术出版社

ཧི་མ་ལ་ཡའི་གཞི།

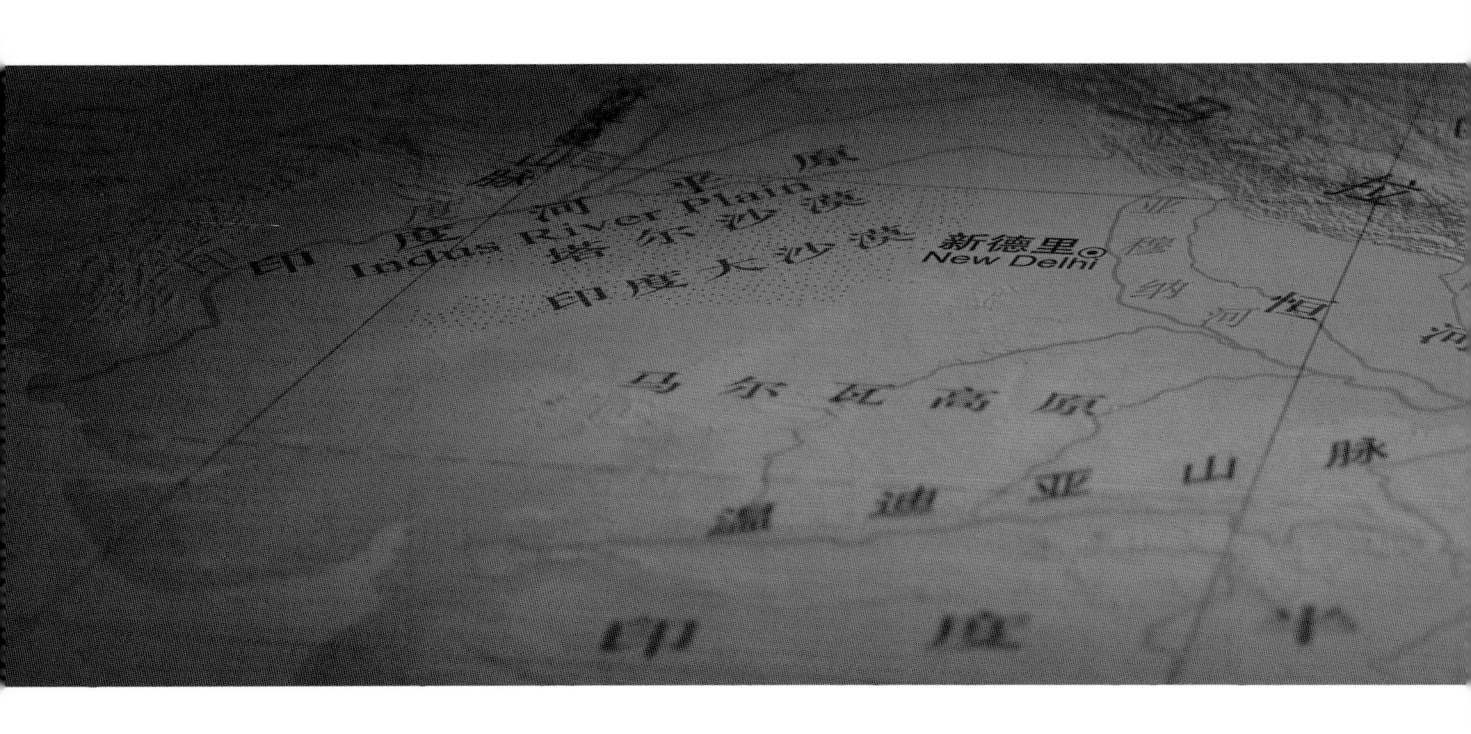

印度河平原
Indus River Plain
塔尔沙漠
印度大沙漠
新德里
New Delhi
亚穆纳河
恒
马尔瓦高原
山脉

Qingzang Gaoyuan
加德满都
Kathmandu
珠穆朗玛峰
▲8848.86
萨加玛塔峰
廷布
Thimbu
山 脉 Himalayas
达卡
Dhaka

出版说明

天珠是世界上最名贵的古珠子，在两千多年前就已经出现。它是藏族人民特别崇尚的珠饰，也是宗教信仰的至尊圣物，与西藏宗教文化有密切的、直接的联系。蚀在天珠上的纹饰皆有独特的宗教含义，天珠因此具有历史、文化、宗教、美学的价值，是中华文化道统极富特色的组成部分，源远流长。如今，国内外多家重要博物馆都收藏有天珠，如中国国家博物馆、美国纽约大都会博物馆等。

虽然天珠经过了两千多年的流传，但是从古至今都没有个人或机构去完整、系统地研究和论述它，所以我们在这方面进行深入地研究能填补该领域的空白，意义重大。基于此，2012年3月，广西美术出版社编辑经过全面调查、分析，提出了《喜马拉雅天珠》的选题计划，通过相关专家、学者的论证后，确定延请对古珠有精深研究的学者朱晓丽主持撰写该书。朱晓丽著有《中国古代珠子》一书，曾获评2011年“三个一百”原创出版工程奖、2013年第四届中华优秀出版物（图书）提名奖，在珠饰收藏者、研究者中有权威的影响力。

2012年，经过与出版社的反复讨论，作者拟出了该书的纲目和各章节主题，确定了全书的撰写思路：对天珠的工艺起源、文化背景、制作地、文化和宗教意义的演变等，做系统地梳理，在详述与天珠有关的各种古代珠饰的基础上，按照工艺起源和流传的线索，以美术编年的方式，对天珠的材质、工艺、历史文化背景做尽可能客观的解释。

之后，作者按此框架进行了大量文献资料搜集和案头研究工作。因为从来没有人系统地研究过天珠，这方面的资料非常匮乏，所以从2012年开始，作者与编辑、专业摄影师、装帧设计师一起，多次深入天珠流传地区，探访喜马拉雅山脉两麓的多个国家、地区，躬身亲证，务求严谨完善——2013年，赴西藏以及四川、云南、甘肃、青海藏区，搜集、拍摄各类实物素材、历史资料，走访藏族天珠信仰者和活佛、高僧，了解天珠的民间传说；2014年，先后走访尼泊尔、印度藏民区（包括传说中天珠的起源地——列城的拉达克和达兰萨拉等）、泰国（两千年前古珠的主要流通集散地）、缅甸等地，进一步搜集、拍摄各类实物素材、考古资料；2015年，再次走访西藏阿里地区——传说中西藏天珠的发祥地，补充完善资料。

在长期研究古珠的基础上，又经过作者团队历时近五年、行程数万里的调研编撰作业，《喜马拉雅天珠》最终完稿成书，实属不易。现在，呈现在各位读者眼前的这部书，实现了之前编撰计划的全部构想，并且以一次次田野调查为基础，尽可能地充实了图文素材，开创性地以天珠为主线，全面梳理了喜马拉雅山脉周边地区与天珠工艺相类的古珠，如印度河谷文明的古珠、措思珠，缅甸的骠珠、邦迪克古珠等，从而首次完整地揭示了天珠族群的文化背景、工艺特征、流传地域。

这部著作在立项之初，就因为具有突出的文化传承与积淀价值而通过了专家组的评定，获得国家出版基金资助，属国家级重点图书项目。历经五载春秋，我们对其精雕细琢，期待这部著作能为中华民族文化长卷增添一个篇章。各位读者朋友品读之后，若能豁然开朗，有所收获，便是作者与我们出版人最大的欣慰。

目　录

第七章　东南亚的蚀花玛瑙 / 381

后　记 / 445

前　言

◎朱晓丽

天珠是分布在喜马拉雅山两麓、主要流传在藏族间的、被称为“瑟”（dZi）的古代珠子，现在被称为天珠。天珠也是所有古代珠饰中最贵重、最神秘和最引人注目的珠子，不仅由于其自古就百倍于其他珠饰的价值，更由于长期以来有关它神秘的起源、无法复原的工艺流程、难以解读的图案意义和符号象征以及在信徒心目中巨大的宗教能量而被信奉者和收藏家视为古代珠饰中的至尊。

天珠在藏语中的发音为“dZi”[གཟི།]，汉语译为“瑟”，也有翻译成“思”的，有雄伟、光明的意思。天珠的价值并不是由于今天的收藏家和信徒的追求才被认同的，《新五代史》四夷附录第三，“吐蕃男子冠中国帽，妇人辫发，戴瑟瑟珠，云珠之好者，一珠易一良马。”一颗品相和质地皆优的瑟瑟珠能换取一匹好马，足见瑟瑟珠的珍贵。《新唐书·吐蕃传》：“其官之章饰，最上瑟瑟，金次之，金涂银又次之，银次之，最下至铜止，差大小，缀臂前以辨贵贱。”吐蕃官员佩戴的珠饰也是以“瑟瑟”最尚，金银均在其下，价值不言而喻。这里的“瑟瑟”就是藏族所称的“瑟”珠，即我们所谓的天珠。

早期进入西藏进行田野调查的西方藏学家以20世纪英国的威廉·托马斯、麦克·阿里斯，意大利的朱塞佩·图齐［Giuseppe Tucci］（1894—1984年），法国的罗尔夫·阿尔弗莱德·石泰安［Rolf Alfred Stein］为代表人物。其中一些人对天珠开始了最早的研究，他们将天珠按照藏语发音称为“瑟”珠。研究西藏瑟珠最著名的两篇文章是天才的捷克藏学家勒内·内贝斯基·沃科维茨［René de Nebesky-Wojkowitz］发表于1952年的《来自西藏史前的珠子》［“Prehistoric Beads from Tibet”］和美国大卫·艾宾豪斯［David Ebbinghouse］与麦克尔·温斯腾［Michael Winsten］合作发表于1988年的《藏族的瑟珠》［“Tibetan dZi Beads”］。他们对天珠的调查和分类奠定了今天的人们对天珠在理论上的基础认识。

尽管西方藏学家早在20世纪初期就注意到天珠对于藏民族的显著意义，而印度河谷文明和两河流域的考古发掘出土了大量与天珠工艺（蚀花玛瑙）有关的珠子和珠饰，近年来在东南亚的考古发掘中也出土了各种类型的蚀花玛瑙珠，早期一些致力于东南亚田野调查的西方学者在记录民俗资料的同时还记述了某些与天珠工艺有关的古老珠饰。所有这些学者和研究者都注意到了这些不同地域、不同编年、不同文化背景的珠子在工艺和纹饰上的联系。大概是由于这些珠子出现的时间和空间相隔甚远，又存在于不同的历史情境、文化和宗教背景中，可援引的文献资料和考古证据又太少太零星，迄今为止还没有人将这些有着相互关联——至少是工艺技术和某些纹饰有关联的珠子整理成一个系统的研究。

近些年，台湾和大陆都陆续有专门介绍天珠的书籍出版，大多出自收藏家或僧侣之手，多是站在收藏和宗教解说的角度以图谱的形式介绍天珠。这类书籍对天珠信奉者和收藏家的助益自不必言，对普通珠饰爱好者认识天珠也是必备的入门材料，但是到目前为止对天珠的解释仅限于经验式的民间传说和信徒的解说。天珠的背景显得神秘难解。

然而无论有关天珠的传说和说法如何离奇，天珠都不是孤立发生的，而是有它特定的文化和宗教背景，以及技术的可能性。就制作技艺而言，它是古代蚀花玛瑙［etched carnelian］的一种，这种在天然玛瑙上施加人工图案的技术最早出现在公元前2600年的印度河谷文明［Indus Valley Civilization］，距今已经有超过4600年的历史；就历史编年而言，这些相关珠饰跨青铜时代和铁器时代不同的历史情境和宗教背景；就地域分布而言，与天珠制作技艺相关的珠饰除了遍布沿喜马拉雅山两麓的中亚细亚、印度河谷、南亚次大陆并一直延伸到东南亚，还有两河流域、小亚细亚和伊朗高原，其空间跨度覆盖整个亚洲，甚至远在北非的埃及也有出土。我们所谓的天珠是这种蚀花工艺在时间和空间两条线上延续的一个节点，也是工艺和装饰最复杂最成熟的例子。

尽管天珠一词与藏民族联系紧密，但从零星的文献记录和大量的实物资料来看，天珠远远早于吐蕃民族（藏族）的兴起，也远远早于藏传佛教；天珠最早出现时与吐蕃民族和藏传佛教无关，最后却被这个民族赋予他们所信奉的宗教和法力并虔诚地继承下来，世代相传、珍爱和供奉，用于护身、辟邪、治病、装饰、交换、等级区别和财富象征。藏民族在长期的历史文化和宗教浸淫中形成了对几种特定材质的珠子的珍爱，比如珊瑚、绿松石、琥珀、砗磲和玛瑙，而西藏几乎不出产任何制作这些珠子的材料，在古代他们也很少自己制作这些珠子。但是由于文化的原因，我们仍然称那些经过藏民族长期穿戴的珊瑚珠为“西藏珊瑚”，将神秘起源的天珠称为“西藏天珠”。而天珠最初的背景，则隐藏在那些文字缺失、被人遗忘的隐秘之地，遥远的、难为人知的失落的文明。

本书致力于将天珠纳入文化史和美术史的背景下研究，试图追溯天珠的发生、工艺、图案及其意义的解释；也将不同种类的天珠及相关藏传珠饰按照藏民族长期形成的习惯分类，厘清这些名称在学术研究中的用语和坊间的误传；并叙述天珠及相关古代珠饰在当今文化环境下新的演绎；试图从非宗教的角度——尽管不可避免地经常涉及宗教，毕竟天珠本来是宗教意义的载体——将天珠置于一个由时间和空间构成的文化图景中来研究，以美术编年的方式叙述其文化内容。

客观上，作者不可能对天珠的所有问题提供无可置疑的解答，书中的叙述和观点也并非完全不可置疑。这本书写作的难度在于，除了印度河谷类型的蚀花玛瑙珠和相关珠饰，几乎所有天珠实物均为传世品，很少有博物馆资料和明确的考古地层。幸运的是，就在本书讫稿之前，新的考古发现（2014年西藏阿里地区札达县曲踏墓地考古发掘）为天珠（措思类型）的编年提供了证据，书中将有专门的一节对此进行讲解。然而书中关于天珠的大部分推论仍然不可能都基于考古证据和文献支持，而是民间长期积累的认知和经验以及少量的文献佐证。这些推论的坏处是明显的：今后只需一个新的考古证据就可能推翻全部结论；好处是这些推论基于目前的资料是合理的，那么也可能在将来某一天被更多的证据证明是正确的。

今天的汉人所称的“天珠”比藏民族“瑟珠”所指称的内容窄，大致只指藏民族最珍爱的“纯瑟”（至纯天珠）。而藏族群众所谓瑟珠的内涵相对宽泛，除了至纯天珠，他们把其他与天珠工艺和材质相关以及一些天然缠丝纹样的珠子都称为“瑟”，只是不同类型的瑟珠有不同的前缀或限定词。为了避免所使用的名词前后不一致造成的混乱，我在书中叙述西方藏学家的研究时，都将天珠称为瑟珠，因为他们的研究从未使用天珠一词。之后的第五章“天珠的材料和工艺”开始，是本书对天珠按照藏民族长期形成的称谓和习惯认识进行的分类，分类名称尽量沿用藏民族对这些珠子的习惯称谓。这些称谓有些沿用了上千年，有些是后起的，其中一些名称保存了很多原始信息。时至今日，由于西藏之外的世界对天珠文化的逐步认识和推崇，“天珠”这个由收藏家生造出来的名称已经深入人心，因此在分类时我称之为“天珠”，这是读者在阅读时需要注意的。

图001　西藏天珠。天珠最早出现时，吐蕃民族（藏族）和藏传佛教还未兴起，之后却被藏民族持有并赋予他们信奉的宗教和法力并虔诚地继承下来，世代相传、珍爱和供奉，用于护身、辟邪、治病、装饰、交换、等级区别和财富象征。对藏民族而言，天珠除了宗教法力，还是财富本身。藏民族在长期的历史文化和宗教浸淫中形成了对几种特定材质的珠子的珍爱，比如珊瑚、绿松石、琥珀、砗磲和玛瑙，这些材料的色彩在藏民族的信仰中都有不同的象征意义。尽管西藏不出产任何制作这些珠子的材料，藏族在古代也几乎不自己制作这些珠子，传世的藏传古珠大多是贸易和战争所得，但由于文化的原因，我们仍然称那些经过藏民族长期穿戴、世代相传的珊瑚珠为“西藏珊瑚”，将神秘起源的天珠称为“西藏天珠”。图中藏品由收藏家郭梁女士提供。

◎第一章◎
印度河谷的蚀花玛瑙

第一节　最早的蚀花玛瑙和印度河谷文明（公元前2600年—公元前1500年）

◆1-1-1　乌尔古城的蚀花玛瑙

珠子是人类最早的手工艺品，人类穿戴珠子的历史已经超过7万年[1]。早期人类只是把贝壳和骨管之类的天然材料当成珠子穿戴在身上，那时还不懂得使用专门的工具和材料制作珠子。最早这么做的那群人一定很骄傲，因为他们最先意识到自己与那些同样靠捕猎和采集果实活下来的动物邻居不同，尽管这些邻居可能比他们强壮和凶猛，却不具有某种抽象思维和想象力——制作不具备实用功能的东西穿戴起来，比如珠子——但是足以将人类与他们凶猛的邻居区别开来。

以半宝石[2]作为材料加工珠子是一项了不起的成就，不像随手可得的骨头或贝壳

1　2004年4月，美国《科学》［*Science* 16 April 2004］杂志报道，在南非布隆波斯［Blombos］一个可以俯瞰印度洋的洞穴里，发现了大约7.5万年以前石器时代的贝珠，它们有着人工穿孔，是迄今为止最古老的装饰品。《国家地理》等多家杂志相继发表文章对人类的早期行为和思维进行论述。

2　半宝石，英文semi-precious stone 或 gemstone。传统上西方人将用于制作珠宝的矿石分为宝石和半宝石，古希腊人最早对宝石进行了分类。按照现代宝石学的标准，硬度高于摩斯硬度［Mohs scale］（见注90）7度以上的称为宝石，比如钻石、红宝石、蓝宝石和祖母绿；其他硬度低于或等于7度的宝石矿石则都称为半宝石，比如水晶、玛瑙、绿松石、青金石等，包括珊瑚、琥珀和牙角类等有机宝石。

之类，半宝石的获得需要矿物知识和开采技术，获取这些知识并非一日之功，而是长期的实践和积累；而对已获得的半宝石进行专门加工则需要特殊的技艺和工具，这些技术更是长期实践所得。人类制作珠子的历史已经有好几万年，但是使用半宝石制作珠子的历史大约只有一万年，最早也只是采用滑石、绿松石、琥珀等硬度不算太高的材料（图 002），随着制作技艺的提高和专业工具的发明，制作玛瑙玉髓一类硬度相当高的珠子已经不成问题。大约在公元前2600年前后，一些聪明的工匠又发明了在半宝石——主要是玛瑙玉髓类材料上施加人工图案的技术，我们把这项技术称为“蚀花玛瑙”。

蚀花玛瑙[3]工艺是使用化学配方的溶剂在天然玛瑙玉髓上施加人工图案制作珠子的古老技艺。这种外貌引人注目的珠子第一次出现在人们的视线中，是来自20世纪初，位于今天伊拉克境内的乌尔［Ur］和伊朗南部的基什［Kish］两座古城的考古发掘。这两座考古遗址是埋藏在两河流域（美索不达米亚平原）沙土之下超过5000年的古代都市，也是这个星球上最早的都市文明。

跟埃及一样，两河流域的考古发掘最早也始于那些勇敢的探险家的冒险经历。1839年，亨利·莱亚德[4]开始了他的首次东方旅行。那时的中东[5]旅行神秘而危险，莱亚德与同伴简装出发，但携带了一支双管来复枪和两支手枪。当旅行至底格里斯河上游的摩苏尔［Al Mawsil］（伊拉克北部城市）附近，他们看到的是干燥多沙的平原，一片荒凉，偶有风卷起沙尘。莱亚德知道自己正站在2600年前的亚述[6]故地，他相信亚述帝国的秘密就埋藏在那些伫立在荒漠中的一座座巨大的人工土堆里。

3　蚀花玛瑙，作为专有名词在西方学者的考古报告和学术论文中已经使用了80多年。对于这一名词本身是否得当曾有过几次争议，但由于长期的使用惯例，西方学者一直沿用至今。中文翻译有“镶蚀玛瑙”、“蚀刻玛瑙”、“蚀花肉红玉髓”等几种译法，考虑到这种工艺本身并没有镶嵌和刻画这一过程，而是化学侵蚀，因而本书全部采用“蚀花玛瑙”一词。

4　亨利·莱亚德爵士［Sir Austen Henry Layard］（1817—1894年），英国著名旅行家、考古学家、楔形文字学家、美术史学家、绘图家、收藏家、作家、外交家。以早期在两河流域探险旅行的传奇经历和发掘位于亚述都城尼尼微［Nineveh］和以南的尼姆鲁德［Nimrud］闻名。

5　中东［Middle East］、近东［Near East］、西亚［Western Asia］、美索不达米亚［Mesopotamia］和两河流域几个地理名词经常被混淆。“中东”一词源自西方中心主义［Eurocentrism］（也称欧洲中心主义），最先欧洲人用来指欧洲以东的亚洲西部即西亚加上北非的埃及。近东大致与中东地理范围重合，原指土耳其奥斯曼帝国［Osman Empire］（1299—1992年）最大化时期的版图，“近东”一词现在被“中东”代替。西亚也称西南亚，位于阿拉伯海、红海、地中海、黑海和里海之间，包括伊朗、伊拉克、土耳其、叙利亚、以色列、巴勒斯坦、沙特阿拉伯、科威特等一共20个国家，不包括“中东”一词涵盖的埃及。美索不达米亚平原即是两河流域，后者是希腊人对美索不达米亚的称谓，指幼发拉底河和底格里斯河的平原地带，从现在的叙利亚东部和土耳其北部开始向东南方向沿着两河流经地带展开，覆盖现今的伊拉克、科威特和少部分伊朗，也称“新月形沃地”。这里是古代苏美尔、巴比伦和亚述等多个文明诞生地，“美索不达米亚”一词也专门用来指称两河流域文明。

6　亚述［Assyria］是两河流域古老的闪米特人王国，公元前2500年至公元前605年。从公元前10世纪到公元前7世纪持续了三个世纪的鼎盛期，先后征服埃及、叙利亚、以色列、巴比伦等一系列古老王国，势力远至整个中东、北非和小亚细亚。公元前605年臣服于崛起的巴比伦，公元前549年最终被灭于波斯。

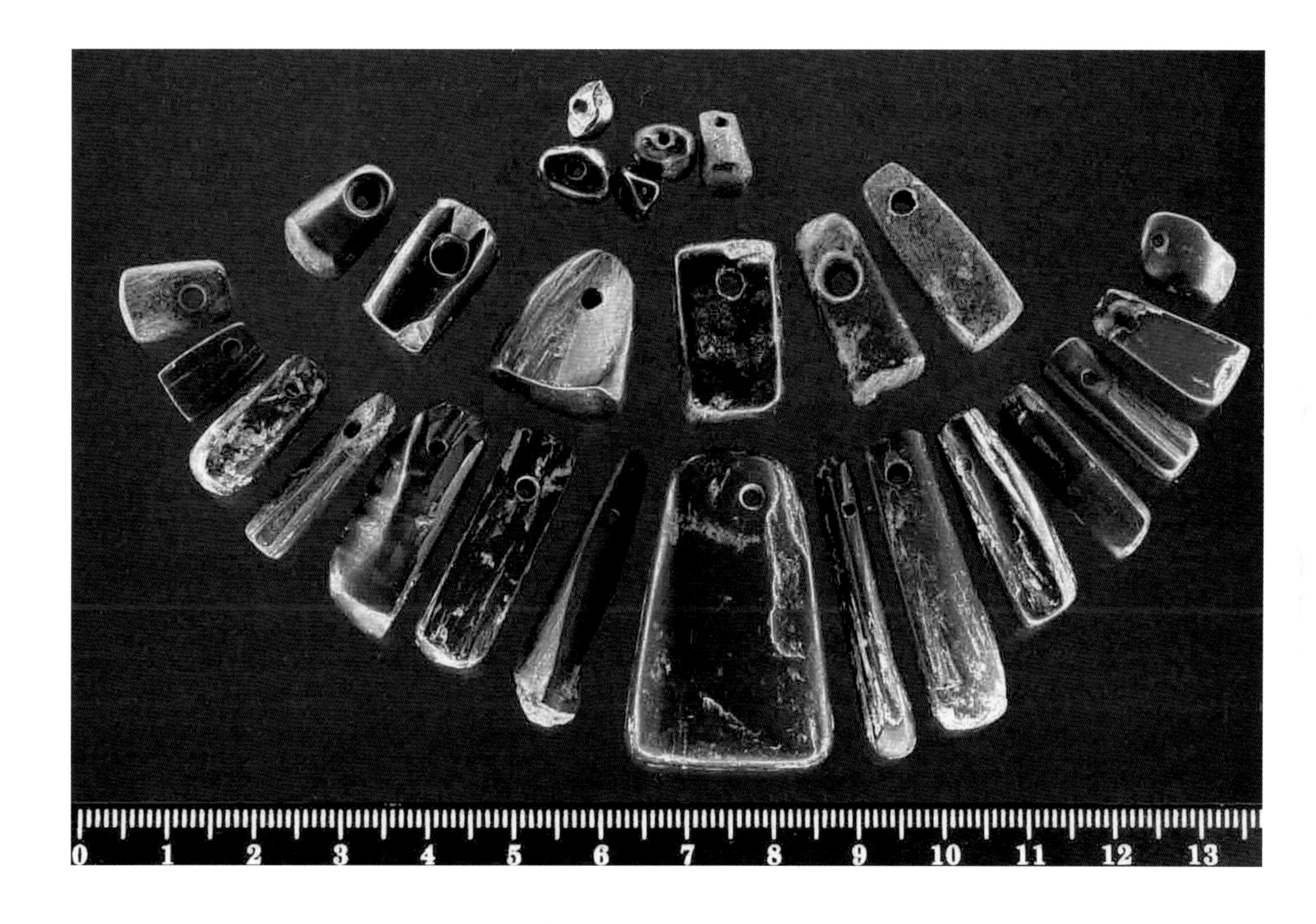

图002　纳吐夫文化的赤铁矿珠子和坠子。纳吐夫文化［Natufian Culture］是旧石器时代晚期文化，公元前12500—前9500年，位于黎凡特地区［Levant］，即地中海东岸、阿拉伯沙漠以北和美索不达米亚（两河流域）以东的大片地区，这里是人类最早的定居点。赤铁矿大多产自黎凡特以北的安纳托利亚高原［Anatolia］，摩斯硬度5.5度以上，加工这种硬度的石材需要专门的技艺和工具。纳吐夫的赤铁矿珠饰反映了当时珍贵材料的长途贸易和手工艺的制作水平。

欧洲人的历史知识最早大多来自圣经，就像中国旧时的读书人和官员大多有些小学[7]素养，对圣经的熟悉并非取决于教徒的身份。与那个年代多数欧洲人一样，亨利·莱亚德熟悉《旧约》（犹太教的《圣经》）中亚述征服并流放以色列十部落的故事。在莱亚德发掘亚述都城尼尼微和尼姆鲁德之前，多数西方人对中东的历史仅限于《圣经》故事。1845年，莱亚德重返底格里斯河，成功发掘了亚述王城。莱亚德的发掘引发了后来对两河流域其他古老都市的持续发掘，亚述学［Assyriology］和对楔形文字［cuneiform］的专门研究相继建立。1853年，大英博物馆出资首次发掘了比亚述更加古老的乌尔古城。

乌尔城［Ur］（也写成吾珥）遗址距离今天伊拉克南部的纳西里耶市［Nasiriyah］16公里，是两河流域文明最重要的考古遗址之一。从1922年到1934年间，英国考古学家查尔斯·雷纳德·伍利［Charles Leonard Woolley］（1880—1960年）领导的大英博物馆和美国宾夕法尼亚大学联合考古队对乌尔遗址进行了大规模的系统发掘，成为当时最为轰动的考古事件。乌尔的发掘之所以重要是因为它有从苏美尔文明[8]发生之初到之后的各个时期连续的考古地层，另外，乌尔王墓数量巨大的考古实物为古代两河流域文明物质文化的研究提供了丰富的实物资料，从乌尔王墓中出土的大量文物展示的是可视的苏美尔文明的片段。其中那些有着醒目的白色图案的红色玛瑙珠引人注目（图003），那些图案显然是人工制作而非天然，这种珠子的工艺和图案立即引发了几位学者的专门研究，并从此获得一个长期使用的专有名词——蚀花玛瑙。

乌尔王墓这批珠饰的年代为公元前2600年前后，甚至更早。珠饰的形制丰富、材质优良、制作精美（图004）。美索不达米亚平原几乎不出产任何一种制作珠宝的贵金属和半宝石，出土的蚀花玛瑙珠和红玉髓管均来自1500英里（约2414公里）之外的印度河谷，青金石原料则来自更加遥远的阿富汗山区。这些珠子珠饰证实了两河流域与印度河谷之间的贸易往来，正如两河流域的泥版文书（用于书写楔形文字的泥版）提到的苏美尔人的贸易伙伴“麦路哈”［Meluhha］，一些学者推测其为来自印度河谷的工匠或商人；对乌尔长形红玉髓管和蚀花玛瑙珠的研究表明，它们中有一部分是在印度河谷生产的，作为成品被贩运到美索不达米亚，也有一部分可能是由移居到美索不达米亚南部的印度河谷手工艺人在本地制造的。这些印度河谷的“麦路哈人”使用的是他们与众不同的工艺，尤其是在坚硬材质上的钻孔技术（“恩斯特钻”，见图017），而蚀花玛瑙技术也是印度河谷的发明。

7　小学是中国传统学科，汉代称“文字学”为“小学”，隋唐以后，范围扩大，包括音韵学、训诂学和文字学。

8　苏美尔文明［Sumerian Civilization］是古代苏美尔人在两河流域（美索不达米亚平原）创造的农业文明。苏美尔人并非两河流域的原住民，他们于公元前6000年从北方某地来到两河流域南部的沼泽地区，在这里引灌排灌，开挖沟渠，建立灌溉网络，开展集约化农业，创造了世界上第一个都市文明。乌尔［Ur］和乌鲁克［Uruk］两座规模宏伟的、依靠集约化农业支撑的都市是世界上最早的城市，它们是苏美尔人创造的奇迹。

Fig, I. Etched carnelian beads from Ur, type I, A, B, C, Baghdad Museum; D, E, F, G, J, K, L, M, British Museum; H, I, N, O, P, Beck Collection.

图003　两河流域乌尔遗址出土的蚀花红玉髓珠。上图为乌尔考古遗址出土的蚀花红玉髓珠（蚀花玛瑙珠），下图为印度河谷摩亨佐·达罗出土的蚀花玛瑙珠，两组珠子的编年都早于公元前2600年，是迄今考古出土记录最早的蚀花红玉髓珠。这两座城市相隔1500英里（约2414公里），分属不同的古代文明和文化背景，相同的出土实物证实了两者间的贸易关系。藏品分别来自大英博物馆和摩亨佐·达罗博物馆等。

图004　乌尔王墓出土的各种珠饰。乌尔王墓出土的珠饰考古编年大多于公元前2600年前后，珠子形制丰富，材质优良，制作精美，反映了当时高超娴熟的工艺水平和原材料长途贸易的情况。大英博物馆藏。

几乎与此同时，印度河谷发现了摩亨佐·达罗［Mohenjo-Daro］和哈拉巴［Harappa］两座大规模古城遗址，两座都市的存在都超过4500年。大量蚀花玛瑙珠从遗址出土，并发现了制作珠子的作坊遗址，珠子的形制和图案有许多与两河流域乌尔王墓出土的一致，佐证了两河流域泥版文书对来自印度河谷的“麦路哈人”的记载，而印度河谷被证实是最早发明蚀花玛瑙工艺的地方。

◆1-1-2　印度河谷文明——蚀花玛瑙工艺的发明

印度河谷文明（Indus Valley Civilization）是古代世界与埃及文明和美索不达米亚文明比肩的青铜文明[9]，时间跨度从公元前3300年至公元前1300年，成熟期从公元前2600年至公元前1900年；地域跨度包括现在的阿富汗东北部、巴基斯坦全境、伊朗东南部分和印度西北部分。至少从公元前三千纪末，印度河流域就已经实现了最大程度的地域一体化，现今印度和巴基斯坦的整个西北平原都统一在单一的文化综合体内，文化辐射面积覆盖125万平方公里，其地理范围远远超过埃及和美索不达米亚文明。1999年，已经有超过1000座城址和定居点在印度河谷及其支流区域被发现，在印度河谷文明的高峰期，至少有500万人口生活在这一区域文明覆盖的城市中，著名的考古遗址摩亨佐·达罗和哈拉巴这种规模的城市至少可以分别容纳5万常驻居民。（图005）

印度河谷文明的发现似乎很偶然。1856年，英国东印度铁路公司［East Indian Railway Company］在修建连接卡拉奇和拉合尔（现均为巴基斯坦城市）的铁路时，在距离沙希瓦尔［Sahiwal］（位于巴基斯坦东部）24公里的哈拉巴村发现了数量巨大的焙烧砖，东印度铁路公司的工程师们正好将其用作铺路的碎石，至今这条铁路上仍有150公里路段是用哈拉巴遗址超过4000年的烘焙砖碎块铺成的。英国陆军工程师亚历山大·坎宁汉姆将军［Alexander Cunning-ham］（1814—1893年）得知消息后，首次考察了哈拉巴古城遗址，确认了该遗址远非当时的人们所知的巨大价值，稍后并主持了整个北印度的考古测量（1947年印巴分治前，巴基斯坦为北印度）。

从1920年开始，英国对哈拉巴和摩亨佐·达罗等几个重要的印度河谷文明古城进行了发掘，之后其他西方国家也参与进来，对印度河谷文明的认识最终建立。印度河谷前后几任发掘领队均受训于亚瑟·约翰·埃文斯［Arthur John Evans］（1851—1941年，英国考古学家，特洛伊城和克洛斯宫殿的发掘者）和弗林德斯·皮特里［Flinders Petrie］（1853—1942年，英国埃及学家，考古学系统方法论的建立者）这样的考古巨人，并大多有军队服役的经历。在那个年代，出现在考古

9　青铜文明也称青铜时代［Bronze Age Civilization］，其概念由丹麦古物学家汤姆森［Christian Jürgensen Thomsen］（1788—1865年）于1816年提出，很快被学界认同并用于对人类史前史的考古学分期。汤姆森将人类史前史划分成三个连续的考古学意义上的时期，即石器时代、青铜时代、铁器时代。其中青铜时代的特征是青铜合金的发明和运用、早期的文字和书写、城邦的兴起和城市文明。

现场的人物几乎都是一段传奇。

印度河谷文明是生活在印度河谷的达罗毗荼人[10]在雅利安人[11]进入印度之前的两千年创造的本土文明，他们的编年和王系建立在两河流域苏美尔–阿卡德文明有序的考古地层中刻有印度文明传说的印章和其他文明的文献片段中，印度河谷的考古发掘证实了千里之外那些外族对他们的文字记载；同时出现在两河流域的，还有他们那些外表美丽、工艺精湛的珠子。印度河谷的古代居民没有像古埃及那样给后人留下金字塔式的宏伟的地表遗存或连环画故事一样的壁画和墙面浮雕，也没有像美索不达米亚文明那样将他们令人印象深刻的楔形文字印在数以万计的泥版上以图书馆的规模封存在地下。印度河谷的居民更像今天的城市居民，他们用焙烧过的方砖建造多层住宅，修建下水道网络，制作各种生活化的小装饰；珠珠串串这样的奢侈品是印度河谷居民最为擅长的。（图006）

得周边地矿储藏丰富之利，印度河谷的居民很早就有任意选择各种宝石、半宝石的可能。印度河谷的发掘物也总是伴随着那些小珠串、小印章、小雕像和专门对这些小东西施加工艺的各种小工具。用来制作那些美丽可爱的珠饰的材料是各种颜色的玉髓玛瑙、石榴石、青金石、黄金、白银、青铜合金、石头、陶、贝壳、骨头、象牙，以及人工烧造的费昂斯[12]。印度河谷的先民们利用这些材料发展出了最丰富多样的珠子艺术，这些珠子无论是形制和技艺都广泛影响了周围地区乃至遥远的地域达数千年。更可贵的是，他们最早发明了在玉髓玛瑙一类的半宝石表面施加人工图案的技术，技术流程本身和图案的装饰性及意义象征均是令后人着迷的话题，这就是我们从一开始就提到的蚀花玛瑙珠。

西方学者对蚀花玛瑙珠及其工艺的研究已经有相当长的时间，这种表面装饰独特、纹样奇特的珠子从最初出现在考古现场的那一刻起就一直吸引研究者的注目，对它的研究一直没有中断过。西方学者的田野调查案例表明，直到数十年前的巴基斯坦信德省［Sindh］还有老艺人能够使用某种古老的配方制作蚀花玛瑙，那些配方和技艺很可能是对古老工艺的想象复原或再发明，很难说是古老工艺的精确复原，而那些真正的古老工艺的秘密和图案意义似乎已经很难破解，尤其是像印度河谷文

10 达罗毗荼人［Dravidians］，少数分布在巴基斯坦俾路支省和信德省，称“布拉灰人”，是对南亚达罗毗荼的民族的统称。达罗毗荼人的起源有不同说法，体貌特征为中等身材，鬈发薄唇，浅褐色皮肤。他们很早就生活在印度河谷，被视为雅利安人进入印度之前的土著居民。公元前15世纪，雅利安人进入印度，带来了自己的文化，并逐步征服印度，达罗毗荼人往南迁徙。达罗毗荼人至今占印度总人口的20%。

11 雅利安人［Aryans］最早居于黑海，属印欧语系，他们身材高大，浅色皮肤。公元前2000年一些雅利安部族开始分批向南迁徙，公元前1500年，雅利安人的一支开始进入印度河流域，经过几个世纪的渗透最终征服印度，被称为印度–雅利安人。印度贵族和僧侣阶层多为雅利安人。

12 这里所谓费昂斯是指古代埃及费昂斯技术［Egyptian faience］或称古代费昂斯，是使用玻璃釉（二氧化硅）给石英砂粉末烧成的胎体上釉的工艺，一般用来制作珠子、小雕像和其他小物件。埃及费昂斯非陶土也非黏土。这项技术至少从公元前4000年就出现在埃及和地中海东岸，随后遍布两河流域和印度河谷文明。埃及费昂斯区别于后来的伊斯兰和意大利工匠使用的锡釉费昂斯陶［tin-glazed pottery］和铅釉费昂斯陶［lead-glazed earthenware］，这两种釉陶都被称为费昂斯陶。

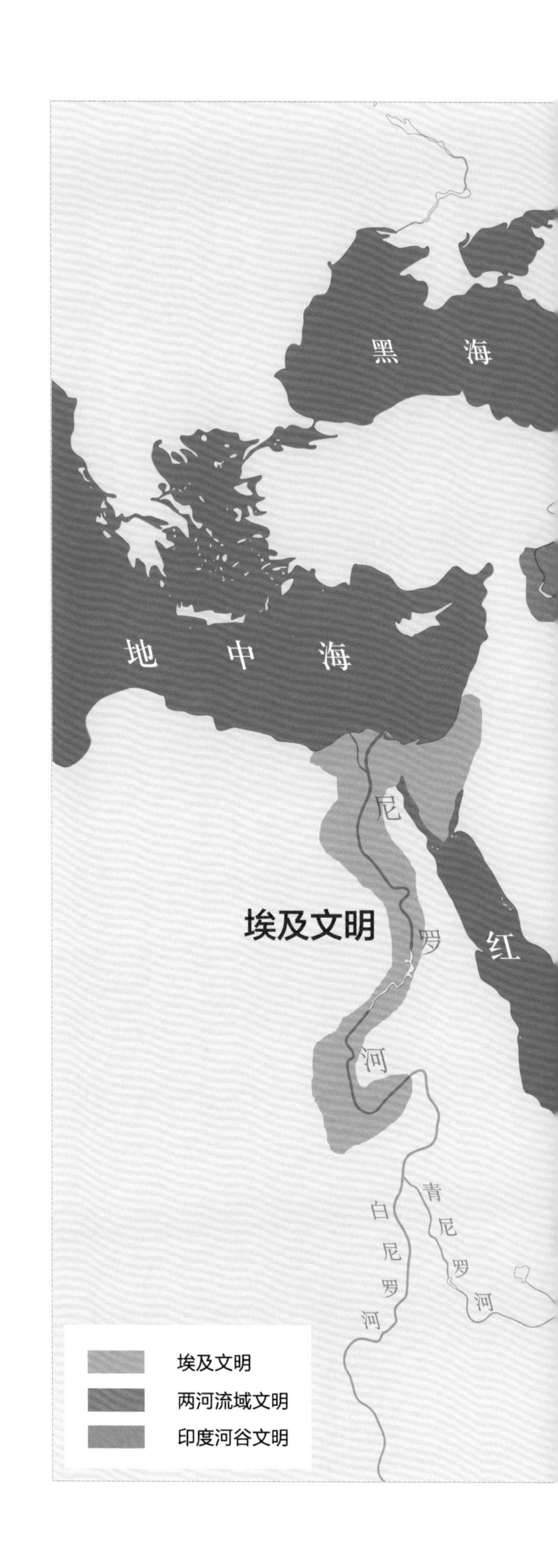

图005　印度河谷文明、两河流域文明和埃及文明辐射的地理范围比较。从公元前三千纪末，印度河流域就已经实现了地域一体化，现今印度和巴基斯坦的整个西北平原都统一在单一的文化综合体内，文化辐射面积覆盖125万平方公里，其地理范围远远超过埃及和美索不达米亚文明。印度河［Indus River］总长3180公里，发源于中国西藏冈底斯山，上游为狮泉河和噶尔河。河流穿过喜马拉雅山脉和喀喇昆仑山脉之间，接纳众多冰川，进入巴基斯坦境内后，转向西南流经巴基斯坦全境，在卡拉奇［Karāchi］附近注入阿拉伯海。

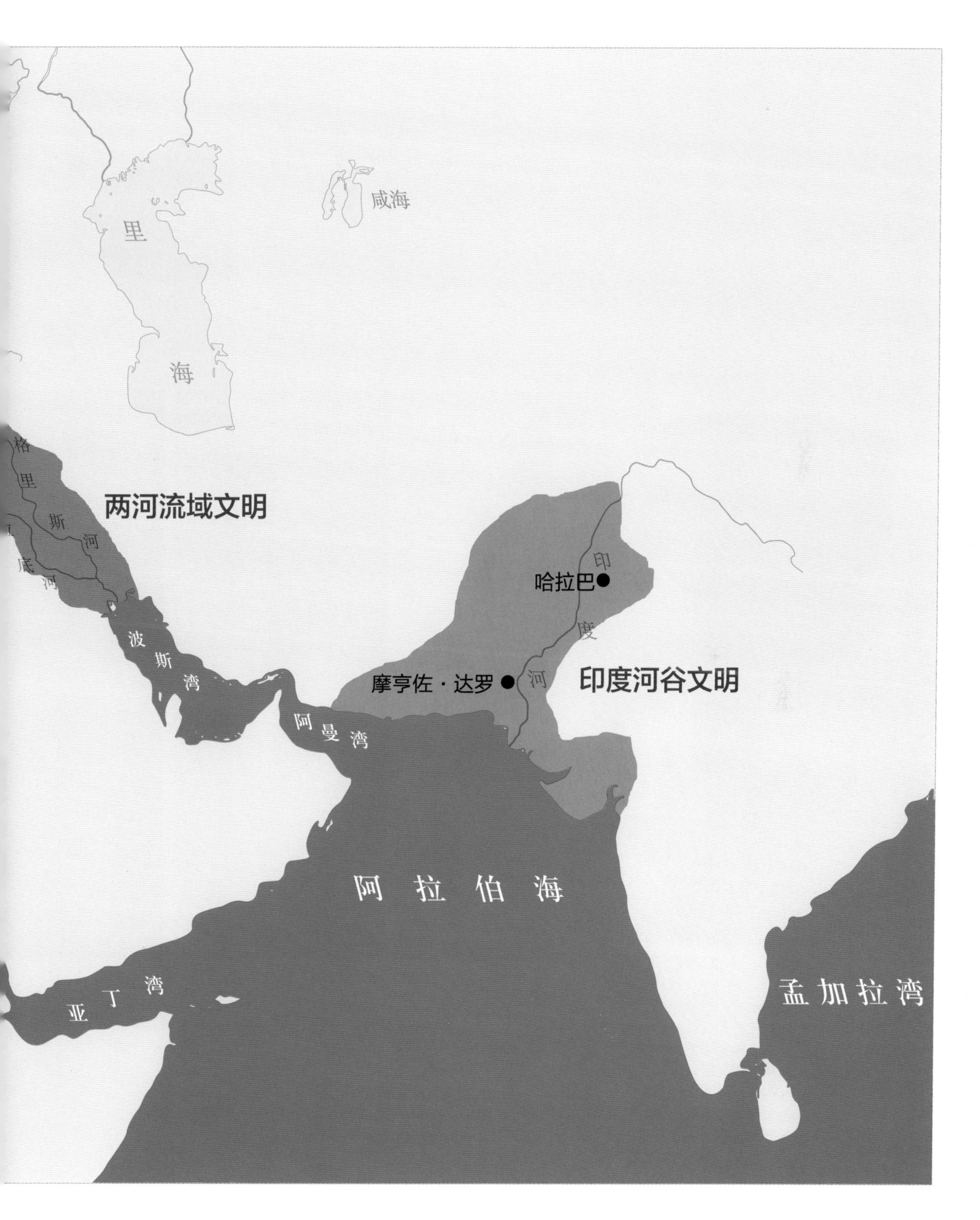
咸海
里
海
格
里
斯
河
底
河
两河流域文明
哈拉巴
印
度
河
摩亨佐·达罗
印度河谷文明
波
斯
湾
阿
曼
湾
阿 拉 伯 海
亚 丁 湾
孟 加 拉 湾

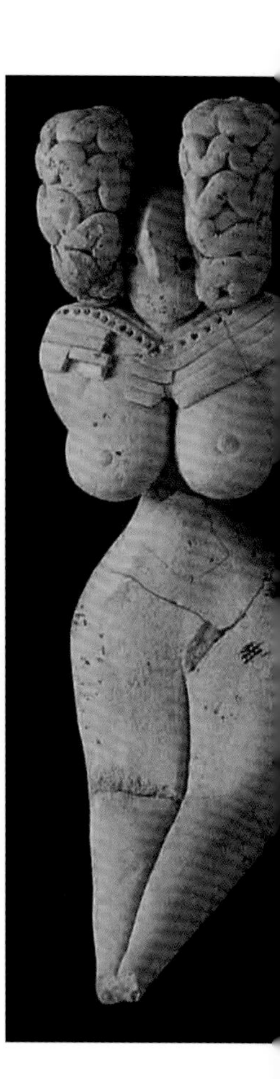

图006　印度河谷文明的陶器和陶偶。印度河谷文明（到目前为止）没有发现巨型的金字塔式的纪念性建筑，但城市文明十分发达。这里的人们使用方砖建造多层的实用居民房并形成社区，城市下水道和排污系统完备，水井网络给每个街区提供淡水。出土的陶器无论造型和装饰纹样都朴素雅致，陶泥人像尤其是女性小陶像都佩戴丰富的珠饰，梳着夸张的发型，戴着明艳的头饰，充满动人的世俗情调，她们不像是用来敬仰的神祇而更像是玩偶一类的世俗小件。

明这种没有第一手文献可供解读的古代文明。习惯上把蚀花玛瑙珠子称为碱蚀玛瑙或者碱蚀肉红玉髓［Alkaline Etched Beads or Alkaline Etched Carnelian］，尽管珠子上的白色纹样并不是被画在表面的碱性媒介“腐蚀”出来的，而是浸蚀后加热形成的，但是由于这一名称流传广泛形成习惯，现在的研究论文和博物馆标签都采用“蚀花玛瑙”或“蚀花玉髓”这一名称，本书同样沿用这一名称。

现有的考古资料支持哈拉巴及其周边是蚀花玛瑙的生产中心这一结论，也是蚀花玛瑙工艺最早发明的地方，至少在公元前2600年甚至更早，哈拉巴工匠就开始了对蚀花玛瑙工艺的实践。推测工匠们最初只是想给质地不够红、不够纯净的玛瑙珠或玛瑙原材加热以使其所含铁元素氧化还原，造成玛瑙色彩更红更艳丽；在加热过程中由于其他媒介的加入造成偶然的表面效果而启发了哈拉巴人发明了蚀花玛瑙工艺。可以肯定的是，哈拉巴在公元前2600年或者更早就形成了专门化的蚀花玛瑙制作并将这种珠子贩运到两河流域甚至远至埃及。典型的哈拉巴蚀花玛瑙是红地白花，同时也有黑白条纹的管珠和黑地白色线圈的眼睛图案的珠子。基于数十年来西方学者的研究和探索，我们将在以后章节尽可能解释它们的工艺过程。（图007）

与我们对今天的印度印象不同，印度河谷文明并非生长在恒河平原那种潮湿肥沃的南亚季风气候的土壤中。印度河谷文明与埃及文明有点类似，开阔的河谷冲积平原被高山、沙漠和海洋环绕，气候干燥，周围略显荒凉，松散的土壤层适合旱地作物的种植。如果说“埃及是尼罗河的馈赠”，那么印度河谷文明就是印度河的馈赠。与继印度河谷文明衰落之后在恒河平原兴起的印度相比，后者的农业灌溉依赖于每年海洋季风带来的长达一个多月的降雨和河水泛滥，而印度河谷则几乎全部依赖冈底斯山和喜马拉雅山的雪水。最近的研究证明，印度河谷文明城市的衰落是由河流改道引起的，而非早期推测的雅利安人入侵。后者来到印度河谷之后并没有首先进入河谷地带，而是最先生活在河谷平原边缘的山区。在之后不到一千年的时间里他们继续南下，最终创造了恒河文明的印度。

图007　印度河谷文明出土的蚀花玛瑙珠。在当时，蚀花玛瑙已经不限于一种工艺类型，红地白花是最为常见的装饰，黑地白花是另一种较为少见的工艺类型，其工艺过程可能较红地白花复杂一些。珠子的考古编年为公元前2600年至公元前2000年，被古珠研究者视为蚀花玛瑙珠的第一期。这一时期的蚀花装饰图案偏爱眼圈纹饰、折线和平行线圈，与后来铁器时代兴起的蚀花玛瑙珠在装饰风格上有所不同（见1-3-9）。图中蚀花玛瑙珠出自印度河谷文明考古遗址摩亨佐·达罗、哈拉巴、昌胡达罗。藏品分别来自印度摩亨佐·达罗考古博物馆、大英博物馆和美国波士顿美术馆。

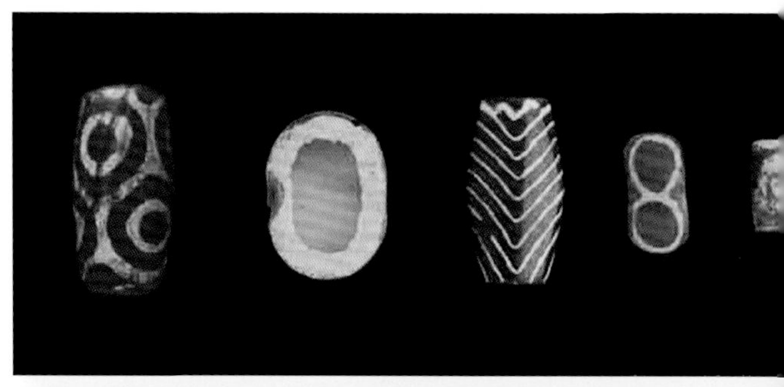

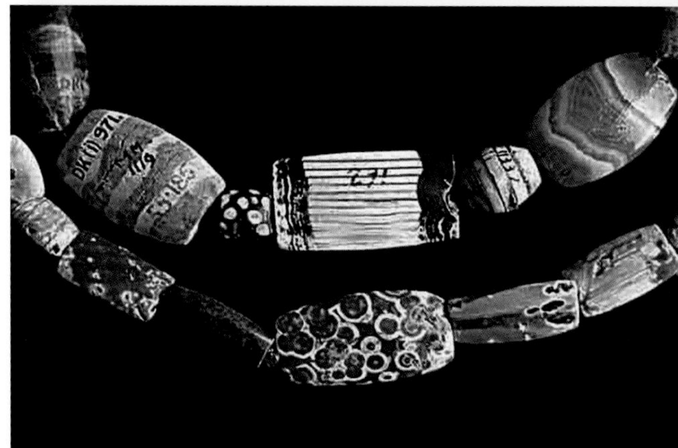

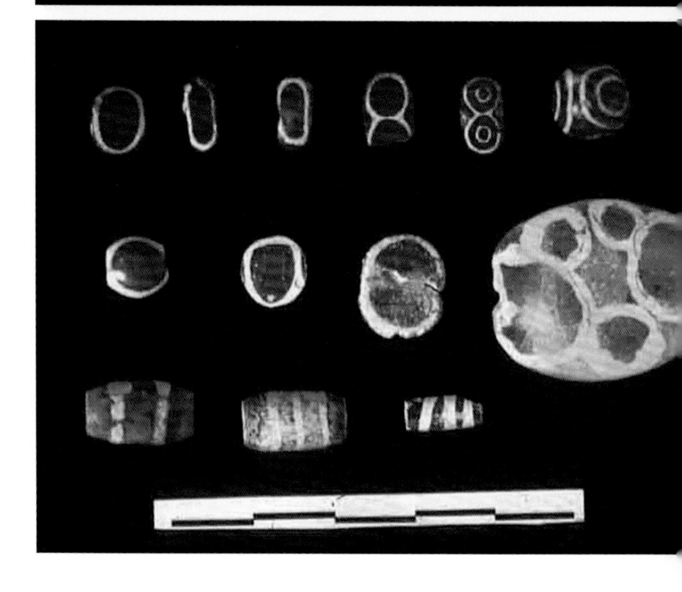

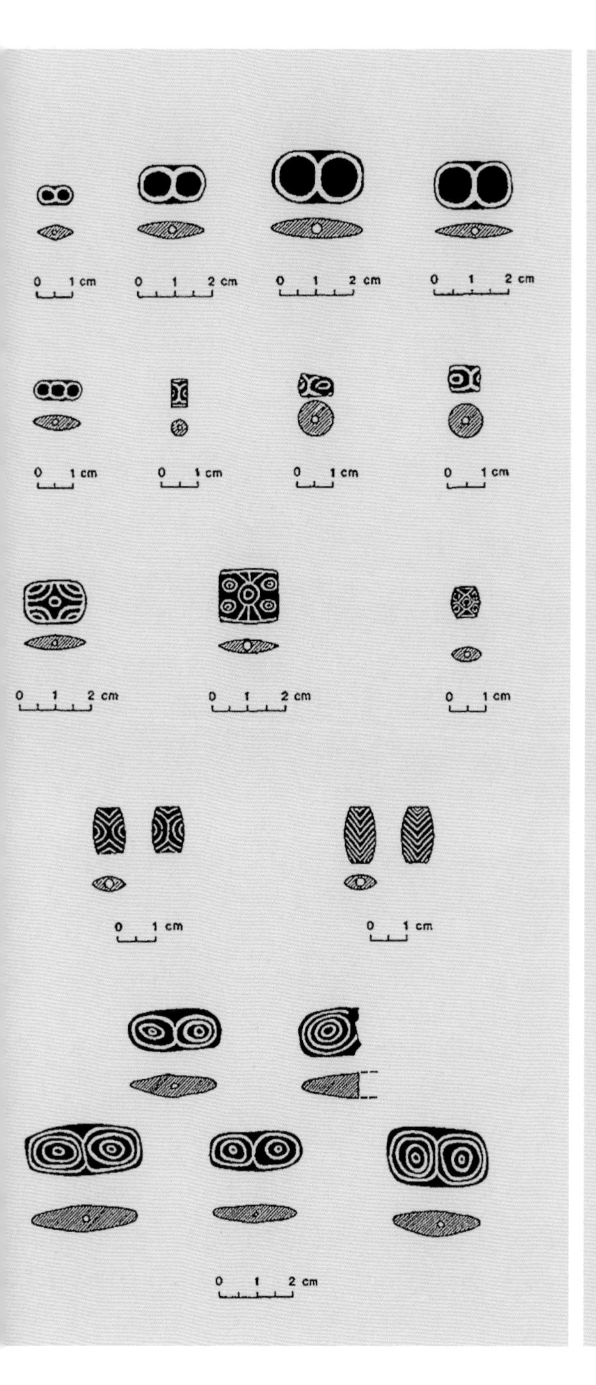
0 1 cm
0 1 2 cm
0 1 2 cm
0 1 2 cm
0 1 cm
0 1 cm
0 1 cm
0 1 cm
0 1 2 cm
0 1 2 cm
0 1 cm
0 1 cm
0 1 cm
0 1 2 cm

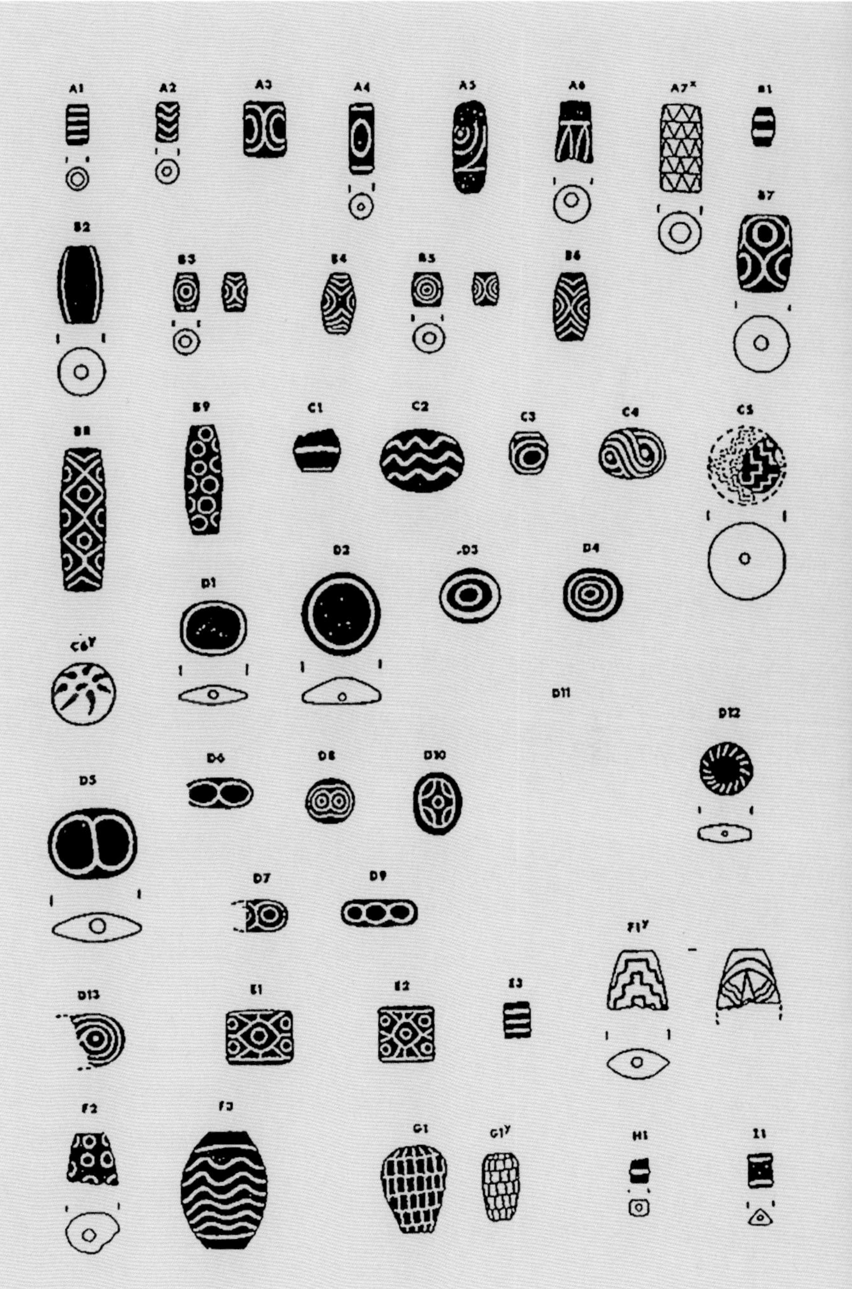
A1
A2
A3
A4
A5
A6
A7x
B1
B2
B3
B4
B5
B6
B7
B8
B9
C1
C2
C3
C4
C5
C6y
D1
D2
D3
D4
D11
D12
D5
D6
D8
D10
D7
D9
F1y
D13
E1
E2
E3
F2
F3
G1
G1y
H1
I1

第二节　蚀花玛瑙的断档期——吠陀时代（公元前1700年—公元前500年）

◆1-2-1　印度-雅利安人南下和吠陀时代

雅利安人被学者称为印度-伊朗人［Indo-Iranian］，“雅利安”是他们的自称，意思是“高贵的”人。他们最初生活在黑海北岸的南俄草原，是著名的安德罗诺沃文化[13]的创造者。他们最先驯化了马，并于公元前2000年发明了两轮战车，雅利安人依靠这两项发明，大规模地向南迁徙并战胜沿途居民，取而代之。雅利安人早在公元前四千纪就开始陆续分批南下，在此后的两千多年里分别进入北纬42°以南的欧亚大陆。其中进入安纳托利亚［Anatolia］（古称“小亚细亚”）高原和伊朗高原的伊朗人［Iranian］，他们中间最著名的一支是波斯人［Persian］，于公元前6世纪建立了世界上第一个跨欧亚非三洲的超级大国——波斯帝国；进入中亚山区和克什米尔高原的东伊朗语族群，我们将在本书以后的章节因为瑟珠与他们相遇；进入兴都库什山脉谷地（阿富汗东部）的努里斯坦人［Nuristanis］，他们成为现在的阿富汗人的一部分；最后是我们必须提到的印度-雅利安人［Indo-Aryans］，他们于公元前1700年前后从南俄草原南下，进入南亚次大陆（印度）。印度-雅利安人的到来，开启了印度历史的吠陀时代。

吠陀时代［Veda period］从公元前1700年持续到公元前500年，这一时期印度-雅利安人最古老的文献和文学作品《吠陀本集》［*Vedas*］逐步完善成形（图008），也是印度教［Hinduism］（也称婆罗门教）最古老的经文。当印度-雅利安人到来时，印度河谷文明已经衰落，城市荒废，农耕萎缩，曾经繁华千年的印度河冲积平原上的都市湮灭在时间的流逝中。印度-雅利安人的社会组织、生存方式和宗教信仰不同于之前的印度河谷文明那种冲积平原上的城市，他们也没有直接接管印度河谷文明的城市生活，因为他们不懂得如何在冲积平原上耕种农田和经营城市。他们居留在印度北部地方旁遮普[14]，以部落或部族为社会组织方式，以畜牧和半农耕维持生活。他们最重要的财产是牛，耕种的农作物是大麦。两轮马拉战车是他们的发明，他们依靠这种在当时占军事优势的武器战胜当地的原住民，这些原住民是印度

13　安德罗诺沃文化［Andronovo culture］由一组相似的地方性青铜时代文化组成。公元前2000—前900年兴盛于西伯利亚西部和亚洲草原西部，得名于安德罗诺沃村，最早发现于1914年，墓葬为屈肢葬，随葬品为装饰陶器。其文化辐射相当广泛，远至亚洲东端。中国内蒙古赤峰市夏家店下层文化出土与安德罗诺沃文化类似的器物。

14　旁遮普［Punjab］包括今巴基斯坦东部和印度北部地区。“旁遮普”是波斯语，字面意思是“五河源地”，这五条河流均为印度河支流。著名的印度河谷文明哈拉巴遗址便位于旁遮普。

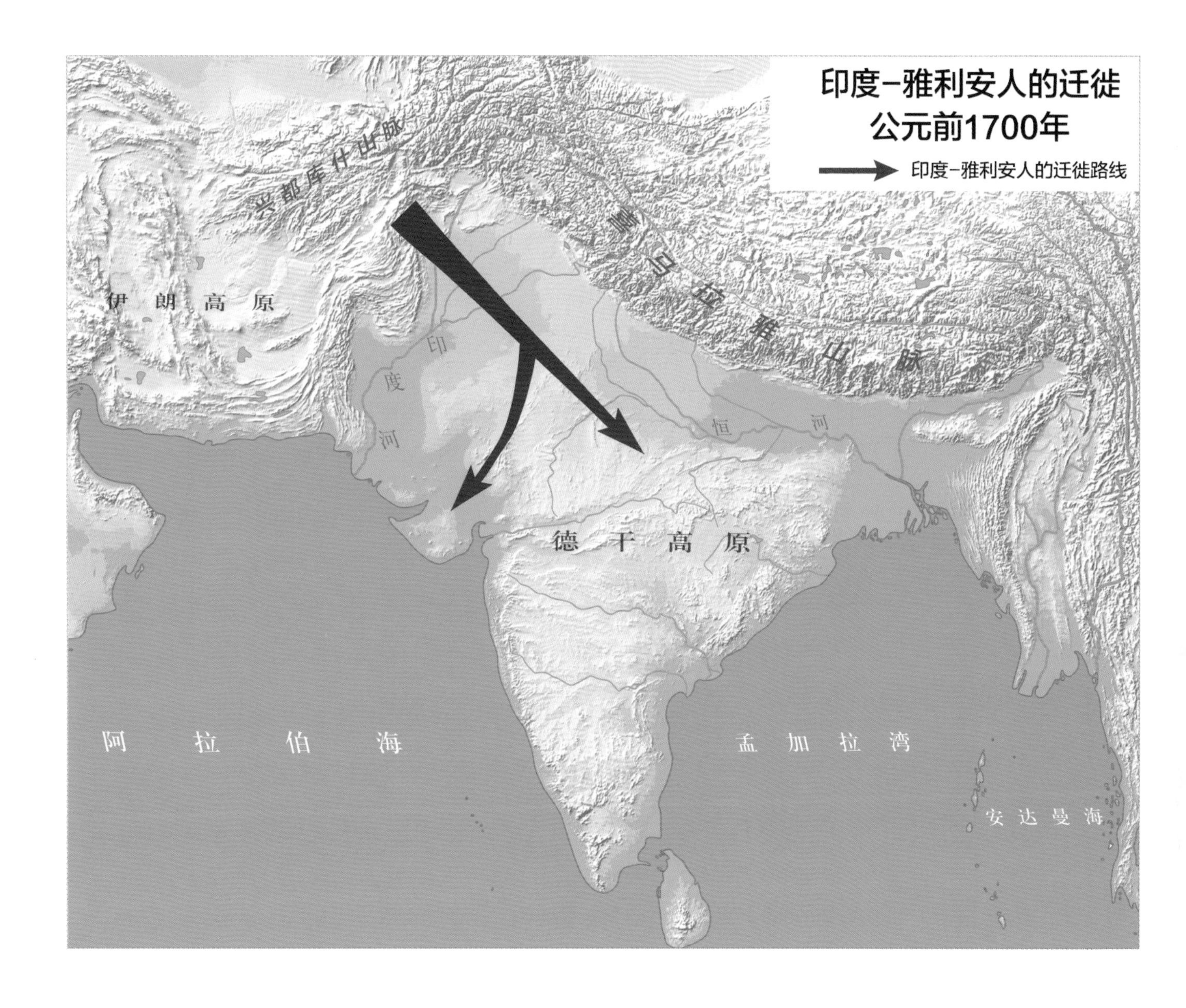

图008 印度–雅利安人的迁徙。印度–雅利安人最初来到印度北部时，过着一种田园牧歌式的、游牧的生活，他们的文化以拜火仪式和仪式中饮用苏麻汁［Soma］、歌唱赞歌颂词为中心内容，古老的《梨俱吠陀》［*Rigveda*］就是祭师在祭典中所吟唱的赞歌集，是由祭师们所汇编而成。学者大多认为斯瓦特河谷文化［Gandhara grave culture］（又称犍陀罗墓葬文化）和H墓地文化［Cemetery H culture］是印度–雅利安人留下的痕迹，编年范围从公元前1700—前500年。达罗毗荼人创造的印度河谷文明消失了，印度–雅利安人分批南下印度，在今后不到一千年的时间里由吠陀经典到印度教，塑造了恒河文明的印度。

河谷文明的后裔达罗毗荼人，在当时仍持有相当高的农耕文化。印度-雅利安人与原住民当中的精英分子逐渐在种族和文化上融合，雅利安部族分化成三个阶层，即权势者、世袭祭师、一般民众。随着这三个阶层的排他性增强，后来又有了贱民首陀罗的阶层，最终形成婆罗门、刹帝利、吠舍、首陀罗的种姓制度，并持续至今。

◆1-2-2 宗教生活与蚀花玛瑙的断档

印度-雅利安人开启了印度的吠陀时代，“吠陀”一词在梵文[15]中即“知识”。著名的《梨俱吠陀》（吠陀经典本集）就是祭师在祭典中所吟唱的赞歌集，是由祭师们汇编而成。吠陀经典《祭仪书》、《森林书》、《奥义书》，叙事诗《摩呵婆罗多》、《罗摩衍那》[16]也都在此时完书。印度-雅利安人的梵语及梵语文学对印度乃至周边，对现代印度文化都产生了深远的影响，其影响力犹如拉丁语之于欧洲。除了文学和文献经典，宗教实践更加普遍，印度-雅利安人将大自然予以神格化，崇拜多神；以火、赞歌、食物祭供，其中火供［Homa Ritual］是印度-雅利安人宗教实践中最重要的仪式，这种仪式在早期雅利安人的宗教实践中就已经存在。祭祀和仪式的重要性使得祭司阶层（婆罗门）享有特权，他们是印度社会的精英。这一时代的宗教内容对后来的耆那教和佛教都产生了深刻的影响，包括其宗教仪式和宗教实践。（图009）

雅利安人通过一次或连续多次的迁徙到达中亚和印度，但是他们的经典文献如《梨俱吠陀》等并没有明确提到他们对印度的入侵，时至今日的考古发掘中也只是发现他们迁徙时模糊的痕迹。对雅利安人南下印度的事实得之于比较语言学［comparative linguistics］的证据，即对古老梵文的研究及其与印欧语系的关系的研究。原始印欧语起源于黑海周边，吠陀形式的梵语是这一语系最古老的语言之一。早在16世纪，欧洲的传教士、商人、探险者就开始注意到印度梵语与欧洲拉丁语、希腊语等语言之间有着广泛的相似性，于是学者假设了“原始印欧语”［Proto-Indo-European］的存在，提出“印欧语假说”来解释上述语言之间的相似性。梵语

---

15 梵文［Sanskrit］是印度文化区域用于书写文学、哲学、宗教的通用语，印度教、佛教、耆那教和古老的印度文学经典均用梵文书写。梵文源于古老的印度-雅利安语，对梵文的研究至今在印欧语研究［Indo-European studies］中占重要位置。

16 《摩呵婆罗多》［*Mahabharata*］和《罗摩衍那》［*Ramayana*］是古代印度的梵文史诗，这两部史诗的成书时间历经数百年，累积了大量古印度有关社会结构、信仰、生活、风俗各方面的资料。《摩呵婆罗多》以两组表兄弟为代表的部落之间争夺王位的“俱卢之战”为主线，同时讲述关于神的故事，通过人神对话和人物对话，将瑜伽的伦理道德穿插其中。这本书是印度最长的史诗之一，被印度教奉为无上宝典。《罗摩衍那》是另一部古印度梵文史诗，以王子罗摩和妻子悲欢离合的故事为主线，描述印度古代宫廷内部和列国之间的斗争，其间穿插大量神话和故事，并叙述了理想的和适当的人神关系和人类关系及责任等，并以生动的笔墨描绘了自然景色和战斗场面。《摩呵婆罗多》和《罗摩衍那》对印度文学和印度教乃至印度文化都产生了深远的影响，是印度最杰出和最著名的梵文经典。

图009　印度–雅利安传统的火供仪式。火供是印度–雅利安人宗教实践中一种重要的仪式，这种仪式在早期雅利安人的宗教实践中就存在，“拜火教”（琐罗亚斯德教）便是古老的雅利安人的一支——波斯人的宗教，这种拜火仪式影响了后来的印度教、耆那教和佛教以及其他信仰的仪式仪轨。火供仪式中，食物、鲜花、果实以及其他一些物品均可用于供奉，直到今天，印度的各种宗教中仍然有火供仪式的实践。

作为印度古老经典的书写语言，它在印度的出现为持该种语言的民族的迁徙提供了有力的证据。

这一时期正是我们认为的蚀花玛瑙的断层期，从雅利安人进入印度到铁器时代到来之前的这一千年里，蚀花玛瑙珠甚至许多其他类型的珠子都没有出现过。这一事实可能基于两种情况，一是印度河谷文明的消失带走了蚀花玛瑙的制作技艺和那些珠饰所依存的文化背景，新入主的雅利安人的确没有制作过类似的珠饰；另一个可能性与印度-雅利安的宗教和生存方式有关，正是由于其社会组织形式、半畜牧的生存方式、宗教实践和丧葬方式，使得整个吠陀时代都没有留下像之前印度河谷那种依靠定居农业支撑的都市文明留存在冲积平原泥土之下的遗迹。而第一种情况的可能性更大，目前的确没有考古证据证明印度吠陀时代曾制作过蚀花玛瑙。但是，很快我们就会看到，随着铁器时代到来，恒河平原上都市兴起，星罗棋布；稻米种植，人口兴盛；贸易繁荣，社会财富累积。从公元前600年起，整个印度、东南亚、中亚山区、伊朗高原和从印度河谷上游向东南逶迤的喜马拉雅山脉及延伸部分将近3000公里的南北两麓——尤其是在南麓，都在制作和流传蚀花玛瑙珠子以及以此沿革的新型技艺。

第三节　蚀花玛瑙的再兴起——铁器时代的到来与城市兴起和宗教繁荣（公元前500年—公元500年）

◆1-3-1　轴心时代——人的哲学和宗教

德国哲学家卡尔·雅斯贝斯[17]在他的《历史的起源与目的》一书中提出轴心时代［Axial Age］的概念，指公元前800年至前200年这一时期，人类思考的新方式几乎同时出现在地中海东岸、波斯、印度、中国和西方世界。“在那个时代，苏格拉底、柏拉图、释迦牟尼、孔子、老子，创立各自的思想体系，共同构成人类文明的精神基础，直到今天，人类仍然附着在这种基础之上。”

轴心时代是人类社会思想和物质创造的一次大爆发，在那个年代形成的哲学思想至今仍然是这个世界的精神内核。我们对那个时代的误解是以为那些哲学和宗教是关于神的，然而无论希腊的理性主义哲学、印度的佛教、中国的孔子和老子，始终都是关于人的。那些先贤哲人对以往的宗教发出拷问，挑战旧习沉疴，重新思考人的价值和神的意义，正如伟大的美术史学家贡布里希在论述希腊美术时所说的那样，那是一个“人的觉醒”的时代，人类第一次敢于将人的个性献给神和赋予神，那个时代的思考是关于人的思考和对人的骄傲。[18]

我们不得不注意到轴心时代的到来大致与铁器时代的繁荣期一致。冶铁的发明和铁器的使用在很大程度上改变和改良了人类的生产和生活方式，物质财富的积累带来了人口的猛增并使得人群对自身以外的地域和文化有了更多的好奇和欲望，思想和文化的流通在贸易和战争的交流中比以往任何时候都更加频繁，由此带来的刺激又给予人类更多的创新和创造。那个时代希腊产生了像《伊利亚特》和《奥德赛》这样的战争与英雄的伟大史诗，中国完成了一系列关于战争和兵法的经典以及百家思想的绽放，整个印度沉浸在冥想、苦修和宗教探索中，希伯来人则完成了他们的

17　卡尔·雅斯贝斯［Karl Jaspers］（1883—1969年），德国精神病学家、哲学家，其理论对现代神学、精神病学和哲学影响巨大。雅斯贝斯最初受训于精神病学，后转入对哲学的研究并试图发现创新的哲学系统。他被视为德国存在主义哲学［Existentialism］的典型人物，尽管他本人没有接受这一标签。雅斯贝斯于1949年出版《历史的起源与目的》一书，书中提出了轴心时代的概念。

18　相比较而言，在几大古代文明当中，埃及文明对世界的贡献相对较小，尽管埃及文明的繁荣期没有落入雅斯贝斯“轴心时代”的范围。古埃及给这个世界留下了难以比肩的巨大的地表遗存、不可胜数的古代艺术品、数以百计的神明和拟神化的法老形象，却没有一个所谓“埃及哲学”对这个世界产生持续的影响。埃及的价值始终是关于神的，而不是人的。

《圣经》。（图010）

35000年前，这个星球上大约有300万人在有限的范围内从事狩猎采集赖以生存；12000年前，人类发明了农业——尽管是刀耕火种式的园圃农业，人口数量迅速增加5倍，达到1500万；到公元1世纪铁器时代的繁荣期，地球上的人口猛增到近2亿，仅罗马帝国版图内就居住了6000万居民。人群、思想和物质财富的相互作用使得这个世界更加繁忙和兴盛，贸易、战争、文化交流，以及人群的频繁流动和迁徙，带来了在此过程中更多的思想的碰撞和技术的创新，无论是宗教的、文学的、艺术的还是哲学的。尽管人类仍旧匍匐在神的脚下，但是他们已经遍布这个星球并真正成了主宰。

图010　厉声［Ugrasrava Sauti］是印度教经典文本《往世书》和《摩呵婆罗多》中的叙事人。享誉世界的英雄史诗《摩呵婆罗多》以厉声作为叙事人和听者Shaunaka圣人之间的对话作为文本构架。史诗宣扬："正法、利益、爱欲和解脱，这里有，别处有，这里无，别处无。"史诗是传说和神话，也是宗教、哲学和法典。图中厉声正在对集聚的贤者和圣人叙述摩呵婆罗多的故事。与古印度经典文本一样，其他文明和文化在这一时期都以文本的方式向这个世界奉献了自己的思考和思想。

◆1-3-2 铁器时代与南亚的城市生活和宗教繁荣

印度–雅利安人从公元前1700年从南亚次大陆北方进入印度，一直以半牧半耕的方式盘踞在旁遮普也就是印度河谷冲积扇的上游部分，迟迟未能进入富饶的恒河平原。印度河谷的土壤环境与两河流域和中国的黄河流域相似，农业实践是在冲积平原松软的沙土层上实施的旱作农业，种植的是大麦和粟类作物。而恒河平原的土壤环境和气候条件则完全不同，肥沃的淤泥层、水热条件和湿热的气候更适合水稻种植，在铁器普遍使用和铁犁被改良之前，想要在恒河平原开垦和深耕那种淤积的土壤层是困难的。公元前1000年，印度–雅利安人开始从旁遮普缓慢向恒河流域进发。公元前700年前后，铁器的普遍使用给印度–雅利安人在恒河平原上实践定居农业创造了条件。

铁器作为劳动工具的使用和改良，使得在恒河平原上实践水稻农业成为可能。水稻农业是一种需要投入大量劳动力和劳动时间的精耕细作的集约化农业，也是单位面积产量相当高的农业，这种热带和亚热带特殊的农业类型需要平整土地、排灌方便、深耕翻耕、精耕细作。与之前的翻耕方式相比，铁犁的使用使得生产力提高了十倍。在炎热的恒河平原，每年三熟的水稻产量足以养活密集的城市人口和农业人口，水稻农业地区也是世界上人口最密集的地区。很快，水稻种植蔓延整个恒河平原，人们开始沿河建立都市，有了国家政治、王权和森严的社会等级，最终，大面积水稻栽培和王权城邦构成了印度河谷文明之后的印度恒河文明。

铁器的使用促成了重大的社会变化，包括新的农业实践、宗教实践、思想思潮、生活方式和艺术风格。公元前7世纪到前6世纪，恒河平原上先后建立起星罗棋布的都市，也就是所谓的小城邦，印度开始了邦国林立的“十六国时期”［Mahajanapadas］（公元前600—前300年），吠陀信仰和传统作为最主要的元素构入更加综合万象的宗教，我们称之为印度教［Hinduism］。吠陀时代的尾声，目睹了城市的大量兴起，也目睹了非吠陀信仰的沙门运动[19]——耆那教、佛教、冥想与苦修的实践，它们的出现挑战了吠陀哲学长达千年的正统理论，开启了印度新的时代，这个时代对整个南亚、东亚和东南亚都产生了深远的影响。

孔雀王朝［Maurya Empire］（公元前321—前187年）的兴起是印度铁器时代的鼎盛期。孔雀王朝源于印度东部恒河平原的摩揭陀国［Magadha］，那时的印度邦国林立，地方小国各据所有。出生孔雀世家的旃陀罗笈多［Chandragupta］（公元

---

19 沙门运动，也称沙门思潮［Sramana］，公元前6—前5世纪，与婆罗门教相对立的思想流派，其哲学思想构成印度哲学的重要内容。沙门思潮是当时自由思想的爆发，是各种观点、派别的通称，其中最有影响的是佛教、耆那教、顺世派和不可知论派等。这些思潮各有标榜，但也有相同之处。

前340—前298年）起兵推翻统治摩揭陀国的难陀王朝，打败马其顿国王亚历山大[20]在旁遮普留下的军队，成为印度历史上最著名的孔雀王朝的奠基人，也是第一个将印度河流域和恒河流域统一在一起的君主。旃陀罗笈多的版图迅速扩大，他的帝国东起孟加拉，西至阿富汗和俾路支斯坦［Baluchistan］，北到喜马拉雅和克什米尔，南部囊括整个德干高原，是当时世界上真正的大帝国。

孔雀王朝第三代君主旃陀罗笈多之孙阿育王［Ashoka the Great］（公元前304—前232年）是另一位印度历史上显赫的君王，他早年好战杀戮，晚年放下屠刀皈依佛门，并将佛教立为国教，在印度各地兴建佛寺，前后共兴建了84000座供奉佛骨的佛舍利塔。阿育王还派遣传教士行走世界，传播佛教，一时亚非欧三洲都有佛教徒的足迹。经此提倡，佛教遂成为世界重要的宗教之一。阿育王统治时期是印度史上空前强盛的时代，他也是印度历史上最伟大的国王。（图011）

恒河平原水稻农业的兴起使印度的文化和宗教以此兴盛，城市的繁荣刺激了对奢侈品的需求，带来了更多的贸易和交流，无论是产品还是原材料，商人们长途跋涉或短途转运，将异地的珍稀连同宗教一起往来贩运。最便于携带的珠子珠饰这类奢侈品的大量制作便始于公元前6世纪铁器时代的到来，城市之间贸易往来的频繁程度反映在珠子的到处流传和技术传播。对这一时期的考古发掘显示，珠子无处不在，从中亚山区到伊朗高原、从印度次大陆到东南亚，都在大量制作各种材料和形制的珠子；沿喜马拉雅山脉长达2400公里以及延长线将近3000公里的地带都在制作一种被我们称为“蚀花玛瑙”的珠子，也就是本书讨论的主题。无论是工艺流传还是成品贸易，这种外貌醒目的珠子都反映出铁器时代到来之后的社会变化、宗教繁荣和技术革新。

20　亚历山大大帝［Alexander the Great］（公元前356—前323年），希腊马其顿国王。公元前334年，22岁的亚历山大带兵东征，先后征服小亚细亚、埃及、波斯等一系列国家。于公元前326年到达旁遮普并横扫整个印度北部，但最终止于恒河西岸，未能完成对印度的征服。亚历山大在旁遮普留下驻军和总督，折返两河流域，结束了历时11年的东征。公元前323年病逝于巴比伦。

图 011　孔雀王朝的银币。孔雀王朝的银币图案一般由几个固定的符号组成，它们是法轮、莲花（各种变形）、佛塔（支提）、权杖和其他花草图案构成，大象的形象也经常出现在孔雀王朝的银币上。由于孔雀王朝阿育王对佛教大力推崇并将其立为国教，有人因此推测一些蚀花玛瑙图案是佛教象征图案，特别是佛教中心塔克西拉城［Taxila］出土大量蚀花玛瑙珠和其他珠饰，人们更加相信这些珠子是为佛教供奉制作的。这种情况是可能的，但是珠子珠饰本身就是符号化的，它们可以专门为某种宗教制作，也可以用作别的宗教和信仰。天珠的情况可能特殊一些，其制作和流传都在有限的范围和背景下。

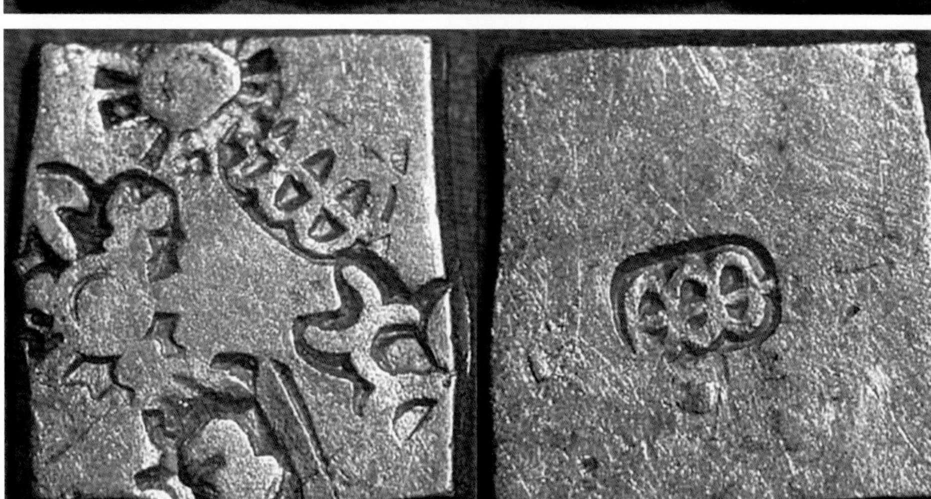

法轮 Dharmacakra

莲花的变形
三只花托和三只牛头构成

佛塔 Cetiya（支提）

孔雀王朝权杖

◆1-3-3　早期对蚀花玛瑙的研究和贝克的分期

1922年，大英博物馆在两河流域对乌尔古城进行大规模发掘，蚀花玛瑙珠第一次出现在考古现场，几乎同时，印度河谷文明古城遗址摩亨佐·达罗也出土了同样的珠子。之后，不断有蚀花玛瑙珠出现在印度的各个考古现场，制作珠子的作坊和料坯也被发现，考古学家们确认了印度河谷文明是蚀花玛瑙工艺的发明者，北印度（现巴基斯坦及周边）是蚀花玛瑙珠的制作中心。这种由人工施加图案、装饰独特、外貌醒目的珠子很快引起学者的注意并专门投入研究，按照贝克所见蚀花玛瑙的实物，装饰类型大致分为两类：

类型一，比较常见的类型。在天然色彩（肉红色）的石头（珠子）上使用碱性溶剂画花（图案），然后给石头加热使得碱性溶剂牢固附着甚至浸入石头，之后珠子便显现出永久性的白色装饰图案（作者在本书中称为印度河谷类型“红地白花”，国内文章称“蚀花肉红玉髓”）。

类型二，较为少见的类型。在表面“白化”［whiten］过的石头上施加黑色图案设计（白地黑花），白化所使用的溶剂一定程度地深入石头内部，覆盖整个珠子表面，而黑色图案同样是用表面画花的办法。

贝克博士的类型二比类型一多一道白化的工序，实际上是给珠子多次染色的工艺，这种工艺在后来将衍生出更加复杂的工艺流程。另外，贝克注意到成品珠子的工艺效果不尽相同，有些图案效果明显，有些则显得较弱，这取决于材料本身的差异、溶剂配方和工艺控制。限于当时的资料，贝克的分类并不完善，新的出土资料显示，印度河谷文明蚀花玛瑙的装饰类型不止贝克仅见的两类。（图012）

贝克对蚀花玛瑙的分期大致符合三个历史分期：第一期，早期，即印度河谷文明时期，包括两河流域的乌尔王墓和基什［Kish］出土的蚀花玛瑙珠，其编年超过公元前2000年，最早的可到公元前2600年甚至更早。这一时期蚀花玛瑙的工艺特征与后来的蚀花玛瑙珠略有不同，其表面装饰图案的白线厚重而明显，与底色对比强烈。装饰图案大多采用眼圈、折线和平行线圈，是当时最为流行的图案设计。

第二期，中间期，大致相当于铁器时代的繁荣期，也是佛教在印度和中亚的兴盛期。贝克将这一期的编年范围限制在公元前300年至公元200年这500年之间。这一时期的蚀花玛瑙珠除了来自著名的塔克西拉，并大量来自印度南方和波斯的俾路支斯坦。珠子的装饰图案比早期丰富，除了眼圈图案还有各种几何图案和线性图案。这一期的蚀花装饰图案有南北两组不同风格，尽管这两组图案经常有交叉部分（见1-3-6迪克西特对蚀花玛瑙的分组）。

第三期，晚期，大致相当于伊斯兰文明崛起，贝克将这一期的编年限定在公元600年至公元1000年之间。贝克提到这一时期的珠子来自不同的地方，包括黑海周

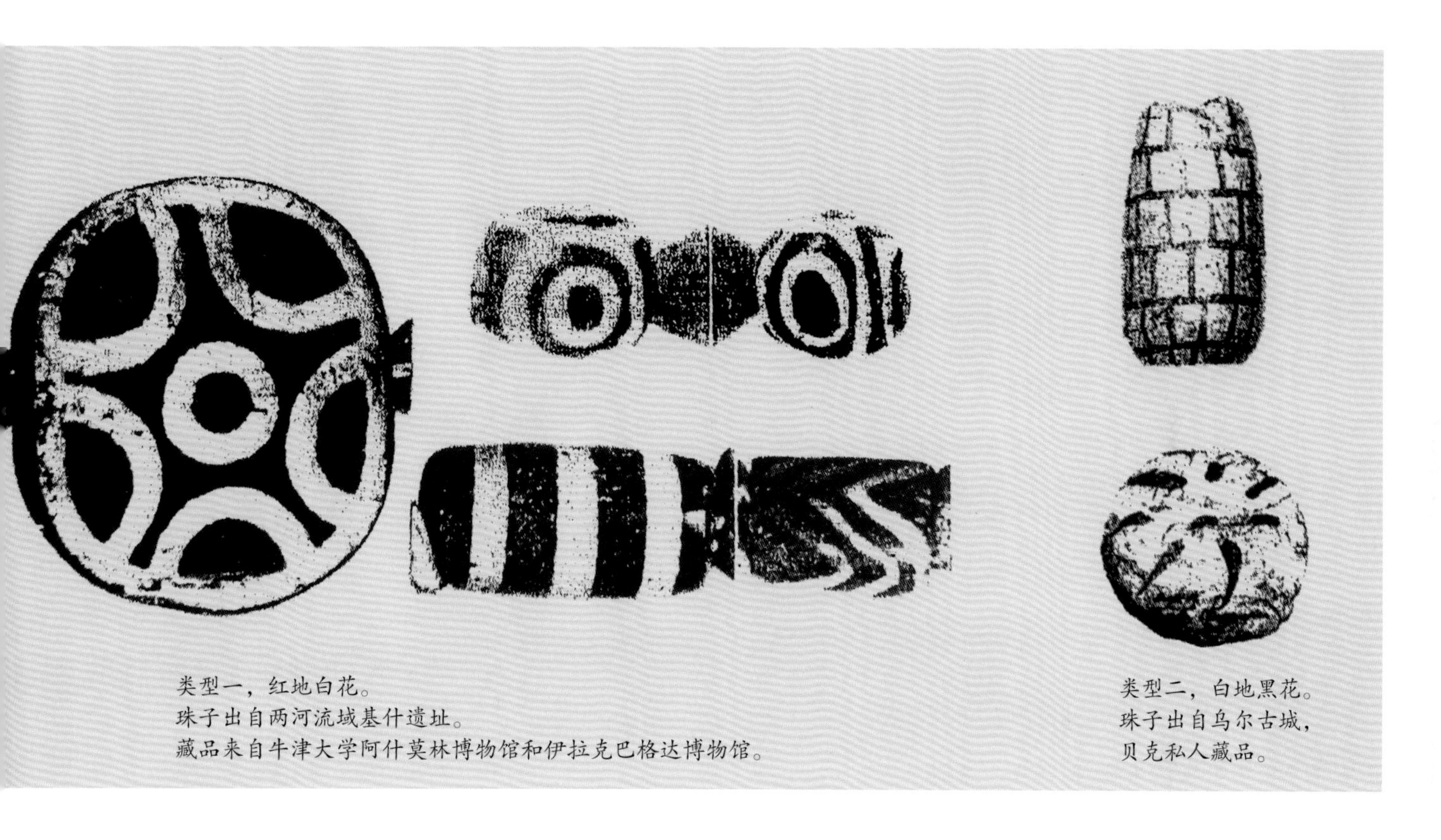

图012　贝克的蚀花玛瑙装饰类型的分类。贝克在当时仅见两类装饰类型，一是红地白花，二是白地黑花。图片采自贝克《蚀花肉红玉髓珠》一文。

边和土耳其、叙利亚几个地方，实际上类似的珠子大多来自中亚和萨桑波斯。这一期珠子的装饰图案不同于前两期规则的几何图形，开始使用曲线，画工较为随意，珠子表面的蚀花白线更加浅显。（图013）

贝克的分期在之后的研究中经常被讨论，新资料的出现可以对贝克的分期进行补充。针对其分期对于编年范围的限定，一般认为第三期编年范围的上限可以被提前。图表中第三期的珠子很可能大多来自萨桑王朝即波斯人最后的王朝，意即公元3世纪萨桑王朝肇始至7世纪灭于伊斯兰阿拉伯。这项新的证据来自波斯湾的阿拉伯半岛海岸，这里由于考古发掘开始得较晚而使得许多资料长期不在学者的视线内（图 014）。波斯湾的阿拉伯半岛海岸从青铜时代就是海上贸易最重要的节点之一，铁器时代更是连接亚洲东西两端和地中海罗马帝国的中转站，近年这里不断有新的考古发现，出土数量巨大的珠子珠饰，足以证明海上贸易的繁荣程度和技术进步。公元7世纪伊斯兰取代萨桑之后，沿用了萨桑波斯很多手工艺技术包括珠子的制作和蚀花玛瑙技术，但伊斯兰采用的是他们自己独特的装饰图案和风格，这一时期有必要列入蚀花玛瑙的第四期（见1–3–8）。

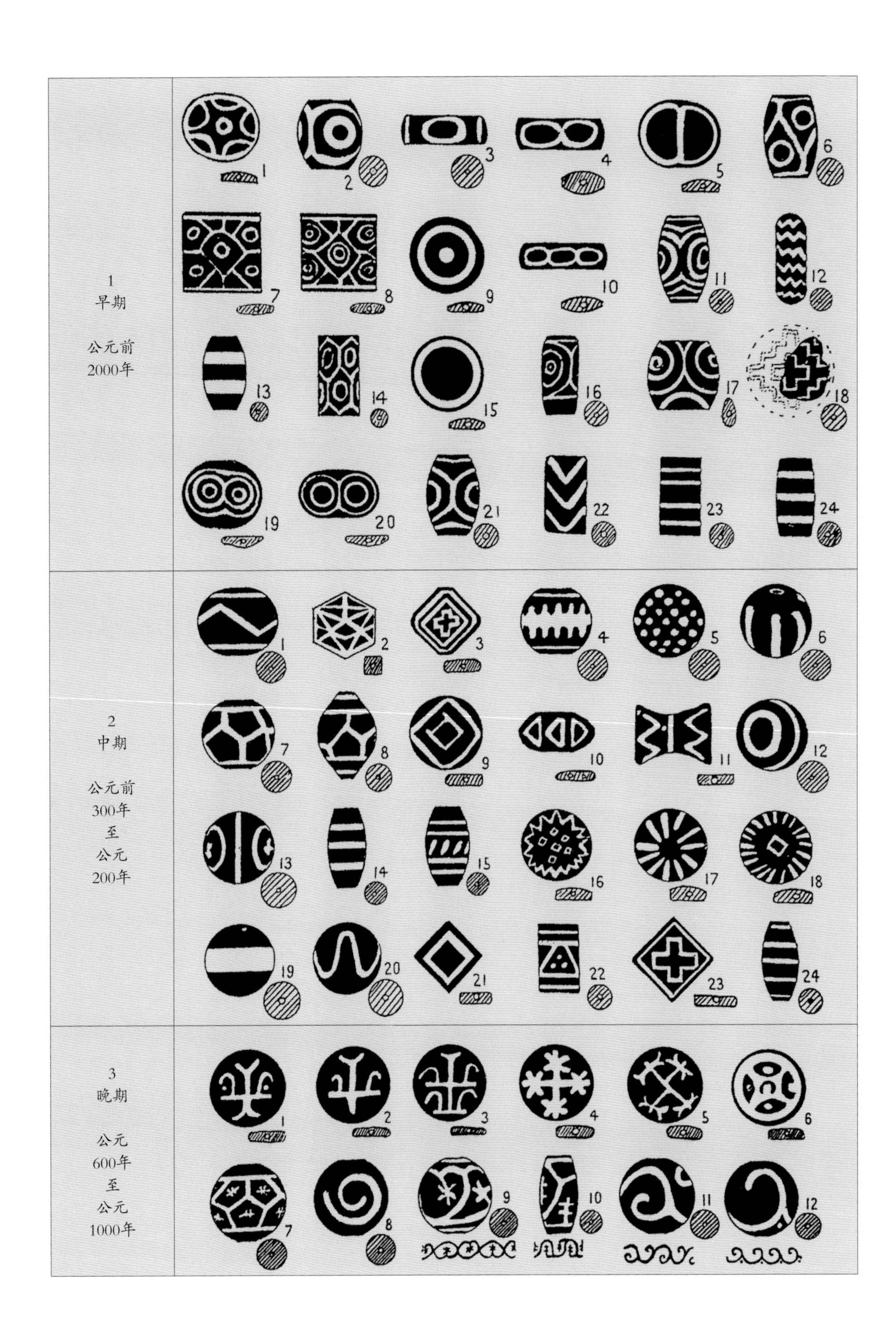
1
早期
公元前
2000年
2
中期
公元前
300年
至
公元
200年
3
晚期
公元
600年
至
公元
1000年

图013　贝克博士对蚀花玛瑙的分期。1933年，贺拉斯·C. 贝克博士［Dr. Horace C. Beck］在剑桥大学的《古物》杂志上发表了名为《蚀花肉红玉髓珠》［“Etched Carnelian Beads”］的论文，这是第一篇对蚀花玛瑙（蚀花肉红玉髓）进行专门研究的文章。贝克博士的研究在几个方面奠定了后人对蚀花玛瑙的基础认识，其中最重要的是对蚀花玛瑙的分期，尽管他的分期在之后的研究中经常被讨论，但是贝克分期的意义没有被质疑过，并且在当时贝克就已经意识到蚀花玛瑙有一个大的断档期。除了分期，贝克也做了简单的蚀花玛瑙装饰类型的分类。注意贝克的分期只针对他分类中的第一类即“红地白花”的蚀花玛瑙珠。贝克将“白地黑花”的类型排除在分期之外的原因可能是实物资料有限。图表中的珠子是按珠子孔道的垂直线方向绘制的。

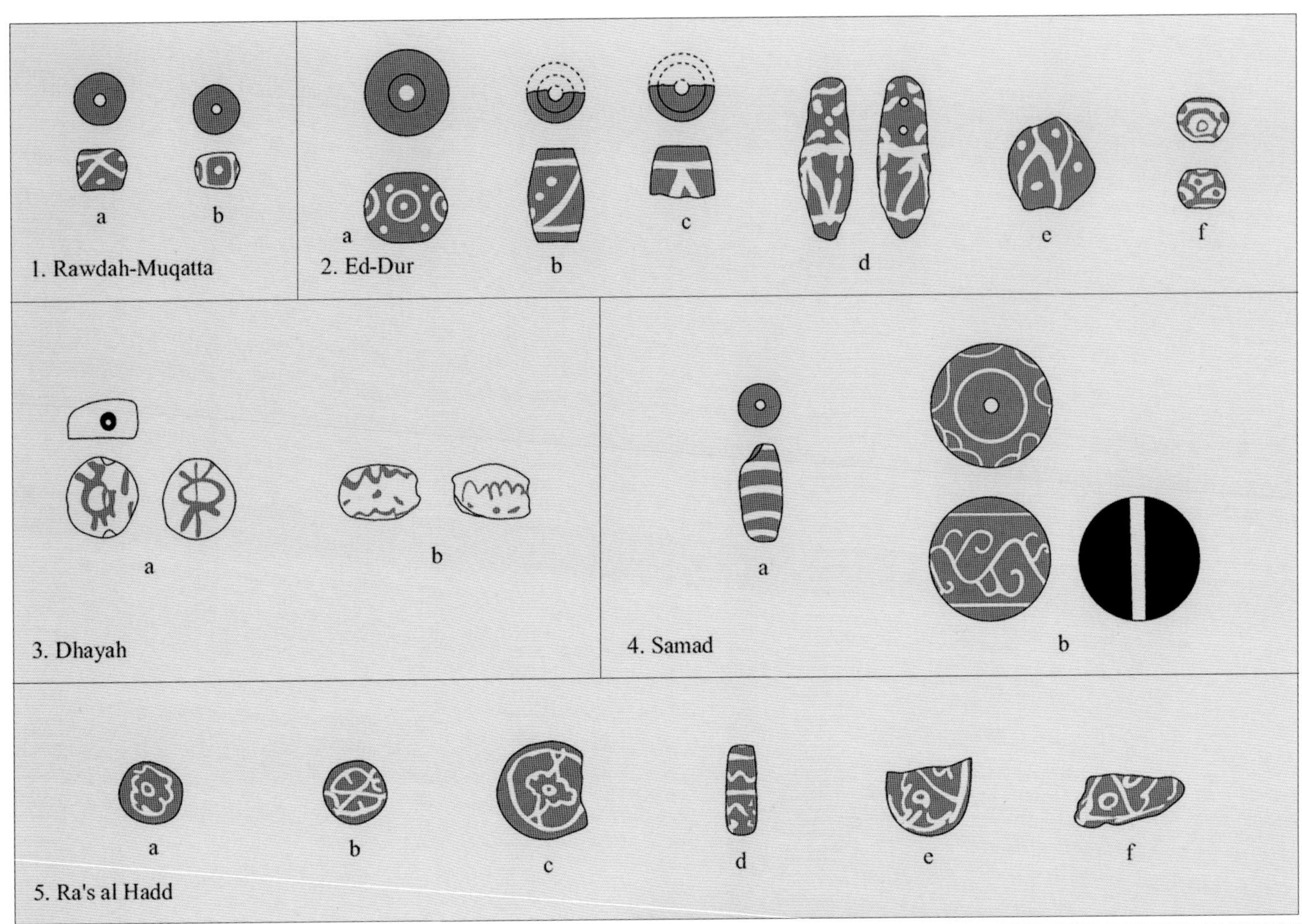

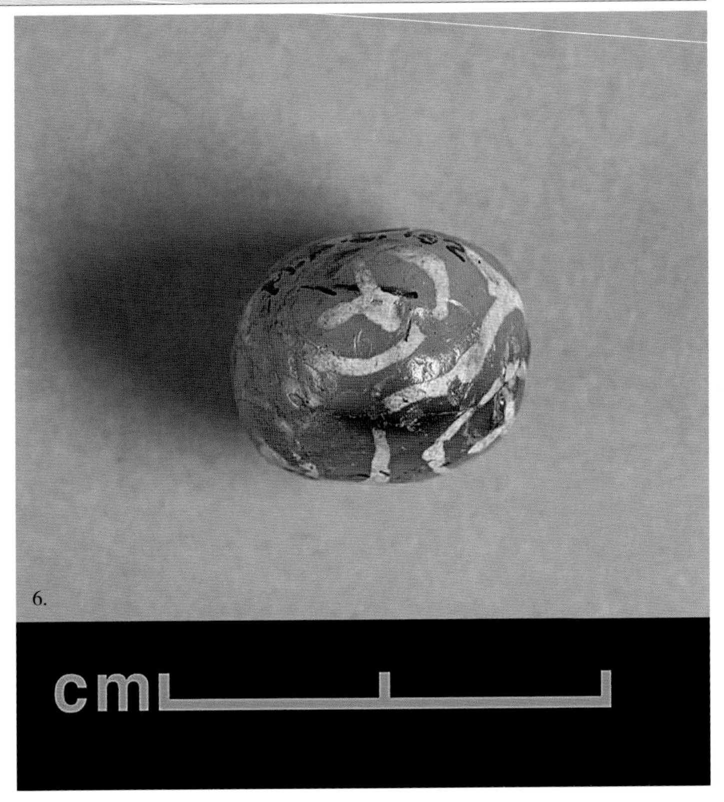

图014　波斯湾阿拉伯半岛海岸出土的蚀花玛瑙珠。考古学家将这些珠子的编年范围限定在铁器时代的繁荣期至伊斯兰崛起，即公元前600年至公元700年之间。图例标有珠子的出土地点，大多在阿拉伯半岛东南部沿波斯湾海岸。图6实物为斯坦因爵士在西域发现的圆形蚀花玛瑙珠。早在1917年，在由大英博物馆和印度政府联合资助的斯坦因第二次中亚西域探险中，斯坦因就在现中国新疆维吾尔自治区和田县的约特干古代遗址发现了蚀花玛瑙珠，比两河流域乌尔古城的正式发掘早几年。珠子的断代是依据同时出土的印章和其他器物的编年推断的，大英博物馆将其编年范围限定在公元3世纪至公元6世纪之间。珠子很可能由萨桑波斯版图内的阿富汗和中亚地区输入新疆。

◆1-3-4　蚀花玛瑙分期的补充

自公元前2600年或者更早，印度河谷聪明的工匠发明了给玛瑙玉髓施加人工图案的工艺，用这种工艺制作的珠子在当时就已经长途万里贩运到两河流域，苏美尔人的城邦和他们的王室墓地出土了为数不少的蚀花玛瑙珠，从工艺到装饰都称得上精品。随后，可能有印度河谷的工匠移居两河流域南部或者阿拉伯半岛的一些地方，那里考古发掘的青铜时代的墓葬出土了印度河谷特色的红玉髓珠、蚀花玛瑙珠的半成品，两河流域的泥版文书中称那些移民为“麦路哈”。

经过印度吠陀时代长达一千年对珠子制作的衰落，铁器时代到来，珠子的制作特别是蚀花玛瑙开始了另一个繁荣期。这一时期，蚀花玛瑙广泛分布于整个亚洲，在西边从中东的叙利亚、约旦到土耳其，从美索不达米亚到伊朗，从高加索地区到中亚；在东方则是从印度到中国，从孟加拉到缅甸再到泰国。公元前300年到公元1世纪，蚀花玛瑙的制作在中亚和印度达到它的高峰期，我们现在所见的蚀花玛瑙珠，大部分来自那个时期，即贝克分期的第二期。整个中亚、南亚次大陆和沿喜马拉雅山脉直至东南亚，都在制作蚀花玛瑙珠，虽然他们使用的材料略异、装饰风格不同，但是工艺和装饰图案之间的联系是显而易见的，并且我们注意到，从中亚开始沿喜马拉雅山脉向东南方向逶迤，越是向东南部分，制作珠子的年代下限越晚（图015），缅甸将蚀花玛瑙的制作至少保持到公元9世纪（我们没有将东南亚的蚀花玛瑙珠纳入中亚印度的分期）。随着公元7世纪伊斯兰的征服，蚀花玛瑙珠在中亚的制作基本萎缩，那些珠子赖以存在的文化背景被新的宗教所取代，但是伊斯兰工匠继续沿用了萨桑波斯留给他们的蚀花工艺，他们用这种工艺将《古兰经》经文施加于玛瑙玉髓的护身符上面，优美的阿拉伯文字与肉红玉髓的色彩呼应相得益彰（图016）。

◆1-3-5　蚀花玛瑙工艺及打孔的工艺复原

继贝克之后，蚀花玛瑙的研究并没有中断过，尤其是对材料的来源、材质本身的优化（加色）、蚀花溶液的配方和工艺过程都不断有新的研究资料公布。其中美国威斯康星大学麦迪逊分校的人类学和考古学教授马克·基诺耶[21]的研究最为显

21　马克·基诺耶［Jonathan Mark Kenoyer］（1952年出生在印度东北部城市西隆），美国威斯康星大学麦迪逊分校的人类学教授，在该校教授考古学、民族文化考古学、实验考古学以及上古技术。基诺耶长期领队印度河谷文明的考古发掘，写作大量与印度河谷有关的书籍和学术论文，对印度河谷文明考古贡献卓著。

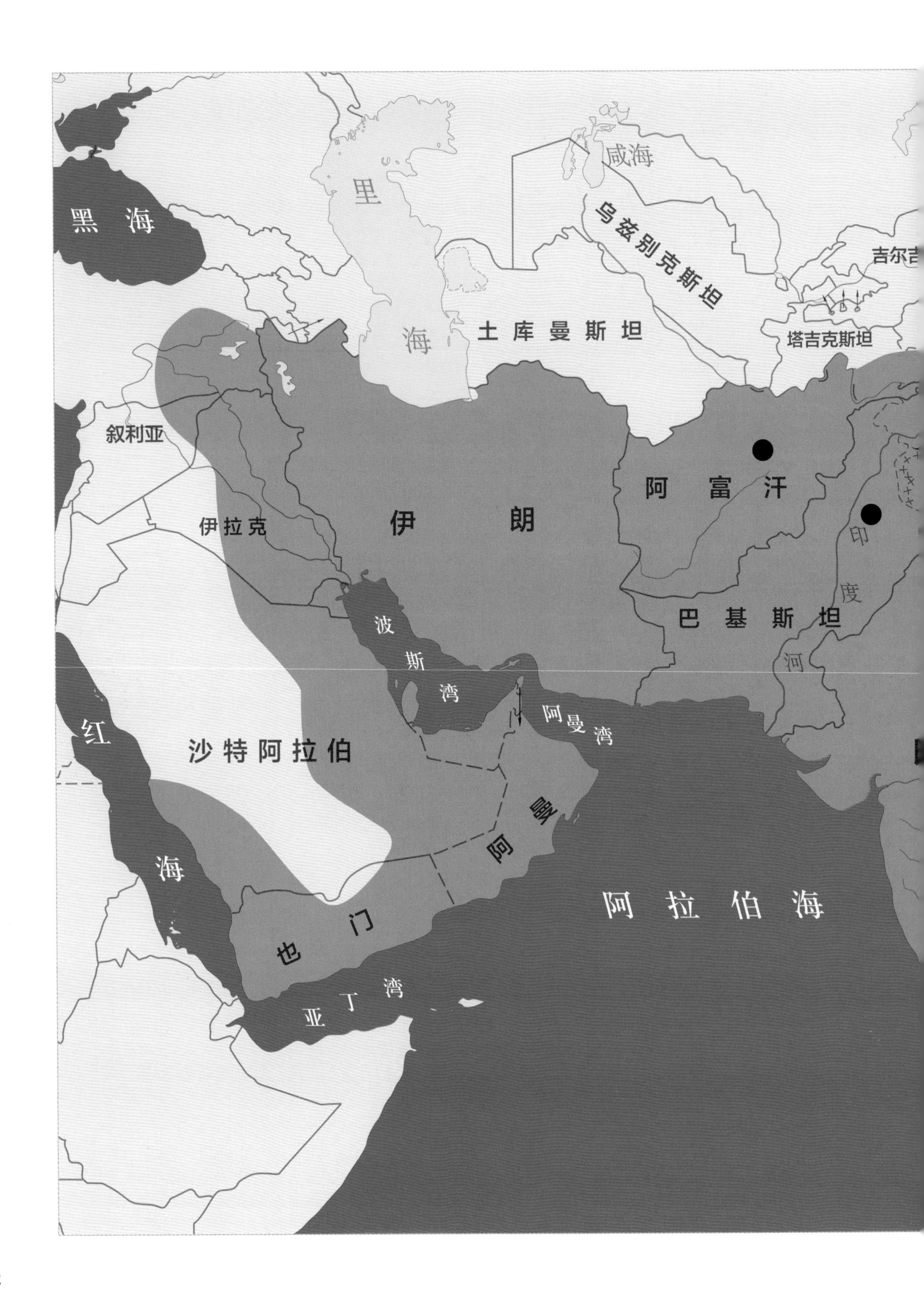
黑 海
里
海
咸海
乌兹别克斯坦
吉尔吉
土 库 曼 斯 坦
塔吉克斯坦
叙利亚
阿 富 汗
伊拉克
伊 朗
印
度
巴 基 斯 坦
河
波
斯
湾
阿
曼
湾
红
沙特阿拉伯
阿
曼
海
阿 拉 伯 海
也 门
亚 丁 湾

图015　蚀花玛瑙珠的分布图。蚀花玛瑙最早出现在公元前2600年的印度河谷文明，随着公元前1500年印度河谷文明的衰退而一度消失了近千年。公元前500年前后，随着铁器时代繁荣期的到来，蚀花玛瑙技术悄然复兴，沿整个喜马拉雅山脉及延长线，尤其是在南麓，西端由印度河上游所在的克什米尔地区向西北延至中亚端由西藏东部的南迦巴瓦峰折向东南，延伸至东南亚，超过3000公里的地带都在制作蚀花玛瑙，并衍生出各自不同的工艺类型。这些工艺类型大致可以印度德干高原为界，以北的恒河、印度河、克什米尔、伊朗和中亚等地方可视为北方组，工艺技术包括印度河谷类型的表面画花（蚀花肉红玉髓）和蚀花“抗染”技术（天珠及瑟珠系列）；以南可视为南方组，同样包括印度河谷类型的蚀花肉红玉髓技术，另外还有三色珠（尼泊尔线珠、三色骠珠）和黑白珠（黑白骠珠和邦提克珠）等多种蚀花技术，但基本上不使用北方组的“抗染”［resist］技术。现有的考古资料显示，整个中东，包括叙利亚、黎巴嫩、以色列等，都出土了蚀花玛瑙珠，形制和工艺有第一期，也有第二期。目前不清楚这些珠子是本地制作还是贸易泊来。

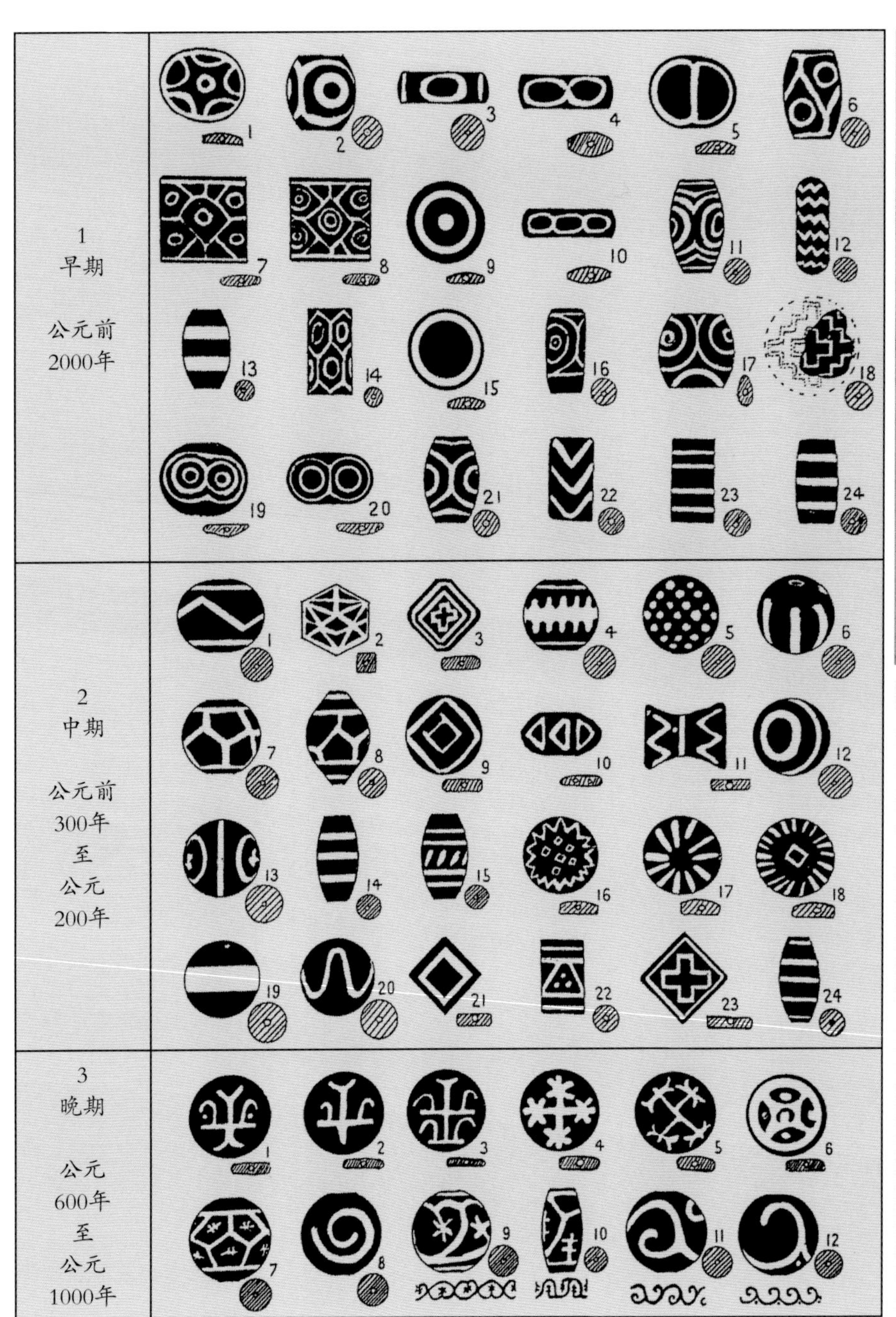

图016　对贝克蚀花玛瑙分期的补充。前人对蚀花玛瑙的研究得出的总结，我们今天仍然受益。贝克博士最早对蚀花玛瑙进行了分期，他的分期至今仍然是对大部分蚀花玛瑙断代的依据。随着新资料的出现，一些前人未见的资料弥补了以前的蚀花玛瑙研究的不足。本图表将贝克的第三期即萨桑时期的编年上限提至公元300年，即萨桑王朝的肇始，下限则限定在伊斯兰征服西亚的7世纪，并补充了所谓“第4期”的伊斯兰时期（图右）。注意，伊斯兰时期的蚀花玛瑙实际上已经不是珠子的概念，而是护身符和印章，其工艺有传统蚀花玛瑙的表面画花，比如在制作护身符的时候，也有阴刻后再在阴刻线内填充染色剂的，以达到与底色的对比效果；另外也有阴刻线内未填充蚀花溶液的，其装饰效果依然夺目。

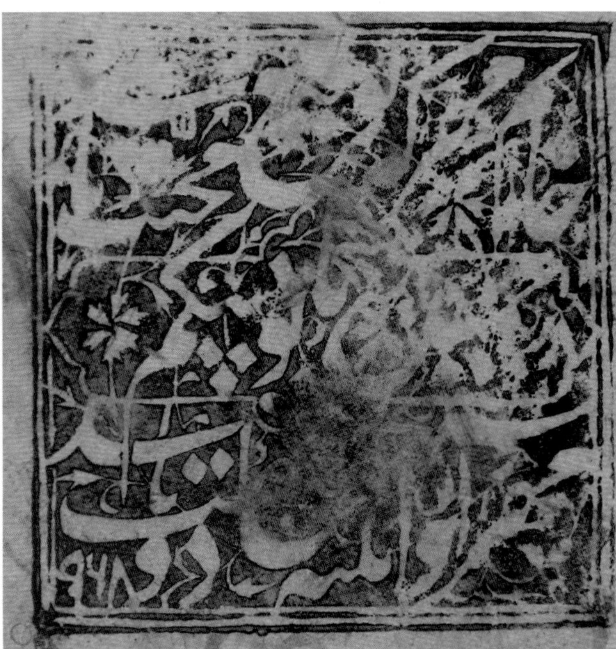

"第4期"的伊斯兰时期
公元700年至公元19世纪

著，他在印度主持考古发掘20多年，著述颇丰，对印度河谷文明的考古发掘和研究贡献卓著。

在经过对印度河谷文明遗址出土的大量成品珠子和料坯的分析之后发现，早在哈拉巴时期，印度河谷的珠子工匠就能够针对原料本身的特性进行事先优化，比如微晶类矿石如玛瑙、玉髓和碧玉（鸡肝玛瑙）［jasper］都是在制作成珠子毛坯之前就进行过加热处理，以优化材料的色彩和质地；而石灰岩、砂岩一类的石材和石英、天河石、蛇纹石、青金石、石榴石等，由于无法在受热过程中获得优化效果而都是直接进行加工。分片、切槽、锯段、细啄、研磨，这几项步骤主要用于珠子的毛坯和成型，而打孔和抛光一般都是在珠子制作完成后才进行的，蚀花玛瑙珠则是完成了蚀花图案的装饰工艺之后再打孔。我们在以后讨论天珠时会遇到同样的制作步骤，一些未经打孔的天珠实物证明了天珠的打孔是在完成图案装饰工艺之后进行的（见图110）。界定一个珠子的原产地和年代，一个有效的方法是观察珠子的打孔方式。正如马克·基诺耶教授在他早期的文章中提到，“（珠子的）打孔反映出代表不同技术的重要的文化选择”。印度河谷哈拉巴文化期间，许多哈拉巴珠子打孔的钻具并不是用燧石而是用一种燧石黏土［flint clay］制作的，非正式地称为“恩斯特钻”［Ernestite］，这种钻头是印度河谷文明所独有（图 017）。

从历史时期开始［historic period］（始于公元前600年前后，即大致相当于铁器时代繁荣期），粘接有钻石钻头的钻具被引入，这项技术使得人们对高硬度的材料比如玉髓玛瑙类的打孔更容易也更高效。根据马克·基诺耶教授的研究，钻石钻头有两种基本类型（图 018），一是双钻石钻头，即使用两颗钻石附着在钻头上的钻具，这项技术通常是南亚（印度）和东南亚工匠使用，打孔的特征是孔道较大；另一项钻石钻头技术是单钻石钻头，一般认为，这项技术大多是中亚工匠使用，打孔的特征是孔道细小。马克·基诺耶教授曾对一定数量的珠子做过形制、长度、宽度和打孔方式的分析和记录，总体上讲，南亚和东南亚的打孔方式相似，采用同样的双钻头打孔技术，但也有单钻头打孔的情况；而中亚单钻头打孔的珠子与来自伊朗的珠子的打孔方式更接近。

除了打孔技术的分析，蚀花玛瑙的蚀花技术很可能在蚀花碱性溶液的配方上有细微的区别，不同时代或不同地域的配方可能造成蚀花效果的不同。理论上讲，蚀花技术都是使用碱性溶液［solution of alkali］即苏打配方在玛瑙玉髓类的珠子表面施加图案，然后加热使得碱性溶液侵蚀珠子表面，形成永久的白色图案。据贝克观察，印度河谷文明红地白花的蚀花玛瑙珠，在碱性液体经过加热后往往在珠子表面沿白色线条形成浅浅的凹槽，贝克认为这是加热过程中碱性溶液对珠子表面形成的侵蚀；贝克同时注意到，用于珠子表面绘制图案的碱性溶液对不同的石头会产生不同的效果，甚至对同一石头的不同矿层也产生不同的效果，尤其是对于有水晶体伴生的部分几乎完全不着色。这种情况我们也经常在天珠表面观察到，天珠经常有水晶体伴生的部分完全不着色的情况（见图109）。

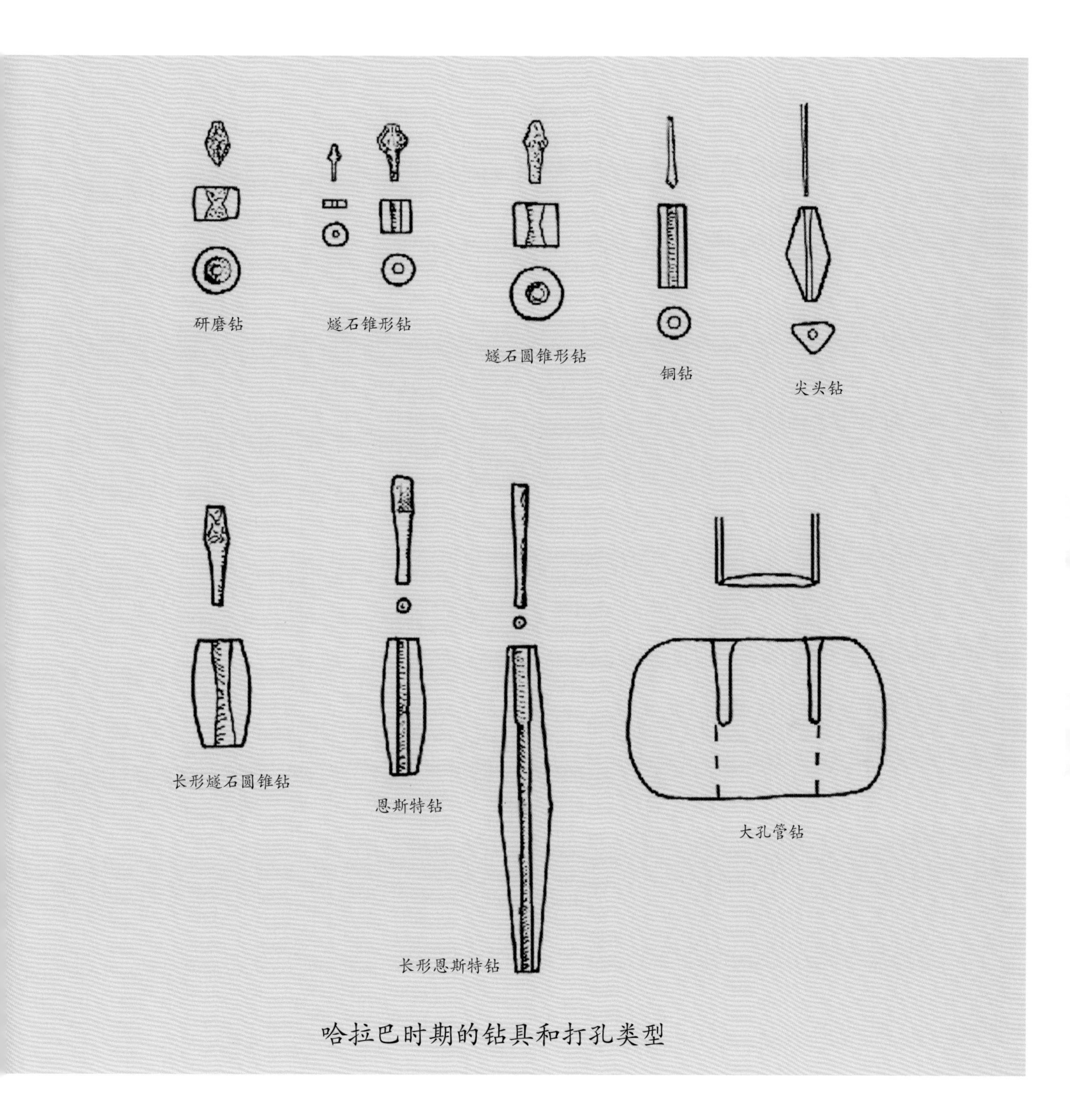

图017　印度河谷文明哈拉巴时期不同类型的钻头和铁器时代的钻石钻头。其中“恩斯特钻”是马克·基诺耶教授在他1991年一篇关于印度河谷珠子制作技术的文章中创造的名词，专指用燧石黏土制作的钻头，这是一种不溶于水的耐火黏土，经过加热焙烧强化其硬度和密度，能够对硬度极高的半宝石进行钻孔。这项技术为印度河谷文明所独有，是印度河谷哈拉巴时期制作珠子采用的几种不同打孔技术之一，尤其是对长形珠管的打孔。这种钻头由英国考古学家恩斯特·麦基［Ernest Mackay］于1937年发现，他是最早对印度河谷文明最大古代城市之一的摩亨佐·达罗进行发掘的考古学家。马克·基诺耶教授为了纪念这位先驱而命名为“恩斯特钻”。

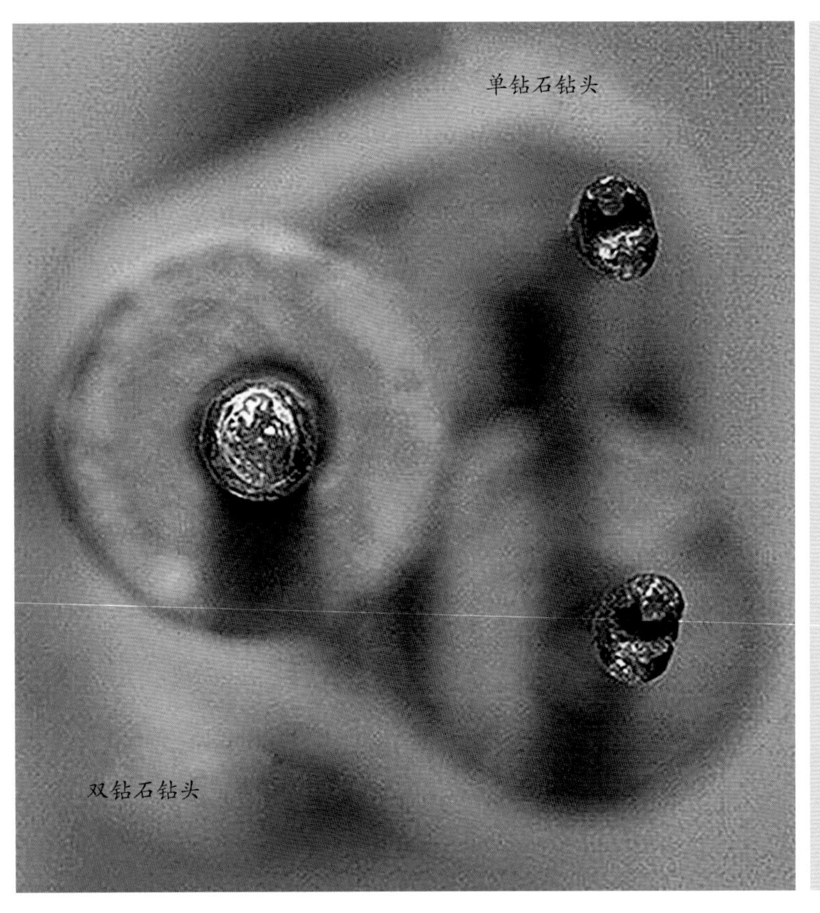

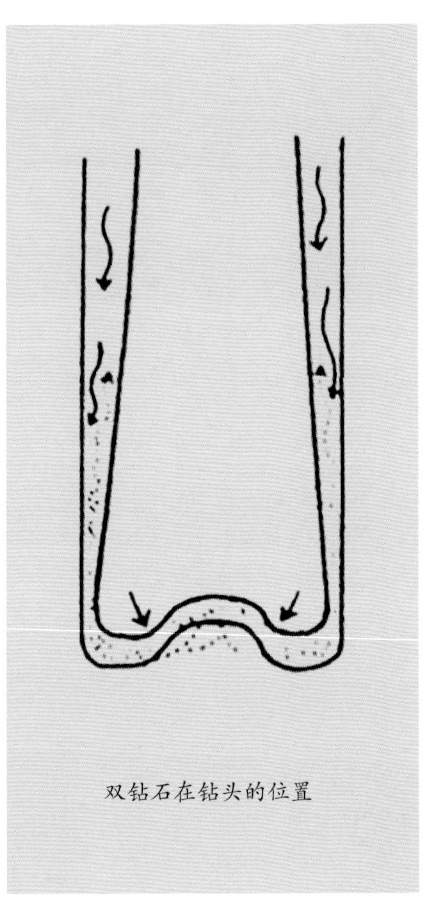

图018　钻石钻头的发明大约在公元前600年前后，双钻石钻头造成的珠子孔道较大，一般南亚（印度）和东南亚工匠擅长；单钻石钻头造成的孔道细小，中亚的工匠一般采用这种技术。两种打孔方式出现在同一地域的情况也经常发生，一是珠子贸易使然，另外也与工匠的技术交流和个人习惯有关。

对于蚀花玛瑙技艺的描述，据《印度的蚀花玛瑙：分布中的装饰图案和地理因素》的作者迪克西特博士（见1-3-6）在他的文章中提到的，最早对蚀花玛瑙技术进行实地调查并记录工艺配方和流程的是一位叫贝拉希斯［Bellasis］的人，他在1857年访问了巴基斯坦信德省印度河西岸的赛维镇［Sehwan］，那里在当时仍有不少工匠在制作蚀花玛瑙珠和其他珠子（实际上那里至今仍然有数千名工匠在使用传统手工制作珠子）。贝拉希斯的文章发表在那年的《信德古物》杂志上，迪克西特博士转述了贝拉希斯报告中的蚀花溶液配方，包括碳酸钾（草木灰）、白铅矿粉和一种在当地常见的灌木Kirar汁混合成的黏稠液体，然后用笔蘸上蚀花溶液在石头（珠子）表面绘制图案，将石头放进炽热的炭火中焙烧以获得最后的图案效果（图019）。

贝克和发现“恩斯特钻”的恩斯特·麦基博士在20世纪30年代也都做过实地的田野调查。那时在印度和巴基斯坦民间，工匠仍然在使用某种蚀花玛瑙技术。贝克本人还进行过工艺复原的实验和显微分析，但是他承认，尽管他的实验能够模仿蚀花玛瑙的装饰效果，并且十分相似，但是他仍然不能确切知道古老的蚀花玛瑙技术的工艺过程是如何运作的。恩斯特·麦基博士则同样访问了巴基斯坦信德省的一位民间匠人，目睹了这位工匠制作蚀花玛瑙的全过程。其工艺过程并不复杂，首先是用洗涤碱（碳酸钠）［washing soda］与当地生长的一种多刺灌木（即上文迪克西特提到的Kirar）的汁液混合成黏稠的液体，然后用这种混合液将图案绘制在石头（珠子）表面；将珠子放置在一个铁盘上烤干，铁盘置于炉灰未尽的炉子上；一旦珠子表面干燥后，就将其埋入炭火中焙烧大约5分钟，其间要煽动炭火使其保持燃烧状态；取出珠子待其冷却10分钟，清洗后，清晰明亮的白色图案便显现出来。撇开当地相对固定的蚀花溶剂配方不论，石头本身的质地和炭火的温度是蚀花工艺是否成功的两个关键的变量。与恩斯特·麦基博士的记录相比，贝克在调查中观察到的工艺过程则更为复杂一些，包括加入各种未经解释的手段以达到最后的装饰效果，以及一种“简陋的”工艺。

对于古代工艺，我们大多喜欢趋于某种浪漫的想象，认为那些古老的工艺如蚀花玛瑙技术会以一种“流传有序”的方式传承下去，即使我们在谈论吠陀时代长达一千年的蚀花玛瑙断档期的时候，也愿意想象这种古老的工艺以某种神秘的方式和途径保存在南亚次大陆某个地方，并顽强地存活了一千年。事实可能并非如此。很多古代工艺经常因为文化的失落和宗教背景的变迁而随之消失，之后的再兴起大多是后人对前人技艺的复原和模仿，而非所谓技术传承。就像今天的人们制作的仿品天珠，采用的是相似甚至可能是相同的技术手段和工艺流程，但实际上只是对古老工艺的想象复原和模仿。理论上讲，它们只是新老的区别，一样的玛瑙材质，类似的工艺手段，相同的图案装饰；真正不同的是制作工艺的具体流程、控制和配方，以及文化和宗教背景的变迁和历经千年的时间，这也是为什么我们能够将那些古代珠子从仿品中区别出来的原因之一，因为它们的确出自不同的技艺和时间。

图019 不同地域和时期的蚀花玛瑙珠。公元前2600年，印度河谷文明的工匠发明了在玛瑙珠上施加人工图案的蚀花工艺，在当时就长途贸易至两河流域及周边，考古发掘出土的那一时期的蚀花玛瑙珠在世界各大博物馆展出。随着印度河谷文明的衰落和雅利安人南下印度，蚀花玛瑙珠一度消失了近千年时间，直到公元前600年前后铁器时代的繁荣期到来，南亚次大陆、中亚山区、沿喜马拉雅山脉南麓和东南亚都在大量制作带有各自地域特点的蚀花玛瑙珠，现在出现在古珠市场的蚀花玛瑙大多属于这一时期，即贝克分期的第二期。其中东南亚蚀花玛瑙的制作延续最晚，至少持续到公元9世纪缅甸古骠国灭于南诏。

即使在没有考古学和田野手段的古代，人们也难免会发现前朝和前人遗物，中国自宋代就形成了研究商周青铜铭文和汉代碑铭的金石学，对古代文化和前人遗物的珍爱并非今天的人们才有。我们的主题涉及的蚀花玛瑙是一样的情况，当铁器时代到来，人们重新在沿河地区建立都市时，偶然发现了前人那些美丽夺目的珠子，聪明的工匠、有利可图的商人和文化风尚的需要，对其进行模仿和工艺复原的热情使得蚀花玛瑙珠的制作再度繁荣并随之到处流传。我们将在本书之后的几个小节不断遇到同样的情况，无论是英国维多利亚时代的有眼玛瑙胸针还是所谓“药师珠”项链，它们都并非维多利亚时代的英国人对两河流域或者波斯帝国的“工艺传承”，而是那个时代的考古大发现刺激了英国人的怀古情绪（见图120）。同样的，缅甸钦族对邦提克珠的热爱也激发了聪明的工匠对古代骠珠的模仿，尽管从材料到工艺都有别于早期的骠珠（见图188），但是它们同样包含工艺和审美，经历了主人的珍爱和岁月的磨砺，我们仍然将其视为不可再生的老珠饰。

◆1-3-6 迪克西特对蚀花玛瑙的分组

除了贝克对蚀花玛瑙的分期，另一篇重要的研究文章是迪克西特博士［Dr. Moreshwar GDikshit］发表于1949年的《印度的蚀花玛瑙：分布中的装饰图案和地理因素》［“Etched Beads in India: Decorative Patterns and the Geographical Factors in Their Distribution”］，该文是迪克西特的博士论文。与贝克对蚀花玛瑙的分期相比较，迪克西特博士着重的是蚀花玛瑙的分区；贝克侧重的是蚀花玛瑙的编年和序列，迪克西特博士则是从考古学类型学的角度对蚀花玛瑙进行地域和装饰风格的分组。他将蚀花玛瑙按照地理区域分成南北两组[22]，与马克·基诺耶教授提到的珠子的打孔技术分成南北两组一样（中亚和南亚），迪克西特按照蚀花珠子在图案设计和装饰风格以及珠子的形制同样分成南北两组。

迪克西特在他的论文中列举了超过五十项蚀花玛瑙珠的出处，包括考古遗址、博物馆藏品和私人收藏。按照迪克西特博士的分组，北方组包括的几个省份是信德省，其中包括著名的印度河谷文明遗址摩亨佐·达罗和昌胡达罗［Chanhu-dara］；旁遮普和西北边境省，其中包括印度河谷文明哈拉巴遗址和铁器时代的塔克西拉；联合省份（当时的英属印度地区，相当于现在的印度北方邦和北阿坎德邦）；斋浦尔［Jaipur］（位于现印度西部的拉贾斯坦邦，与巴基斯坦接壤）；比哈尔［Bihār］（位于现东印度）；孟加拉［Bangladesh］（指现在的东孟加拉）；中央印度［Central India］。南方组包括孟买省［Mumbai Province］和马德拉斯省［Madras Province］（印度南部省）。（图020）

22 迪克西特博士撰写该论文时，印度和巴基斯坦还未正式分治，因而文中将现巴基斯坦归为印度北方，出现在现巴基斯坦境内几个考古遗址的珠子都归为迪克西特博士的北方组。

迪克西特博士注意到一些特定的装饰图案在有限的时间内流行于一定的地域范围，但是这些图案可能发展出几种变化形式在其他地域流行。来自印度河谷和恒河流域的北方组偏爱眼睛图案和各种几何图案的组合，而南方组偏爱线性装饰。北方组和南方组的分区，其意义在于区域文化的差异在文化符号上的反映。北方组的图案装饰与中亚游牧文化和山间谷地相互影响，尤其是眼睛图案，带有一定中亚北方民间巫术信仰的内容；而南方则与东南亚富饶的农业文明相互影响，偏爱线性装饰。由于珠子是最容易携带的贸易品，其装饰图案也随着珠子的流通到处流传，无论北方组还是南方组乃至东南亚、中亚各地方，珠子的装饰图案均有交叉和各种变异。（图021）

除了印度（包括现巴基斯坦），中亚山区和东南亚同样制作大量蚀花玛瑙珠，近年来的资料越加丰富。由于它们另行的装饰特征和涉及不尽相同的文化背景和制作环境，比如中亚山区主要是因为丝绸之路的繁荣和佛教的传播而沿各个贸易节点兴起的珠子制作，东南亚同样是因为铁器时代的到来而发展起来的富裕城市和贸易中心，我们将在后面的章节对它们另外叙述。

◆1-3-7　塔克西拉的珠子

贝克博士除了他1933年发表的那篇《蚀花肉红玉髓珠》，1941年又出版了《塔克西拉的珠子》［*The Beads from Taxila*］一书。对塔克西拉珠子的研究之所以重要，是因为从塔克西拉出土的珠子包括了印度铁器时代出现的大部分珠子形制和装饰风格，同时由于塔克西拉特殊的文化背景而使得对珠子的研究更具价值。

塔克西拉意为“石头之城”，被认为是世界上最早的大学城。公元前后的数个世纪，这里不仅是宗教修习的汇集地，包括佛教和印度教，也是高等教育的知识领地。据印度教文献记载，学生16岁进入塔克西拉，学习各种技艺，包括箭术、猎术和有关大象的知识，另外这里还有法律学校、医术学校、兵法学校。学生长途跋涉来到塔克西拉，因为这里有最杰出的导师和最受尊敬的知识权威，印度孔雀王朝奠基人旃陀罗笈多的导师旃那克耶［Chanakya］便是在塔克西拉授课。

古代文献中的塔克西拉的历史可以追溯到公元前8世纪，考古遗存表明塔克西拉于公元前6世纪波斯帝国占领期间开始发展为城市。塔克西拉位于现巴基斯坦旁遮普省的大干路[23]一旁，由于其战略性的地理位置，历史上一直易手于不同入侵者之间，波斯人、犍陀罗、亚历山大、孔雀王朝、萨桑人、希腊人、贵霜帝国、斯基泰人、帕提亚人轮番登场，直到公元5世纪毁于白匈奴（嚈哒人）灭城。7世纪时，大唐高僧玄奘探访此地，称其为“呾叉始罗”，“呾叉始罗国，周二千余里，国大

23　大干路［Grand Trunk Road］，从2500年前就是连接印度东西部分、南亚进入中亚的主干道，古称“北方之路”。大干路在公元前3世纪印度孔雀王朝时期被极大延伸，1833—1860年英国在印度殖民期间完成了对大干路的升级。

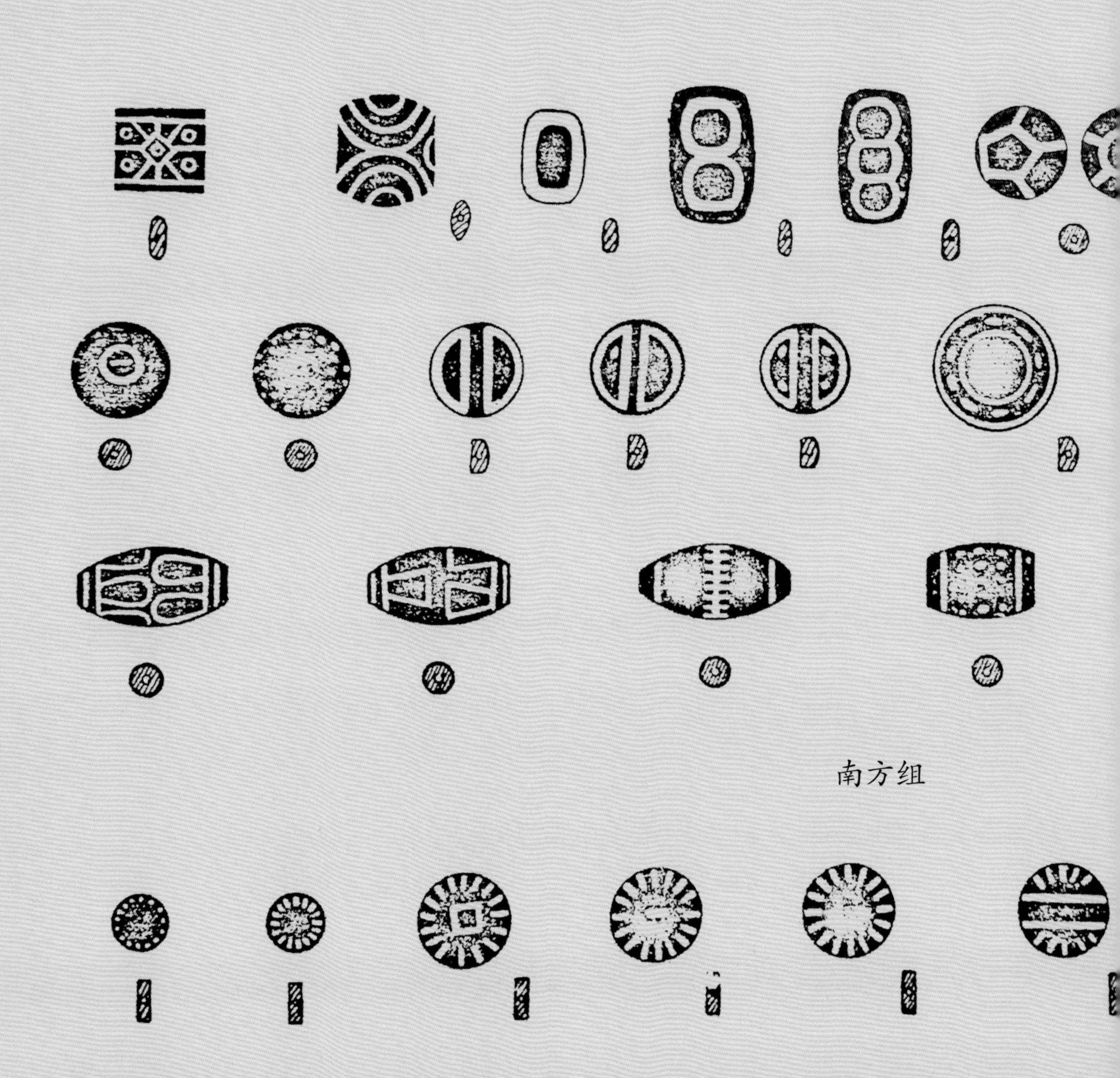
印度蚀花玛瑙装饰图案的分组
北方组
南方组

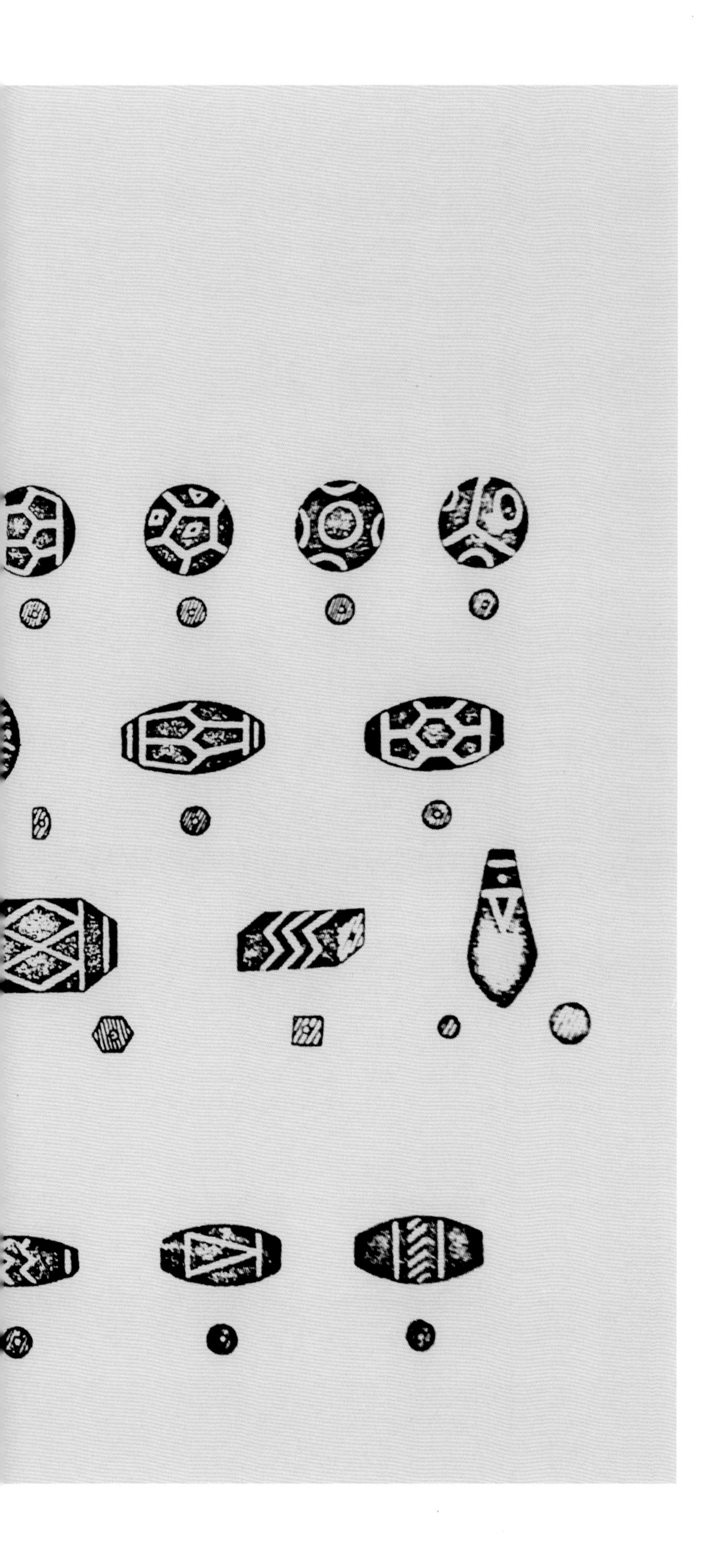

图020　迪克西特对蚀花玛瑙珠按照地域和装饰风格的分组。其中北方组包括印度河流域和恒河流域，其遗址的考古编年跨印度河谷文明至铁器时代；南方组则大多为沿海港口城市，主要是铁器时代的遗址，包括印度南方的大石墓[Megalithic Burials]和娑多婆诃王朝时期[Satavahana Period]（印度南部地方王朝，公元前200—公元200年）的墓葬。南方沿海城市的兴起与海上贸易的繁荣有关，遗址中经常发现罗马帝国的和其他西方古国的手工艺品。

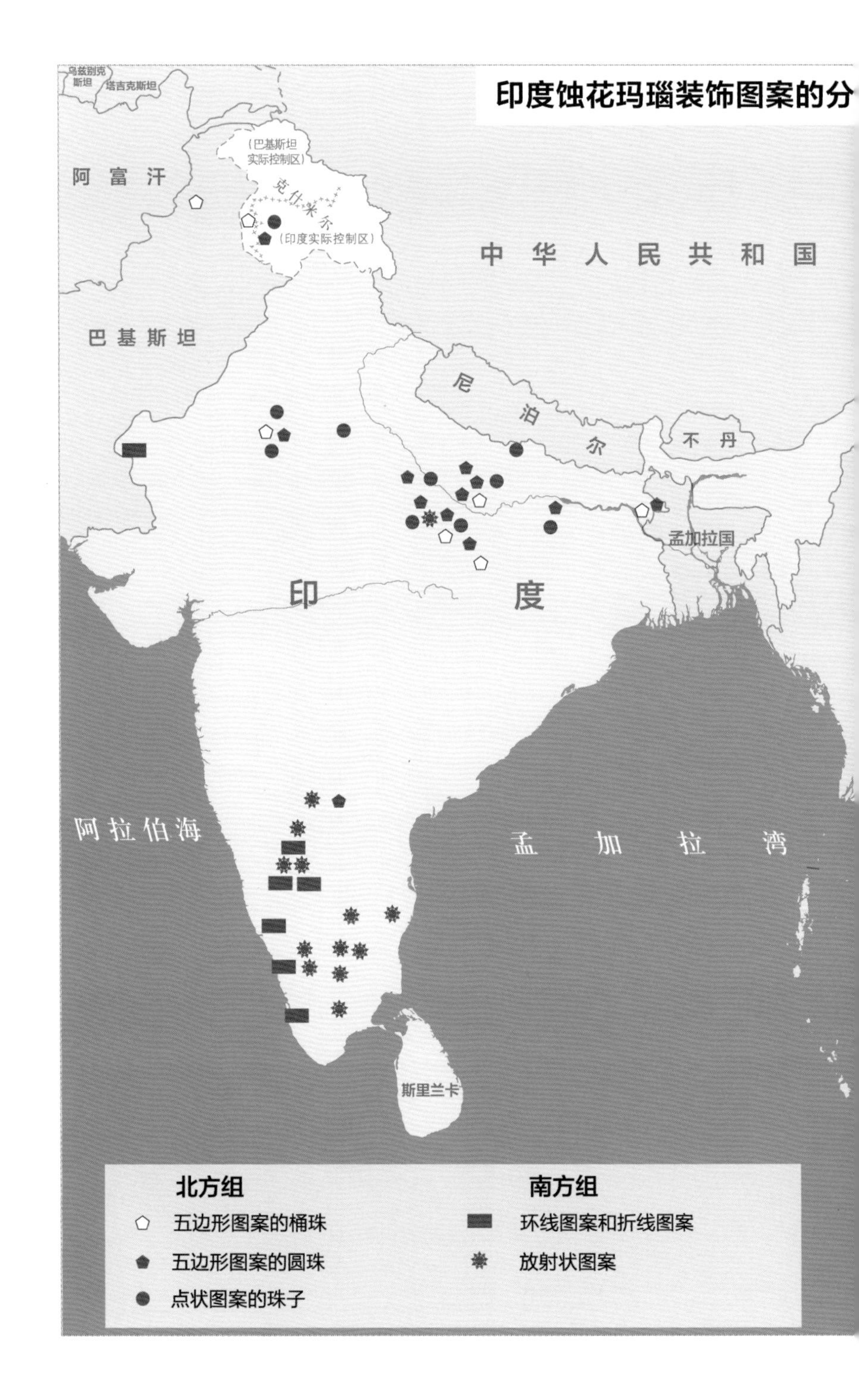

图021　印度和巴基斯坦蚀花玛瑙装饰图案的分布。基本上，迪克西特博士以印度中部的德干高原为界，以北的印度河谷和恒河流域为北方组，德干高原以南的沿海地区为南方组。中间图片为迪克西特博士分组的北方组蚀花玛瑙实物，红地白花一组为印度河谷文明时期的珠子，公元前2600—前2000年；黑地白花一组大多是铁器时代的珠子，制作时间在公元前600年至公元2世纪。右边图片为南方组实物，珠子来自印度南方考古遗址泰米尔纳德邦［Tamil Nadu］和坎契浦兰县［Kanchipuram］，在南方十分流行的放射状太阳图案经常被认为是佛教法轮，这种图案的珠子大多出现在石棺葬，没有确实的证据说明是否就是佛教文化的。北方组实物（第一期）为私人收藏，由收藏家骆阳能先生提供。迪克西特图案分布图中的文字说明“五边形图案”指现在坊间所谓的“寿珠”图案。图例中引用的线图为迪克西特博士论文原图，迪克西特博士撰写论文时，印度和巴基斯坦还未正式分治，因而论文中将巴基斯坦归为印度北方，出现在现巴基斯坦境内几个考古遗址的珠子都归为迪克西特博士的北方组。见注22。

都城周十余里。酋豪力竞，王族绝嗣，往者役属迦毕试国，近又附庸迦湿弥罗国。地称沃壤，稼穑殷盛，泉流多，花果茂。气序和畅，风俗轻勇，崇敬三宝。伽蓝虽多，荒芜已甚，僧徒寡少，并学大乘。”玄奘笔下，塔克西拉荒芜静美，只留下僧寺佛塔伫立在塔克西拉平原上的漫漫荒草中。（图 022）

塔克西拉的考古发掘始于英国陆军工程师亚历山大·坎宁汉姆将军［Alexander Cunningham］于19世纪中期在印度的考古调查，之前他发现了印度河谷遗址的考古价值。1913年，英国考古学家约翰·胡伯特·马歇尔［John Hubert Marshall］（1876—1958年）开始在塔克西拉主持考古发掘达20年，之后又有其他考古学家在这里继续发掘，直到2002年。塔克西拉除了满目暴露在地表的佛塔、寺庙和残垣断壁，遗址内也出土数量巨大的珠子，这些珠子大多出土于佛塔及周围附属建筑，分别出自三种不同的地方：佛堂、舍利塔、居住区（僧舍）。以达摩拉吉卡窣堵波［Dharmarajika Stupa］（图023）为例，其中出于舍利函内的珠子数量最多（图024），其次是居住区，最后是佛堂内。这反映了当时佛教盛行使用珠子一类的珍宝供奉舍利函的仪轨，这一传统一直为佛教信徒遵循，中国直到明代仍旧盛行舍利函供奉。

塔克西拉出土的珠子从形制、材料、装饰到工艺都很丰富，几乎包括当时在印度、中亚甚至远至东南亚的珠子样式。（图025）作为当时举世闻名的宗教中心和大学城，加之塔克西拉东西南北贸易交汇的地理位置，其珠子贸易的频繁和丰富程度可想而知。塔克西拉也出土相当数量的珠子原材料和粗坯，说明有工匠在当地制作珠子，很可能就是专门为佛教供奉制作的。一些蚀花玛瑙珠的装饰图案被认为与佛教有关系，尤其是公元前3世纪孔雀王朝阿育王立佛教为国教以来，一般很少被认为与印度教或其他宗教有关的。

图022　塔克西拉的达摩拉吉卡窣堵波。达摩拉吉卡窣堵波建于孔雀王朝第三任君主阿育王大力推广佛教期间，据称始建于公元前250年，但现今保存下来的部分大多建于后孔雀王朝时代，也就是公元前1世纪前后。

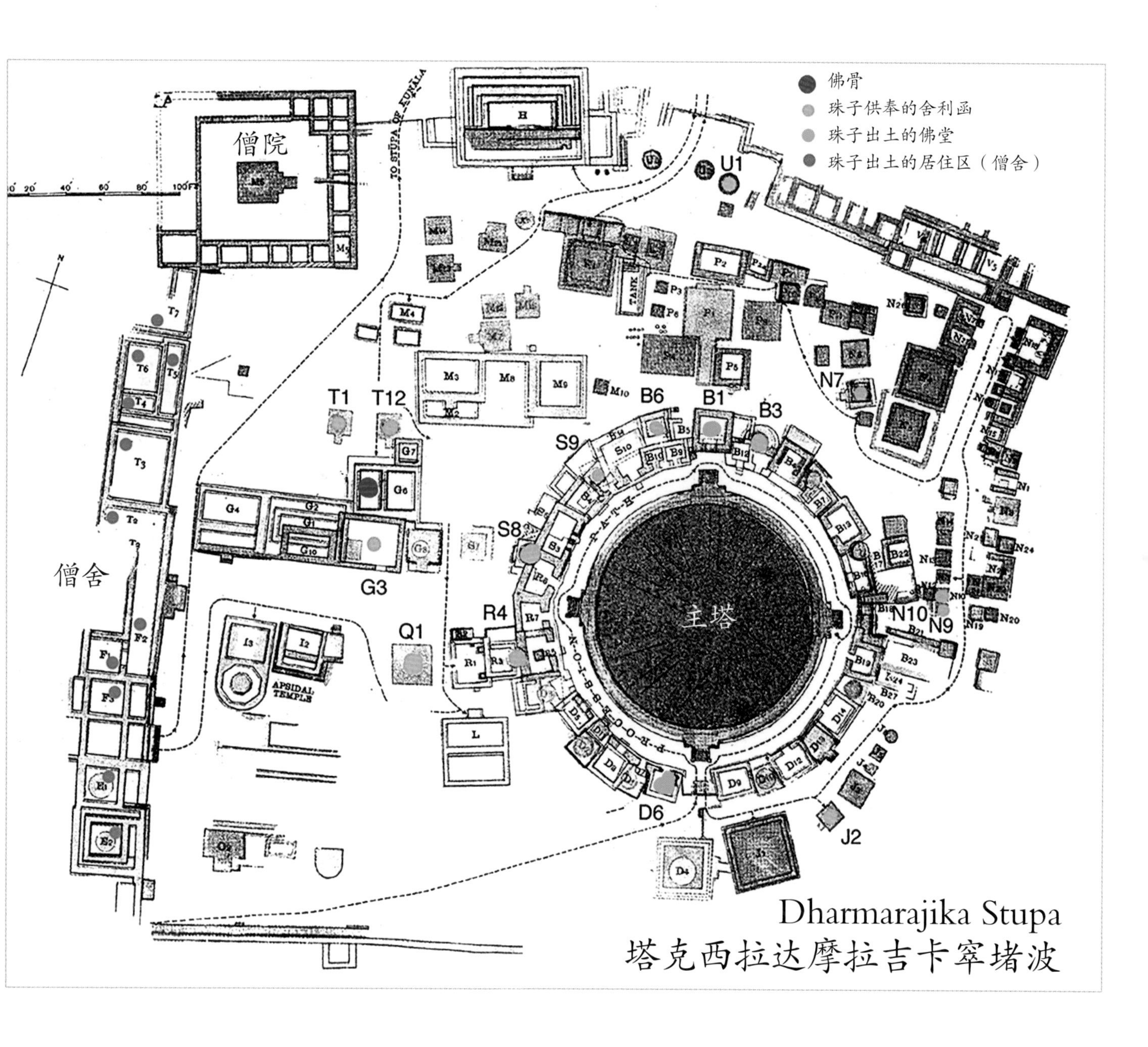

图023　达摩拉吉卡窣堵波（佛塔）内珠子出土位置的分布。一些蚀花玛瑙的装饰图案在这一时期可能与佛教供奉有关，大量出现在塔克西拉硬币上的十字图案和右旋万字纹［Swastika］也出现在蚀花玛瑙珠的图案装饰上。

图024　供奉有珠子及珍宝的舍利函。舍利函（又称圣骨匣）［votive casket］一类对圣人遗物的供奉方式并非佛教特有，基督教、印度教、萨满教及其他一些宗教都有圣物供奉的传统。佛教对佛舍利的供奉很可能起于阿育王期间，即公元前3世纪，这一传统长期延续，对信徒具有强大的宗教感召力。图片中舍利函出自犍陀罗地区［Gandhara］，即巴基斯坦白沙瓦［Peshawar］至斯瓦特河谷［Swat Valley］周边，塔克西拉位于该地域内。舍利函的年代大致为公元1—3世纪。美国纽约大都会博物馆藏。

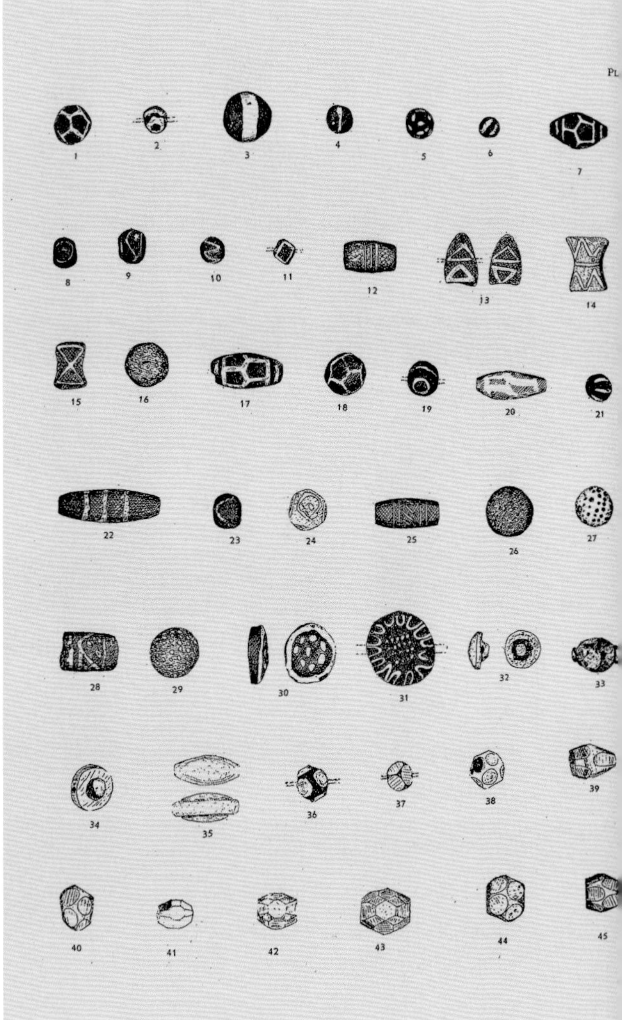

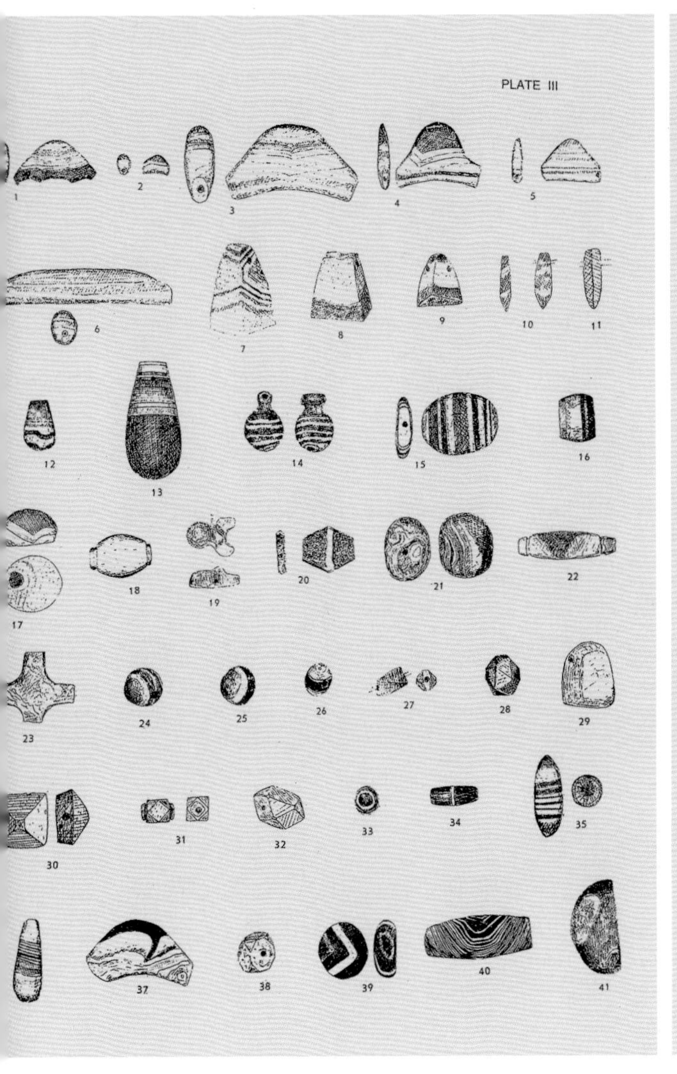

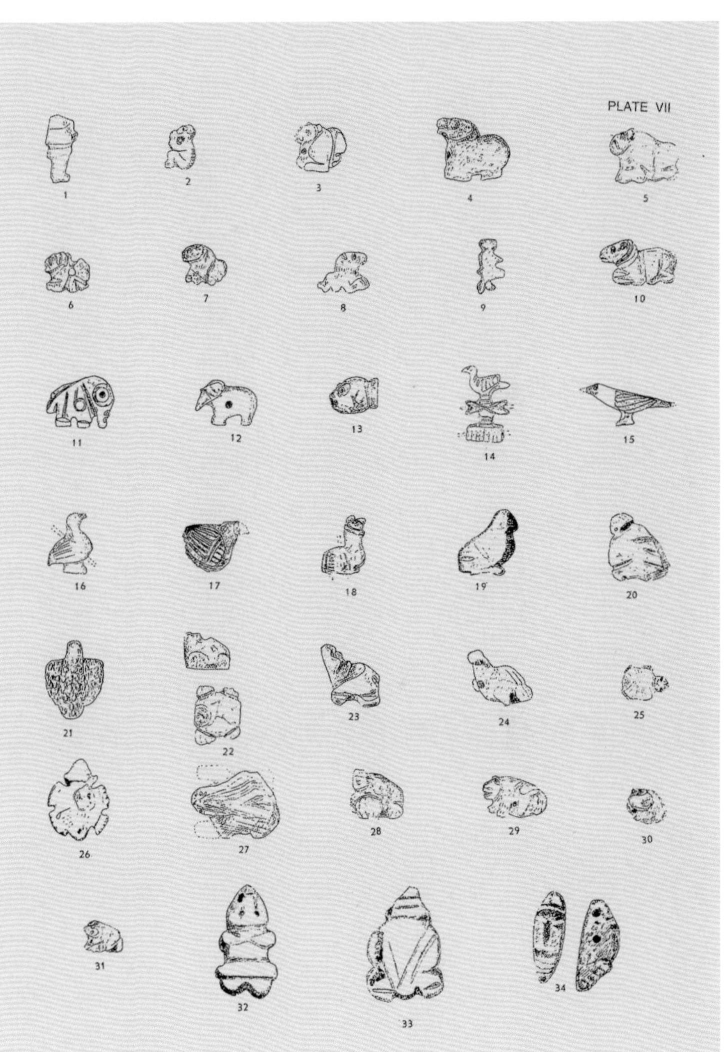

图025　塔克西拉出土的各种形制和材质的珠子。塔克西拉出土的珠子从形制、材料、装饰到工艺都很丰富，几乎包括当时在印度、中亚甚至远至东南亚的珠子样式。塔克西拉位于印度次大陆东西南北贸易交汇的地理位置，作为当时空前繁荣的大学城，塔克西拉汇集了不光来自亚洲各地的学生和僧侣，也汇集了当时最受欢迎的贸易品比如珠子。这些珠子不必都是本地制作的，珠子的来源地可能很多，包括当时东南亚那些富庶的农耕社会。同样形制的珠子也出现在其他任何地方，有些珠子形制在中原文明的墓葬中同样被发现。图片引自贝克博士《塔克西拉的珠子》一书，未全部引用书中珠子图例。

◆1-3-8　几种蚀花图案

半宝石珠子的大量制作始于公元前6世纪铁器时代的到来，随着公元6世纪铁器时代结束、中世纪到来而最终衰落。与之相伴随的现象是佛教在南亚次大陆的逐渐萎缩以致最后完全退出印度和中亚。整个铁器时代的繁荣期，我们看到蚀花玛瑙和其他半宝石一类的珠子大多出现在佛教兴盛的区域，似乎半宝石珠子是佛教信仰所热衷的，至少是佛教兴盛的地区所热衷的，不仅佛教徒佩戴半宝石珠子，佛塔佛寺也是保存半宝石珠子的地方，佛教经典中记载用于供奉的所谓“七宝”除了金银这样的贵金属，其他都是半宝石。被誉为“知识领地”的塔克西拉的佛塔和附属建筑内大量出土珠子，一些蚀花玛瑙珠子上的装饰图案被认为与佛教有关，更加深了人们对佛教与半宝石珠之间紧密联系的印象（图026）。公元前200年至公元300年，在这500年时间里印度教逐渐在南亚次大陆上升为优势地位，佛教一边退出印度大部分地区一边通过中亚和东南亚的丝绸之路向周边扩散。公元300年前后，印度教的黄金时代到来，但蚀花玛瑙珠以及其他半宝石珠子一类的珠子却没有在印度教或者耆那教领地继续兴盛。

佛教盛行对印度的影响反映在各地方钱币的装饰图案上。库宁达王国［Kuninda Kingdom］是古代印度一个喜马拉雅南麓山区的古老王国，大致存在于从公元前3世纪到公元3世纪这几百年间，地域范围相当于现在印度北部的喜马偕尔邦和北阿肯德邦。公元前3世纪佛教随阿育王的大力推广到达这一区域，库宁达王国随之兴起，于公元3世纪改信印度教希瓦宗［Shaivism］而消失。库宁达王国从公元前1世纪大量制作银币，银币上的图案和符号大多与佛教有关，同时也能看到印度—希腊王国［Bactria］（巴克特里亚王国，中国称为大夏）的影响，这可能源自与印度—希腊王国的贸易关系。

库宁达银币图案和符号提供了当时印度与中亚的文化和宗教背景的信息（图027），其中一些符号和图案也出现在同时代的蚀花玛瑙装饰。库宁达王国是否也制作蚀花玛瑙，现有的资料很模糊，库宁达的银币制作表明该王国一度具有相当高的工艺水平，制作珠子是完全可能的，至今在印度喜马偕尔邦周边仍能够见到民间流传的各种珠子包括蚀花玛瑙珠，甚至有民间资料显示，这里的古代墓葬出土瑟珠（包括纯天珠和措思，见4-3-8），墓葬年代的上限大致始于铁器时代，至少部分时间落入库宁达王国的编年。由于没有正式的考古发掘，很难为墓葬确定准确的考古编年。

正如迪克西特博士注意到的，蚀花玛瑙的图案在一定时间和区域内流行，但是会以各种变异出现在其他地方和时间段，有些蚀花玛瑙图案使用的时间很长，流传的地域很广，涉及的背景各不相同，但是无论以何种方式表现，都能识别它们之间的关联。有些图案设计经久不衰，我们可以在蚀花玛瑙珠、邦提克珠甚至瑟珠（天珠）等不同材质、地域和文化背景的珠子装饰上辨认出来。（图028）

图026　塔克西拉的金属币和有相同图案的蚀花玛瑙珠。塔克西拉出土的有十字图案和万字纹的钱币大多为公元前2世纪到公元1世纪，这两种图案也出现在蚀花玛瑙珠的装饰中。一般认为空心十字图案是僧寺塔基的平面图形，而万字纹是古老的吉祥符号。孔雀王朝银币上的法轮（太阳）图案也经常出现在蚀花玛瑙珠上，珠子的年代与孔雀王朝大致平行，这些珠子大多出现在印度南方的石棺葬，是否代表佛教文化很难确定。图片中有空心十字图案的蚀花玛瑙珠出土于中国新疆和田县和田镇，编年被界定在公元1世纪至公元4世纪之间，1917年斯坦因爵士第二次中亚探险所得。右上万字纹图案的蚀花玛瑙珠为私人收藏，年代无考古地层依据。

图027　库宁达王国的银币，制作于公元前1世纪。正面是一只站立的鹿，鹿是库宁达银币常见的形象，与喜马拉雅南麓的山区环境有关，鹿头上冠以两条眼镜蛇；拉克西米［Lakshmi］（吉祥天女）手持莲花伴随一旁；外沿环绕婆罗迷文字：伟大的库宁达国王Amoghabhuti。银币反面是一座佛塔（支提），上面是佛教三宝［triratna］的象征符号，旁边是右旋万字纹和符号Y（可能是梵文），佛塔依于一棵树旁；外沿环绕文字为佉卢文［Kharoshti script］：伟大的库宁达国王Amoghabhuti。

图028　不同地域和材质的蚀花玛瑙珠装饰图案的相似和变异。这种折线装饰出现在所有类型的蚀花工艺的珠子上，无论是玛瑙玉髓珠子还是木化石邦提克珠，无论是白地黑花、黑地白花还是红地白花装饰，无论是来自印度或东南亚的珠子还是喜马拉雅天珠。民间对这些不同变异的线性装饰有不同的称谓，如方折线称为“闪电”、“山纹”、“虎牙”，波浪线叫作“水纹”、“彩虹”等。无论民间如何称谓，这些纹样的相似和变异都可辨认，但是它们当初真正的符号象征可能永远无法解读。

◆1-3-9　蚀花玛瑙的装饰类型

贝克所见印度河谷的蚀花玛瑙有三种装饰类型，红地白花、白地黑花、黑地白花。后来的资料表明，印度河谷除了贝克总结的装饰类型，还有其他色彩对比的装饰类型，比如三色蚀花珠。蚀花玛瑙装饰类型的不同与制作工艺有关，因而装饰类型也可分类成工艺类型，但是并非一一对应的关系，有些同一种装饰类型的珠子可以由不同的工艺造成，而同一种工艺手段也可造成不同的装饰效果，因而这里对蚀花玛瑙的分类暂时只涉及装饰效果，而不做专门的工艺分类。

贝克所见的装饰类型一和装饰类型二以及三色蚀花珠，都是在石头的天然基底上直接使用染色剂画花，然后加热，待珠子冷却后，装饰图案便显现出来（图029）。而另一种不同于直接画花的蚀花技术是使用"抗染"的办法，这种技术是先将石头整体白化［有些学者称为whiten（漂白），有些称为bleached（脱色）］，这种白化可能不是单纯的加色和改色的目的，而是为了改变石头的质地以便能够对石头进行更复杂的着色工艺，白化过的石头质地似乎变得更加细腻致密；整体白化之后，施加图案的方法也并非在（经过白化的）珠子表面直接画花，而是类似蜡染的方式——在白化过的基底上使用某种溶液（抗染剂）画上（覆盖）需要最后留白的图案，然后再将珠子表面进行整体"黑化"，黑化完成之后，溶液覆盖的部分就显现出预留的图案。天珠的制作基本上是这种工艺流程，我们将在以后有关天珠的章节专门讨论。

1. 红地白花

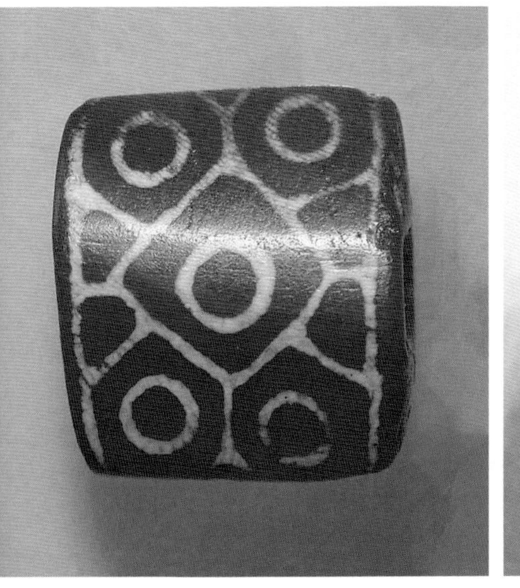

2. 白地黑花

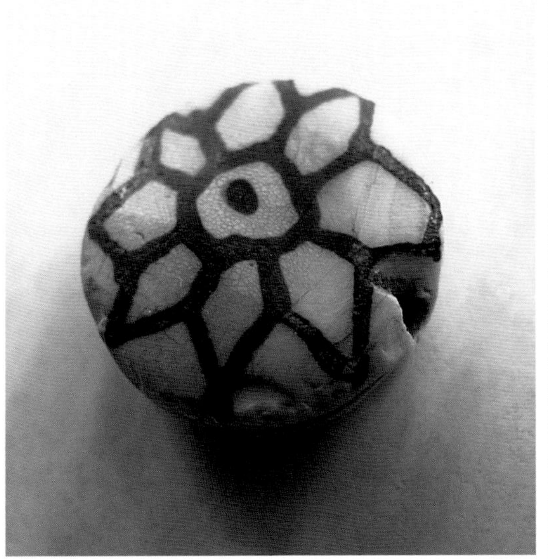

3. 黑地白花

图029　印度河谷文明蚀花玛瑙的装饰类型。1. 红地白花，2. 白地黑花，3. 黑地白花，4. 灰地白花，5. 三色蚀花，6. 抗染工艺的黑地白花。贝克所见的有1、2两种装饰类型，3、4、5是贝克之后的资料。从1到5都是同一种工艺类型造成的不同的装饰效果，即在石头（人工加色或者表面白化过）的基底上画花，然后直接加热，石头（珠子）冷却后，装饰图案便显现出来。而6的工艺类型则不同，实际上已经是类似天珠的制作工艺，即首先将石头整体白化，然后在白化过的石头上使用某种溶液（抗染剂）施加需要的图案，注意这时画上去的图案不是想要依靠下一步的加热过程显现出来，而是依靠画花使用的溶液（抗染剂）覆盖预留的白色（白化过的底色）部分，以防止在下一步的“黑化”过程中被染色；当珠子经过黑化后，石头表面整体呈黑色，而覆盖有抗染剂的画花部分未被黑化染色而显现出白化过的基底色来，即预留的白色图案。图6中的珠串来自印度河谷文明哈拉巴遗址，除了其特有的工艺类型，珠子的图案装饰也是后来的“瑟”珠的一种，即藏族所谓“崩思”（崩系），民间所谓“寿珠”，迪克西特博士称为“五边形”装饰图案的珠子。这种装饰图案比其他任何一种蚀花装饰图案延续的时间都长，流传的范围都广，从青铜时代到铁器时代，从中亚印度到东南亚。图1、4、5、6均为来自印度河谷文明遗址的考古实物。图2、3为私人收藏，只表明相关的工艺类型，不作为珠子断代的依据。其中图3为收藏家李文方先生藏品，该藏品作为典型器曾被一些西方有关古代珠子的论著引用过。

. 灰地白花

5. 三色蚀花

6. 抗染工艺的黑地白花珠

◎第二章◎ 眼睛崇拜

◆2-1　中东的考古资料

布拉克土丘［Tell Brak］[24]是位于两河流域北部、现叙利亚东北的早期青铜时代考古遗址，于1937年至1938年之间由英国考古学家马克思·马洛文［Max Mallowan］（1904—1978年）主持发掘。20世纪第二次世界大战以前是中东（见注5）考古发现的黄金年代，马洛文等具有冒险精神和严格受训于学院教育的一批人首次向世人揭示了埋藏在地表以下、《圣经》故事之中的那些古老城邦和人类聚居地，他们是那个年代的文化英雄。马洛文是英国著名犯罪小说家阿加莎·克里斯蒂[25]的丈夫，他们之前相遇在乌尔古城，其时，马洛文正在乌尔协助古城遗址的发掘。马洛文离开乌尔之后，在中东其他地方长期主持发掘，直到第二次世界大战爆发，进入英国皇家空军志愿预备队，获皇家空军中校军衔；1945年第二次世界大战结束，马洛文重返考古和教学领域，任伦敦大学教授直至退休。

24　土丘［Tell］是指具有考古价值的大型土丘，也称“mound”，阿拉伯语称“tell”，是古代人类经过数世纪反复占用和废弃，累积起来的人工堆积层，高出地面数米至数十米。土丘一般用于描述中东和两河流域开阔的冲积平原上的考古遗址，典型的土丘为平顶的四边梯形。两河流域多为泥砖建筑，当老的城址和建筑被人为翻新或战争毁灭，坍塌的土坯形成新的地层，而重建的砖泥建筑继续建立在坍塌的地层之上，数千年的人工堆积形成高达数十米的人工土堆，蔚为壮观。

25　阿加莎·克里斯蒂［Agatha Christie］（1890—1976年），英国著名犯罪小说家、剧作家。她一生创作了66部犯罪小说、15部短篇小说集和数部经演不衰的舞台剧；塑造了大侦探波罗和马普尔小姐的经典形象。其作品被翻译成103种语言，比莎士比亚的翻译作品还多出14种。阿加莎热爱旅行，对历史和考古十分着迷，与考古学家马克思·马洛文结婚后，伴随他在两河流域北部和叙利亚的田野考古多年，其间创作了数部以考古素材为背景的脍炙人口的作品。

图030　布拉克土丘的位置和神庙出土的眼睛人偶。布拉克土丘出土的眼睛人偶距今超过5500年，是目前可知最早的人类对眼睛崇拜的实物形式。人偶出自“眼睛神庙”，它们的造型十分独特，对眼睛的突出刻画表明了人们对它的敬畏和崇拜。神庙还出土了散落的人偶半成品，很可能神庙周边即是制作人偶的场地或作坊，类似现今藏传寺庙泥“擦擦”的供奉形式。英国大英博物馆、巴黎罗浮宫、纽约大都会博物馆以及叙利亚国家博物馆都有来自布拉克土丘的眼睛人偶藏品。图片均为纽约大都会博物馆藏品。

马洛文在布拉克遗址发掘了独特的眼睛神庙［Eye Temple］，神庙内出土数量可观的眼睛人偶，他们最引人注目的特征是都长着一双或者两双甚至数只（奇数）巨大的眼睛，眼睛的夸张程度让人联想到中国三星堆考古遗址出土的青铜纵目人像[26]。这些人偶可能本身并非用来崇拜的，而是当作供品用于对神的供奉，一般用滑石一类的软石制作，高度在3到9厘米之间，扁平状，造型简约抽象，只有眼睛的刻画十分突出。人偶有些长着不止一双大眼睛，推测所刻画的不仅仅是人类；有些人偶还怀抱小人偶，是否用来代表家庭或某种群体，其用意已经很难推测。这些小型人偶被分类成四个类型：1. 一双眼睛的人偶，有些装饰过，有些没有装饰；2. 三只眼睛、四只眼睛、六只眼睛的人偶；3. 胸前刻有小人偶的人偶；4. 眼睛有穿孔的人偶。（图030）

无论人类还是动物，天生对眼睛形状的东西都很敏感，眼睛意味着生命和对世界的观察。人类很早就开始了对眼睛的敬畏和崇拜，布拉克土丘出土的眼睛人偶是迄今为止最早的实物证据，距今大约5500年。眼睛人偶的发现并非只有布拉克遗址所独有，尤其是眼睛有穿孔的人偶，在美索不达米亚北部十分流行，数个年代平行的古代遗址都出土这类滑石人偶，与布拉克土丘相邻的考古遗址哈姆卡尔［Hamoukar］同样出土了数量可观的眼睛人偶。

尽管布拉克土丘位于美索不达米亚北部，其眼睛神庙的平面布局和装饰手法与美索不达米亚南部的神庙却很相似，眼睛图案及装饰在当时整个美索不达米亚平原都能见到，诸如著名的乌鲁克［Uruk］和埃利都［Eridu］等苏美尔城邦的神庙。在马洛文来到布拉克之前发掘的乌尔古城的王室墓地，同样发现了眼睛图案装饰的神庙。但是，眼睛人偶却是布拉克土丘等几个北部遗址独有的。此外，布拉克遗址还发现大量珠子，有玛瑙、天河石、黄金、萤石及其他软石，另也有年代晚于人偶的滚印出土，形制和材质与美索不达米亚平原同时期的遗址所出相类似。

◆2-2　埃及的眼睛崇拜

埃及人对眼睛崇拜最明显的例子是荷鲁斯之眼［Eye of Horus］。荷鲁斯［Horus］是古埃及的天空之神，埃及最古老的神祇之一，冥王奥西里斯［Osiris］和女神伊西斯［Isis］的儿子。对荷鲁斯的崇拜从公元前3100年前后的埃及前王朝时代一直持续到公元1世纪罗马占领埃及，在这3000年里，荷鲁斯一直是埃及文明最显赫的神祇。荷鲁斯本人经常被表现为长着游隼头颅的人形，是太阳、天空和王

26　三星堆考古遗址位于四川省广汉市西北的鸭子河南岸，分布面积12平方公里，距今已有5000至3000年历史，是迄今在西南地区发现的最大的古蜀文化遗址。三星堆出土数量可观的青铜器，其中用于祭祀和崇拜的青铜大立人像和纵目人像造型奇特、体量巨大。由于缺乏文字解读，这些青铜器的意义一直神秘难解。

权之神。而荷鲁斯之眼则是埃及最著名的符号和护身符，其右眼代表日神“拉”［Ra］，左眼（右眼的镜像图案）则代表月亮和月神“透特”［Thoth］。荷鲁斯之眼经常被人格化为女神瓦吉特［Wadjet］（眼镜蛇），瓦吉特也是埃及最古老的神，她最初是下埃及（尼罗河三角洲）的保护神，后来又变身为一系列母神和爱神。当瓦吉特代表荷鲁斯之眼时，则象征保护、王权和健康。（图031）

除了对神之眼的崇拜，埃及人对人的眼睛的强调更具实践性，他们在埃及早期王朝时代之前就使用眼线墨画眼线，考古证据表明，埃及人从公元前4500年的拜达里文化［Badarian culture］可能就已经开始使用铅粉来画眼线。早王朝时期可能

1

2

3

图031　荷鲁斯之眼。古埃及对荷鲁斯之眼的崇拜从公元前3100年持续到公元1世纪罗马占领埃及。多数时候，荷鲁斯之眼被称为瓦吉特护身符［Wadjet amulet］，是埃及最著名的符号和护身符。埃及法老尚克二世［Shoshenq II］（公元前887—前885年在位）的陵墓是埃及第二十二王朝唯一一个没有被盗的王室陵墓，他的墓葬中出土了用黄金、费昂斯、玛瑙、青金石等各种材质制作的荷鲁斯之眼珠宝和装饰品，大多是专门为他的葬礼制作的，用意保护他的来生后世，远离邪恶。在古代，埃及和近东地区的海员都会在他们的船体上画上荷鲁斯之眼，以确保能够在海上安全旅行。图1、2为法老尚克二世的金面具和他的荷鲁斯之眼手镯，图3、4、5为公元前8世纪到前5世纪的埃及荷鲁斯之眼护身符，它们常常是珠饰项饰的主题，穿缀在中心位置以突出对主人的保护作用。藏品来自纽约大都会博物馆和埃及国家博物馆［The Egyptian Museum］。

图032　埃及中王朝时期和新王朝时期的眼线墨装饰。图左为中王朝时期（公元前2055—前1650年）的太阳神哈马基斯［Harmakhis］，实际上是荷鲁斯本人，这时的眼线墨是用辉锑矿研磨的粉末调制而成，这种粉末为铅灰色，有金属光泽，而眼线的画法与后来新王朝时期有所不同。中图为十八王朝图坦卡蒙［Tutenkhamon］（公元前1361—前1352年）的雪花膏石卡诺皮克罐［Canopic jar］，是专门用来保存木乃伊内脏的容器，这件是图坦卡蒙四个卡诺皮克罐之一，每个罐子都使用了图坦卡蒙本人的头像作为盖子。图右同样出自十八王朝时期的图坦卡蒙墓，是专门服务于墓主来生后世的仆人沙布提［Shabti，也写成Ushabti］。这一时期开始使用硫化铅调制眼线墨，上眼睑一般画成黑色，而下眼睑则使用绿色的孔雀石粉调成的眼线墨。

只流行于王后和贵族妇女中间，很快男人就参与了进来，因为铅粉制作的眼线墨具有防止眼病的功效，湿润的眼部会引起尼罗河周边蚊蝇的叮咬造成的眼疾，尤其可能在孩子的眼睛周围产卵。埃及壁画和现代有关埃及的电影中出现的法老和贵族画着浓浓的眼线，这种风气可以从埃及出土的和神庙遗留的石制雕像的装饰上看出来（图032）。埃及十八王朝时期（公元前1550—前1077年），王后哈特谢普苏特［Queen Hatshepsut］将焙烧过的乳香研磨成粉，做成眼线墨用来画眼线，这也是古代文献第一次记载树脂（松香）的用法，而这种乳香得于埃及对神秘王国“彭特之地”［Land of Punt］的远征，那里生长着芳香迷人的乳香树，王后哈特谢普苏特的神

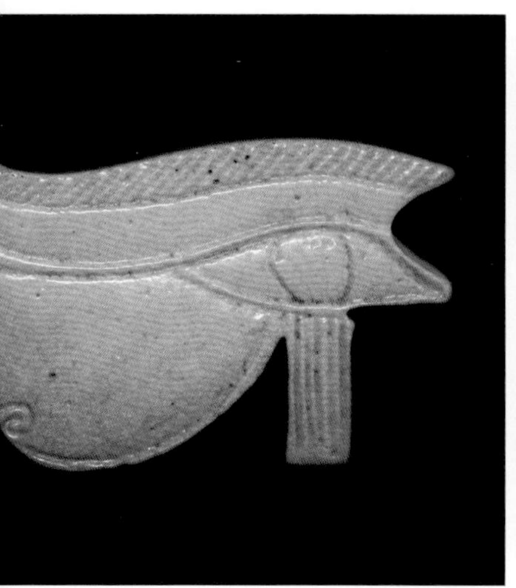

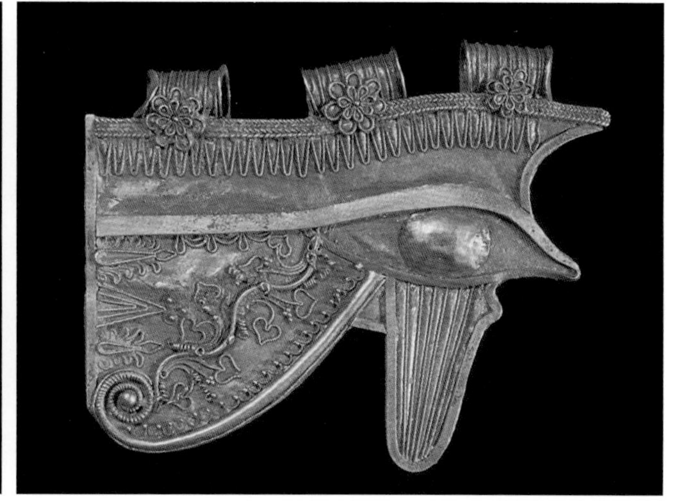

5

庙壁画记录了那次穿越红海的远征，但是至今史学家仍在争论彭特之地真正的位置。

埃及早期王朝时代的贵族妇女和王后使用的眼线墨不是铅粉，而是用辉锑矿［stibnite］研磨出来的粉末调制而成。然而在古埃及流行时间最长的是以硫化铅［galena］粉末调制的眼线墨，一般上眼睑画成黑色，下眼睑画成绿色，埃及古代文献对这种眼线墨的配方都有过记载，黑色为硫化铅粉末配方，绿色为孔雀石粉末配方。这一历时数千年的风气使得埃及留存了大量装铅粉和眼线棒的化妆盒，这种小容器成了古埃及手工艺术品一个长期的题材（图033），其造型、材质和制作工艺都十分丰富，折射出古埃及人日常生活中的情趣和细节。

对于神和人，古埃及人都倾心刻画眼睛之于他们心中的敬畏，但是他们也没有忽略对死者的关照，尤其是在埃及人心目中，死亡是另一段旅程的开始，须给予亡灵一双永不枯萎的眼睛，以照亮他们去另一个世界的路程。1894年，法国考古学家雅克·摩根［Jacques de Morgan］（于1897年主持发掘波斯王城苏萨）发掘了埃及第十三王朝法老奥尔一世的陵墓，这座法老墓是少有的未经任何侵扰的王墓，木质棺椁已经腐朽，但是奥尔一世的木质面具上那双青铜镶嵌宝石的眼睛仍然栩栩如生，出土时仿佛新生再世（图034）。

眼线墨最初是用来保护眼睛免受某些眼疾的侵害，尤其是在太阳光强烈的北非沙漠地区，至今流传着暗化眼部的传统，当地人相信眼线墨可以抵挡过分强烈的阳光对眼睛的伤害。眼线墨现在被称为“科尔”［Kohl］，是阿拉伯语对眼线墨或者眼影的称谓，希伯来《圣经》同样提到过科尔，意思是“蓝色”，“科尔”一词则是从公元7世纪随着阿拉伯伊斯兰教的传播广泛流传开来。画眼线的风气至今仍然流行于北非、西非、中东和印度一些地方，尤其是北非沙漠中那些游牧的部落民族，他们有对于“邪恶眼”［Evil Eyes］的信仰，使用眼线墨画上浓浓的眼线，除了抵御强烈的沙漠阳光的直射，更多是用来避开“邪恶眼”的伤害（见2-9）。

◆2-3　印度河谷文明的有眼板珠

印度河谷文明出土的公元前2600年的蚀花玛瑙珠，最流行的装饰图案是眼圈纹样。除了蚀花玛瑙，印度河谷也出土天然黑白条纹玛瑙（缟玛瑙）[27]制作的带有眼圈纹样的板珠，从早期哈拉巴文化的成熟期，一直到公元前2000年印度河谷文明逐渐进入衰亡期，这种纹样都很流行（图035，图036）。印度河谷文明没有留下长篇铭文供后人解读，因而对他们的宗教和信仰我们都知之甚少，学者只能根据他们留

27　文中所谓条纹玛瑙也称缟玛瑙，英文onyx，是一种带有天然条纹的玉髓［Chalcedony］，即一种隐晶质的二氧化硅。条纹玛瑙（缟玛瑙）［onyx］和缠丝玛瑙［agate］都是带有天然条纹的玉髓的一种，不同的是缟玛瑙的条纹通常是平行线，而缠丝玛瑙的条纹大多弯曲和曲折。见5-1-1。

图033　古埃及人的眼线墨容器。对于古埃及人，作为抵御眼疾的预防措施，眼线墨的净化作用仅次于水。眼线墨的制作首先是将硫化铅和孔雀石研磨成粉末，然后用脂肪调和而成，使用细小的眼线棒沾上眼线墨描画上下眼睑。孔雀石的使用是为了眼线的装饰效果，而黑色的铅粉能够反射强烈的日照，更重要的是，在炎热的埃及，铅粉所包含的成分可以避开苍蝇的侵扰和其他微生物滋生造成的眼疾甚至眼瞎。图中眼线墨容器以埃及喜神贝丝［Bes］为题材，据说他奇异可怖的形象能够击退导致眼疾的超自然法力。眼线墨容器制作于公元前1400年，正值埃及十八王朝时期，埃及留存下来的这一时期的各种手工艺品都很丰富。容器使用埃及古老的滑石上釉的工艺制作，结构设计了分装铅粉和孔雀石粉以及两只眼线墨棒的空间。藏品来自纽约大都会博物馆。

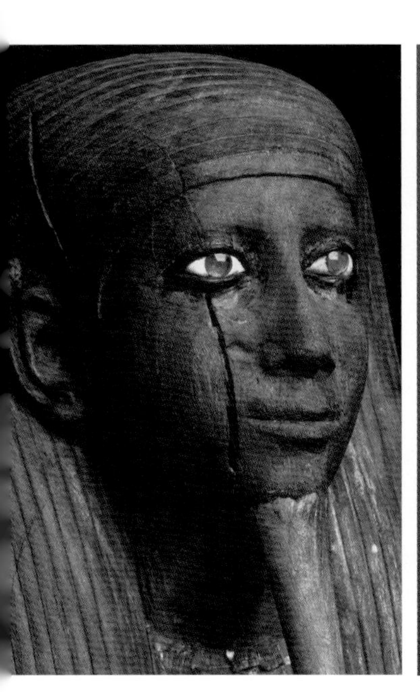

图034　埃及第十三王朝法老奥尔一世的葬礼面具。奥尔一世法老［Hor I］（公元前1777—前1775年在位）由于他保存完整、未经侵扰的墓葬被世人所知，特别是他葬礼面具上那双宝石制作的眼睛让人赞叹，尽管奥尔一世法老的木质棺椁和面具都开始腐朽，但那双眼睛仍然像可以看穿世事一样生动。埃及人对葬礼面具的制作最强调的便是眼睛，除了奥尔一世的宝石眼睛，经常出现的是青铜镶嵌石英，以黑曜石制作眼瞳，蓝色玻璃制成眉毛和眼线，与墓主人在世一般。图左奥尔法老面具制作于公元前18世纪，藏于埃及国家博物馆。图右葬礼面具制作于公元前1400—前1300年，藏于巴黎罗浮宫。

图035　印度河谷文明出土的眼圈纹样的珠子。这些珠子有人工图案的蚀花玛瑙珠，也有利用条纹玛瑙的天然色彩分层制作的板珠，后者与后来广泛流传在两河流域、伊朗高原、中亚、印度乃至西藏的有眼板珠在形制和制作方式上区别不大。图右为印度河谷哈拉巴时期的珠子，这种眼圈纹饰是这一时期十分流行的珠子装饰题材，有单独的眼圈也有两个眼圈相连的纹样，称为双眼纹饰［Double-eye］，这种珠子在两河流域也能见到，有人工蚀花玛瑙也有天然黑白条纹玛瑙制作的。图左同为哈拉巴出土的珠子，眼圈纹样的珠子是利用黑白条纹玛瑙的天然色彩分层制作的，除了单眼的板珠，也有双眼纹饰的珠子（残）。

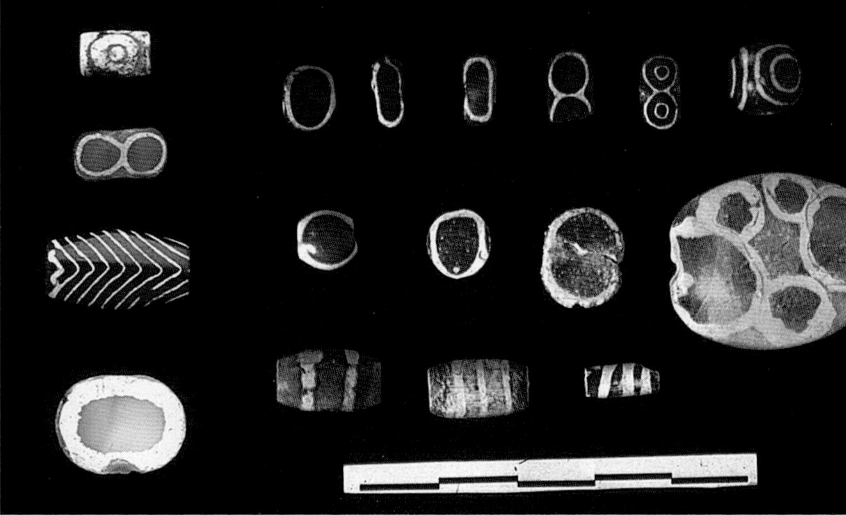

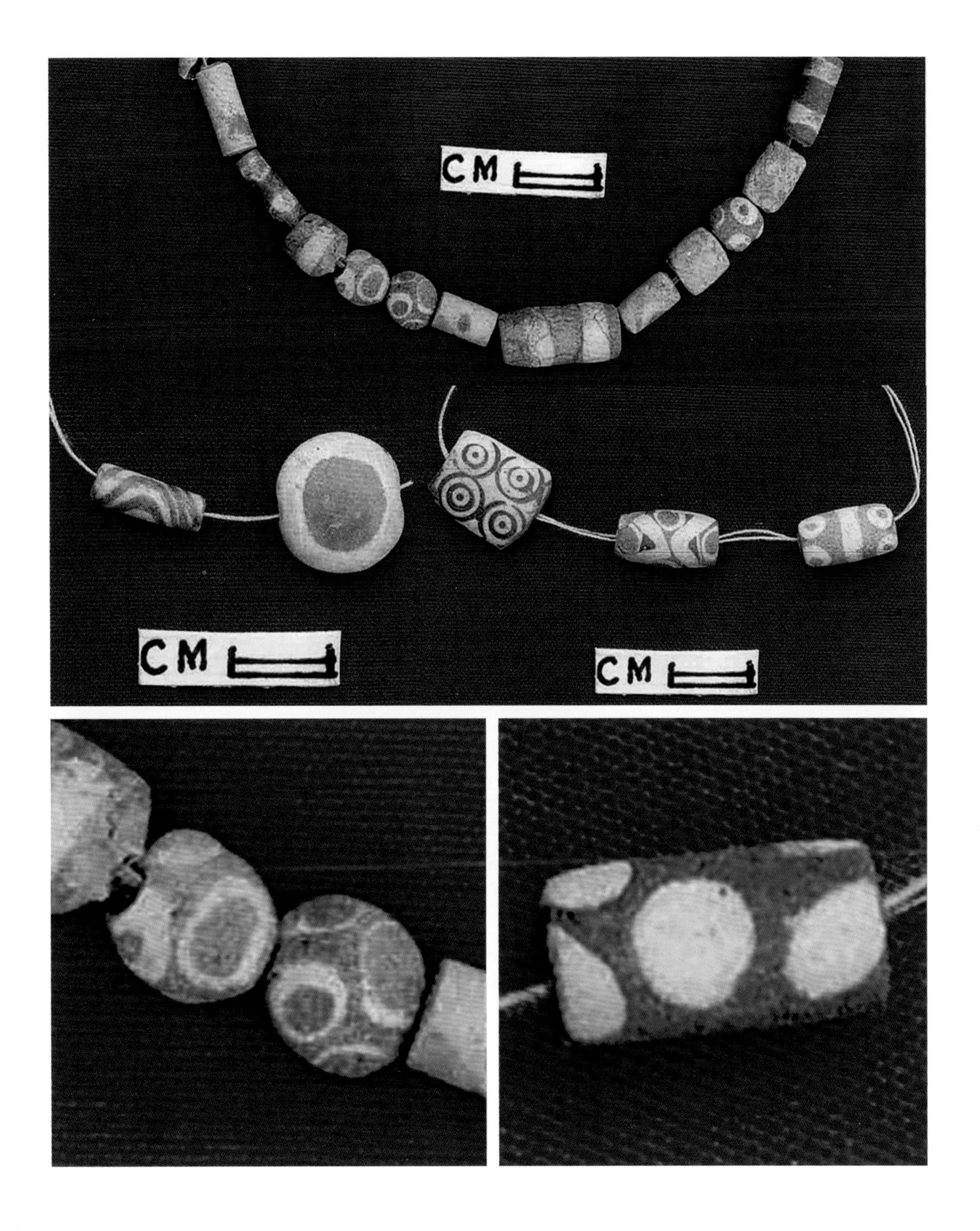

图036　印度河谷文明Sanauli考古遗址出土的费昂斯珠。Sanauli遗址位于印度北方邦巴劳特县［Barot Tehsil］，于2005年正式发掘，最近才被列入印度河谷文明考古遗址名单。该遗址的考古编年为公元前2200年至前1800年，比哈拉巴成熟期稍晚。这些珠子都是人工烧造的费昂斯，有复眼纹样的圆形珠，也有单眼板珠，还有复眼装饰的方形扁珠。有趣的是，之前的资料显示，复眼装饰的费昂斯珠或玻璃珠是地中海东岸腓尼基人［Phoenicians］的装饰传统和工艺（见图044），但是这里的考古证据表明，腓尼基人制作这种形制和装饰纹样的珠子比Sanauli遗址至少晚1000年。

在那些数量不少的滑石印章上、待解读的符号和半神半人或者半神半兽的形象，对他们的信仰进行猜测，或者根据后来的文献追溯有关的蛛丝马迹，但是没有人能确切知道印度河谷居民的宗教和哲学。

印度河谷出土数量相当的带有符号和疑似文字的印章，是否已经是成熟的文字系统还有争议，与埃及文字和两河流域的楔形文字的情况不同，印度河谷的这些符号（或文字）至今未能成功解读。另一点与埃及和两河流域不同的是，印度河谷没有出现大型的宗教建筑和纪念性建筑。对印度河谷那些滑石印章上的形象和图形大多是推测，因而我们无法对那里出土的诸多手工艺品和图案象征获得准确的解释。对珠子上的“眼睛”纹样也是一种猜测，我们不能像解释埃及“荷鲁斯之眼”那样，既不能说这是对于某位神祇的崇拜，也无法了解它具体的象征意义。从苏美尔人的泥版文书中得知，苏美尔人把他们主要的贸易伙伴称为“麦路哈”，学者肯定这些麦路哈人来自印度河谷，除了知道他们是出色的工匠和贸易者，没法知道更多。

◆2–4　两河流域的有眼板珠

20世纪20年代，巴格达古物市场出现一大批高质量的、形制独特的古代艺术品，据称来自底格里斯河与其支流交汇的沙漠中。1929年，芝加哥大学东方学院获得在这一区域的发掘权，不久在美索不达米亚中心地带靠近苏美尔古城埃什南那［Eshnunna］的阿斯马尔土丘发现了共计12尊小型雕像的窖藏，被称为“阿斯马尔土丘窖藏”［Tell Asmar Hoard］。尽管两河流域在文明初期没有出现像布拉克土丘（见2–1）那样的眼睛人偶，但是阿斯马尔土丘出土的雕像却以特别夸张的眼睛装饰引人关注，无疑这些雕像在制作当初最想要强调的是他们的眼睛，虽然我们已经无法解读这些雕像想用他们巨大的眼睛传递什么，但是苏美尔人都极力用夸张的装饰手法来表现他们对眼睛的崇拜和敬畏。（图037）

几乎与阿斯马尔土丘窖藏发掘的同时，由英国考古学家查尔斯·雷纳德·伍利［Charles Leonard Woolley］（1880—1960年）主持、大英博物馆和宾夕法尼亚大学联合出资的考古队伍，对伊拉克南部的苏美尔城邦乌尔进行了大规模的考古发掘，共计发掘了1850座墓葬，其中包括16座王室大墓，出土难以计数、门类丰富的古代手工品，这次历时12年的发掘是当时最轰动的考古事件。珠子和珠饰是乌尔王墓出土实物中最醒目的小物件，其中眼圈纹样的蚀花玛瑙珠和其他多种珠饰被认为来自数千里之外的印度河谷；另外，从月神塔庙［Ziggurat］一间于公元前6世纪由新巴比伦最后一位国王那波尼德［Nabonidus］重建的祈祷室的地板下出土了一批珠饰窖藏，包括大量红玉髓珠和有眼圈纹样的板珠（图038）。

乌尔是这个世界上最早的都市之一，乌尔最初的创造者是苏美尔人，他们于公元前5500年到前4000年之间来到美索不达米亚平原的南部即现在的伊拉克靠近波斯

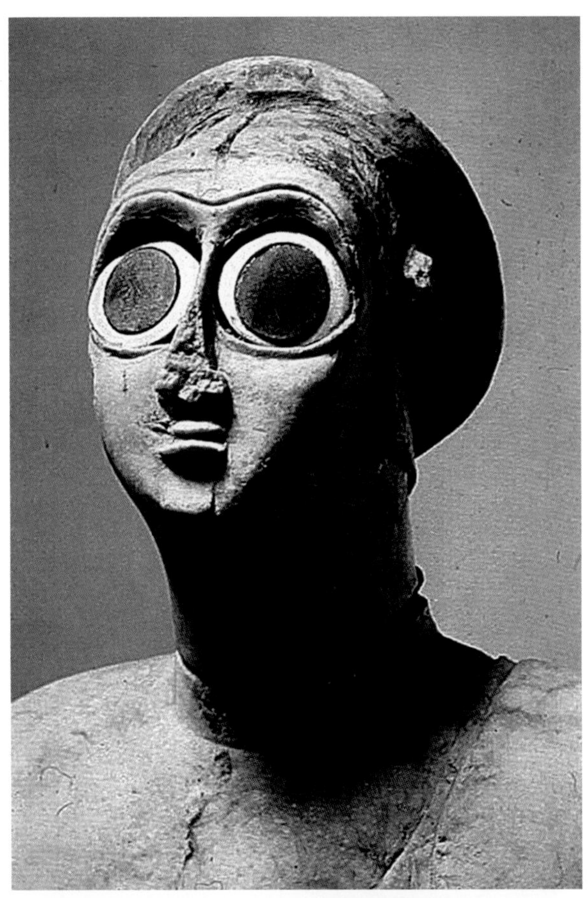

图037　伊拉克古城埃什南那出土的阿斯马尔土丘窖藏。窖藏包括12尊小型雕像，高21厘米至72厘米，雪花膏石材（即汉白玉）制成。苏美尔文明早王朝时代，距今4900年至4500年。这些雕像可能是用来供奉的神祇，他们都有一双圆睁的、巨大的眼睛，眼睛特意用贝壳制作，眼瞳为石灰岩，用沥青染成黑色，其中一尊雕像的眼瞳使用了珍贵的青金石。阿斯马尔土丘窖藏出土的人像的眼睛，很可能是近东、两河流域、伊朗高原及中亚的“有眼板珠”的原型，这种板珠被镌刻上王的名字，作为对主神的献祭流行了两千多年。雕像现藏于美国芝加哥大学东方学院［University of Chicago Oriental Institute］。

湾的地区，开始在这里实践灌溉农业，并创造了世界上最早的都市乌尔和乌鲁克。继苏美尔人之后，两河流域在数千年的时间里王朝更迭、此消彼长，但是几乎所有新入主的占领者都继承了大部分两河流域的传统、信仰和神祇，也沿用了前王朝的美术风格和装饰手法，包括珠子珠饰这种最容易标识身份、等级、民族和信仰的符号。苏美尔人在两河流域南部为后来众多的征服者和入侵者创造的不仅仅是都市本身，还有书写、城市管理体系、灌溉农业技术、工艺技巧，最重要的还有信仰、神庙和神祇。

公元前2400年左右，生活在苏美尔北方的阿卡得人经过数世纪对苏美尔人的学习，羽翼渐丰，阿卡得语取代了苏美尔语成为两河流域通行的语言，随着阿卡得王萨尔贡［Sargon of Akkad］（公元前2371—前2316年在位）的征服，阿卡得人结束了苏美尔人的王朝时代，政治影响远远超过苏美尔人当初的势力范围，成为世界上第一个帝国。然而新的力量迅速崛起，公元前2000年前后，曾受控于阿卡得帝国的亚述人在阿苏尔［Assur］（伊拉克北部）建立了自己的都市和神庙，他们南征北伐，势力远达小亚细亚（今土耳其亚洲部分）。就在亚述人独享对两河流域的霸权一百年后，公元前1894年，亚摩利人［Amorite］（与亚述人同为闪米特人的一支）建立了巴比伦王国。

最初的巴比伦王国只是亚述南方的一个城邦，然而，汉穆拉比［Hammurapi］（公元前1792—前1750 年）的统治将巴比伦由一个小城邦变为领有整个美索不达米亚乃至更加广大地域的强大王朝。汉穆拉比王以他著名的《汉穆拉比法典》垂世，这是世界上第一部成文法，汉穆拉比一生彪炳的事迹在那一时期被大量保存下来，另外，汉穆拉比还将他的名字镌刻在了有眼睛纹饰的玛瑙板珠上，用来敬献给他的主神沙马什［Shamash］（古巴比伦的太阳神）（图039）。这种将国王的名字刻于有眼板珠上献给主神的祭品，很可能起于汉穆拉比之前两河流域各个王朝的传统，几乎所有名垂史册的国王都将自己的名字以这种传统敬献给了神，无论是古巴比伦，还是后来的加喜特王朝抑或新亚述帝国，王的名字和他们敬畏的主神的名字都一同留在了小小的一方板珠上。

公元前16世纪，来自扎格罗斯山区的加喜特人占领巴比伦并统治两河流域南部长达400年，是巴比伦历史上连续统治时间最长的王朝，我们称之为加喜特王朝［Kassite Dynasty］。加喜特人是闪米特化的雅利安人，与后来征服两河流域的波斯人同宗，他们重建巴比伦已被废弃的古城和神庙，力图恢复巴比伦文化和信仰（图040）。公元前14世纪，在北方沉寂了几个世纪的亚述摆脱米坦尼［Mitanni］（公元前1500—前1300年）的统治重新崛起，很短的时间内便成为控制美索不达米亚、近东、小亚细亚、伊朗的大帝国，在今后的数个世纪，亚述和巴比伦两大帝国相互征战、强弱互置、此消彼长，交替主宰两河流域，直到公元前6世纪来自伊朗高原的波斯人接管两河流域。

新亚述帝国由国王阿达德尼拉里二世［Adad-nirari II］于公元前911年建立，直

图038　乌尔古城出土的有眼睛纹饰的珠子。图右有眼圈纹饰的蚀花玛瑙珠被公认来自印度河谷，其编年大约为公元前2600年。图左的珠饰出自乌尔城月神塔庙的地下窖藏，珠子分属不同的年代，最晚到公元前7至公元前6世纪的新巴比伦时期，最早的至少早于公元前2200年，其中包括为数不少的黑白有眼板珠，有单眼纹饰也有双眼纹饰。这些珠子珠饰很可能是塔庙内历时千年、用于供奉的供品，从苏美尔到亚述再到新巴比伦王朝，每一次新入主的国王一一接手，直到新巴比伦灭于波斯之前被埋于地下。图片藏品均来自大英博物馆。

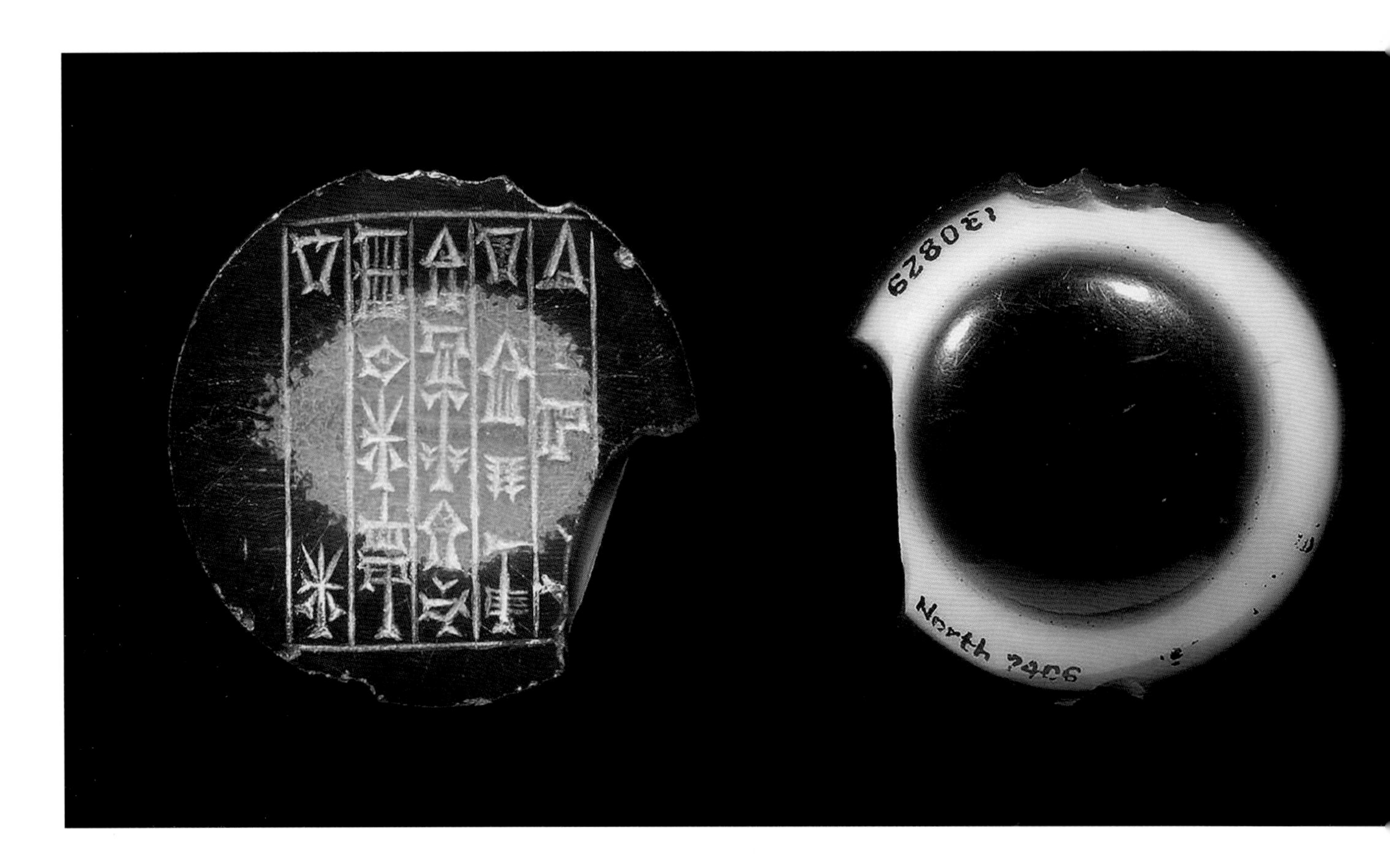

图039　古巴比伦国王汉穆拉比敬献给太阳神沙马什的有眼玛瑙板珠。珠子正面利用条纹玛瑙的天然色彩分层制作成眼圈纹样，反面有楔形文字铭文：“汉穆拉比敬献给沙马什”。将国王自己的名字刻于有眼板珠之上并敬献给主神的传统起于汉穆拉比之前，虽然迄今为止还没有发现早于汉穆拉比这枚有眼玛瑙板珠的实物，但是这一传统在两千多年的时间里一直在两河流域延续，并且几乎没有中断过，直到波斯征服西亚和中亚。大英博物馆藏。

图040　巴比伦加喜特王朝库里加祖一世献给风暴之神恩利尔［Enlil］的有眼板珠。珠子是利用条纹玛瑙的天然色彩分层制作而成，正面刻有：“将此（石头）献给我的主神恩利尔，库里加祖”。库里加祖一世［Kurigalzu I］（公元前14世纪早期）为巴比伦第三任加喜特王朝国王，在他统治时期，建立了以他的名字命名的都城，并重建了尼普尔［Nippur］等几座已经废弃的古城，使之成为文化中心。这块被认为具有内在法力的有眼板珠发现于巴比伦，很可能来自古老的苏美尔城邦尼普尔城的恩利尔神庙，因为铭文使用的苏美尔文楔形文字，该神庙由乌尔第三王朝的奠基人乌尔纳姆［Ur-Nammu］修建。板珠原本有黄金镶嵌。藏品来自美国纽约摩根图书馆［Morgan Library & Museum］。

到公元前612年沦陷于新巴比伦与米底［Medes］联军之前，他们都是西亚和近东最强大的军事帝国，版图从波斯湾到红海、从地中海到黑海，贸易据点和军事堡垒从安纳托利亚高原绵延到埃及。亚述是尚武和嗜血的民族，他们的暴行在希伯来《圣经》中历历可数，他们严峻、持重、僵硬的形象留在了那些体量巨大、构图严格对称的浮雕壁画上，连他们留存下来的珠宝样式都充满刚健的气息。1989年，伊拉克文物和遗产部门［Iraqi Department of Antiquities and Heritage］在尼姆鲁德发掘了亚述皇家墓地，包括三座王后墓，从精美的大理石石棺内出土数以百计的珠宝、容器、装饰品、印章和其他实物，这些手工艺品带有强烈的中心亚述美术风格，同时呈现出叙利亚、腓尼基等地中海东岸的美术元素，那些为亚述制作奢侈品的中东工匠将自己的美术手法留在了亚述皇家用品的美术造型上（图041）。

公元前620年，新巴比伦再度崛起，他们联合米底和斯基泰［Scythians］弓箭手于公元前612年攻陷亚述都城尼姆鲁德，称霸两河流域直到公元前539年整个巴比伦版图内的西亚和中东全部灭于波斯居鲁士大帝［Cyrus the Great］（公元前600—前529年。新巴比伦称霸期间，尼布甲尼撒二世［Nebuchadnezzar II］（公元前605—前562年）大兴土木，重建所有被亚述人摧毁的巴比伦城市和神庙，并以空中花园和伊斯塔尔门令世界称奇，前者是为了治愈他来自米底国森林山区的妻子的思乡病，古希腊和罗马作家多次描述这座被誉为世界七大奇观的“悬园”［Hangging Garden］，据说毁于公元前2世纪的地震。虽然这座空中花园已经荡然无存，却仍旧是建筑史上一个永久的话题。尼布甲尼撒二世将其都城巴比伦变为以壮丽、雄伟、挥霍著称的传奇之城，在城市中心建起了巨大恢宏的塔庙，号称立于“天堂与大地之间的巨屋”。这位名垂史册的君主像他所有的前人那样，将自己的名字镌刻在一方小小的有眼板珠之上，献给了他的主神马杜克（图042）。

◆2-5　波斯的有眼板珠

波斯人是古老的雅利安人的一支，起源于俄罗斯西南的乌拉尔山一带。公元前四千纪，雅利安人分批向北纬42°以南的亚洲腹地移民，其中印度-雅利安人在公元前两千纪进入印度河谷，开启了印度的吠陀时代。来到伊朗高原的这些伊朗人则分别形成各自的集团，有些率先进入国家状态，比如公元前16世纪入主巴比伦的加喜特人，他们统治两河流域南部达400年，加喜特国王库里加祖一世还将自己的名字刻于一枚有眼玛瑙板珠上献给风暴之神恩利尔（见图040）。

波斯人则留在底格里斯河和扎格罗斯山以东的伊朗高原，过着半游牧的生活，曾数个世纪受控于强大的亚述。公元前612年，新巴比伦联手波斯和米底，推翻亚述并建立强大的“米底联盟”。公元前550年，来自波斯阿契美尼德家族的居鲁士大帝推翻米底，建立波斯阿契美尼德帝国［Persian Achaemenid Empire］，波斯帝国

图041 亚述都城尼姆鲁德三座王后墓的珠宝。其中引人注目的是这些珠宝大量使用黑白条纹玛瑙制作的有眼板珠，这些板珠作为主题使用黄金镶嵌，推测这种纹饰对于皇家装饰的意义不仅仅是权力和财富，更多是信仰的内容。三座皇后墓的编年都在公元前8世纪中后期，其中包括萨尔贡二世皇后亚塔利亚［Atalia］的墓葬。1991年海湾战争期间，这批珍宝一度失踪，2003年，美军在伊拉克中央银行的地下室发现了这批珍贵文物。藏品现藏于伊拉克国家博物馆［National Museum of Iraq］。

图042　新巴比伦国王尼布甲尼撒二世献给主神马杜克［Marduk］的有眼板珠。板珠利用条纹玛瑙的天然色彩分层制作成眼睛纹样，刻有铭文："献给我的主神马杜克，尼布甲尼撒，巴比伦之王，尼布波拉撒［Nabopolassar］之子，以我的生命"。藏品来自美国纽约摩根图书馆。

的统治东起印度河谷，西到希腊半岛和埃及，是古代世界第一个横跨欧亚非的大帝国，全球44%的人口生活在波斯版图内。

公元前538年，居鲁士大帝夺取苏萨［Susa］，这里曾是古埃兰国［Elamite］的都城，著名的《汉穆拉比法典》（古巴比伦国王汉穆拉比颁布的世界上第一部成文法）就发现于此，埃兰人于公元前1163年入侵巴比伦将其掠回。居鲁士之子冈比西二世［Cambyses II］（卒于公元前522年）定都苏萨并将其建设成为波斯帝国四个首都的政治中心。苏萨城于公元前331年被希腊马其顿国王亚历山大［Alexander the Great］攻陷，后又几经入侵者易手，并数次从战火中重生，直到公元13世纪被蒙古人夷为平地，荒芜至今。

1851年，英国探险家、考古学家威廉·洛夫特斯［William Loftus］在距离底格里斯河［Tigris River］250公里、靠近扎格罗斯山［Zagros Mountains］低地的废墟做小规模发掘，他首先辨认出了这里是波斯帝国曾经的首都苏萨。之后罗浮宫和大英博物馆先后在苏萨进行了考古发掘，直到1914年第一次世界大战爆发。苏萨考古的出土实物现大多藏于大英博物馆和巴黎罗浮宫，罗浮宫还藏有大量波斯印章和珠宝，其中包括一件用有眼板珠和缠丝玛瑙珠穿缀的项链（图043）。罗浮宫在支持苏萨发掘期间原与当地政府协议平分发掘物，后者因对发掘出来的碎砖瓦块没有兴趣而放弃，结果大部分发掘物都被运回罗浮宫，考古队最终根据砖块上的铭文辨认出发掘现场为波斯国王大流士一世［Darius I］（公元前558—前486 年）的宫殿。

有眼板珠的传统在中东和两河流域从来没有中断过，从公元前2600年乌尔王墓出土的珠饰到巴比伦和亚述，特别是新亚述王后的珠宝，有眼板珠是最夺目的装饰，针对这种珠子的工艺和装饰乃至材料，都是最精美最华丽的。这种眼圈纹饰不再仅仅代表着最初人类对眼睛的敬畏和崇拜，从巴比伦到亚述帝国时期，它们就镌刻着最伟大的国王们的名字，敬献给最威严的神灵；它们是王后身上最夺目的珍宝，代表王室、力量和特权，并包含神圣的信仰。当波斯人征服两河流域，他们不但学会了亚述和巴比伦对有眼板珠的珍爱，而且保持了两河流域数千年来对眼睛纹饰的信仰。

但是，随着铁器时代的到来，无论开采半宝石矿还是制作这一类珠子的工艺过程，都比之前的劳动效率提高数倍。在波斯帝国时期，其版图内的中亚、北印度尤其是现俾路支斯坦等地方，都大量出现用黑白条纹玛瑙制作的有眼板珠。以前那些国王们在板珠上镌刻名字并敬献给主神的传统终止了，有眼板珠继续保有信仰的内容被推崇和珍爱，但是它象征王权的神圣似乎已经消失。

图043　苏萨遗址出土的有眼板珠项链。项链出土于苏萨卫城的皇家墓地，项链主人可能是一位王子，公元前350年左右。1901年由法国考古学家、地理学家雅克·摩根主持苏萨考古时发掘出土。现藏巴黎罗浮宫。

◆2-6 腓尼基人的复眼玻璃珠

腓尼基人在青铜时代晚期到铁器时代创造了以贸易为核心的制海权文明，从公元前1200年到前700年，他们是那个时代最强大的海上帝国。那时的希腊正处在"黑暗时代"，罗马还在他们的婴儿期，没有人能够与腓尼基人在海上争锋，他们据有整个地中海和红海，最远到达西班牙南端的加的斯［Cádiz］。

腓尼基人是闪米特人[28]的一支，他们与希伯来人（包括以色列人和犹太人）是近亲，历史学家推测他们最初的故土在阿拉伯半岛的南部。腓尼基人从公元前2000年开始占据地中海东岸的一片狭长地带——迦南地（现黎巴嫩），与希腊人据有的希腊半岛一样，腓尼基人的这片土地干燥、贫瘠，没有农业基础，这激发了他们像希腊人一样善于冒险和开拓，对未知的大海和陆地充满向往，并敢于探索人们未曾亲历过的世界。从公元前1200年，腓尼基人开始在地中海东岸和北非建立他们的贸易城市，同样与希腊类似的是，这些城市各自独立，它们时而相互对抗，时而结成联盟，但是它们拥有相同的文化和社会组织方式。

桨帆船［Galley］和字母文字是腓尼基最伟大的发明，他们依靠这两项发明环航地中海每一个可以停靠的港口。另外就是他们那些奇特的、异国的货物，希腊人称他们为"穿紫色衣服的人"，因为那些海上来的腓尼基人都穿着一种珍贵的紫色衣服，衣服的染色剂由一种骨螺提取，其配方是腓尼基的秘密，称为"提尔紫"［Tyrian Purple］；此外，腓尼基人的货物还有木材（黎巴嫩雪松）、象牙、织物、奴隶和玻璃珠，其中最值得称道的两种玻璃珠装饰是腓尼基人面珠（制作工艺不同于后来的罗马人面珠）和复眼装饰的玻璃珠（图044）。

玻璃制作的技艺在公元前1500年前后开始兴盛于埃及、西亚、叙利亚、希腊克里特岛和迈锡尼及地中海周边其他地方，随着青铜晚期时代大衰竭［Late Bronze Age Collapse］而一度中断，希腊进入所谓"黑暗时代"，埃及的玻璃制造直到托勒密［Ptolemaios］（公元前323—公元30年）统治时期才在亚历山大港得以复兴。腓尼基人在这期间重新让玻璃和玻璃珠的制作繁盛起来，大普林尼[29]还绘声绘色地记录了腓尼基人是如何"偶然"发现玻璃技艺的："（腓尼基）商人像以往一样将他们载满硝石的船只停靠在港口，在海滩上准备做饭，由于没有找到石头来支撑他们的

28 闪米特人［Semites］指西亚和北非说非亚语系闪语族诸语言的人群，闪米特语系有古代和现代形式；属于这个语系的有阿卡德人（包括亚述人和巴比伦人）、阿拉伯人、希伯来人（包括犹太人的祖先以色列人、撒玛利亚人）、腓尼基人（包括北非的迦太基人）、马耳他人、迦勒底人、阿拉米人等。

29 大普林尼［Gaius Plinius Secundus］（公元23—79年），罗马最伟大的作家、博物学家、哲学家，曾任罗马帝国军队指挥官。他一生大部分时间都用于在野外调查自然和地理现象，写有百科全书式的《自然史》（亦译《博物志》），此书成为后来所有百科全书类的写作典范。公元79年，死于对维苏威火山爆发的调查中。

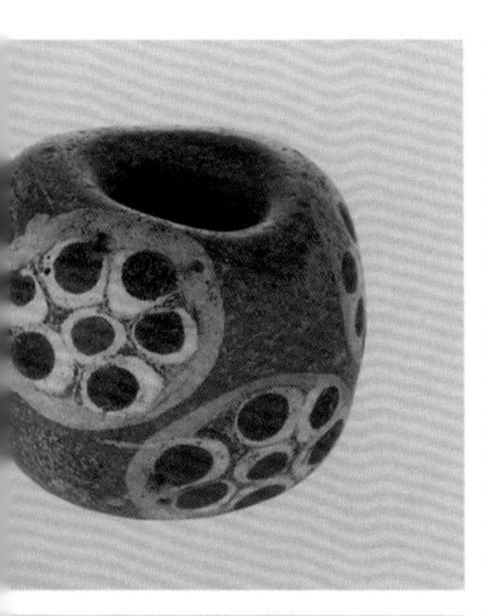

图044　腓尼基人的人面珠和复眼装饰的玻璃珠。腓尼基人对眼睛纹样的崇拜仍然得之于地中海古老的传统，古代埃及最初对地中海进行探险旅行的海员都会将他们的护身符——荷鲁斯之眼画在他们的船身上，对于腓尼基这样的海上民族更是需要护身符的保护。腓尼基人的玻璃制造业很发达，他们既是熟练的工匠也是创作的高手，他们的人面珠表现出人物不同的民族和鲜明的个性，使用的是手工缠绕技法［rod-formed］，即意味着每颗人面珠都包含随意性和一定的创作成分，这与后来的罗马人面珠采用的马赛克玻璃技术［mosaic glass］完全不同。图片藏品全部来自美国纽约大都会博物馆。

煮锅，他们就从船上临时搬来硝石，炊煮过程中硝石跟海滩上的石英砂混合起来一起熔化，形成一种半透明的液体，这便是最初的玻璃（熔液）了。”大普林尼的记载最确切的事实是，腓尼基人发现了那片区域的石英砂是高纯度的石英砂，包括后来的罗马人在地中海东岸建立的玻璃制作中心都是使用的这种石英砂；大普林尼不太准确的部分是误以为玻璃始于腓尼基人的创造。

公元前800年希腊人再度崛起，他们沿着地中海北岸和西岸，把希腊式城邦一个个复制出来，向北远至黑海沿岸，向西一步步赶走腓尼基人，最后只给腓尼基人留下北非的迦太基［Carthage］。公元前6世纪，腓尼基人在地中海东岸的海港城市全部灭于波斯帝国居鲁士大帝，他们逃亡到最后的贸易据点——迦太基。然而，无论地中海曾经归属何人，腓尼基、希腊、波斯还是亚历山大大帝，公元前1世纪，都全部完败于罗马，地中海成为罗马帝国的一个内湖。

◆2-7　中原文明的战国蜻蜓眼

眼睛崇拜并非中原传统，中原战国蜻蜓眼玻璃珠的短暂流行，与战国时期的新锐思想有关，与铁器时代的经济和贸易繁荣有关。中原的春秋战国时代“礼崩乐坏”、“百家争鸣”[30]，那些在新兴的、变革的社会中成长起来的新贵，他们可能是刚被国君重用的士人，或者是在商业中兴起的富商巨贾，这些人无视先前的贵族传统，积极参与社会各种改良活动，给中原社会尤其是东方几个新近崛起的诸侯国注入了新鲜的空气和活力。新贵们青睐外来的蜻蜓眼玻璃珠，这大多与当时的社会风尚有关，而与信仰的内容关涉较少。

“蜻蜓眼”是根据珠子上面一圈套一圈像蜻蜓复眼的眼圈纹样命名的，称谓可能最先起于1949年之前日本人在中国收集古代玻璃。公元前7世纪左右，领航地中海海上贸易的腓尼基人将带有眼睛纹样的玻璃珠传遍整个地中海沿岸及西亚其他地方，并贩往东方。最迟到公元前5世纪，当这种被后人称为“蜻蜓眼”的珠子样式在战国时期传入中原时，中国人采用了自己独特的方案来制作它们，不仅是原料和助燃剂等配方的不同，在工艺和装饰办法上也区别于西方。（图045）

战国蜻蜓眼玻璃珠出土比较集中的地方在长江流域上游支流、中游荆楚地区、中原腹地、川西北的战国墓葬，以及陕西、山西、山东等范围内的几个大诸侯国。由于没有发现这一时期的玻璃作坊遗址，理论上很难声称中原腹地国家的蜻蜓眼玻

30　春秋战国时代是中国历史上一次大的思想和哲学思考爆发的时期，正处于德国哲学家卡尔·雅斯贝斯所谓的“轴心时代”（见1-3-1）。春秋战国正值中原铁器时代，铁器牛耕推广，生产力提高，社会经济发展迅速，各诸侯国为求变革改良，招贤纳士，原本属于贵族最底层的士人从传统的宗法制度中解放出来，形成新兴的士人阶层，他们著书立传，各抒己见，形成诸子百家、百家争鸣的局面，并兴办私学，把原来只属于贵族精英的学问推向民间。诸子百家的学说对后世中国影响深远。

图045 中原的战国蜻蜓眼珠。这些珠子大多在南方的楚国制作，代表了当时最新的工艺制作和装饰风尚。荆楚一带是战国时期玻璃珠制作最发达的地方，他们生产的蜻蜓眼玻璃珠无论工艺和装饰都明显受到外来影响，尽管如此，中国本土也创造了独有的装饰图案和工艺手段，一些珠子无论图案、色彩和工艺都有别于地中海有眼睛图案的玻璃珠。而这种工艺和装饰风格是如何传入荆楚地方的，其中有海路和陆路两种说法。珠子经成分分析，有本土制作也有一部分是西方舶来品。蜻蜓眼只在战国时期的300年间流行过，它的兴起和消失与特定的文化玻璃珠和经济背景有关。图中蜻蜓眼有湖北随州曾侯乙墓中出土的战国蜻蜓眼玻璃珠，湖北省博物馆藏。日本人在20世纪30年代在中国的收集品，日本美秀博物馆藏。图片左下为私人收藏，藏品由孙伟女士提供。

璃珠是自己生产的，它们可能来自长江流域的荆楚地方。蜻蜓眼盛行的年代正是南方的楚国各种制造业兴起的时候，楚人也的确擅长造型艺术和工艺制造，并且得本土金属和矿藏之利，他们的青铜、冶铁、黄金、白银、髹漆、织造和玻璃，从工艺到审美都是一流的。特别是他们的玻璃工艺，以独特的装饰纹样和成熟的烧造工艺著称，即“蜻蜓眼”玻璃珠，这种在当时全新的人工合成材料制作的珠子被认为是文献中经常提到的“随侯珠”[31]。

除了烧造玻璃质的蜻蜓眼，中国人还创造了新的蜻蜓眼品种。一些实验表明，楚国制作蜻蜓眼使用的原料并不单一，制作这些品种丰富的珠子的工艺和原料成分也比我们想象的复杂。比如一种陶胎蜻蜓眼，胎体并非石英质（玻璃胎）而是陶质的，并且还可以是陶胎镶嵌玻璃的。这些珠子不仅工艺复杂，装饰图案也十分细腻。在方寸间的珠子管子上构成复杂抽象的图案，所使用的色彩从暗红一类的暖色到海蓝一类的冷色，变化极其丰富。除了佩戴，这些珠子也用于其他器物上的镶嵌，比如玉剑首、青铜带钩、青铜镜等。这些所谓蜻蜓眼的珠子和用这种珠子制作的镶嵌手工，大致只在战国时期流行过，它们的消失可能是因为制作工艺在战争中被毁，也可能是因为文化的变更取代了这种风尚赖以存在的背景。在战国末年特别是秦统一中国后，似乎连同玻璃工艺在内的许多手工艺传统都一度中断，而蜻蜓眼的装饰工艺则从此在中原永久消失。

◆2–8　罗马的眼睛崇拜

罗马的哲学和艺术大部分承自希腊和伊特剌斯坎人［Etruscans］，特别是希腊化时代［Hellenistic period］（公元前334—前31年），希腊艺术将整个地中海变成了希腊文化的大展场，其影响跟随亚历山大的征服远至中亚和东方。罗马的珠宝技艺和珠宝样式最初都是希腊人的，所有希腊最优秀的工匠和手艺人在希腊被罗马征服之后均服务于罗马，为罗马人制作当时世界上做工最精致、造型最优美、设计最具风尚的希腊样式的罗马珠宝，这些珠宝样式成为后来整个西方的珠宝传统。罗马人擅长宏伟的一切，但这并不是说他们不擅长精细的东西，他们很快学会希腊的一切并将所有的东西打上罗马的烙印。

罗马人对眼睛纹样的概念和制作眼睛纹样的珠饰仍然是地中海的传统，他们有多种方案可以选择，第一是有眼睛纹样装饰的玻璃珠（图046），这可能受腓尼基

31　“随侯珠”的名称最早出现在战国文献中，“随”为当时荆楚一带的诸侯国，擅长手工织造，后为楚国附庸。提到随侯珠最著名的文献是李斯在《谏逐客书》中将其与和氏璧等多种当时最为珍贵的物产并列，《庄子·让玉》讲了一段与随侯珠有关的故事，《墨子》说，“和氏之璧，随侯之珠，三棘六异，此诸侯之良宝也。”但是随侯珠究竟何物，一直被争论。东汉王充的《论衡·率性》讲到，“随侯以药作珠”，随侯珠是一种人工合成材料，很可能就是我们所谓的“蜻蜓眼”玻璃珠。

人影响最多。腓尼基人沿地中海的玻璃作坊在波斯占领期间逐渐萎缩，当罗马人征服地中海东岸之后，在巴勒斯坦更靠近内陆的地方建立起他们的玻璃制作工厂，这便是希伯伦玻璃［Hebron glass］的前身，这种玻璃制造从罗马时期到中世纪一直享有很高声誉，直到今天仍旧持续生产。公元1世纪，吹制玻璃技术（glassblowing）和马赛克玻璃工艺［mosaic glass］的发明和原料开发，使得玻璃制品第一次由以前的奢侈品变为工业化的大批量产品［mass produce］，成为普通人可用的、随处可见的日用品。

其二是条纹玛瑙制作的有眼板珠。罗马人最初对眼睛纹样的玛瑙板珠的认识同样来自希腊，他们把条纹玛瑙制成的有眼板珠用来镶嵌坠子和戒指，其中制作得最多的是罗马样式的戒指，不仅用来表明身份，还用来表明信仰（图047）。有眼板珠原本也不是希腊传统，希腊人使用有眼板珠作为他们的珠宝构件始于铁器时代的贸易繁荣，其间希腊与波斯频繁交战，波斯人将有眼板珠和条纹玛瑙制作的其他样式的珠子（比如黑白条纹的圆珠，与现在被称为西藏药师珠的珠子为同一种样式和形制）传给了希腊人，其间也是希腊人在地中海、黑海和西亚最活跃的时候。希腊化时期，希腊工匠四处流散，他们起先是跟随亚历山大的征服，随后是罗马人的扩张，希腊珠宝样式和技艺跟随希腊文化传遍地中海、西欧、西亚、中亚乃至中国西部（现中国新疆维吾尔自治区及青海、甘肃部分）。

其三是罗马人对制作眼睛纹样的材料的创新——尼可洛［Nicolo］。据查尔斯·威廉姆[32]在他《古代宝石——它们的起源、使用和价值》一书中的考证，罗马时代的大普林尼对用来制作眼睛纹样珠子的条纹玛瑙（缟玛瑙）记载得十分详细，尼可洛是一种色彩特殊的条纹玛瑙，不同于通常的黑白条纹玛瑙或者棕色与白色对比的条纹玛瑙，尼可洛是蓝色与黑色的分层，即可以利用这种分层制作出黑地上面凸显蓝色眼圈的珠子，通常做成单面的板珠和戒面。尼可洛的名称是意大利语“Onicolo”的缩写，意思是“小条纹玛瑙”［little onyx］，而不是通常附会的与某个艺术家的名字或者胜利女神［Nike］的名字有关。据宝石学家埃德温·斯特里特［Edwin Streeter］的《宝石和半宝石，它们的历史、起源和特性》一书，尼可洛的出产地在波西米亚和意大利北部阿尔卑斯山区的提洛尔［Tyrol］。尼可洛是罗马人对眼睛纹样板珠材料使用的创新，这种形制和色彩的有眼板珠很快传入与罗马人长期交战的萨桑帝国，被萨桑王室和贵族珍爱（图048）。中原皇室曾因为与萨桑的外交往来输入这种精致漂亮的尼可洛（隋朝乐平公主外孙女李静训墓），而奥莱尔·斯坦因［Aurel Stein］爵士在西域新疆的探险旅行中发现不少来自罗马帝国的尼可洛戒指和坠饰。

32 查尔斯·威廉姆［Charles William］（1818—1888年），英国维多利亚时代作家、宝石收藏家。著有《古代宝石——它们的起源、使用和价值》一书，1860年在伦敦出版。从剑桥大学毕业后，他大部分时间生活在意大利，收集古代宝石和半宝石作品，专注于对古代拉丁作家尤其是大普林尼的研究，实践和理论的积累使其成为宝石和半宝石研究和著述的权威。

图046　罗马的玻璃珠饰。罗马人制作的玻璃珠色彩艳丽，花样丰富，其中被称为“马赛克人面珠”的珠子工艺复杂、纹样独特，工艺和装饰效果都与之前腓尼基人的人面珠工艺不同（见图044），是最具特色的罗马玻璃珠。除人面珠外，装饰有圆圈状眼睛纹样的珠子仍然是腓尼基人复眼装饰的传统，在中国被称为“蜻蜓眼”，中国有战国时期的出土实物，其中一部分是地中海的腓尼基人制作的（早于罗马），另一些是中原自己制作的。罗马的这些玻璃珠制作于公元前1世纪到公元3世纪，大多是地中海东岸罗马占领区的玻璃制作中心制作的。美国纽约大都会博物馆藏。

图047 希腊和罗马的有眼玛瑙珠饰。制作眼睛纹样的玛瑙板珠并非希腊传统，希腊人使用有眼玛瑙作为珠饰构件始于公元前6世纪至公元前5世纪的希腊殖民时代和与波斯的战争，无论贸易还是战争，希腊人都是胜利者。罗马崛起之后，接管了希腊人的各种技艺，将有眼玛瑙板珠大量用作戒面镶嵌贵金属，以标识身份和信仰。图左项饰出自希腊殖民时期的地中海东岸。图右戒指均为罗马人所有，公元前1世纪至公元2世纪。藏品来自大英博物馆和丹麦托瓦尔森博物馆［Thorvaldsens Museum］。

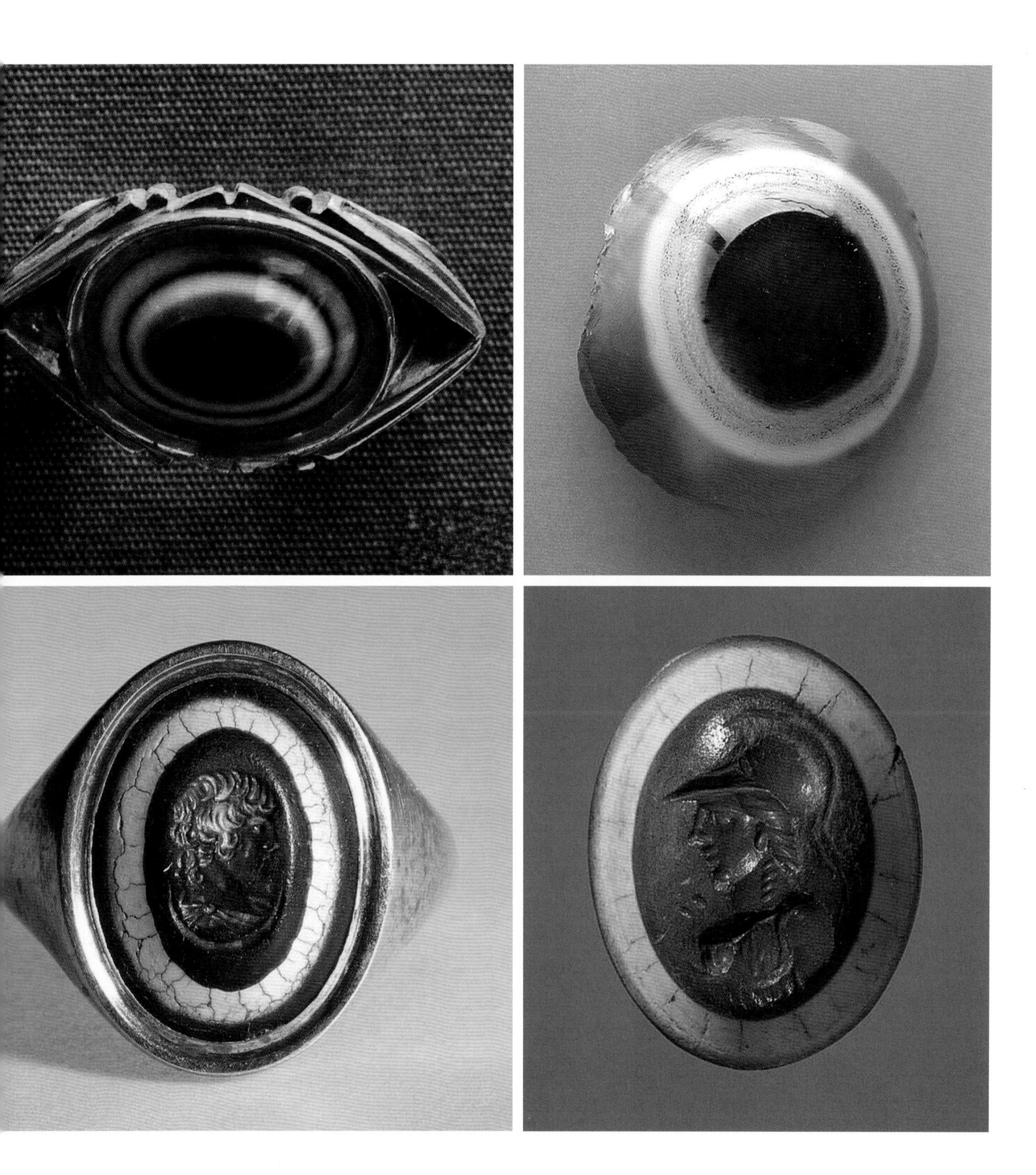

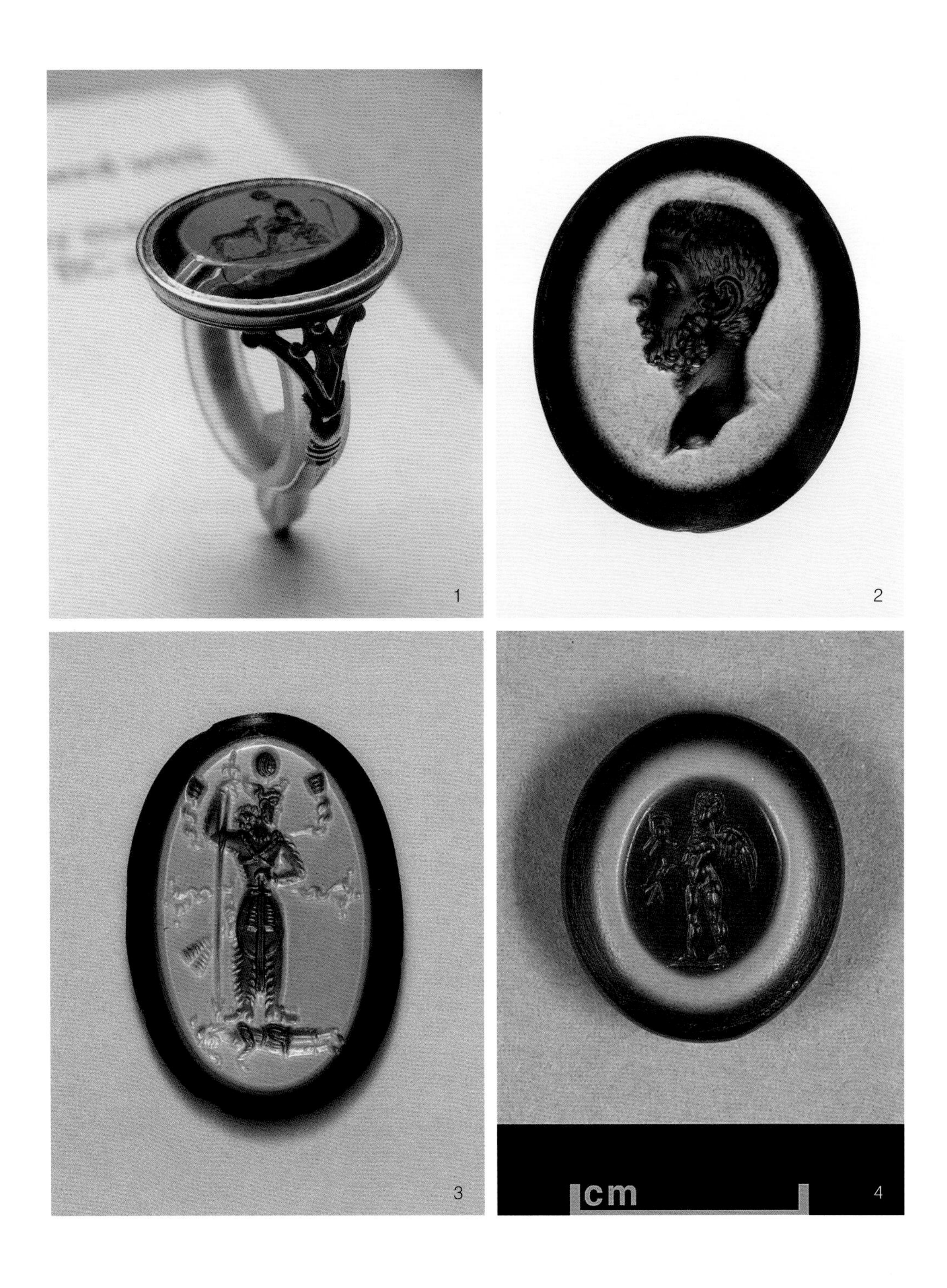

图048 罗马帝国和萨桑王朝的尼可洛玛瑙。尼可洛是罗马人对制作有眼玛瑙材料的独创，这种材料据称来自波西米亚和意大利北部。罗马人的尼可洛大多用作戒面，以贵金属镶嵌，其宝石精工则来自希腊，他们最初那些最好的作品都是希腊工匠制作的。罗马在长期与萨桑波斯的交战中将这种珠饰的形制和技艺传入萨桑，萨桑贵族和王室的尼可洛饰品最初是被俘虏的罗马人制作的。图1、2为罗马尼可洛，公元前1世纪至公元2世纪，分别由大英博物馆和纽约大都会博物馆藏。图3为萨桑尼可洛，题材是萨桑国王巴赫拉姆四世［Bahram IV］征服敌人，公元4世纪初期，大英博物馆藏。图4为斯坦因爵士于1907年发现于新疆和阗（今和田），题材为有翅膀的爱神厄洛斯［Eros］，藏大英博物馆。

罗马艺术的最高成就是工程建筑，无论是民用公共建筑还是军事工程。巨大的圆形剧场、城市广场、公路系统、飞架的引渡渠、公共浴池、下水道设施，这些令人印象深刻的罗马遗迹至今遍布罗马占领区的西欧和地中海沿岸，罗马人制作的印章戒指［seal ring］也遍布帝国占领区。罗马从公元前1世纪由于对本土以外广大行省和罗马军团的管理，开始大量制作印章戒指（图049），这种装饰效果和实用功能俱佳的印章形式成了整个欧洲的传统，后来被称为图章戒指［signet ring］，是专门用于证明身份和显示权威的个人装饰品。从两河流域到埃及，从地中海到印度河谷，从拜占庭到阿拉伯世界，印章珠和印章戒指几乎无处不在，直到现在我们仍然靠这类小东西来运作人类相互之间的信用关系。

罗马人的戒面题材和风格也反映出帝国时代几百年间，罗马人和被征服地区的人们的生活态度和宗教信仰的变化。宝石戒面的题材在公元1世纪时大多还是田园牧歌式的，有希腊和罗马众神、半人半神、人格化的动植物和代表繁荣、正义、好运乃至酒神狂欢节的象征符号。公元2世纪起，宗教和迷信弥漫于罗马人的生活，魔法和迷信的题材随之流行。被认为具有神秘学意义和可以实施魔法的不透明红玉髓非常流行，紫水晶则被认为可以消除饮酒过量的影响，而鸡血石［heliotrope］则代表太阳神。镶有这种戒面的戒指物主的标志物和印章，也是他们的护身符。

罗马帝国期间，罗马人对眼睛纹样的信仰达到痴迷的程度，演绎出了眼睛纹样的二元对立概念。对罗马人而言，眼睛既是致善的也是致恶的，既是保护的也是毒害的，两种对立的概念表现于同一形式，即“邪恶眼”。罗马人甚至发展出了专门

图049　罗马的浮雕宝石印章戒指和坠子。浮雕宝石［cameo］是罗马人利用条纹玛瑙的另一种制作工艺，这些条纹玛瑙印章戒指和坠子制作于公元前1世纪到公元3世纪之间，整个罗马帝国时期都能见到这样的小宝石戒面。浮雕宝石工艺是希腊人的发明，它是利用条纹玛瑙天然的色彩分层，在色彩不同的层面雕刻出所需要的形象，与另一层的色彩形成对比，其雕刻方式与凹雕相反，不是阴刻而是减底的工艺。现有的实物资料至少可以追溯到公元前3世纪的希腊，但希腊流传下来的浮雕宝石作品不多，存世的都是罗马人的作品。实际上它们仍然是希腊人的作品，大量的希腊工匠生活在“希腊化时期”的罗马，制作那些被称为希腊—罗马式的手工艺品。由于工艺的难度和选料的特殊，这种印章戒指大多属于上层的罗马人或富裕的罗马公民，在罗马本土以外的帝国行省相对少见。大英博物馆藏。

针对邪恶眼的符号和保护神，邪恶眼的概念传遍整个地中海，尤其是罗马帝国的北非占领区，时至今日，那里仍旧是“邪恶眼”最被敬畏的地方。

◆2-9 邪恶眼

尽管埃及人从公元前3100年就开始了对荷鲁斯之眼的崇拜和眼线墨的使用，但是他们并没有演绎出“邪恶眼”的概念。古埃及人使用眼线墨更多是功能性的，即宗教层面的保护和实际的防病作用，眼睛纹样是护身符也是和尼罗河水一样的清洁物。至少在罗马占领之前，埃及的眼睛纹样还没有“邪恶眼”的概念，眼睛本身不具备超自然力量的伤害，而是单纯的保护性的，没有二元对立［Binary Opposition］的伤害性的一面。

二元对立的概念来自神学意义上的二元论［dualism］，最早明确提出二元论的是公元前5世纪波斯的琐罗亚斯德教［Zoroastrianism］，那时正是人类思想和思考爆发的“轴心时代”（见1-3-1），随后几乎世界所有其他地方有关宗教和哲学的思考都或多或少地表达了二元对立的概念，即一对相互对立的概念以相同的形式出现，如善恶神对立、阴阳对立、灵魂（人格）对立等。而对邪恶眼的信仰大致可追溯到公元前5世纪前后的希腊古典时期［Classical Antiquity］，古典作家、诗人和哲学家如赫西奥德［Hesiod］、柏拉图［Plato］、普鲁塔克［Plutarch］、大普林尼等许多人都在他们的著作中提到过邪恶眼。这些作家还试图对邪恶眼的概念提出合理的解释，生活在罗马帝国时代的希腊历史学家普鲁塔克［Plutarch］（46—120年）提出，眼睛是一种致命射线的主要来源，这种射线像有毒的飞镖一样从被邪恶眼支配的内心深处喷射出来。

对邪恶眼的信仰在罗马时代传遍地中海和罗马占领区，但并不是罗马帝国境内的每个角落都对邪恶眼充满同样的恐惧，有些地方表现得平淡一些而有些地方则表现得十分强烈，不仅个人可能被邪恶眼投射和附体，甚至整个群体或部族都可能被来自邪恶眼的超自然力量控制，尤其是黑海周边的蓬托斯王国［Pontus］和斯基泰部落，那里的人们更容易感知邪恶眼的危险，被认为是邪恶眼的传输者。罗马人对邪恶眼的恐惧演绎出了专门针对邪恶眼的魔咒，被称为“Fascinus”，其具体形式是带有魔法的阳具，作为护身符，这种具象符号能够抵御和治疗妒忌心理和邪恶眼的投射。（图050）

在眼睑上描画眼线墨，被认为是对抗邪恶眼最有效的办法，尽管古埃及人在公元前3100年以前就开始使用眼线墨，但是他们没有针对邪恶眼的概念。使用眼线墨的传统至今仍然流行于北非、中东、西南亚和南亚，特别是那些游牧于北非沙漠中的柏柏尔人［Berbers］和地中海东岸的贝都因部落［Bedouin］，无论男人还是女人，使用眼线墨画上浓浓的眼线，除了抵御强烈的沙漠阳光的直射，更多是用来避

图050　古罗马人对抗邪恶眼的魔法符号Fascinus。Fascinus一词也指神灵Fascinus 本人，他表现为阳具的外形，并具有护身符和魔法的作用，罗马博学家大普林尼将其称为“大夫”，认为这种具象的符号能够抵御和治疗妒忌心理和邪恶眼的投射。上图1为来自安提俄克［Antioch］（现土耳其南部城市）的罗马马赛克壁画，描绘的是以各种符号和魔咒抵御邪恶眼的场景，反映出当时罗马帝国境内对邪恶眼的恐惧和对眼睛纹样的崇拜。图2为青铜制作的Fascinms护身符，均出自罗马行省高卢［Gaul］地区。

开邪恶眼的伤害（图051）。印度南方的农村同样有使用眼线墨的古老传统，母亲会给出生不久的婴儿画眼线，以使无辜的孩子免受邪恶眼的投射。

眼线墨的使用和流行跨越了数千年时间和广大的地区，从古埃及到阿拉伯中世纪，从北非、中东、西南亚到南亚印度，对于那些游牧于北非和中东沙漠中的部落民族，眼线墨仍然十分流行，而在城市化的聚居区内则使用得越来越少。都市是人类文明的标志，是人类建立在自然和神灵之间的缓冲带，生活在都市中的人们比那些流浪于沙漠和直接面对土地的人民受到更多的保护，城市的公共设施、教育、医疗保健、能源供应和自来水，这些人造风景使得都市人更多感受到来自人为的力量的保护，而更少直接面对自然和神灵，因而对宗教的信仰也显得更加抽象和形而上。而对于那些仍然生存于自然之中的人民，他们离自然的恩泽更近，因而离自然的威严也更近；他们离神灵的保护更近，因而离邪灵的侵害也更近。

除了眼线墨，眼睛本身就是对抗邪恶眼的符号，眼睛形状和有眼睛纹饰的护身符也被称为“邪恶眼”。邪恶眼的概念至今普遍流行于中东、小亚细亚、北非、西非和南亚一些地方，那里的人们相信邪恶眼是一种可以附身的毒咒，不经意间便可能被邪恶之眼投射，给人带来不幸和身体的伤害及病痛。对邪恶眼的恐惧衍生出来的护身符以各种符号化的实物形式表现，其中最流行的便是邪恶眼本身，随身佩戴或者将这种实物化的符号悬挂在附近，以保护佩戴者和物主远离邪恶眼的毒咒。至今在中东和小亚细亚地方仍然流行佩戴邪恶眼和悬挂邪恶眼护身符的风俗，尤其是安纳托利亚高原，深蓝色的眼睛形状的玻璃“纳萨尔”［Nazar］是当地最流行的护身符和避开邪恶眼的魔咒，在房屋周围的树上悬挂蓝色玻璃的“纳萨尔”是那里一道独特的风景。（图052）

玻璃制作工艺在安纳托利亚高原至少有超过三千年的历史，是地中海古代玻璃工艺传统的一部分，这里最早的玻璃制作技艺来自希腊，制作有眼睛纹样的玻璃珠和附身符很可能起于公元前6世纪希腊人在此地殖民，之后的安纳托利亚几经沉浮，玻璃工艺时断时续。直到19世纪末奥斯曼帝国[33]的尾声，仍然有一些制作眼睛纹样玻璃珠（邪恶眼）的老艺人住在伊兹密尔［Izmir］（现土耳其第三大城市）制作玻璃，他们的传统可追溯到阿拉伯时期的工艺，而伊斯兰阿拉伯的工艺传统最初很大部分承自东罗马拜占庭和萨桑波斯。随着奥斯曼帝国的衰落，生活和工作在伊兹密尔的老玻璃珠艺人被驱逐，人们抱怨他们烧制玻璃时熔炉冒出来的浓烟，以及对火灾隐患的担忧，使得这项古老的工艺最终消失。

安纳托利亚自古以来从未平静，这个亚洲最西端突出的半岛，北临黑海，西临爱琴海，南濒地中海，跨过博斯普鲁斯海峡便是欧洲，数千年来就是任何新近崛起的势力必争之地，它的历史比世界其他任何地方都更加变幻和不测。当提到安纳

33　奥斯曼帝国是突厥人于1299年建立的跨欧、亚、非三洲的帝国，创立者为奥斯曼一世，定都君士坦丁堡，即现在的土耳其伊斯坦布尔。奥斯曼帝国先后征服巴尔干半岛、中东、西亚、高加索地区和北非，1453年终结于拜占庭帝国（东罗马帝国），存在了一千多年。

图051　北非沙漠中画眼线墨的图阿雷格人。图阿雷格人［Tuareg］是柏柏尔人的一支，他们游牧在北非撒哈拉沙漠中，仍然使用一种古老而特殊的文字，称为提芬纳格文［Tifinagh］。他们饲养骆驼和牛，或者从事经商，居无定所，常年穿行在撒哈拉沙漠之中。图阿雷格男人是世界上唯一外出时戴面纱的民族，沙漠中的图阿雷格男子仍然佩长矛、刀箭，金属制成的各种护身符是必不可少的，另外就是浓浓的眼线，以抵御沙漠阳光的直射和来自沙漠深处的邪恶眼的伤害。

图052　土耳其卡帕多西亚的邪恶眼树。卡帕多西亚［Cappadocia］位于土耳其中部，这里山峦起伏，沟壑纵横，石柱林立，地貌独特。公元前4世纪，一个波斯贵族在这里建立卡帕多西亚王国；罗马征服时代，早期的基督徒为了躲避罗马的迫害，逃至卡帕多西亚山区，利用火山岩形成的天然岩洞开辟石室，百年聚居，形成迷宫一般的地下城，蔚为奇观。这里至今保留着许多古老的传统，伫立在干涸的石林中那些挂满深蓝邪恶眼护身符的枯树便是一道独特的人文景观。

托利亚，我们会以为那里一直就是土耳其或奥斯曼帝国，写在历史书上的那些变迁和毁灭、优美和血腥好像都与它无关，然而从公元前2000年这里就开始历经众多文明，赫梯帝国、弗吉尼亚古国、吕底亚人、波斯、希腊、亚述、亚美尼亚、罗马、格鲁吉亚、塞尔柱土耳其人和持续到20世纪的奥斯曼帝国。就像干涸的卡帕多西亚高地上那些孤独伫立的、挂满蓝色邪恶眼护身符的枯树，那种突兀的色彩对比和不真实的感觉，安纳托利亚比我们知道的更加魔幻。

◆2-10　湿婆的眼睛

湿婆［Siva］、梵天［Brahmā］和毗湿奴［Visnu］是印度教三大主神，湿婆为毁灭之神，其原型是吠陀时代的风暴之神鲁陀罗［Rudra］，兼具生殖与毁灭、创造与破坏的双重性格，呈现各种奇谲怪诞的不同相貌，有林伽相、恐怖相、温柔相、超人相、三面相、舞王相等变相，林伽（男根）是湿婆最基本的象征。湿婆同时也呈现各种善相，湿婆的名字在梵语中即是“吉祥”的意思，当湿婆呈现善相时，他被描绘成住在冈仁波齐山［Mount Kailash］（现中国西藏境内）的苦修智者，或者是和妻子帕瓦蒂［Parvati］及两个孩子一起生活的男主人。湿婆也被认为是瑜伽和艺术的守护神，善舞，他的舞蹈既有女性的柔美也有男性的刚健，被称为“舞蹈之神”。

湿婆典型的图像学标志是他前额上的第三只眼，这只眼睛发出的火焰能将宇宙间一切欲望化为灰烬，那加蛇［Vasuki］缠绕在湿婆的脖子上，新月装饰他头顶的发髻，圣河恒河［Ganges］从他的束发中流出，三叉戟［trishula］是他的武器，手鼓［damaru］是他的乐器。湿婆的故事见于各种梵文经典中，《梵书》、《奥义书》及《往世书》中都有他的神话。传说湿婆的第三只眼是他的第二位妻子雪山神女从后面用手捂住湿婆的双眼想遮蔽他的视线，瞬间湿婆的额头生出第三只眼来。这只眼睛能够喷射毁灭一切的火焰，在宇宙周期性的毁灭之际，他会用这只眼睛杀死所有神祇和其他一切生物，他曾用这只眼将作恶多端的金、银、铁三座恶魔城市和引诱他脱离苦行的爱神烧成灰烬。正是湿婆的时而凶暴时而仁慈，使他广受崇拜。印度教认为“毁灭”有“再生”的含义，故表示生殖能力的男性生殖器林伽是湿婆创造力的象征，受到性力派和湿婆派教徒的崇拜。（图053）

第三只眼在其他文化中被演绎成一个神秘而深奥的概念，指生物体隐藏的无形的眼睛，能够感知普通视觉无法察觉的景象。许多宗教流派都有第三只眼的概念，中国的道教认为第三只眼是心灵之眼，介于可见的双眼之间。神智学［theosophy］则认为，第三只眼与脑内的松果腺［pineal gland］直接相连，根据这一理论，人类在远古的时候，后脑勺应该有一只可见的眼睛，兼有生物性和像动物一样的超自然的感知能力，随着时间的推移和人类的进化，这只眼睛逐渐萎缩，陷入脑内被今天称为松果腺的部分。

图053　舞蹈的湿婆。作为毁灭之神的湿婆掌握着世界的轮回，他的舞蹈既预示着毁灭也孕育着重生。舞蹈时，湿婆的头发因为他内在的能量而飞舞，随着他手鼓的节奏飞动，这种节奏是宇宙心跳的声音，另外，湿婆额头上的第三只眼是他最具特征的图像学标志。湿婆节［Maha Shivratri］是印度教最重要的节日，定于印历五月下半月第三天夜晚，是湿婆的诞辰。举行庆典时，人们在湿婆庙里诵读对湿婆的赞美诗，拜祭湿婆林伽（湿婆的男根相）。图左舞蹈的湿婆，青铜造像，公元11世纪，纽约大都会博物馆藏。图右为绘有湿婆第三只眼的舞者之手。

◎第三章◎
吐蕃和象雄

第一节　史前西藏

◆3-1-1　西藏的地理

法国藏学家石泰安[34]在《西藏的文明》开篇对喜马拉雅和西藏的描写是一幅朴素宏伟的高原大图景，也是我读过关于喜马拉雅山脉和西藏地理环境最简明准确的描述。“作为一种非常明确、文明的持有者，西藏地域的旧址基本划分如下：南部是喜马拉雅山麓弯曲的弧形地带，这一地带自西向东依次由尼泊尔、印度锡金邦和不丹所占据，最后与阿萨姆邦（印度）、上缅甸和云南的交界处接壤。在西部，这一弧形地带一直延伸到克什米尔和巴尔蒂斯坦［Baltistam］；再偏北，便蜿蜒到吉尔吉特以及喀喇昆仑山。在北部，喀喇昆仑山和昆仑山把西藏和新疆分隔开了，而后者除了一些有人栖身的绿洲，便是戈壁大碛。最后是东部，西藏与甘肃走廊接壤，那里是从中原到新疆的必经之路，它还包括青海湖地区。再向南紧傍西部的山区和汉藏走廊地带，其中大部分地区都居住着土著人，其语言与藏语相似。”读者

34　石泰安（1911—1999年），法国著名藏学家，出生于德国，1933年在德国柏林大学取得第一个中文学位。战争期间移居法国。20世纪40年代前往中国进行长期的田野工作，开始了他的藏学研究。石泰安主要致力于对史诗《格萨尔王》的研究，著有《一份有关藏族史诗历史的古代史料》和《格萨尔王评注》，但是他最著名的著作是《西藏的文明》。

必须原谅我对石泰安博士原文的重复，因为这些文字对本书的展开和读者认识西藏地理都十分有用，何况它们真实优美。（图054）

喜马拉雅山脉东西连绵2450公里，在这条巨大的弧形屏障以北是这个星球上独一无二的高原，她是真正的高原——平均海拔6000米，空气稀薄，含氧量只有海平面的65%，大部分地方是无人区，我们称之为“世界屋脊”。在这片高原上生存并非易事，其艰苦的环境和凛冽的气候养育的是艰难卓越的人民和独特的文明。

然而西藏并非一片苍凉，其纬度大致相当于北非的阿尔及利亚，面积占中国版图的八分之一，整个地区远不是处处冰天雪地和荒芜不堪。在藏南，发源于喜马拉雅和冈底斯数座山峰的河流冲积出的河谷盆地允许人民在那里耕种高原作物，5000年前就有先民在这里播种耕耘和生息繁衍，这些河谷盆地最终养育了西藏的文化和宗教，滋养了这个世界上独一无二的高原文明。

西藏寒冷和荒凉的名声源于它的高海拔特征和早期那些探险家的故事。然而就在喜马拉雅山脉南麓，海拔以不可思议的坡度急速下降，环绕在山脚下的是富饶的恒河平原和孟加拉平原，这里一派南亚风情，与山脉以北的高原形成强烈对比。虽然藏北高原并不出产半宝石一类适合制作珠饰的材料，但是喜马拉雅山脉的各种矿藏都很丰富。由于山势和海拔造成的难度，开采只局限于较易进入的地区，其中查

谟和克什米尔［Jammu and Kashmir］是矿藏最集中的地方，周围山脉出产各种宝石半宝石；印度河河床蕴藏着丰富的沙金；巴尔蒂斯坦有铜矿床；拉达克［Ladakh］则蕴藏硼砂和硫黄矿；尼泊尔、不丹和印度锡金邦有着广布的煤炭、云母、石膏和石墨。尤其是半宝石矿量和品种都十分丰富的克什米尔和巴尔蒂斯坦山区，为我们着重讨论的珠子提供了丰富的原料。在以后的章节，我们将看到沿整个喜马拉雅山脉自西向东，南北两侧，尤其是喜马拉雅山南麓，都会发现被称为瑟珠或与之工艺和装饰相关的珠子。

◆3-1-2　西藏高原早期的居民

1959年之前，西藏没有文物管理机构，考古工作的开展主要由一些西方学者进行，并且仅限于地面遗存的调查和观察记录。西藏的田野考古始于20世纪70年代，新中国培养的第一代西藏考古工作者从内地各大专业院校毕业，充实到西藏考古队伍中来。80年代，西藏开始文物普查工作，在西藏境内发现的石器时代的遗存地点数以百计，几乎遍及整个高原。早期的文物调查表明，西藏在旧石器时代就有人类

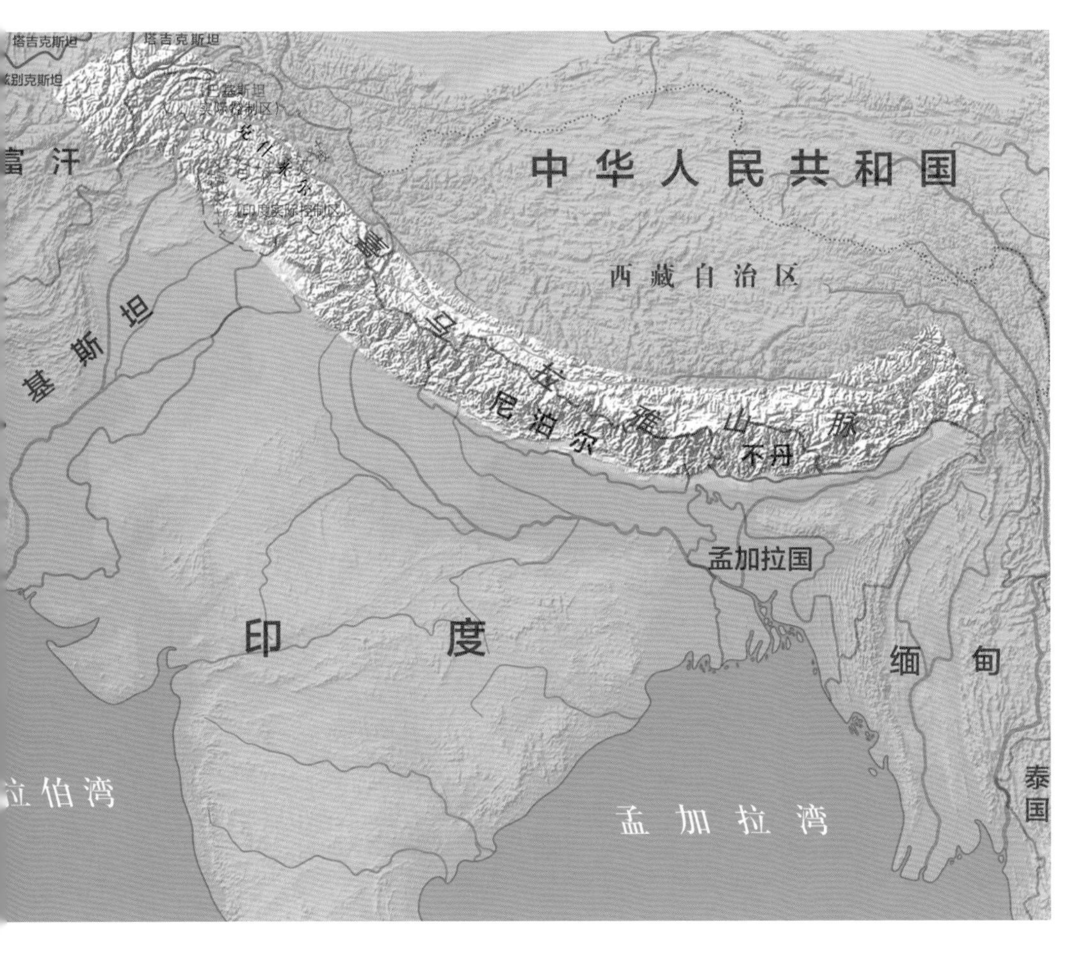

图054　喜马拉雅山脉和西藏的地理位置。喜马拉雅山脉就像一道大自然故意设置的屏障将西藏与南亚次大陆分开，使得长期以来人们误以为这片高原寒地闭塞而遥远。然而自古以来，勇敢的商人和探险家就通过隐藏在喜马拉雅山脉中那些若隐若现的山间河谷穿行其中，货物流通和文化交流比我们所知的更加频繁和丰富，那些失落的远古文明仍旧散落其间。

活动。1977—1979年对昌都卡若遗址进行的科学发掘，揭示了距今4000—5000年西藏高原上早期的人类活动。

卡若遗址发现于西藏东部昌都县东南的澜沧江西岸二级台地上，面积近5000平方米，海拔高度为3100米。遗址发现有房屋、灰坑、道路、石墙及石砌圆台、围圈等遗迹。出土的石制品近8000件，铲状器、切割器、斧、钻、矛、镞等12类，另还有细石器和磨制石器。陶器均为夹砂陶，多呈灰黄色，纹饰多见刻、划的直线几何纹和绳纹、压印纹等。装饰品则有骨、石、贝质的笄、璜、环、珠、镯、项饰、牌饰、垂饰等。从发掘的实物看，卡若先民依靠农业耕种，兼有狩猎活动，已经形成小规模村落。

除了东部的昌都卡若遗址，西藏中部的拉萨、山南和日喀则都发现有新石器时代遗址。拉萨北郊曲贡遗址同样位于河谷地带，除了石器、陶器和早期的装饰品，还发现少量石砌边框的墓葬，葬式为屈肢葬。这几处考古遗址和实物的发掘，表明西藏高原的人类活动并非一支孤立发展的原始文化，很可能西藏先民是在新石器时代晚期迁入高原的，并与黄河中上游地区的原始文化有着或多或少的联系和交流，后来从河煌南下的氐羌系民族有一部分加入了西藏早期的居民，构成西藏先民的一部分。（图055）除中部遗址以外，西藏北部的那曲和阿里也都发现有细石器和打制石器。

根据人类学家的研究，现代藏族中至少存在可以辨识的两个基本的人类类型，概括称为长颅型和短颅型，前者分布于西藏东部，后者主要分布于西藏南部。东部的长颅型形体较高大，康巴人是典型的代表；南部的短颅型形体较矮小，以卫藏为代表。曲贡文化遗址的墓葬内出土的一具人的完整头颅骨，人类学家鉴定认为属长颅型，头骨指数接近于藏B型[35]，与现代西藏东部的居民体质特征相近。可以确定曲贡人是拉萨河谷地带的土著居民，他们创造的文化为高原腹地的古代土著文化。战国到西汉，游牧于甘青地区的古西羌部落一部分迁入西藏，他们是西藏古代民族的族源之一，中原文献从先秦就开始记载这些古老的族群。

我们今天提到西藏，首先想到的是藏民族，他们是西藏在地理和文化上的主体。然而最早在这片高原兴起的并非来自高原东部雅砻河谷大名鼎鼎的吐蕃（藏族），而是西北部环境更为严峻的古象雄。象雄王国从公元前10世纪前后兴起于冈底斯山的冈仁波齐峰周边，公元前后雄霸现今西藏阿里、印度拉达克、克什米尔以及中亚部分地区，文明程度不止于广大的地缘，其宗教和文化对后来的吐蕃产生了深远的影响。

35　藏族主要划分为两种不同的体质类型：藏A型和藏B型，藏族A型19%、B型35％。藏A型又称“僧侣型”，其特点是短头型、面孔宽、身材较矮小；藏B型又称“武士型”或“康区型”，也称卡姆型，其特点是长头型，面孔相对窄，身材较为高大。一般认为藏A型以卫藏地区即现在的拉萨和日喀则地区为代表，而康区即今天的西藏东部昌都地区和横断山脉地区是藏B型的故乡，此研究结果与藏人的实际情况相符。

图055　西藏昌都卡若遗址和拉萨曲贡遗址出土的石器和骨珠。图上左石锛和图上右陶罐分别出自昌都卡若遗址和小恩达遗址，距今5300—4000年。图下骨珠出自拉萨曲贡遗址，距今3700—3000年。曲贡遗址位于拉萨河谷地，出土大量砍伐类石器，可用于开垦河谷地带的土地。藏绵羊和牦牛是曲贡人的主要肉食来源，牦牛和绵羊在当时饲养已比较普遍。曲贡人已经有了农耕和畜牧结合的生存方式。出土实物均为西藏博物馆藏品。

第二节　象雄王国

◆3-2-1　象雄王国

当吐蕃还是雅砻河谷一个小邦部落的时候，西藏就已经存在一个古老的王国，即象雄［zhang-zhung］。象雄的势力中心围绕冈底斯山脉[36]，居现今西藏西部的阿里地区及印度、巴基斯坦和中亚部分地方。今天去阿里旅行，大部分旅途都是在穿越无人区，那里远阔苍凉的高原景象是任何旅行者都无法忘记的（见4-3-2），这便是曾经的古象雄王国。

“象雄”最初的名字只是“雄”［zhung］，相当于藏文“穹”［khyung］（大琼鸟），在象雄文化中，它是象雄起源的四大部族之一，而在苯教中，它象征着与火有关的能量，火被视为五大元素中最为活跃的一个。时至今日，冈底斯山地区仍旧有一个叫作“穹隆”的峡谷，穹隆［Kyunglung］（穹隆银城）一度是象雄的首府，最后一位象雄王李迷夏便居住于此，他的王国于公元7世纪灭于吐蕃王松赞干布。象雄的“象”［zhang］即“娘舅”的意思（南喀诺布《象雄和西藏的历史》），可能是吐蕃兴起时添加的，许多吐蕃赞普都迎娶了象雄的公主，政治联姻对强弱双方都是必不可少的。

据苯教学者扎顿·阿旺格桑丹贝坚[37]所著《世界地理概说》记载，象雄地域分三部：里象雄（内象雄），在冈底斯山西面三个月路程之外的波斯［Par zig］、巴达先［bha das shan］（现阿富汗巴达赫尚）和巴拉［bha la］，这块土地上有32个部族，现已为外族所占领（指包括拉达克的克什米尔）。中象雄，在冈底斯山西面一天的路程之外，那里有枕巴南喀［dran panam mlchav］的修炼地穹隆银城（现西藏阿里），这里是象雄王国的都城，这片土地曾经为象雄18国王统治。外象雄，以穹保六峰山［khyung po ri stse drng］为中心的一块土地，也叫孙巴精雪［sum pa gyim

---

36　冈底斯山脉［Kailas Range］横贯中国西藏自治区西南部，与喜马拉雅山脉平行，呈西北—东南走向，为内陆水系和印度洋水系分水岭。印度河、萨特累季河［Sutlej River］（印度河主要支流）、布拉马普特拉河（上游为雅鲁藏布江）、格尔纳利河（恒河支流，流经尼泊尔）均发源于冈底斯山脉。山脉以北为高寒的藏北高原，山脉以南的雅鲁藏布江穿行于冈底斯山脉和喜马拉雅山脉之间，形成狭长的藏南谷地，气候温凉，适宜农耕。主峰冈仁波齐峰被认为是苯教、佛教、印度教和耆那教四大宗教的圣地。

37　扎顿·阿旺格桑丹贝坚（1897—1959年），苯教学者，以无宗派偏见著称。扎顿没有因为自己身为苯教徒而只接触苯教文献，他的一生中从没有停止过向每一位遇到的大师学习，受到各个宗派僧俗人士的尊重。《世界地理概说》是扎顿的重要著作，最早的木刻版本发现于四川省甘孜藏族自治州新龙县鲁本寺。

shod］，包括三十九个部族，北嘉二十五族［rgya sde nyer lnga］，这里是藏地的安多上部和康巴地区（大致相当于青海和四川的部分地区）。《世界地理概说》继承了苯教传统中的地理学说，同时吸收了佛教的地理概念，出现了吐蕃、大食、波斯、象雄、松巴、突厥、勃律、李域、巴拉、哈拉罕等众多地名，大多使用古名，且没有按不同时间编年罗列名称，有些很难对应现在的地理名称。

象雄兴起于青铜时代晚期（公元前1200年左右），鼎盛于铁器时代（公元前600—公元500年）。象雄拥有玄奥的宗教——苯教，以及他们自己的文字，虽然这种文字暂时还无法通晓，但它肯定属于藏缅语系；在人种上他们与吐蕃（藏族）也无太大区别，根据《敦煌本吐蕃历史文书》（见注49），他们源自最早的古羌人。

公元7世纪，吐蕃灭象雄后，象雄的文化和宗教仍对吐蕃产生很大影响。后来的藏传佛教经典和苯教文献不断提到古象雄，追述象雄文化的起源，其都城被称为“穹隆银城”，虽然至今未能确定穹隆银城的具体位置，但学者根据文献大致界定了象雄古国的地理范围：古象雄包括18个小王国，文化中心在冈底斯山［Mount Kailash］和玛旁雍错湖一带；西与波斯即现在的克什米尔和中亚山区部分接壤，囊括现在的印度拉达克[38]和巴基斯坦北部山区、阿富汗东北；南到尼泊尔；东到西藏中部；北面包括广大的羌塘草原[39]和新疆塔克拉玛干沙漠。意大利藏学家图齐认为：“在吐蕃帝国建立之前，象雄是一个大国（或可称为部落联盟），但当吐蕃帝国开始向外扩张时，他便注定地屈服了。象雄与印度喜马拉雅接界，很可能控制了拉达克，向西延伸到巴尔蒂斯坦（现巴基斯坦）及（新疆）和阗（今和田），并且把势力扩展到羌塘草原。总之，包括了西藏的西部、北部和东部”（《尼泊尔两次科学考察报告》）。这样的话，象雄王国的地理范围——至少是政治和文化影响控制了“世界屋脊”的大部分。（图056）

最早提到象雄的中原文献是唐代《通典》[40]，称其为“羊同”、“杨同”，并有大小羊同之分。统领现今西藏阿里地区及周边的称为“大羊同”，记载“大羊同东接吐蕃，西接小羊同国，北直于阗，东西千里，胜兵八九万，辫发毡裘，畜牧为业，地多风雪，冰厚丈余，物产与吐蕃同。……其王姓姜葛，有四大臣分掌国事，自古未通中国。”《通典》成书于唐代大历元年（766年）至德宗贞元十七年（801

38　拉达克［Ladakh］位于克什米尔高原东南部，跨喜马拉雅和喀喇昆仑山脉，海拔3000—6000米。主要语言为藏语（拉达克方言）和乌尔都语，也通行印度语和英语。拉达克被称为“高原通道”，历来是西藏通往印度和中亚的门户。现大部分领土由印度控制，部分属中国、巴基斯坦、印度三方领土争议区。见4-3-7。

39　羌塘草原位于昆仑山脉、唐古拉山脉和冈底斯山脉之间，平均海拔4500米以上，由西藏西部和北部延伸至青海，跨度1600公里，是西藏面积最大的纯天然草原。

40　《通典》是中国历史上第一部体例完备的政书，由唐代杜佑编撰。记述上起传说中的唐虞，下讫唐肃宗、代宗，主要讲述唐代的经济、政治、礼法、兵刑等典章制度及地志、民族的专书。共200卷，内分九门，子目1500余条，约190万字。《通典》卷一九〇《边防·大羊同国》记载了大羊同国即象雄王国。

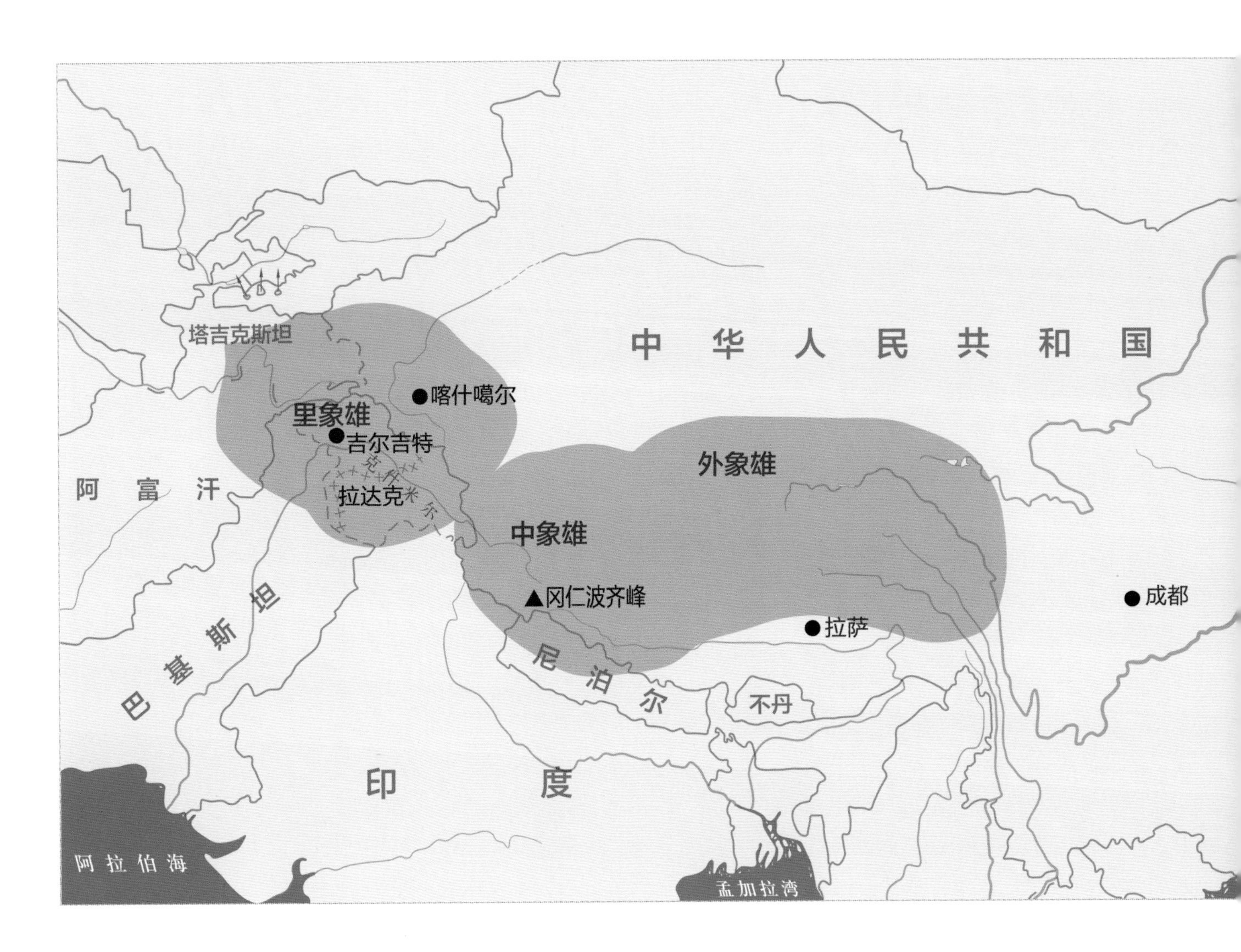

图056　象雄王国的地理范围。根据苯教学者扎顿·阿旺格桑丹贝坚的《世界地理概说》，象雄地域分三部：里象雄、中象雄、外象雄；中心在冈底斯山和玛旁雍错一带；西与波斯接壤，囊括现在的印度拉达克和巴基斯坦北部，南到尼泊尔，东到西藏中部，北面包括广大的羌塘草原和新疆塔克拉玛干沙漠。

年），那时的象雄早已为吐蕃所灭，《通典》编纂者杜佑大多只能引用前人文献，追述对古象雄王国的印象。文中又提到大羊同“自古未通中国”，中原对象雄没有直观的认识，其记述难免有不确定的成分，对象雄的物产和风俗显然也只能用新近崛起的吐蕃做比附。《通典》还说象雄有“四大臣分掌国事”，哪四大臣不得而知，但是象雄作为王国形态的存在却是确定的。

象雄的兴盛有赖于它重要的地理位置和当时的微气候环境。喜马拉雅山与冈底斯山之间，其地形地貌与阿里其他地方和藏北高原有很大差别，地质学上称为“札达盆地”。这里分布着一系列小型的河谷平原与盆地，在这些河谷平原与小盆地内可种植青稞、小麦以及其他农作物，并有小面积牧场穿插其间，气候条件适于农业与畜牧的混合经济，地理和气候条件使得这里一度十分富庶。象雄王国的中心地带处于札达盆地之内，加上冈底斯山在地理和宗教意义上的中心地位——这里是印度河、雅鲁藏布江（流入孟加拉称布拉马普特拉河［Brahmaputra River］）和格尔纳利河（西藏境内称孔雀泉河，恒河的主要支流，流经尼泊尔）等几大河流的发源地，同时还被认为是四大宗教——苯教、佛教、印度教、耆那教的圣地，冈底斯山的意义无论是地理还是文化乃至宗教，都是整个中亚、南亚和青藏高原的焦点。象雄可依靠喜马拉雅山脉中隐藏的河谷走廊，如向南的孔雀泉河、向西的狮泉河与中亚和印度等外部世界展开贸易交流，这里从很早就已有通往印度和中亚的贸易通道。

象雄王国的存在引起西方藏学家的极大关注，20世纪初，一些西方藏学家陆续进入西藏进行田野调查。最近几十年，东西方学者先后开始了对西藏阿里地区的考古和田野调查，取得可观的第一手资料和学术积累。除了国内学者长期在西藏的田野工作（见4-2-2），美国学者约翰·文森特·贝雷扎[41]是近年来富有活力的西方藏学家和探险家，在过去20年间，他往返西藏、拉达克和尼泊尔进行实地考察。2010年，约翰在西藏日喀则地区拉孜县调查岩画，发现岩壁上用赭石绘制的男性形象，带有显著男性特征。这壁岩画的旁边同样是用赭石书写的古老的苯教咒语，年代超过千年。贝雷扎博士认为这种男性形象在西藏古代文化中有相当长的历史，并且被程式化和图像化。他将岩画和同样发现于西藏的天铁［Thokcha］和蚀花玛瑙珠进行了比较，认为这些形象和实物都出现在西藏的史前时代，也即所谓铁器时代（图057）。尤其是天珠（蚀花玛瑙珠的一种）在西藏的广泛流传，这些实物的发现证明了西藏与中亚及印度在古代的贸易交流。

41　约翰·文森特·贝雷扎［John Vincent Bellezza］，学者、探险家、作家和朝圣者，美国弗吉尼亚大学西藏研究中心资深研究者，被公认的藏学家和考古学家。贝雷扎在喜马拉雅山区陆续旅居了25年，调查了大量西藏史前岩画和考古遗址，对古代象雄王国在铁器时代的兴盛提供了许多细节和证据。

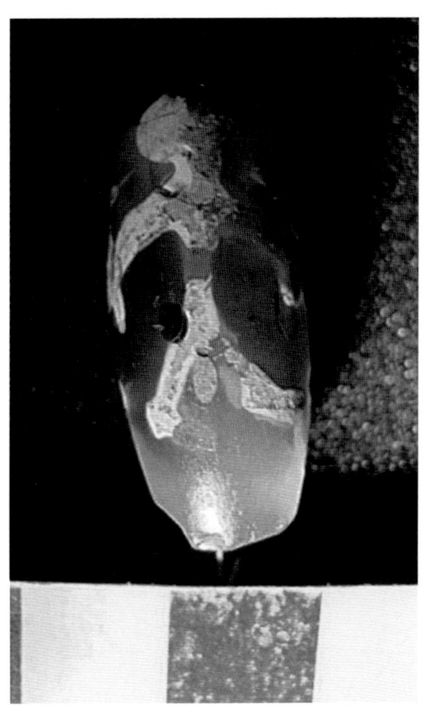

图057　西藏史前的美术形象。（从左至右）1. 美国学者约翰·文森特·贝雷扎发现于西藏日喀则拉孜县的岩画，岩画表现的是有显著男性特征的男性形象；2. 贝雷扎博士收集于西藏的天铁；3. 贝雷扎博士收集于西藏的蚀花玛瑙珠，其工艺来自印度河谷文明，铁器时代在中亚、南亚和东南亚十分兴盛。这些实物在美术形态上的联系表明古代西藏与中亚和印度之间的贸易和文化交流。图片引自约翰·文森特·贝雷扎教授（见注41）的文章［www.tibetarchaeology.com］。

◆3-2-2　苯教

“苯”一词最初是指各种具有神秘祭祀仪轨的宗教实践，是以泛亚洲的萨满教[42]文化传统中常见的要素为依据，形成的一种有区域特点的原始宗教。旅居意大利的藏学家、大圆满法师南喀诺布教授[43]从神话学的角度将“苯”的词源解释为动词“Bon-pa”，即诵念神奇咒语的状态，修持者靠诵念秘咒、字符或对能量可以产生影响的声音获得力量。古代苯波[44]（苯教徒）相信并理解存在于个人的和宇宙中的能量，这种所谓能量是指将身体和意志连接起来的要素，与呼吸、声音和其他内外要素的功能有关。实际上，古代苯教徒通过诵念咒语，接触到无形的能量和掌控各界的神秘力量。

大约在公元前5世纪，原始苯教中的一支开始比其他仪轨教派更为强势，并征服了其他教派，将一些宗教实践纳入自己的仪轨。该教派即后来的正统苯教，其创始人是辛饶米沃且［Tonpa Shenrab Miwoche］。传说辛饶米沃且生活在冈底斯山和玛旁雍错湖之间的象雄地区，辛饶米沃且名字的意思是“辛氏族的伟大人物”，古象雄辛氏族的王子，其生卒年不详。另说他是达瑟即大食（波斯）的王子，达瑟在苯教文献中泛指中亚广大的波斯语地区，即象雄三部的“里象雄”。据苯教文献《朵堆》、《赛米》、《光荣经》［gZi brjid］记载，象雄苯教原本保存着各种原始宗教实践，如杀生祭祀、禳灾祛邪等萨满一类带巫术性质的仪式，辛饶米沃且革除了原始宗教中杀生祭祀等劣习，始创“雍仲苯教”。辛饶米沃且一生主要在象雄传道授徒，他谙熟医术，精习工巧，门徒众多，教法远播，直到公元7世纪吐蕃松赞干布王提倡佛教之前，辛饶米沃且创立的雍仲苯教都是整个象雄和吐蕃唯一的宗教和信仰基础。

《土观宗教源流》[45]也将早期的苯波（苯教修持者）——大致相当于吐蕃的聂赤赞普（约公元前2世纪）至第七代赞普赛赤赞普期间——描述为类似萨满教中的

42　萨满［Shaman］一词为通古斯语，该名词从19世纪才由西方人类学家开始使用，用来描述尚存于中亚、亚洲北部和东部的阿尔泰、通古斯、蒙古、突厥语族民族中的萨满巫术。最早的萨满教［Shamanism］始于史前，其普遍的宗教理念是万物有灵，基本特点是巫术、通神一类可操作性的实践活动。萨满一词本身指具有通灵巫术的仪轨和实践，仪轨的实施者也就是萨满巫师在意识状态转换的情况下与灵界沟通并以此将超自然的能量引入这个世界。

43　南喀诺布［Namkhai Norbu］，1938年出生于德格，大圆满法师，旅居意大利的藏学家。1960年，受意大利著名藏学家图齐邀请，前往意大利讲学，旅居至今，任那不勒斯东方学院教授。著有《象雄和西藏的历史》、《象雄之光》、《大圆满与禅》等多种著作。见4-1-6。

44　“苯波”一词一般用来指苯教修持者。有时，“苯”［Bon］一词也指苯教修持者。

45　《土观宗教源流》，全称《一切宗派渊源教理善说晶鉴》。格鲁派学者土观善慧法日著，成书于1801年，在藏传佛教学者编写的史书中，是一部晚出的著作。书中叙述了各个佛教流传区域的各种宗派源流和情况，对于佛教以外其他宗派、学派的思想也做了简要的陈述，颇为中外研究西藏的学者所重视。中国有刘立千的汉译本《宗教流派镜史》即《土观宗教源流》，印度有达斯的英译本，意大利有著名藏学家图齐及皮特奇共译的英译本，藏文原本有旧时的木刻本。

巫师，“当时的苯教，只有下方作征服鬼怪、上方作祭祀天神、中间作兴旺人家的法术而已，并没有出现苯教见地（理论）方面的说法”，至于止贡赞普（约公元前1世纪），赞普“乃分从克什米尔、勃律、象雄等三地请来三位苯波，举行超荐凶煞等宗教活动。其中一人依凭除灾巫术、修火神法、骑于鼓上游行太虚、发掘秘藏，还以羽毛截铁等显示诸种法力；一人以色线、神言、活血等作占卜，以决祸福休咎；一人则善为死者除煞，镇压妖厉，精通各种超荐亡灵之术”。

土观的记述反映出两个问题，一是苯教的势力范围跨喜马拉雅山脉南北两麓，直达中亚山区、克什米尔和拉达克；二是苯教的仪轨仪式大多是杀生祭祀、禳灾祛邪、通灵除秽，而没有佛教那种深奥的超度理论和玄妙的彼岸世界。直到公元7世纪松赞干布提倡佛教，苯教由于受到佛教新入的挑战和刺激，开始从佛教中吸取内容充实自己，在理论上才逐步成形，以应对佛教在理论上的优势。随着佛教在吐蕃社会的正式立足，苯教势力萎缩，早期纯粹的苯教几近消失。

公元8世纪吐蕃赞普墀松德赞大力扶植印度佛教并实施灭苯，在那次法难中，苯教徒们被迫改宗佛教，尤其是在作为政治文化中心的卫藏地区（现拉萨和日喀则地区），基本上被清除。不愿意改宗的苯教僧人则亡命天涯，到阿里、安多和康巴地区等边远地区继续实践和传播他们的宗教，这也使得苯教在远离拉萨这个政治文化中心的那曲、安多和康巴地区得以发展和保存，至今那里仍然保有一定数量的苯教寺院和信徒。然而苯教毕竟是在西藏高原生长起来的本土宗教，在佛教输入之前对吐蕃和西藏其他地方持续了数百年的影响，它的影响并没有随着佛教在西藏的传播而完全消失，一些可操作性的实践和仪式仪轨顽强地存活在西藏民间，仍然在许多方面影响着藏民族的精神和文化生活。

今天藏民族的许多民间习俗并非佛教的，而是自象雄时代就留传下来的苯教孑遗，比如转神山、拜神湖、插风马旗、放置玛尼堆、打卦、供奉朵玛盘、酥油花甚至使用转经筒，都是苯教遗俗。苯教信仰万物有灵，天有天神，山有山妖，树有树精，江河、湖水、山泉、地下皆有龙；人若有灾病，皆因神鬼所致，其简单的禳解法是以煨桑开道迎请神灵，然后焚烧食物，神鬼嗅而饱之，不再加害于人，这种习俗至今流传在西藏民间，藏传寺庙门前仍旧保留着煨桑炉，每年夏天还有煨桑节；藏族民居有以黑色涂门窗的习惯，门前画雍仲图案和苯教日月符号以镇邪。诸如此类，都是苯教而非佛教仪轨，在长期的流传和演绎中演变为藏族民间风俗。（图058）

除了现在被认为以藏传佛教支派名义存在的苯教，古老的苯教仍然以改头换面的方式相对独立地保存了下来。当20世纪的西方学者第一次在云南丽江发现纳西族的东巴文字和东巴经文时，对东巴经和东巴仪轨与原始苯教的关系还不太明确，经过几代学者对东巴经文的研究，发现纳西族人的宗教可能是由古老的苯教直接演变而来。多数学者承认纳西族与藏族的族源关系，纳西语一般归入汉藏语系藏缅语族彝语支，虽然语言和民族并非必然对应的关系，宗教与民族的关系更是如此，但是

图058 雍仲符号。卐和卍分别为佛教和苯教的符号，习惯上称为雍仲符号，英文为swastika，梵文作Srivatsa。雍仲符号并非苯教和藏传佛教所独有，佛教、印度教和耆那教都将其尊为神圣的符号象征。早在4500年前的印度河谷文明陶制印章上就出现了这种符号，其意义和象征可能与后来的宗教解释不同。藏传佛教以右旋的“卐”为正规，苯教和汉地则使用左旋“卍”，旧译“吉祥海云”，意为“吉祥之所集”。北魏时所译《十地经论》将“卍”译作“万”字；而鸠摩罗什和玄奘则将此符号译作“德”，取万德庄严之意，强调佛的功德无量。现在一般将“卍”字符读作“万”，是武则天于长寿二年（693年）规定。雍仲符号与日月山川、动物、弓箭等图像的组合搭配是古老的苯教孑遗，现在仍然出现在西藏民居和民间装饰中。图中1为印度河谷文明陶制印章上与雍仲符号相同的符号；图2为西藏日喀则扎什伦布寺用绿松石等半宝石镶嵌在佛堂地面的雍仲符号；图3为绘有苯教日月图形的西藏民居，这种图形经常与雍仲符号组合出现在西藏民间装饰中。

东巴教和东巴经文中保存大量苯教元素是事实。东巴教中的原始巫术是东巴教仪轨的主要表现形式，自然崇拜、多神崇拜、祖先崇拜、鬼神崇拜，并将所有这些崇拜表现在仪式仪轨中，如祭天、丧葬仪式、驱鬼、禳灾、占卦等，皆为原始苯教的孑遗。

20世纪30年代，洛克[46]常驻丽江时，对纳西族的文化和历史进行了比较全面的研究，指出这一族群是来自藏东北的移民，与那一地区的藏民族一样是古羌的后裔，纳西人信奉的是由苯教和当地萨满教混合而成的一种地方宗教。实际上洛克并非第一个发现纳西东巴文字和东巴经卷的人，但他是第一位对纳西文化进行全面研究的西方学者。清代余庆远在《维西见闻记》中对东巴文字描述为："专象形，人则图人，物则图物，以为书契。"用来书写东巴经文的东巴文字可能是这个世界上唯一仍然活着的象形文字，其文字本身就包含足够多的原始信息。

◆3-2-3 上古西藏与波斯

上古西藏与波斯的联系似乎显而易见，但证据一直很模糊。几乎所有藏学家都讨论过这一话题，起因皆是苯教文献中不断出现的"大食"一词和《敦煌本吐蕃历史文书》（见注49）中的线索。一些学者对苯教文献[47]本身的疑问使得以上话题的证据也成为问题，而另一些学者则毫不怀疑上古西藏的文化和宗教（苯教）与波斯的关系。

出现在苯教文献中的"大食"（波斯）一词并非具体地指称国家形态的波斯，而是经常泛指活动在中亚及周边的波斯民族或者操波斯语的民族，这些民族以游牧身份出现在波斯高原的任何地方，并经常进入中亚山区那些绿洲河谷，或劫掠暴走，或定居下来，他们是青铜时代末期到铁器时代一千多年里整个中亚乃至欧亚大陆最活跃的力量，是引起各种动荡和变化的主要因素之一。他们吸收别人的文化，也传播自己的文化，他们自己就是移动的文化载体，好的或者不好的，都不由他们自己选择。

荷兰学者J.E.范·洛惠泽恩在他的《斯基泰时期》一书中探讨了印度西北部斯基泰人建立政权的历史和文化，斯基泰是青铜时代末期到铁器时代在草原上流浪

---

46 约瑟夫·查尔斯·弗兰西斯·洛克［Joseph Charles Francis Rock］（1884—1962年），美国人类学家、植物学家、纳西文化研究家。生于奥地利维也纳，1913年入美国国籍。1919年为夏威夷学院植物学教授。从1922年起六次到中国旅行，深入到滇、川、康一带民族地区活动。洛克著述颇丰，除了早期的植物学和探险记，后专注纳西文化研究，贡献颇多。

47 对苯教文献的疑问来自"伏藏"这一事件，所谓伏藏［Terma］是指公元8世纪由诸如莲花生大师这样的大法师秘密隐藏的教法。伏藏可以是实体的，如埋藏于地下、山岩、湖水、树木甚至空气中的经文和法器，也可以是秘藏于意识中的"识藏"，等待掘藏师［Tertons］的开启。藏传佛教宁玛派和苯教皆以伏藏著称，大部分苯教经典出自11世纪的苯教掘藏师，一些学者认为一部分来自伏藏的苯教经典可能出自后世假托和追述，吸取和借用了藏传佛教其他派别的理论和仪轨，旨在使苯教得以复兴。

的伊朗人，说波斯语。由于他们活动的地区与中亚和古象雄在地理上相邻（见图056），文化上经常产生联系，有时是很密切的联系。从现有的实物资料看，印度西北部和现巴基斯坦北部山区的确出土数量不少的斯基泰风格的青铜和黄金饰品，这些金属制品的题材和风格与西藏早期的天铁（见6-10-6）有明显的联系。

意大利藏学家图齐在比较了印度拉达克列城附近的墓葬和巴基斯坦斯瓦特河谷地区发现的古代墓葬以及西藏存在的一些非佛教墓葬后提出，“在这一问题上，最引人注目的是许多物品与来自伊朗卢里斯坦［Luristan］的那些物品具有惊人的相似性。这允许我们得出结论认为在西藏文明与受伊朗影响的民族之间具有非常古老的关系，这种接触是通过牧人的游牧以及横穿巴达克山（现阿富汗境内）、吉尔吉特（现巴基斯坦北部）、拉达克和西藏西部的贸易关系实现的”。

中亚地区从公元前6世纪成为波斯帝国的一部分，古代波斯对中亚的影响不仅表现在人种的迁移和语言的传播，也包括宗教和文化的影响。波斯帝国的国教——琐罗亚斯德教（拜火教）的创始人查拉图斯特拉［Zoroaster］（公元前628—前551年）最早就是在中亚巴克特里亚（见注55）开始他的传教。学者大多不否认古象雄文化中表现出来的古波斯文化和宗教元素，特别是波斯拜火教的二元论，苯教早期的神话中充斥着白与黑、善与恶、神与魔等二元结构，晚期文献中仍可以找到这种痕迹，如在描写冈底斯山和玛旁雍错湖时也将二者写成阳性和阴性的二元结构。一些学者认为，波斯拜火教很可能是在公元前4世纪亚历山大征服中亚地区受到打击而衰落的前后传入西藏象雄阿里，并认为与象雄苯教师祖辛饶米沃且（他的生卒年代有多种说法）活跃的年代相一致。走得更远的学者甚至认为苯教创始人辛饶米沃且是一个波斯人，他的出生地俄摩隆仁［Tagzig Olmo Lung Ring］位于大食［Tagzig］（即达瑟，也即大食、波斯，也有学者认为是塔吉克斯坦），苯教仪轨中存在许多波斯拜火教元素使得一些学者更坚信这种推测。

值得一提的是古波斯人的葬俗，有“弃尸于山”和“曝尸于野”的葬法。奇特的葬俗让人联想到西藏的天葬，但没有确切的证据说明这两者之间的联系。与西藏天葬停尸于露天天葬台［Charnel ground］不同的是，琐罗亚斯德教的葬俗是停尸于野外的“寂塔”［Dakhma］。用古波斯语写成的琐罗亚斯德教［Zoroastrianism］的宗教文书《阿维斯陀》［Avesta］描述了生活在伊朗高原的“不净人”，他们是专门从事尸体搬运并“弃尸于山”的职业抬尸人。希罗多德在他的《历史》中也记载了游牧于里海南岸的古波斯部落有曝尸于野，让秃鹰和野狗叼食尸体的习俗。这种葬俗跟琐罗亚斯德教善恶对立的二元概念有关，古波斯人认为人死后被“尸魔”攻击，尸体是不洁的，不应该下葬于土污染大地。这种葬俗被中亚许多民族接受，直到亚历山大东征时还能在巴克特利亚［Bactria］见到这样的葬俗。古波斯“不净人”的记载也见于中国史书《魏书》、《周书》及《北史》的“波斯国”条目。《魏书·西域传》波斯国记：“死者多弃尸于山，一月著服。城外有人别居，唯知丧葬之事，号为不净人，若入城市，摇铃自别。”

第三节 吐蕃崛起

◆3-3-1 吐蕃征服青藏高原

雅砻河谷是吐蕃的发祥地。雅砻河发源于西藏山南地区北部现喜马拉雅山北麓的措美县，向东北流经琼结县，至乃东县转向北流，在山南行署所在地泽当镇附近注入雅鲁藏布江，全长68公里。就在这短短的68公里河谷地带，孕育了西藏文明的主体民族——吐蕃，也就是今天的藏族。（图059）

藏族的传说和古籍把自己的祖先追溯到青藏高原的远古居民，在古老的苯教文献中，认为世界最初是由五种本原物质产生的一个发亮的卵和一个黑色的卵，从发亮的卵的中心生出人间的始祖什巴桑波奔赤，人类是从什巴桑波奔赤的后裔——天界和地界的神当中繁衍出来的。另一个流传更广的传说认为，藏族是由猕猴和岩魔女的结合产生的，并且认为藏族最初的祖先就生活在雅鲁藏布江边的泽当附近（现山南行署所在地泽当镇），这一传说是古代藏族对他们的祖先来自森林地区的模糊记忆。藏文献《土观宗教源流》和《智者喜宴》[48]记载，西藏地区在人类出现之前曾经由十种（或十二种）非人统治过，那时西藏地区就被称为“博康”［bod-khams］（蕃康）之地，而“博巴”［bod-pa］正是藏族古往今来一贯使用的自称，意即来自“博”（蕃）地的人，是由地域名称演变而来的族称。

《后汉书·卷八十七·西羌传》，“至爰剑曾孙忍时，秦献公初立（公元前384年），欲复穆公之迹，兵临渭首，灭狄獂戎。忍季父卬畏秦之威，将其种人附落而南，出赐支河曲（即赐支河）西数千里，与众羌绝远，不复交通。”赐支河即《尚书·禹贡》中的“析支”，流经现青海省海南藏族自治州境内，海南州位于青海湖之南，故名海南。这段汉文史料中提到的爰剑，是古代众多西羌部落中的一支“发羌”的首领，发羌由于秦穆公驱逐西羌众部而西迁。把发羌看成与吐蕃有直接的族源关系，至少是主要的族源之一，是可信的。

最迟在公元前4世纪，西藏高原上已经形成三个势力较大的部落集团，象雄、吐蕃、苏毗，其中象雄的文化和势力最为强盛。到公元6世纪时，藏族先民部落群经过数千年的迁徙、发展和组合，形成大大小小的数十个部落联盟，所谓“四十

48 《智者喜宴》，巴俄·祖拉陈瓦著。成书于1564年，木刻本共791页。由于木刻本出自山南洛扎宗拉垅寺，故又称《洛扎教法史》。该书以内容翔实、旁征博引、忠实史实而著称。时间跨度上至远古传说，下至元明两代；内容立足藏族聚居区，广及中原内地、突厥、苏毗、吐谷浑、于阗、南诏、西夏、蒙古、勃律等地，对印度、尼泊尔、克什米尔、大食皆有涉猎。该书是研究西藏古代历史和文化最重要的经典之一。

图059　雅砻河谷和雍布拉康。雅砻河谷是吐蕃兴起的汇合地方，发源于西藏山南地区北部，有支流向东北流经琼结县，至乃东县转向北流，在泽当镇附近注入雅鲁藏布江，全长68公里。苯教文献记载吐蕃第一代赞普是从波密迁至琼结地方，然后发展起来的部落。这里是吐蕃最早开始实践农业耕种的地方，修建了第一座宫殿——雍布拉康和第一座藏王墓——第八代王止贡赞普的墓葬。

小邦”，由四十小邦又合并为“十二小邦”。据《敦煌本吐蕃历史文书》[49]记载，十二小邦中有：象雄，位于西部阿里、拉达克一带，汉文史籍称为大小羊同，认为是古西羌的一支；娘若切喀尔、努布、娘若香波，位于后藏江孜一带；卓木南木松，位于亚东到印度锡金邦一带；几若江恩、岩波查松、龙木若雅松，位于拉萨河流域；雅茹玉西、俄玉邦噶、埃玉朱西，位于西藏山南一带；工布哲那，位于工布地区；娘玉达松，位于娘布地区；达布朱西，位于塔工地区；琛玉古玉，位于桑耶地区；苏毗雅松，位于藏北草原直到玉树、甘孜地区，汉文史籍称为西羌中的一个大部落；后来建立吐蕃王朝的“悉补野”部落，位于山南琼结一带。

在这些小邦中，有比较详细的历史传说记载的是悉补野部落，即后来大名鼎鼎的吐蕃。据古老的传说，该部的第一代首领——吐蕃王室先祖聂赤赞普[50]是从天界下降人间，降临雅拉香波神山，被当地牧人拥戴为王；苯教文献则记载他是从波密一带迁至琼结地方，然后发展起来的部落首领，由于他来自波密，因此被称为“悉补野”（恰白·次旦平措《西藏通史——松石宝串》，西藏古籍出版社等）。聂赤赞普时代，雅砻河谷开始了西藏最早的农业耕种，并修建了雍布拉康[51]。聂赤赞普之后一直传到第八代止贡赞普，止贡赞普的两个儿子在宫廷内讧中被流放，后夺回王位，是为布德贡杰。布德贡杰兴建了琼结的琼瓦达孜城堡，并为先王止贡赞普修建了陵墓，据说这是吐蕃王陵的肇始。萨迦·索南坚赞《王统世系明鉴》说，在布德贡杰的时代（约公元1世纪）已能烧制木炭，冶炼铜、铁、银等金属，还修渠引水，灌溉农田，并且制造犁轭，用二牛共轭耕田。《苯教历算法》记载，布德贡杰王曾向苯教经师请求教旨，教农人绕地转圈巡游，求天神保佑丰收，这便是西藏“望果节”的来历。铁制农具的出现和畜力的使用，极大地提高了农业生产力，因而人口增加，部落繁盛。到第二十九代赞普达市聂西，悉补野基本统一了雅鲁藏布江中下游地区，也即西藏高原主要的农业区。

49　《敦煌本吐蕃历史文书》。吐蕃在公元7世纪完成西藏的征服后，向西域（新疆）进军，与唐朝角逐丝绸之路。咸亨元年（670年），吐蕃第一次占领唐朝所辖的西域安西四镇；公元755年“安史之乱”，唐朝由盛转衰，吐蕃趁机进攻河西走廊，攻陷肃州、甘州、凉州、沙州等地；公元786年至848年，吐蕃统治敦煌。在吐蕃控制西域的170年间，吐蕃僧人和文化精英在敦煌留下大量写本，记录了藏民族早期社会的政治、军事、宗教以及民情风俗，文献多达7000卷，是关于吐蕃古代社会珍贵的第一手资料，学界称为《敦煌本吐蕃历史文书》。这些文献侥幸在敦煌石窟藏经洞保存千年，直到1905年至1909年间先后被法国人、英国人、俄国人和日本人将写本席卷出境。大部分文书由法国人伯希和［Pelliot］（1878—1945年）和英国人斯坦因［Stein］（1862—1943年）运往海外，现分藏于大英博物馆和法国国家图书馆。西方学者先后整理出版了部分文书，近年国内有汉语版《敦煌本吐蕃历史文书》出版。对于敦煌写本的研究，造就了一大批西方藏学家，正如对敦煌汉文写本以及其他文字写本的研究造就了一大批西方汉学家一样，法国东方学泰斗伯希和宣称：从此以后，我们也可以利用档案和原始文献研究中国了。

50　赞普，吐蕃时期百姓对君长的称呼，藏语意为雄健的男子。《新唐书·吐蕃传》载：“其俗谓强雄曰赞，丈夫曰普，故号君长曰赞普。”

51　雍布拉康，位于西藏山南地区乃东县泽当镇11公里的扎西次日山上，地处雅砻河与雅鲁藏布江汇流处东侧，相传于公元前2世纪由第一代吐蕃王聂赤赞普所建。“雍布”意为“母鹿”，因扎西次日山形似母鹿而得名，“拉康”意为“宫殿”。雍布拉康是西藏历史上第一座宫殿，当地民间仍然流传的说辞：宫殿莫早于雍布拉康，国王莫早于聂赤赞普，地方莫早于雅砻。

传说第一代王聂赤赞普是天神之子，顺着天梯降落到人间。聂赤赞普和他以后的六位赞普在完成人间的事业后，都顺着天梯回到天上。第八位王止贡赞普在和大臣罗昂比武时被杀，罗昂将天梯割断，从此赞普就再也不能回到上天了，止贡赞普是第一位把尸体留在人世间的吐蕃赞普，吐蕃王朝的赞普便有了陵墓。这个神话学的隐喻不仅有关吐蕃葬俗的变化，而且也是有关止贡赞普时期实施革新、力图扩张的一系列政治策略，止贡赞普一度灭苯（苯教）便是举措之一。出于对苯教经师阶层的势力和这些经师大多来自象雄的背景的担忧，止贡赞普实施灭苯，但很快被谋杀（与大臣罗昂比武），灭苯失败，苯教重新恢复其在吐蕃的权威。止贡赞普的失败可归结为当时还没有一种成熟的宗教可以取代象雄苯教文化在西藏的势力，直到松赞干布统治时期，佛教传入，并为吐蕃王室大力提倡，最终取代苯教。

公元7世纪初，吐蕃历史上最伟大的王、第三十三代赞普松赞干布（617—650年）出生在甲玛赤康的强巴敏久林宫（现位于拉萨市墨竹工卡县甲玛乡）。松赞干布的父亲是吐蕃第三十二代赞普，松赞干布在父王被人毒杀后继承王位，平息反臣的叛乱，并将都城由泽当迁至逻些（拉萨），开始了对高原的征服。松赞干布先后兼并周边诸邦，于公元644年发兵象雄，诛杀象雄王李迷夏，最终灭掉屹立千年的古老王国，称雄高原。（图060）

◆3-3-2　藏传佛教

公元前后的几百年间，佛教在印度北部的犍陀罗[52]和中亚山区、西域绿洲兴盛不衰，现已荡然无存的巴米扬大佛[53]和仍旧散落在地表各处的窣堵波（又译浮屠塔、舍利塔）表明那里曾经是佛教传播和修习的中心。印度孔雀王朝阿育王对佛教的推广迎来了佛教在印度的全盛期，在阿育王的大力推动下，佛教扩展到了几乎整个中亚、南亚和西域，并持续兴盛了数百年。这一时期的中亚和印度佛寺遍地，并锐意推广，在西北方向，沿着丝绸之路从塔克西拉（见1-3-7），经犍陀罗和开

52　犍陀罗［Gāndhāra］，以现巴基斯坦白沙瓦为中心漫延至斯瓦特河谷［Swat valley］和阿富汗东北的古王国，印度最早的史诗《摩呵婆罗多》已经提到过犍陀罗的存在。公元前6世纪，犍陀罗归属波斯帝国，后又被亚历山大、印度孔雀王朝、大夏（巴克特里亚）、印度-斯基泰、印度-帕提亚征服，公元1世纪归属贵霜帝国（从西域西迁的月氏人），犍陀罗迎来了佛教修习中心和犍陀罗美术长达四个世纪的繁荣期，直到公元5世纪被哌哒人（白匈奴）征服，佛教和国势最终衰落。

53　巴米扬大佛［Buddhas of Bamiyan］，位于阿富汗巴米扬市的巴米扬山谷，于公元6世纪依山开凿的两尊巨型摩崖造像，一尊毗卢遮那［Vairocana］，一尊释迦牟尼［Sakyamuni］，两尊立佛分别高58米和38米，曾被联合国教科文组织列为世界文化遗产。巴米扬地处丝绸之路，从公元1世纪直到公元9世纪伊斯兰征服以前，这里都是佛教研习及造像艺术的中心，佛寺林立，僧侣众多，佛窟超过3000窟。唐朝高僧玄奘于公元630年访问巴米扬，他在《大唐西域记》中描述巴米扬大佛全身金装，以各种珍宝装饰，蔚为壮观。2001年，阿富汗武装派别塔利班用炸药和火箭炮将大佛和周围龛窟造像全部摧毁。

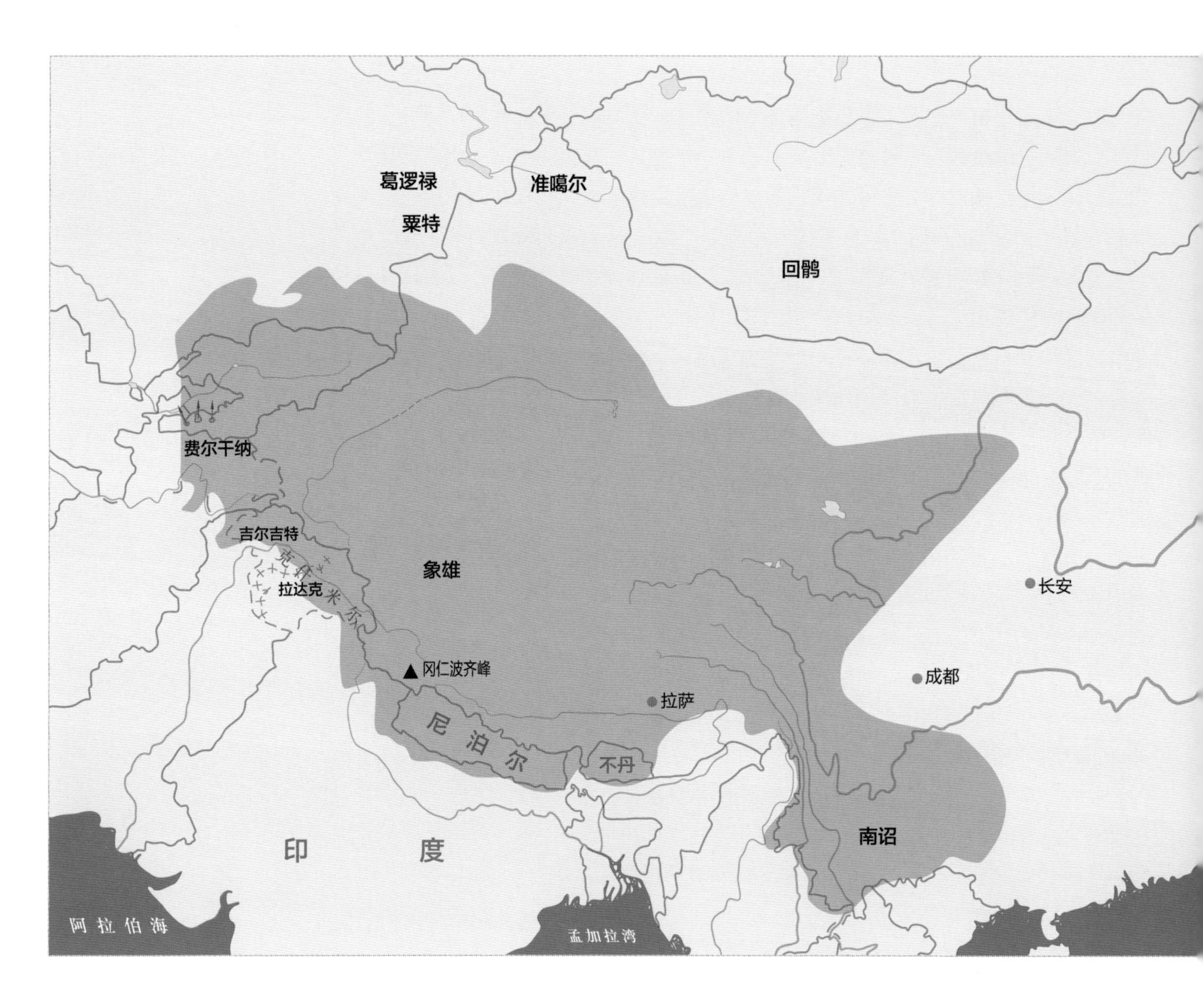

图060　吐蕃王国疆域最大化时期。吐蕃在松赞干布于公元7世纪中叶征服西藏诸邦后，继续向周边扩张。公元755年，吐蕃乘唐朝“安史之乱”占领陇右、河西大片唐朝土地。墀松德赞的时期，吐蕃王朝的地域东面与唐朝以陇山为界，北到宁夏贺兰山，南面以（云南）南诏为属国，一度推进到喜马拉雅山以南的恒河北岸，于公元8世纪达到疆域最大化。8世纪末叶以后，吐蕃统治阶级的内部矛盾日趋激化，王室内部互相争夺，地方势力混战，公元877年，吐蕃爆发大规模农民和奴隶起义，吐蕃社会分崩离析。

伯尔山口［Khyber pass］传到了康居[54]和大夏[55]；在东北方向，佛教在稍晚的两百年间，越过帕米尔高原沿着青藏高原北部边缘的沙漠绿洲完成了对中国在教义、实践和造像艺术的全部输入。但是佛教始终没有越过喜马拉雅山进入与它一山之隔的西藏，佛教在这里遇到了另一个强大的宗教——苯教，以及持有苯教信仰的古老王国——象雄。

公元1世纪，位于雅砻河谷、与象雄有着姻亲关系的吐蕃曾试图抑制苯教在吐蕃上层的势力，第八代藏王止贡赞普出于政治目的，驱逐了所有伴随在身边的苯教经师，迫害经师阶层，但最终遭到失败，当时还缺乏一种成熟的宗教文化可以取代苯教在吐蕃的影响。对苯教的担忧意味着对象雄的担忧，这种担忧由来已久，直到公元7世纪松赞干布时代，对象雄的忌惮仍然存在。政治联姻是必要的手段，松赞干布将自己的妹妹嫁给了象雄国王李迷夏，妹妹的失宠最终成为松赞干布出兵象雄的借口，李迷夏也成为象雄最后一位国王，吐蕃实现了对象雄的吞并。吐蕃灭象雄是苯教式微的开始，从此象雄这个据有西藏西部及中亚部分地方的古老王国从历史上逐渐消失。

称雄高原后，松赞干布开始大力倡导佛教。没有证据表明松赞干布是一个佛教徒，尽管他最后被藏民族尊为观音菩萨在俗世的化身（图061）。松赞干布推行佛教，最初很可能是出于政治和外交的考虑。当时的吐蕃社会还是苯教的天下，苯教那些可操作的、带有巫术性质的仪轨和仪式对文化还很落后的吐蕃民众具有强大的说服力。苯教来自西边强大的象雄，其势力和文化对吐蕃社会的影响和威慑令松赞干布堪忧，推行佛教和迎娶尼泊尔和大唐公主，都出于对吐蕃未来的考虑。

公元7世纪中期，松赞干布与尼泊尔尺尊公主和大唐文成公主联姻，两位王妃分别为吐蕃带去了最早的佛像。松赞干布为此征调奴隶，在尼泊尔工匠的参与下，建造了两座寺庙，一座用来供奉尺尊公主带来的泥婆罗（尼泊尔旧称）样式的佛像，称为“四喜幻显殿”，即今天大昭寺之前身；另一座供奉文成公主带来的汉式造像，称为“逻娑幻显殿”，即今天小昭寺之前身。这两座寺庙在当时虽然已经开始施供香火，但还不是佛、法、僧三宝具备的寺院。公元710年，吐蕃第36任赞普赤德祖赞迎娶唐朝金城公主，公主进藏后，将文成公主带去的释迦牟尼像移至大昭寺，并安排汉僧管理寺庙，从此文成公主带去的释迦牟尼等身像便供奉在大昭寺。

54　康居［Kangju］，中亚古国。康居国位于巴尔喀什湖和咸海之间，中心区域在现在的吉尔吉斯平原。据公元前2世纪汉代文献记载，其国少耕种，多游牧；国人擅长经商，与中原贸易往来，并经常献贡汉朝。公元前1世纪一度控制《汉书》中记载的大宛和粟特（索格狄亚那），势力最大化。公元5世纪，受控于哌哒人（白匈奴）。两晋和隋唐时期的文献称“康国”，信仰摩尼教［Manicheanism］。

55　大夏［Bactrian］，又称巴克特里亚，中亚古国，中原史籍称为大夏。位于兴都库什山和阿姆河之间，大致相当于现在的阿富汗和塔吉克斯坦。公元前6世纪隶属波斯帝国；公元前4世纪亚历山大征服该地区；公元前3世纪，监管这一区域的希腊总督建立“希腊-巴克特里亚”王国，最迟于公元前2世纪与汉朝建立联系，一直活跃于丝绸之路；公元1世纪被贵霜帝国征服，公元3世纪臣服于萨桑波斯，公元5世纪被突厥哌哒人（白匈奴）征服；公元8世纪开始穆斯林化。

图061　松赞干布像。这尊松赞干布塑像坐落于布达拉宫的藏王修行室，据说位于布达拉宫中央位置的这间洞穴式修行室是公元7世纪由松赞干布授意建成，洞内造像有松赞干布王像、唐朝文成公主像、尼泊尔尺尊公主像和松赞干布的大臣禄东赞等人。修行室内皆有汉藏两种装饰风格，是1300年前吐蕃与唐朝交好的侧影。

但是汉传佛教并未因此在吐蕃立足。公元740年左右，吐蕃爆发大范围天花，大量人口死亡，金城公主也死于天花。苯教在当时的吐蕃贵族阶层中仍有很大势力，反佛一方借口天花是外来的佛教引起的灾难，借机赶走汉地僧人。不久，年幼的新赞普墀松德赞（755—797年在位）继位，无力朝政，于是贵族大臣们发布了西藏历史上第一次“禁佛”令，吐蕃统辖内的全境禁止信仰佛教；驱逐汉僧和尼泊尔僧人；改大昭寺为屠宰场；大昭寺、小昭寺的佛像被投入拉萨河；文成公主带去的释迦牟尼像由于太重，不便移动而被埋在地下，之后又取出送往芒域[56]。

墀松德赞成年后，逐步大权在握，再次在西藏推行佛教。他首先将几个反佛大臣流放到藏北荒原，活埋了灭佛的首要人物马尚仲巴。然后派人去芒域将释迦牟尼像迎回，重新供奉在大昭寺；又派人到印度那烂陀寺请来高僧寂护（又名静命）住在西藏，指导传教和译经。时又值藏地发生饥荒，瘟疫流行，反佛的贵族又借口灾荒是因寂护到来，触犯苯教神祇，降灾遍地。寂护本为学者型讲经师，非法师、咒师之类的人物，不敌苯教经师，于是在藏地逗留仅四个月后被遣送去了尼泊尔，临行前寂护建议赞普邀请其妹夫莲花生大师入藏。

莲花生［Padma-sambhava］本乌仗那国（今巴基斯坦斯瓦特）人。唐代高僧玄奘的《大唐西域记》曾对乌仗那国有过记载，言当地人“敬信大乘”，“戒行清洁，特闲禁咒”，可知该地方敬信大乘（佛教）之前是擅长巫术咒语的，很可能类似早期苯教那一套。莲花生是一位密宗大法师、咒术师，寂护力荐他进藏，用意借他的咒术制伏同样擅长巫术秘咒的苯教经师。墀松德赞听取了寂护的建议，派人去芒域（吉隆）邀请莲花生大师（图062）。相传莲花生一路“降伏鬼怪”来到桑耶（现西藏扎囊县辖乡）。不久，寂护再次受邀来到西藏，与同行的迦摩罗什和莲花生一起在西藏弘扬佛法，于779年建成西藏佛教史上著名的桑耶寺[57]。此前的西藏并无僧伽，也没有真正的出家人，寺庙甚至还不够给出家人授戒[58]的人数。吐蕃第一批出家的七个僧侣是吐蕃贵族子弟，史称“七觉士”；由于当时还不具备授具足

56　芒域，现中国与尼泊尔边境小城吉隆，西藏日喀则市西南。在古代它是吐蕃与南亚的交通要道，尼泊尔尺尊公主进藏，松赞干布派人到芒域迎亲，“芒域”就是吉隆在西藏古史中所记载的名字。莲花生大师最初入藏，也是经由此处。清乾隆年间，尼泊尔廓尔喀军队两次入侵扎什伦布寺都是从吉隆入藏，后来乾隆派清军反击，也是从吉隆一路打到加德满都。

57　桑耶寺，也称存想寺、无边寺，位于西藏自治区山南地区扎囊县桑耶镇境内，雅鲁藏布江北岸的哈布山下。据《桑耶寺志》记载，公元762年，墀松德赞亲自为寺院举行奠基，历时十多年建造，到779年终告落成，是西藏第一座具备佛、法、僧三宝的寺院。桑耶寺坐北朝南，平面为椭圆形，占地面积约2.5万平方米。桑耶寺是以印度摩揭陀的欧丹达菩提寺为蓝本建成，后因火灾多次重建，但建筑格局始终保持了初建时的风貌。传说建寺初，墀松德赞急于知道建成后的景象，于是莲花生大师就从掌中变出寺院的幻象，墀松德赞看后惊呼“桑耶”（意为不可想象），后来这一声惊语就成了寺名。1996年，桑耶寺被中华人民共和国国务院公布为第四批中国重点文物保护单位之一。

58　授戒，即传戒。佛教法师向信徒传授戒律、规矩的仪式，如寺院住持收皈依、授五戒，佛教徒出家剃度时授沙弥、沙弥尼十戒、三坛大戒（沙弥戒、具足戒、菩萨戒）。传戒的人事需“三师七证”，三师即得戒和尚、受戒阿阇黎和教授阿阇黎；“七证”即七位受戒十年以上、德行清净的见证人。吐蕃第一批贵族子弟受戒时，吐蕃还不具备传戒的条件，三师七证都是从印度延请的。

图062　莲花生（梵文 Padmasambhava）。莲花生大师是印度和西藏佛教史上最伟大的大成就者之一，古印度乌仗那国（现巴基斯坦斯瓦特）人。公元8世纪，应藏王墀松德赞之邀入藏弘法，建成西藏第一座佛、法、僧三宝俱全的寺院桑耶寺。围绕莲花生大师的身世和业绩有许多传奇，传说他生于一朵漂浮在湖上的盛开的莲花，出生时，端坐莲花的莲花生大师已为八岁的孩童，这也是他名字的由来。莲花生大师擅法术、通咒术，在与苯教经师的较法中占得上风，成功将佛教传入西藏，实为在西藏传播佛法的第一人。莲花生大师合金像，公元14—15世纪。

戒[59]的资格，便从印度请来“三师七证”，协助寂护大师为这七名贵族子弟传戒，并送往印度学法。桑耶寺是西藏建立僧伽制度之始，是第一座具备佛、法、僧三宝的寺院。莲花生大师在此施善行法，降伏鬼怪；寂护和迦摩罗什讲法译经，民众对佛教产生了敬仰之心，皈依佛教；出家人成批增加，最终形成吐蕃社会的特殊阶层。莲花生大师实为藏传佛教的创始人，而大力推行佛教的三位赞普松赞干布、墀松德赞、墀足德赞，在藏文典籍中被尊为“三大法王”。

尽管佛教在西藏本土开始立足，吐蕃上层社会仍有不少臣属笃信苯教，对佛教在西藏的传播深怀恐惧。公元838年，墀松德赞第四子朗达玛依靠几位苯教臣属的谋划继位，在重臣末杰刀热的怂恿下于公元841年实施灭佛令。这是吐蕃历史上第二次灭佛，距第一次禁佛不足百年。朗达玛明令封闭佛寺，毁坏寺庙设施，桑耶寺、大昭寺等著名寺庙被查封，小昭寺被改为牛圈，各寺院佛像被钉上钉子扔进拉萨河，大昭寺那尊文成公主带来的释迦牟尼像再次被埋入地下，佛教徒纷纷逃亡卫藏[60]以外的地区以避佛难。

公元842年，在拉砻（今山南洛扎）修定的佛教僧人贝吉多吉听说了卫藏地区的佛难，便暗藏弓箭，赶到拉萨，伺机刺杀了朗达玛。朗达玛死后，佛教并未得到复兴，朗达玛的亲信迁怒佛教僧人和信徒，大肆捕杀僧人，佛教文化随着逃亡僧人四处流散。此后吐蕃王室内乱不断，各地将领拥兵称雄，彼此征伐，紧接着一场奴隶平民起义爆发，席卷西藏，吐蕃王朝随即崩溃。在佛教史上，从松赞干布到朗达玛灭佛的这两百年被称为佛教“前弘期”。

朗达玛灭佛之后的百年间，佛教在作为政治文化的中心地带——卫藏销声匿迹。这一百年间，西藏王室分崩离析，贵族混战，奴隶起义，天灾人祸，一派肃杀。直到公元11世纪，藏族社会才逐渐趋于平稳，吐蕃流散各地的王室子孙割据一方，建立起多个地方政权，阿里一带的拉达克王朝、古格王朝，西藏中南部的雅砻觉阿王朝，甘青地区的青唐政权等。也正是这一时期，佛教在各个地方得到逐步复兴，持佛教信仰的地方王室纷纷延请印度僧人进藏驻寺，吐蕃僧人译经弘法，藏传佛教开始形成各种宗派。朗达玛灭佛这一百多年后，佛教从康巴地区和后藏再度传入，西藏佛教在卫藏中心地区再次复苏。这一时期在藏传佛教的历史上被称为“后弘期”。公元13世纪，元朝一统西藏，结束了吐蕃持续数百年的分裂。

59　具足戒，佛教的具足戒是比丘（和尚）、比丘尼（女尼）受持的戒律，因为这些戒律与十戒相比，戒品具足，所以称具足戒。具足戒的条目各个地方略有不同，但大致内容相同。佛法十戒：不杀生、不偷盗、不邪淫、不妄语、不饮酒、不涂饰、不歌舞及旁听、不坐高广大床、不非时食、不蓄金银财宝。

60　西藏习惯上被视为三个大的区域划分：以拉萨为中心向西辐射的高原大部称为“卫藏”，这一地区是藏族聚居区的政治、宗教、经济、文化中心，其中拉萨及其周边称为“前藏”，日喀则及其周边称为“后藏”；念青唐古拉山至横断山以北的藏北、青海、甘南、川西北大草原称“安多”，安多一带是广阔的草原，以出良马、崇尚马而闻名；康区称“康巴地区”，位于横断山区大山大河的夹峙之中，包括四川的甘孜、阿坝两个藏族自治州，西藏东部的昌都地区，青海的玉树地区以及云南的迪庆地区。

◎第四章◎
喜马拉雅的天珠

第一节　天珠的研究

◆4-1-1　什么是天珠

天珠是分布在喜马拉雅山两麓、主要流传在藏民族和藏文化中间、被称为"瑟"的古代珠子，现在被称为天珠，藏语发音"瑟"，中原古代文献和现代西方藏学家称为"瑟瑟"或"瑟珠"。物理的角度，天珠是一种用玉髓制作的饰品（见5-1-1）；天珠的图案是人工施加的，这种工艺是蚀花玛瑙的一种（见5-1-3）。文化的角度，天珠被赋予了宗教信仰，天珠的价值除了信徒心目中的宗教能量，还包含来自古代有关工艺和符号意义的信息，它的神秘起源隐藏着远古那些已经消失的文化。（图063）

关于天珠的起源一直有很多推测，中原文献中模糊的记载、考古资料中长期的缺席和藏民族有关天珠的诸多传说和宗教隐喻使其更显神秘。然而无论有关天珠的说法如何离奇，天珠都不是孤立发生的，而是有它特定的文化和宗教背景，以及技术的可能性。在之前的章节，本书讨论了蚀花玛瑙的起源和铁器时代各个文化中心和贸易中心的兴起，它们使得天珠这类包含宗教意义的珠饰的出现具备了文化背景和工艺技术的双重可能。

在以后的章节，天珠的起源、流传、价值、分布和最新的考古资料都将得到

图063　西藏天珠。天珠最初出现在铁器时代泛中亚和喜马拉雅山脉的蚀花玛瑙珠技术流传、很可能依附于古象雄文化和原始苯教的背景下，其符号意义与早期苯教自然崇拜、万物有灵并带巫术性质的信仰有关。就像西藏本土并不出产珊瑚、蜜蜡一类有机宝石，但是我们仍然把那些被藏民族长期佩戴、世代相传的珊瑚珠称为“西藏珊瑚”一样，尽管天珠的出现早于藏传佛教和藏民族的兴起，但最终被藏民族赋予藏传宗教文化的属性，因之习惯上我们将藏民族最为珍视的珠宝——天珠称为“西藏天珠”。图中藏品由收藏家郭彬先生提供。

讨论，尽管不是所有的疑问都会有明确的答案，但是理论依据和逻辑不错的话，我们将天珠的制作年代推定在公元前6世纪到公元1世纪前后的几百年间；原产地在克什米尔山区、喜马拉雅山与喀喇昆仑山交会的河谷盆地，即现在巴基斯坦的吉尔吉特—巴尔蒂斯坦（见4–3–9）、阿富汗的巴达克山和瓦罕通道（见4–3–10）以及西藏阿里靠近克什米尔的某些地方，这些地方在史前属象雄三部之“里象雄”（见3–2–1）；而天珠的背景则与古象雄国的文化和宗教有关。

公元前3世纪，印度孔雀王朝阿育王大力推广佛教，佛教在随后的两个世纪传遍整个南亚次大陆和北方中亚山区。最迟公元1世纪，佛教通过青藏高原和塔里木盆地之间狭窄的绿洲通道传入中原，但是一直未能翻越喜马拉雅山进入西藏。佛教迟迟不能越过喜马拉雅山的原因是横亘在西藏西部的象雄王国和它的本土宗教——苯教的势力，直到阿育王之后的一千年即公元7世纪，吐蕃灭象雄，佛教才从尼泊尔经由后藏（日喀则及其周边）传入吐蕃。

天珠的制作中止于某一历史时期。一般而言，某种古代工艺的中止和消失大多是文化变迁和战争的原因。古象雄和克什米尔山区——曾经的里象雄及其周边的早期历史一直很模糊，直到公元7世纪吐蕃与唐朝在这一地区角力，这一地区才进入双方文献。天珠的制作很可能中断于公元前3世纪佛教传入克什米尔之后取代苯教的地位之时。尽管佛教有使用宝石和半宝石珠子供奉舍利的仪轨，但是塔克西拉（见1–3–7）的发掘没有发现天珠，斯瓦特河谷和白沙瓦的犍陀罗佛教舍利函中供奉有蚀花玛瑙珠、其他材质的半宝石珠和贵金属（见图024），但是都没有发现天珠。其可能的原因大致如下，其一，天珠最初不是佛教的产物，且制作年代早于佛教传入克什米尔及周边；尽管天珠后来与晚起的藏传佛教联系紧密，却不是公元前后佛教盛期的产物。其二，天珠的工艺秘密一度被很好地保密在克什米尔及其邻近喜马拉雅山区的几个河谷盆地，这些地方在当时是苯教的势力范围。另外，天珠从未或者极少跟随佛教的传播从北印度（现巴基斯坦）和中亚的佛教中心向东传入中原、向西进入西亚或向南进入印度南方，似乎也侧证了天珠在佛教兴盛之前已经中断了制作。（图064）

如果没有松赞干布灭象雄，佛教很可能一直徘徊在高原之外。早在佛教传入西藏之前，来自象雄王国的苯教一直是吐蕃民众和上层社会唯一的信仰，辅佐吐蕃统治阶层的苯教经师和吐蕃贵族在那时很可能就都佩戴天珠，可以说吐蕃民族对天

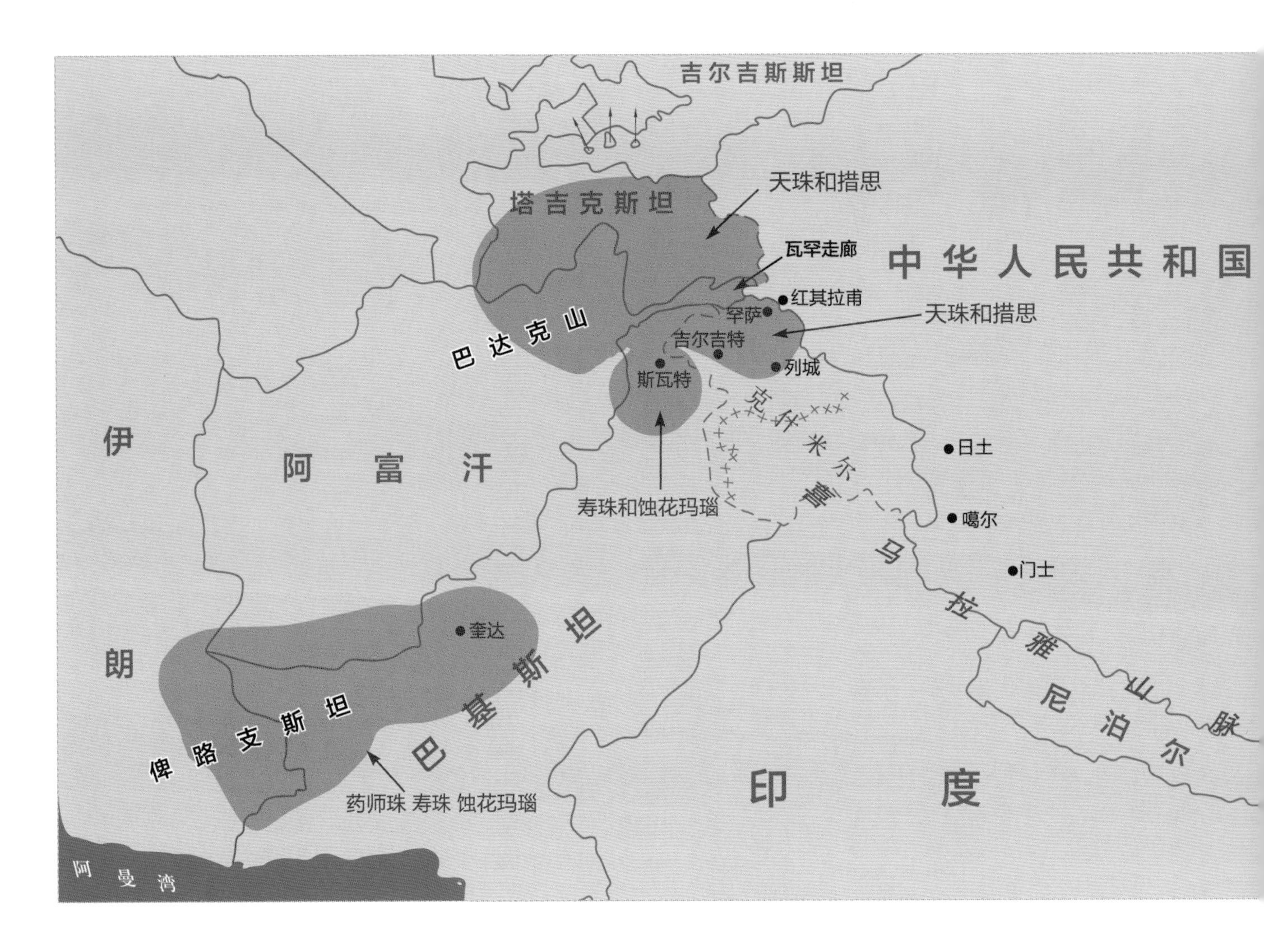

图064 制作天珠的地方。天珠的来源和制作地一直以来都是猜测，图中对天珠制作地的划定同样缺乏正式的考古证据，其结论来自古代文献包括藏文献、藏学家的田野调查和民间资料中的线索，这些线索都将在以后的章节中被讨论。依据泛文化的概念和非正式资料对古代美术品及其背景的推理，缺陷是显而易见的；但基于目前的资料，推测是合理的。虽然我们现在将天珠称为“西藏天珠”，实际上天珠的出现至少早于藏传佛教和吐蕃兴起数百年乃至上千年，天珠最初的背景早已湮灭于中亚山区频繁的征服和古象雄王国的消失，而吐蕃（藏民族）在它的全盛期将周边的文化和财富收入囊中，包括天珠这一类珍宝。生活在艰苦卓绝的高原寒地的吐蕃民族对财宝和珠饰有天然的钟爱之情，他们将那些财宝继承下来，倍加珍爱，世代相传，并赋予自己的宗教含义和符号意义。至今在藏民族的传说中，天珠都是来自“另一个世界”的珍宝，这个世界对藏民族而言，既非现实世界，也非宗教隐喻。

珠的认识和珍视由来已久，并非佛教传入之后才有的。吐蕃的兴起改变了整个高原及其周边的格局，松赞干布在接管象雄王国的同时，也接管了象雄的部分文化和全部财富，包括我们现在所谓“西藏天珠”这样的珍宝。无论是通过战争、贸易或征服，天珠都是藏民族最珍爱的珠饰之一，他们接受这些或通商或劫掠而来的珠子，世代相传，倍加珍爱，并赋予这些珠子以吐蕃民族自己的文化意义和符号象征。

◆4-1-2　中原文献中的瑟珠

《新唐书·吐蕃传》有“其官之章饰，最上瑟瑟，金次之，金涂银又次之，银次之，最下至铜止，差大小，缀臂前以辨贵贱”。这种以装饰品作为区分等级的制度，与中原的用玉制度类似。同样的，《新五代史》也说：“吐蕃男子冠中国帽，妇人辫发，戴瑟瑟珠，云珠之好者，一珠易一良马。”在那时，一颗品质皆优的瑟珠就能交换一匹好马。“瑟”为藏语发音，瑟珠即现在所谓天珠，文献中的瑟瑟或瑟珠。

“瑟瑟”一词见诸中原文献最早是在唐代，之后的中原文献中“瑟瑟”一词便时有出现。除了《新唐书》的官方记载，盛唐诗人杜甫的《石笋行》曾记成都石笋，“君不见益州城（成都）西门，陌上石笋双高蹲。古来相传是海眼，苔藓蚀尽波涛痕。雨多往往得瑟瑟，此事恍惚难明论。”成都民间传说石笋下面是海眼，而石笋是“天地之锥，以镇海眼，动则洪涛大滥”。大雨过后，能在海眼处拾到瑟瑟珠，更使得传说仿佛是真实的。但是杜甫认为海眼的说法并不可靠，他已经认识到这是前朝遗迹而非海眼之类的传说，所以他又说，“恐是昔时卿相墓，立石为表今仍存。”杜甫在诗中所说的“瑟瑟”不知道是什么样的珠子，唐代段成式《酉阳杂俎续集》卷四《贬误》说:“蜀石笋街，夏中大雨，往往得杂色小珠。俗谓地当海眼，莫知其故。”段成式也说雨后“海眼”出珠子，是“杂色小珠”。唐人卢求的《成都记》：“石笋之地，雨过必有小珠，或青黄如粟，亦有细孔，可以贯丝。”说这些珠子青黄如粟，没有具体描述，但与段成式所说“杂色小珠”相仿。

《旧唐书·列传第一百一十三》：“福建盐铁院官卢昂坐赃三十万，简辞（卢简辞，唐敬宗侍御史）按之，于其家得金床、瑟瑟枕大如斗。昭愍（唐敬宗）见之曰：此宫中所无，而卢昂为吏可知也。”虽然文中并未详细解释“瑟瑟”是什么珠子，只知道卢昂用来填充枕头，其物稀罕，宫中所无，连敬宗都妒忌，可见其稀有难得。《新唐书·后妃上》：“每十月，帝幸华清宫，五宅车骑皆从，家别为队，队一色，俄五家队合，灿若万花，川谷成锦绣，国忠导以剑南旗节。遗钿坠舄，瑟瑟玑琲，狼藉于道，香闻数十里。”尽管我们并不清楚这里的“瑟瑟”具体是什么样的珠宝，但知其深受皇家喜爱。陆龟蒙一组七篇的《开元杂题》中《汤泉》一首，“暖殿流汤数十间，玉渠香细浪回环。上皇初解云衣浴，珠棹时敲瑟瑟山。”

《明皇杂录》中的类似记载在当时是通过这样那样的方式在社会上还有“又尝于宫中置长汤屋数十间……又于汤中垒瑟瑟及沉香为山，以状瀛洲、方丈。”

《唐书·于阗国传》：“德宗遣内给事朱如玉之安西，求玉于于阗，得瑟瑟百斤。”于阗（和田）地处西域，德宗派人取美玉不成，倒得“瑟瑟”百斤。唐代是“瑟瑟”见诸文字最多的时期，可能与丝路畅通及吐蕃和亲都有关系，吐蕃曾与大唐角逐西域，并一度控制西域长达百年，德宗得之于西域的瑟瑟珠不知是否吐蕃所有，或者丝绸之路上的商队遗物也未可知。唐代是丝路贸易最为繁荣的时期，唐朝与萨桑朝波斯往来密切，共享丝路贸易的利益。这一时期“瑟瑟”一词出现的频率颇高，一些学者推测瑟瑟一词为波斯语，意即宝石。这种说法并未得到过语言学的正式研究，但未必只是推测。

宋代也有瑟瑟珠的说法，宋代的传奇小说《琳琅秘室丛书》中有名妓李师师外传，说宋徽宗私访于民间，派人从内府拿出“紫茸二匹，霞毲二端，瑟瑟珠二颗，白金廿镒”送给李师师。其中“瑟瑟”珠仅为两粒，可见其珍贵。宋代是崇尚风雅的社会，特别是徽宗皇帝更是酷爱各种雅玩，皇室有不少舶来品。

宋代的赵清献在成都做过官，写有《蜀都故事》：“石笋，在衙西门外，二株双存，云珍珠楼基。昔胡人于此立为大秦寺，门楼十间，皆以珍珠翠碧贯之为帘，后摧毁坠地，至今基地每有大雨，多拾珍珠瑟瑟金翠异物。”也说石笋地基在雨后出各种珠子，其中也有“瑟瑟”，并且知道“瑟瑟”是来自“胡人”的舶来品。联想到“胡人”和“大秦”的称谓最早始自汉代，而当时丝路上的贸易十分发达，赵清献所说的胡人修建的大秦寺，应该是指汉代开通丝绸之路以后，经西域过来的外族人在成都修建的建筑物，这些建筑很可能是商贸的中转站。曹魏时的鱼豢私撰的《魏略》说：“大秦道既从海北陆通，又循海而南，与交趾七郡外夷比，又有水道通益州、永昌，故永昌出异物。”“大秦”可能是当时地中海最发达的贸易港口亚历山大，大秦通汉有海上和路上多条路径，但都依靠中转站连接，货物靠中间商转运；益州是指当时的成都，永昌即今云南保山，是大秦货物到达的中转站之一，由永昌可北上成都，所以永昌、成都皆“出异物”。

瑟瑟的说法一直到明代还经常出现，明代程登吉的启蒙读本《幼学琼林》有“斑斑美玉，瑟瑟灵珠”的句子。最有趣的是孔迩述的杂记《云蕉馆纪谈》，“陈友谅初以江州为都，自称汉王”，此人颇爱珍宝和养鹿，“聚鹿数百，畜于南昌城西章江门外，谓之鹿囿。尝至其所，自跨一角苍鹿，缀瑟珠为缨络，挂于角上，缕金为花鞍，群鹿皆饰以锦绣，遨游江上”。把瑟珠穿成璎珞的样式挂在鹿角上，还用缕金的鞍子架在鹿身上，以鹿当马“遨游江上”，也算是新奇的发明。明代的文人杂记不时提到“瑟瑟”珠，但是很难知道明代人指称的瑟瑟究竟是什么珠子。联想到藏族历来将几乎所有天然图案和人工蚀花的玛瑙珠都称为“瑟”，中原文献提及的瑟瑟珠很可能就是本书以后的章节涉及的瑟珠族群，包括（至纯）天珠、措思、缠丝玛瑙、线珠和蚀花玛瑙等各种类型的珠子。

◆4-1-3　西方藏学家

藏学［Tibetology］是指对西藏的研究[61]，包括对西藏的历史、宗教、语言、政治、文献、文化和宗教意义的研究。其中对文化和宗教的研究涉及最多美术层面，包括藏传造像，神殿装饰，佛教图像和经文，法器，唐卡（绘画、刺绣、织毯），珠饰，面具和其他藏传美术品及相关工艺。

西方的藏学最早始于17世纪初期，耶稣会传教士在位于现西藏阿里的古格王朝（见4-3-3）靠近拉达克（见4-3-7）边界建立社团和教堂，1631年，拉达克入侵古格，耶稣会教团被摧毁，但是西方人首次认识了西藏的文化和宗教。一个世纪之后，耶稣会再次派遣神父进入西藏，并得到允许留驻拉萨的寺庙，学习藏语、藏传佛教和西藏风俗文化，之后这位意大利神父发表了四卷《西藏历史笔记》［*Historical Notes on Tibet*］，被视为西方藏学的先驱。

20世纪初，英国外交家查尔斯·阿尔弗莱德·贝尔［Charles Alfred Bell］（1870—1945年）爵士建立了藏学研究的学术标准；在他之前，匈牙利哲学家、东方学家乔玛［Sándor Kőrösi Csoma］（1784—1842年）出版了第一本藏英词典和语法书；之后西方涌现出一批杰出的藏学家［Tibetologist］，包括英国人弗雷德里克·威廉·托马斯［Frederick William Thomas］，大卫·施耐尔格罗夫［David Snellgrove］，意大利人朱塞佩·图齐［Giuseppe Tucci］和他的学生卢西亚诺·毕达克［Luciano Petech］（1914—2010年），法国人雅克·巴科［Jacques Bacot］和德裔法国人石泰安等，石泰安所著《西藏的文明》是通俗易读、流传广泛的经典之作。

西方藏学家很早就注意到藏传珠饰独特的文化符号、背景和传说，意大利藏学家图齐（图065）在他的《西藏考古》一书中对天珠进行了初步的描述，“珠子是出自某种白色特殊材料，上面有褐色条纹或环纹。环纹圈数一般为奇数，这使得这些珠子具有特殊的价值和意义。我从未尝试去购买一粒这样的珠子，由于被视为具有特殊神力和保护力的护身符，因此其价值昂贵。”图齐在书中根据藏语发音将珠子称为“瑟”［Zigs］，将上面的环纹称为“眼”［Mig］，图齐认为这类珠子从近东到伊朗和中亚十分普遍。图齐在当时没有对天珠进行专门的调查，更不可能分类，但是他警觉地意识到了天珠的来源地以及特殊的价值和符号意义。

实际上在图齐之前，就已经有人注意到了生活在喜马拉雅山南麓的藏族佩戴的天珠。早在1932年，长期在印度从事考古调查和美术研究的英国学者科德林顿［K.de B. Codrington］就在英国皇家学会的杂志《人类》［*Man*，Vol. 32，May，

61　中国自汉代就有文献涉及对西藏的记载，从唐代开始有了更加详细的记录和考察，清代的《卫藏通志》、《西藏志》等都是较为系统的研究。20世纪50年代，藏学研究进入国内高校和研究机关，迄今为止全国有五十多家藏学研究机构。

图065　意大利藏学家朱塞佩·图齐在西藏。图齐1919年毕业于罗马大学文学系，精通梵语、汉语、藏语等多门东方语言，曾先后从军参加第一次世界大战和第二次世界大战。图齐于1929年至1948年间8次到访西藏进行实地考察，他也是第一个访问西藏古格遗址的西方藏学家。图齐一生都在努力重返西藏，像他这样终生漫游在西藏旷野中的人文学家，都有与生俱来的对逃离的渴望和出离心，他们以科学的名义实践宗教般的修行。在他的著作《梵天佛地》中，图齐写道："西藏是悬浮于这个新潮思想汹涌澎湃的世界上的孤岛，拥有灿烂伟大的文化、与生俱来的艺术敏锐性、博大精深的人文关怀。……我沉醉于弥漫在西藏的中世纪气氛中，无论其表相如何，比起西方，这里更能使人真正成为自己的主人。"

1932，p. 128］上发表了《西藏的蚀花玛瑙珠》［“Tibetan Etched Agate Beads”］一文，而贝克关于蚀花玛瑙的论文在1933年发表于剑桥大学的《古物》杂志上，其中没有专门涉及天珠（见1-3-3）。科德林顿的第一手资料主要来自印度拉达克列城［Leh］的藏族社区，条件和背景知识所限，他的调查不够深入细致，也没有对他的调查主题进行命名和分类，但是科德林顿注意到了几个问题，1.珠子的工艺跟印度河谷和两河流域出土的蚀花玛瑙类似；2.富裕的藏族人才佩戴得起；3.玻璃仿品天珠到处都在出售，非常廉价，除了列城和大吉岭的巴扎［Bazaars］（集市），加尔各答（印度东部城市）等地都有贩售。科德林顿认为这些玻璃珠子是在欧洲制作贩卖过来的。

最早对西藏瑟珠（天珠）进行专门和细致研究的是天才的捷克藏学家勒内·内贝斯基·沃科维茨。1952年，内贝斯基在卡林朋［Kalinmpong］（印度东部城市）完成了《来自西藏史前的珠子》的写作，发表在那一年的英国皇家学会的学术杂志《人类》期刊上（见4-1-4）。1988年，美国人大卫·艾宾豪斯与麦克尔·温斯腾合作发表了《藏族的瑟珠》（见4-1-5）。这两篇文章对天珠的调查和分类奠定了今天的人们对天珠的基础认识。

◆4-1-4 内贝斯基《来自西藏史前的珠子》

勒内·内贝斯基·沃科维茨（1923—1959年），1923年出生在捷克。在柏林大学和维也纳大学完成了中亚人类学、藏学和蒙古学的学习，以一篇研究西藏苯教及神谕［Bön religion and the state oracle］的论文通过博士答辩。之后前往意大利师从著名藏学家朱塞佩·图齐，期间阅读了大量藏传文献和经典。1952年发表了《来自西藏史前的珠子》［“Prehistoric Beads from Tibet”，*Man* 52（1952），art. 183，pp. 131 - 132.］，这是最早的一篇专门研究西藏瑟珠（天珠）的论文。1956年，内贝斯基出版了他著名的《西藏的神灵和鬼怪:西藏保护神的崇拜仪式和图像学研究》［*Oracles and Demons of Tibet: The Cult and Iconography of the Tibetan Protective Deities*］，这也是最早的系统研究西藏神灵崇拜的著作。内贝斯基1959年死于肺炎，享年36岁。内贝斯基生前数次到访印度和尼泊尔的藏族社区，但从未进入西藏。他的学术天才同他的英年早逝一样传奇，围绕他的死亡有各样说法，一些人相信他的聪颖天资和刻苦研究过度揭示了神界秘密，触犯神灵，染病而亡。

《来自西藏史前的珠子》写于印度东部城市卡林朋，内贝斯基在文中将瑟珠根据藏语发音写作gZi，有“光明”和“壮丽”的意思。根据内贝斯基的调查，尼泊尔和印度锡金邦很少发现瑟珠（内贝斯基在当时的调查仍有局限），西藏和不丹是瑟珠最多的地方，不丹土著绒巴族［Lepcha］也佩戴瑟珠（图066）。

内贝斯基根据藏族的说法，将瑟珠（至纯天珠）按形制分为两个区别明显的

图066　绒巴人［Lepcha people］，也译成“雷布查人”。绒巴人是分布在不丹、印度锡金邦、尼泊尔、西藏东南部、大吉岭和印度孟加拉邦一些地方的土著，说藏缅语［Tibeto-Burman language］喜马拉雅语支［Himalayish］，信仰多神崇拜、万物有灵和萨满巫术混合而成的宗教，称为“木”教［Mun］。根据绒巴人的传说，他们是天神用干城章嘉峰［Kangchenjunga］（喜马拉雅山脉东端山峰，海拔8586米，位居世界第三高峰）纯净的雪水创造的，因而拥有大自然的血脉并与非人类的精灵共享宇宙。19世纪苏格兰传教士在绒巴人中间传教，相当一部分绒巴人转信天主教。图中绒巴男子佩戴一颗（残）天珠。图片由德国探险家、动物学家恩斯特·舍费尔［Ernst Schäfer］（1910—1992年）于1938年拍摄于印度锡金邦。

类型：A组，椭圆形珠［Oval-shaped beads］，最长可达三英寸（约7.62厘米）[62]，黑白相间纹样或者棕色与白色相间的纹样，有白色的眼睛图案，从一眼到十二眼都有。五眼、七眼、八眼和十一眼比一眼、二眼、三眼、四眼、六眼、九眼、十眼和十二眼少见。眼睛数量多、色彩对比强烈、表面光润的珠子价值更高。这样的珠子大多出在不丹。最受珍爱的是九眼瑟珠，被认为可以保护珠子的主人远离危险，比如邪灵导致的中风、武器的伤害和不吉祥日子中霉运的影响。B组，圆珠［Roundish gZi］，其中包括三种不同类型：1.虎纹［gZi stag riz chan］；2.莲花［gZi padma chan］；3.宝瓶［gZi tshe bum chan］，内贝斯基称最后这种图案为“生命之瓶”［life vase］，是频繁出现在藏传佛教仪式中的题材，有这种图案的B组珠子价值高于A组。

内贝斯基没有对天珠的工艺进行分析，也没有将其他类型的瑟珠如措思、线珠等纳入分类。但是他文中最有价值的部分除了基本分类，还包括对瑟珠（天珠）传说和故事的收集。他是第一位收集整理有关天珠的民间传说和传奇的学者，他记载的这些内容被后来研究和热衷天珠的学者和收藏家不断重复。内贝斯基收集的传说和神话包括：

62　内贝斯基所谓“椭圆形珠”实际上是指天珠最常见的形制——中间略鼓、两端略收紧的管状长形天珠。内贝斯基称这种瑟珠（天珠）最长可达三英寸，约合7.62厘米长，这在天珠是罕见的长度，多数长形天珠在4厘米左右，直径1到1.5厘米。特殊和例外的尺寸是有的，但并不常见，在线珠和措思珠中可见。内贝斯基分类的B组“圆珠”实际上是指椭圆形的珠子，藏族称为“达洛”珠。

1. 藏族声称，瑟珠可能在高山草甸吃草的牧牛排泄出的牛粪中找到，也可能在农民耕种时挖到。

2. 瑟珠起先是虫子，后来硬化变成瑟珠。这也是为什么人们有时会发现地底下的“瑟珠巢穴”［gZi-tshang］，巢穴里面有许多瑟珠，有些甚至在被挖出来后还能蠕动。

3. 瑟珠是天神［Lhai rgyan chha］佩戴的珠宝，当有些珠子受损出现瑕疵，就被扔下凡间，这也是为什么很难看见哪一颗瑟珠是完美无瑕的，它们的表面总是有一些小损伤。

4. 西藏西部的藏族相信，瑟珠来自日土［Rudok］（今西藏阿里日土镇）附近的一座山上，在远古，瑟珠像溪流一样从山上流下来，有一天，一位女巫向山上投射去她的邪恶眼［cast the evil eye］，瑟珠就再也没有从山上流出。

5. 英雄格萨尔王打败大食国［Tag gZig］（波斯）归来，带回许多从敌人那里缴获的珍宝，其中有无数的瑟珠，从那时起，瑟珠就传遍了西藏高原及周边。

6. 许多藏族相信，瑟珠是位于大食（波斯）某个地方常见的珠宝，西藏南部流传的夏尔巴人[63]的故事说，一个夏尔巴仆人跟随他的主人去了大食，在那里买了很多瑟珠，当他返回印度锡金邦后，这些瑟珠让他发了大财。

7. 据称在西藏东北部分（康巴地区）不时有古老的墓葬被发现，里面有瑟珠和箭头在一起。

内贝斯基还提到了瑟珠的药物作用，但是没有涉及文献出处。此外，他还描述了瑟珠作为噶乌项饰［Gau shal］主题时是如何搭配的，除了间隔有红色的珊瑚珠，还应有一只装有符咒的噶乌（图067）。内贝斯基同时还提到，由于瑟珠的市场价值，那时的印度和中国都制作瓷质仿品［porcelain imitations］。内贝斯基关于瓷质瑟珠的说法并没有说错，坊间的确有烧瓷的天珠流传（见图114）。

◆4-1-5　大卫·艾宾豪斯对天珠的研究和分类

大卫·艾宾豪斯和麦克尔·温斯腾1988年在美国《装饰》［*Ornament Magazine*］杂志上合作发表了《藏族的瑟珠》［“Tibetan dZi Beads”］。艾宾豪斯首先肯定了瑟珠（天珠）就制作技艺而言是蚀花玛瑙的一种，综合之前贝克和迪克西特等学者的研究，他简洁地对蚀花玛瑙及瑟珠的几种工艺类型进行了分类（图068）。型一和型二是之前贝克的技术分类（见1-3-3），艾宾豪斯在这里进一步发

63　夏尔巴人［Sherpa］，又称雪巴人，散居在中国和尼泊尔边境喜马拉雅山区的民族，说藏缅语族夏尔巴语，无文字，书面使用藏文。现约4万人，主要居住在尼泊尔境内。夏尔巴人信仰藏传佛教宁玛派［Nyingmapa］和原始苯教，少数人信仰印度教和罗马天主教。夏尔巴人是出色的登山者，以无供氧负重攀登珠穆朗玛峰闻名。

FIG, I. A “dZi SHAL” WITH FOUR THREE-EYES “dZi”
They are interspersed with beads of red coral and pearls; acquired by H. R. H. prince Peter of Greece and Denmark for the Ethnographical Collection, National Museum, Copenhagen. Photograph: H. R. H. prince Peter of Greece and Denmark

图067　丹麦国家博物馆的藏传珠饰和四川省博物院收藏的天珠。图中藏传珠饰由希腊和丹麦王子皮特［Prince Peter of Greece and Denmark］（1908—1980年）于20世纪50年代为丹麦国家博物馆民族学藏馆［Ethnographical Collection，National Museum of Denmark］收集，为西藏嘎乌项链的基本穿缀方式：瑟珠、红色珊瑚珠、白色珍珠、装有咒符的嘎乌（已缺失）。皮特王子为希腊王位继承人，其家族血脉来源丹麦，第二次世界大战期间加入希腊军队，战后投入对西藏文化的研究。与内贝斯基一样，皮特对西藏文化的调查主要在印度城市卡林朋的流亡藏民社区和尼泊尔、印度锡金邦等地方进行；20世纪70年代，皮特应中国政府邀请曾到访西藏自治区。皮特王子收集的有关西藏文化的文本、艺术品和民族学调查数据现藏于丹麦国家博物馆和图书馆。四川省博物院收藏的天珠归属博物院少数民族民间艺术研究部门，为当年藏族民间艺术田野调查收集，作为民俗研究资料。无考古地层。现藏于四川省博物院。

展出型三的分类，型三又衍生出两种技术变化：

型一，天然色彩的石头（肉红玉髓）上施加白色图案（红地白花）。

型二，“白化”的石头上施加黑色图案（黑地白花）。

型三，天然色彩的石头上（肉红玉髓）施加黑色图案。然后又衍生出两种技术变型：

变型A，（型一和型二的技术组合）将珠子的某一部分白化，留下另一部分未经白化；然后将黑色图案施加在白化过的那部分上面。

变型B，（型一和型三的技术组合）同时施加黑色和白色两种图案在（天然石头）的珠子上，但是两种图案不互相重叠。

艾宾豪斯这里的型一就是通常所说的印度河谷类型“红地白花”的蚀花玛瑙[64]，他引用了前人的调查资料，型一画花时使用的溶剂配方包括碳酸钾（草碱）、白铅、碳酸钠（洗涤碱）等成分，用这种溶剂在天然红玉髓珠子上画花，加热之后可形成永久性的白色图案。型二则是指（至纯）天珠的工艺，而且只有型二这种经过整体白化的珠子才符合藏族所谓的至纯天珠的标准。型三是艾宾豪斯根据观察到的珠子样本发展出来的技术类型，其中包括两种衍生的技术变形，变形A为型一和型二的结合，即余留珠子部分天然底色，另一部分则施加黑白两色构成的图案，这实际上是三色珠的技艺，如所谓尼泊尔线珠和东南亚的三色珠，三色珠的技艺在印度河谷文明即蚀花玛瑙分期的第一期已经能够见到。型三的变形B是型一和型三的结合，即黑白两色构成的蚀花图案覆盖珠子全部表面，这种实际上黑白线珠、黑白骠珠一类珠子的蚀花技艺。

但是无论是贝克还是艾宾豪斯，在描述型二工艺的时候都没有意识到珠子在白化之后施加图案所采用的是“抗染”留白的办法，而不是使用黑色溶剂画花的办法。贝克和艾宾豪斯指出，首先将珠子白化，这一点是没错的，但他们都以为天珠表面的黑色部分是画上去的图案设计，即表面画花的工艺，而实际上天珠图案的黑色部分不是在表面画花，而是使用“抗染剂”在（经过白化的）珠子表面画上预留的（白色）图案，再将珠子整体浸入黑色（或棕色）溶液里浸泡，进行第二次染色（第一次染色是整体白化），然后加热（焙烧）使染色固着，珠子表面（没有被抗染剂覆盖的部分）便呈现黑色（或棕色），而抗染剂覆盖的部分则显现出白色图案来，与黑色部分形成对比。这种工艺原理类似“蜡染”织物的技术，本书在后面章节将专门涉及（见5-1-3）。

值得一提的是，艾宾豪斯和罗伯特·刘［Robert Liu］（美国《装饰》杂志主编，著名珠饰研究撰稿人）都注意到了天珠表面的白色线条部分不像印度河谷类型

64　这里所谓“印度河谷类型”指印度河谷工艺类型的蚀花玛瑙珠，而不必是印度河谷文明的蚀花玛瑙。印度河谷文明早在公元前1500年业已消失，理论上讲，印度河谷文明的蚀花玛瑙只存在于印度河谷文明的文化背景；但是公元前500年前后的铁器时代，蚀花玛瑙工艺制作的珠子再度兴起，这一时期的蚀花玛瑙珠可以被称为印度河谷类型或印度河谷风格的蚀花玛瑙珠，但不是印度河谷文明的蚀花玛瑙珠。具体描述见第一章第一节。

的蚀花玛瑙那样残留有画花时所使用的碱性溶剂的残渣［alkali residue］，并且白色线条部分与珠子底色部分凹凸不平，这是溶剂浸蚀珠子造成的；而天珠的表面却十分光洁，白色线条部分没有碱性溶剂的残渣，也没有溶剂浸蚀造成的凹凸，白色线条与底色部分平滑相交仿佛天然。艾宾豪斯分析，天珠在完成了图案制作的所有工序之后，还有一道再抛光打磨的工序，将残留在珠子表面干结的溶剂全部打磨掉，由于溶剂浸蚀深入石头内部，打磨后显现出来的图案与基底部分平滑相交，平整光洁，呈现一种其他类型的蚀花玛瑙珠所没有的蜡质光泽，油润如膏。（图069）

近些年的实验表明，一部分印度河谷类型的蚀花玛瑙在完成最后的蚀花工艺后，也是经过一定程度打磨抛光的[65]。而天珠的制作是蚀花玛瑙制作中最精致最成熟的工艺，除了对石头（珠子）的改色和施加图案，其抛光工艺也不同于其他蚀花玛瑙，很可能使用的是更加精细的工艺，其抛光介质也可能不同，这一点可以与措思的表面打磨相比较，后者的表面有明显的快速打磨痕迹（见图112）。另外，一些出土的天珠很可能也经过再打磨，除去表面的“土沁”[66]，对被土埋过的天珠或者一些因穿戴造成有细微瑕疵的天珠进行再打磨和抛光是可能的，藏民族至今都还有对珠子再抛光的习惯，尤其是对一些表面有轻微损伤的珠子进行抛光，以除去那些微瑕而使珠子更加完美。

大卫・艾宾豪斯和麦克尔・温斯腾的文章是第一次有人从研究的角度讨论瑟珠（天珠）工艺，并对工艺类型进行分类，这篇文章与之前的内贝斯基的文章一同构成今天对蚀花玛瑙和天珠的基础认识。1988年，艾宾豪斯和温斯腾在发表这篇文章的时候，并没有意识到他们所做的是开创性的工作，也从未期待文章会有任何重要性，用艾宾豪斯的话说，他只是在正确的时间，出现在正确的地方，遇到了正确的人。但是事情并非艾宾豪斯所说的偶然，美国20世纪从60年代延续至80年代的“嬉皮士”运动［Hippie］是那一代人流行的信仰，他们反主流文化，崇尚自由和流浪，热衷于在异文化中寻求价值；北非的摩洛哥和埃及、亚洲的印度和尼泊尔，都是他们流浪的朝圣之地；从那时起，不断有人带回充满异域风情的珠饰和其他装饰物，这些非主流的珠饰和工艺品实际上是那时一代人的个人装饰的主流。

艾宾豪斯和温斯腾于20世纪70年代毕业于美国印第安纳大学［Indiana University］美术专业，艾宾豪斯擅长动手制作各种工艺品，温斯腾则爱好收集钱币，对历史编年有清晰的认识。毕业后他们从未想过找一份正式工作，而是在各种艺术展会上出售民族风情的珠饰，帮人设计和重组那些从摩洛哥、印度带回的珠子和珠饰。他们第一次重新设计穿缀了一堆来自印度的玛瑙珠并售出时，并不知道自

65　见*Ornaments from the Past: Bead Studies After Beck* Henderson, Julian. Hughes-Brock,Helen. Glover,Ian C. London: Bead Study Trust,c2003.书中公布了经大英博物馆科学研究部门提供帮助研究的多种结论，包括珠子打磨微痕和孔道倒模显示的可能的打孔工具。

66　天珠是玛瑙材质，玛瑙与透闪石类的玉一样，长期土埋可能受沁，即土壤环境对石头表面造成的影响。一般情况，玛瑙受沁会形成一层表面“灰皮”，这种灰皮经过人为长期穿戴或盘玩可能消失。

图068　艾宾豪斯总结的蚀花玛瑙的技术类型。图中1为型一，即印度河谷类型红地白花的蚀花肉红玉髓珠。2—3为型二，整体白化过的珠子，白化的工艺流程一般是在给珠子施加图案之前就完成，（至纯）天珠是典型的使用这种工艺制作的珠子类型。4为型三，天然色彩的石头上施加黑色图案，即红地黑花的蚀花玛瑙珠，这种珠子目前的资料大多来自印度和东南亚。5为型三变化型A，天然石头上分别施加黑白图案，通常所说的尼泊尔线珠为此种工艺。这种技艺早在印度河谷文明时期已经能够见到（见图029）。6为型三变化型B，天然石头上同时施加黑色和白色图案，两种颜色没有重合部分，即通常所谓黑白珠，近些年越来越被藏家认知的缅甸黑白骠珠也为此种技艺制作。

2
3
5
6

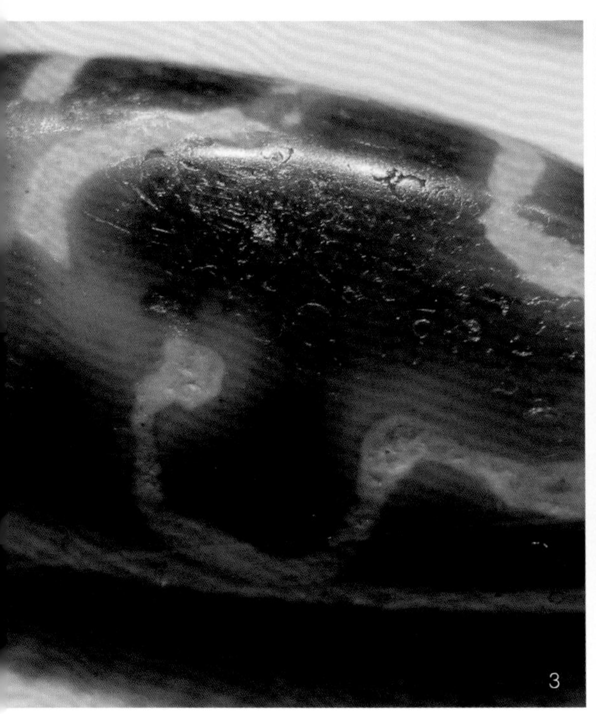

图069 不同类型的蚀花玛瑙表面细节的比较。艾宾豪斯和罗伯特·刘都认为型二的珠子（天珠）在完成图案制作之后有一道再打磨抛光的工序，以除去画花和染色时使用的溶剂残留在珠子表面的残渣，使得图案与基底部分的衔接光滑平整。这种推测在对各种工艺类型的蚀花玛瑙珠表面细节的观察和比较后得到证实。图1.为型一即表面画花的工艺，珠子图案经过加热固着后没有对线条进行打磨。图2.为型三A（尼泊尔线珠），黑白两种线条中有一种为抗染剂（一般为白色），一种为染色剂（黑色），图案经过加热固着后没有进行打磨，白色抗染剂干结的残渍仍残留在珠子表面。图3.为型二寿珠即施加图案之前珠子经过整体白化。寿珠的工艺流程最接近天珠（纯天珠），但寿珠使用的抗染剂配方（白色图案）与天珠不同，其图案效果不及天珠强烈。寿珠图案经加热固着后未经刻意打磨，但抗染剂经常有（自动）剥落的现象，裸露的底色与抗染剂残渍一同保留在珠子表面。图4.型二工艺的至纯天珠，珠子完成抗染蚀花工艺之后经过精细打磨，以除去残留在珠子表面的（白色）抗染剂残渣，之后又经过细致的抛光，使得珠子的白色图案部分与深色的底色平滑衔接，仿佛天然。

已售出的是青铜时代的古珠。在意识到能够大量经手来自不同地域的古珠的同时，他们尽可能地从印第安纳大学图书馆搜集资料，贝克的《塔克西拉的珠子》和迪克西特的《印度的蚀花玛瑙：分布中的装饰图案和地理因素》让他们第一次认识了“蚀花玛瑙”这种珠子和工艺以及文化背景。

艾宾豪斯第一次认识到瑟珠之于一些民族非同一般的重要，是看见当年《国家地理》杂志封面上不丹王后的照片，照片上的王后Ashi Kesang Wangchuk（不丹第三世国王王后）头戴王冠，脖子上戴着一串达洛珠和珊瑚珠穿缀的项链（见图092），庄严而隆重。对瑟珠的诸多好奇促成了他1979年第二次去印度和尼泊尔旅行，并事先拟定了对瑟珠进行田野调查的计划。漫长而细致的学习和积累最终在1988年成就了那篇《藏族的瑟珠》。艾宾豪斯承认，瑟珠按照音译用英语写作gZi更准确，但是他们认为多数非学术背景的读者并不了解g在这里是不发音的，很容易造成误读，于是他们创造了dZi的写法，Z为大写以示首读，至今约定俗成。

◆4-1-6　南喀诺布对天珠的记述

南喀诺布，1938年出生在德格（现四川省甘孜藏族自治州德格县）的一个贵族家庭，两岁时被认证为昂藏竹巴的转世，昂藏竹巴是20世纪最伟大的大圆满法师之一，著名的“伏藏”（见注47）发掘师。1954年，南喀诺布曾在成都西南民族学院教授藏语，时年16岁；1958年前往卫藏、尼泊尔、印度和不丹等地朝圣；1960年在他22岁时，受意大利著名藏学家图齐（见图065）邀请，前往意大利讲学，旅居至今，任那不勒斯东方学院教授。在他的《象雄和西藏的历史》[67]［*A History of Zhang-Zhung and Tibet*］一书中，南喀诺布教授有专门讲述天珠的章节，该书的英文译本将天珠（瑟珠）写作gZi，书中明确指出天珠是象雄和苯教遗物。

南喀诺布教授界定了天珠的物理属性为（半）宝石，这些石头珠子的颜色有白色、红色、深棕色、黑色，还有黑白相间或红黑相间；根据颜色和花纹，这些珠子被分为四类，1.“白瑟”，2.“红瑟”，3.“黑瑟”或“棕瑟”，4.“花瑟”（variegated gZi）。南喀诺布教授的分类似乎与我们习惯上对天珠的认知不同，但实际上“天珠”是后起的说法，多数时候仅仅指称藏族最珍视的“纯瑟”即汉人所谓至纯天珠，而藏族习惯上将很多带天然纹样和人工图案的玛瑙珠都称为“瑟”，只是将不同的瑟珠冠以不同的前缀或后缀加以区分，南喀诺布教授列举的这些珠子种类应当是藏族在过去某一时段对瑟珠的传统分类。并且，南喀诺布教授承认，那

67　曲杰·南喀诺布，现居意大利，任那不勒斯东方学院教授。国际知名藏学家，大圆满大师，是西方影响最大的藏传佛教高僧。南喀诺布教授著述颇丰，著有《象雄之光》、《大圆满与禅》、《苯教与西藏神话的起源》、《象雄和西藏的历史》、《大圆满教法》、《金刚舞的发现和历史》等几十部著作。

些古人用人工技艺制作的艺术设计［artistically crafted by an ancient people］的珠子才是藏族最珍视的瑟珠，即现在所谓“至纯天珠”。他说：古时候的人对瑟珠的图案特别在意，并以此评估天珠的价格，他们会考虑实物本身的鲜明特征，同时还会考虑眼睛（原文“泉眼”）的数量和线条的形状。直到今天，这种评估瑟珠价值的技巧都被公认为一种能力。

同样地，南喀诺布教授对瑟珠按照形制进行了分类。与内贝斯基相同，南喀诺布将瑟珠分为“椭圆”和“圆形”两大类，我们在之前解释了内贝斯基的称谓的实际所指（见4-1-4），南喀诺布教授的分类也是一样，即“椭圆珠”是指中段较鼓、两端略收缩的长形天珠，而“圆珠”则是指椭圆形天珠，也就是藏族所称的“达洛”珠（见6-2-2）。南喀诺布教授指出，藏族最为珍视“白瑟”和暗色的瑟珠（“黑瑟”和“棕瑟”），“红瑟”次之，而最少珍视“花瑟”。这里的“红瑟”很可能是指印度河谷类型红地白花的蚀花玛瑙珠（见1-1-1），“花瑟”则可能是天然缠丝玛瑙即藏族所称“琼瑟”（见6-4-1），南喀诺布教授描述“花瑟”有着混杂的颜色和较不显眼的图案。另外，瑟珠的眼最多可到十二眼，瑟珠的价值跟眼的数量相关，奇数如三眼、五眼、七眼、九眼、十一眼的价值更高，并且珠子边缘部分的线条（口线）如果是双线而不是单线，那么珠子的价值越高。（图070）

值得注意的是，南喀诺布教授在书中将我们习惯上认为的天珠的“眼睛”称为“泉眼”［fountain of water］，藏语发音“曲米”［chu mig］，即“水眼”也即“泉眼”的意思。这种称谓不禁让人联想起中原文献中那些描述“瑟瑟”珠出自“海眼”的说法（见4-1-2），以及藏族民间传说在泉眼（地下泉水）附近能找到天珠的说法。事实上，藏族至今称九眼天珠为“曲米库巴”，九个水眼（泉眼）的意思，称两眼天珠为“曲米尼巴”，两个水眼（泉眼）的意思，以此类推。与我们习惯上理解的天珠的“眼睛”不同，藏族保留的是传统上的认知，这种认知很可能是原始苯教中自然崇拜的反映。藏民族认为高原上那些从地下涌出的泉水是神灵所赐，泉水涌出时形成的一圈一圈的涟漪像神灵的眼睛一样闪动，更使得藏民族对自然所赐深怀敬畏之心，至今他们都会在高原上那些泉水涌出的地方插经幡、挂风马旗[68]，如果有人对泉眼不敬或者污染了泉水，就会带来厄运。

除了对瑟珠的分类，南喀诺布教授还列举了一些特殊图案和形制的瑟珠，并对它们的名称进行了解释。由于资料的局限，很难将南喀诺布教授的举例与实物对应起来，这里暂不赘述。此外，南喀诺布教授对天珠的来源和制作同样表示无法明确地解说。

68 风马旗同样是苯教孑遗，藏语称“隆达”。最初可能是苯教巫师用于驱邪仪式中的道具，经过长期演变特别是佛教传入西藏之后，悬挂在旷野中的风马旗成为祈祷平静、怜悯和智慧的载体。风马旗由蓝、白、红、绿、黄五种颜色的方形织物制成，这五种颜色分别代表天空、空气、火、水、大地；旗子上印有咒语和颂词，中心位置是一匹风马，象征神速；四角是大鹏鸟、龙、虎和雪狮，这四种动物分别代表智慧、勇气、信心和喜悦。

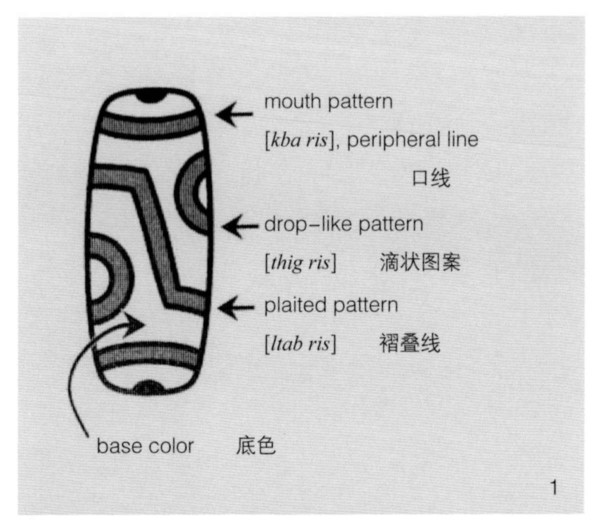

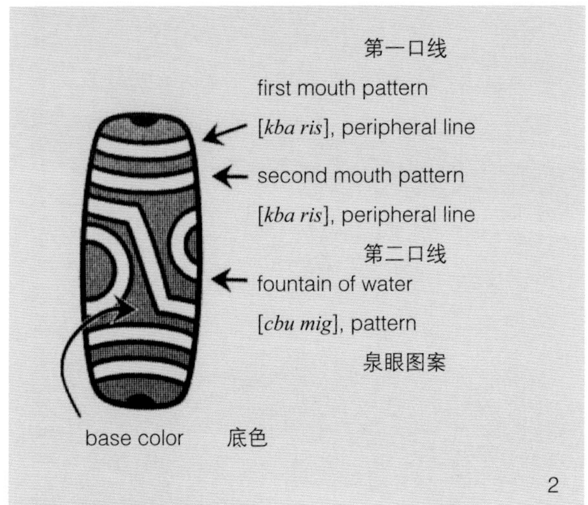

图070 南喀诺布教授在《象雄和西藏的历史》一书中列举的瑟珠图例。南喀诺布教授对瑟珠的分类中有“白瑟”和“黑瑟”，图中所示即这两种类型。“白瑟”很少见到，南喀诺布教授所谓白瑟为白地黑线（图案），民间偶见白色的天珠为白地白线（见图151），珠子的表面效果应该是工艺未经完善造成的，不是南喀诺布教授专门的分类。图3被称为“双鱼”的天珠符合南喀诺布白地黑线的“白瑟”的描述，但民间大多认为这种工艺类型的珠子不是纯瑟（至纯天珠）而是措思（特殊类型的措思，见6-3-1），工艺与型二天珠相比仍有不同，但这颗珠子的表面装饰效果符合南喀诺布教授对白地黑花的“白瑟”的界定。南喀诺布所谓“黑瑟”即经常见到的黑地白花或棕色底子的天珠。注意南喀诺布教授对图1中“白瑟”和图2“黑瑟”两种珠子的眼圈图案称谓不同，白色的称为“滴状图案”，黑色的称为“泉眼图案”。图例中“口线”的说法的确不误，藏民族至今都称其为“口线”，并且也更看重口线是双线的珠子。

◆4-1-7 《格萨尔王》史诗的研究

《格萨尔王》（藏文：གེ་སར་རྒྱལ་པོ，英文：“King Gesar”）是一部在藏族聚居区和其他地方广为流传的英雄史诗，其主角为岭国国王、英雄格萨尔，内容讲述和颂扬格萨尔王的英雄行为和故事。据推测史诗最迟在12世纪就已经出现，早期都是靠民间说唱艺人口头传诵，流传的中心地域是西藏，同时也在蒙古人、布里亚特人［Buryats］（生活在西伯利亚的蒙古人）、纳西族、白族中流行；往西则越过喜马拉雅山，在汉萨［Hunza valley］（今巴基斯坦东北）和吉尔吉特［Gilgit］（见4-3-9）、卡尔梅克［Kalmyk］（17世纪从中国西部迁移出去的蒙古人，占据里海以东）、拉达克（今属印度）、巴尔蒂斯坦（见4-3-9）一些民族中传诵；往南则在印度锡金邦、不丹、尼泊尔和一些藏缅语民族也都有不同的格萨尔版本流传。《格萨尔王》首次印刷出版是1716年在北京发行的蒙古语版本。

《格萨尔王》史诗第一次被汉人所知要归功于20世纪杰出的民族史学家、中国近代藏学先驱任乃强先生。1927至1928年，任乃强首次考察川边，徒步走遍康定、丹巴、甘孜、德格、瞻对等11个县，写出各县的考察报告，并绘制各县地图，1929年从理化（今四川省甘孜藏族自治州理塘县）返回成都。考察期间，任先生在瞻化县（今四川省甘孜藏族自治州新龙县）与上瞻对甲日土司之女罗哲琴措结婚，婚礼期间，藏人说唱《格萨尔王》，引得任先生兴趣，通过翻译记录说唱内容，遂成我国第一篇《格萨尔》的汉语译文，1932年发表在《西康图经·民俗篇》中。

《格萨尔王》的价值一经认识，便被用来与希腊荷马史诗《伊利亚特》和《奥德赛》、印度史诗《罗摩衍那》和《摩呵婆罗多》相比较。对《格萨尔王》史诗的研究始于20世纪西方藏学家在西藏的调查，其中学者最感兴趣的是格萨尔其人的真实存在、格萨尔出生地的考证和格萨尔的生活年代。一些学者根据19世纪的一本编年史［the Mdo smad chos vbyung by Brag dgon pa dkon mchog bstan pa rab］认为，格萨尔其人出生在1027年；而另一些人争辩道，格萨尔王的事迹是对公元7世纪松赞干布王的直接影射。对于格萨尔王的出生地“岭国”则有果洛（青海）、芒康（西藏昌都地区）、工布江达（西藏林芝地区）、德格（四川省甘孜藏族自治州）等不同说法，但大致都不出康巴地区（图071）。

法国藏学家石泰安对《格萨尔王》做过系统的研究，著有《西藏史诗和说唱艺人》一书，对史诗的各种旧版本、史诗的断代、地域地名的考证和史诗内容所反映的古代西藏文化均有严谨的论述。石泰安根据收藏有旧刻本的西藏寺庙提供的目录，认为《格萨尔王》史诗的全文可能有20多部，其中核心内容大致五部。一般说来，人们只掌握了广为流传的几部。西藏江孜的杂多寺拥有18部，青海玉树的一位土司拥有一套19部的目录，任乃强先生当年根据德格印经院的喇嘛提供的目录，认

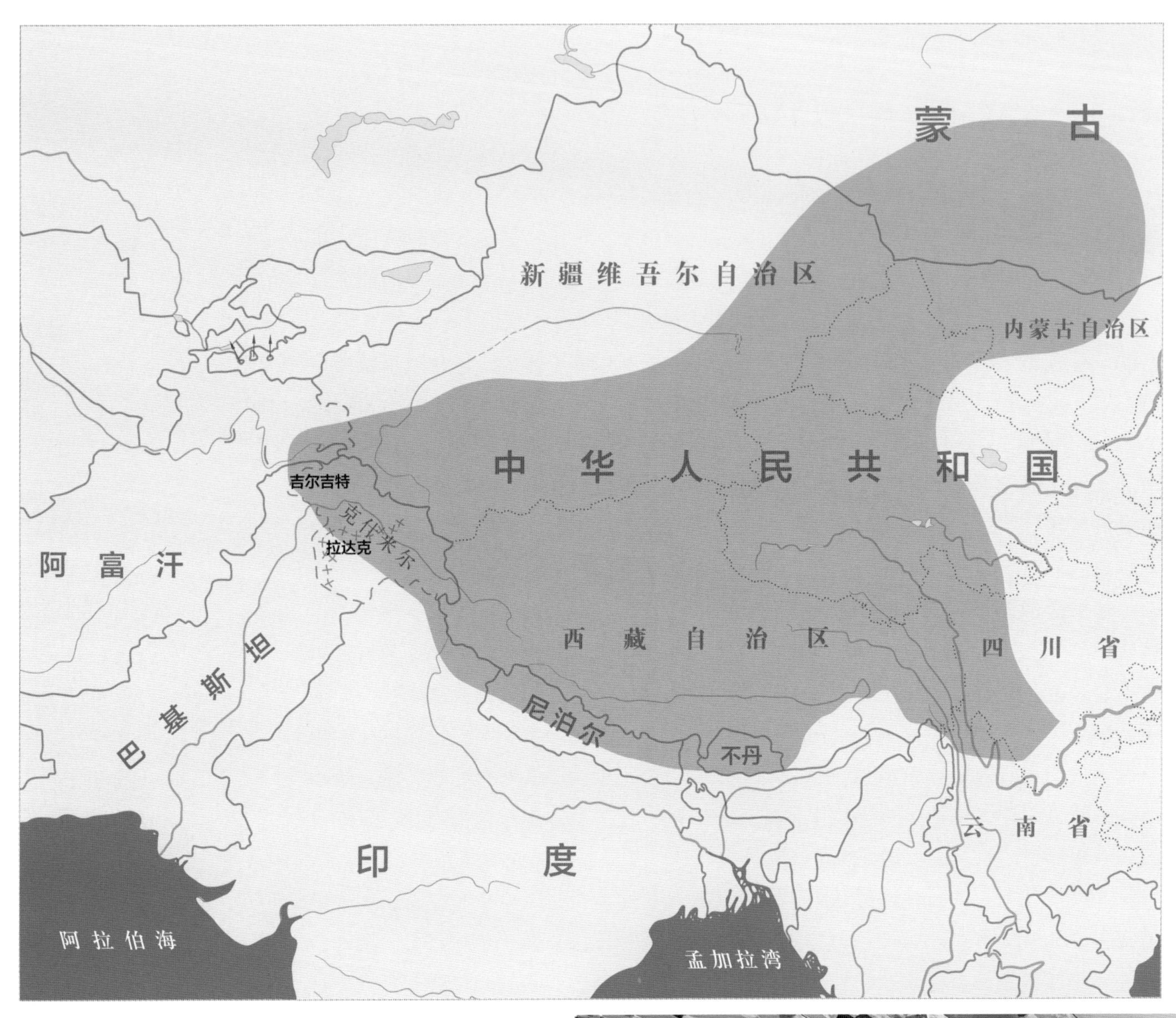

图071　格萨尔王流传的地域。格萨尔王史诗在早期都是靠民间说唱艺人口头传诵，流传的中心地域是西藏，其他有藏族聚居的地方如巴基斯坦的吉尔吉特-巴尔蒂斯坦（见4-3-9）和尼泊尔、印度锡金邦、不丹等地方都有格萨尔王故事流传。藏戏《格萨尔王》是藏族最喜爱的传统剧目，每当节日节庆，藏族携带家眷和亲友，集聚草原或寺庙外的草地，围观藏戏《格萨尔王》，喜庆吉祥。

为史诗共有24到25部。

对《格萨尔王》目录的搜集整理，反映出一部涉及广大地域的英雄史、战争史和财富劫掠史，其中名称涉及的半宝石至今都是高原民族最珍爱的珠饰。无论格萨尔王是否真实存在过，对于格萨尔王那样的英雄气质和秉性是高原民族必须捍卫的信仰。藏民族对他们雄才大略的松赞干布的崇拜即是对高原民族英雄气质的礼赞，他被藏民族视为观世音菩萨在人间的化身，同时被尊为吐蕃三大法王之一。在那片世界上独一无二的高原，没有冲积平原上那种大型综合的城市给予高原民族以保护，能够给予他们生存信念的是他们的宗教、财富和人与人的结盟，此外，就是直接面对自然的严酷。生活在高原的人民，无论他们拥有什么样的事迹和财富，他们内心始终是朴素的，他们从来没有过平原富裕地带那些人的闲情逸致，他们对财富的热爱更像是一种荣誉而非生活本身，对英雄行为的崇拜更像是面对自然严峻挑战的回应。

同时，《格萨尔王》的内容包含大量古代吐蕃民族的社会风情、思想、行为和价值观。在描写格萨尔王诞生的《诞生记花苑》中，有这样的歌词："如果神灵、珠宝和统治者得到供奉，一切愿望都能实现。如果经商、务农和从军，就会获得所有的财富。如果能照料马匹、妻子和家庭，这是为己之利。如果敌人来了，我们会公举长矛。如果朋友来了，即便仅有一点食物，我们也会用刀尖分切，与之共享。"这段唱词中反映出来的古代藏族对于人生的价值观，至今仍旧是藏族处事的信条，尤其是在格萨尔王出生的康巴地区，康巴人彪悍勇敢的性格、对经商的擅长、对财富的热爱和对朋友的慷慨，仍旧像《格萨尔王》的唱词那样。

◆4-1-8 《格萨尔王》史诗中的珍宝

《格萨尔王》史诗大量涉及半宝石一类珍宝，许多章回就是直接使用这些珍宝名称作为标题。这些故事不仅提供藏传珠饰中那些流传千年的半宝石和珠子的出处，也描述了古代藏族用珠宝敬献神祇、礼敬天地的习俗，故事不仅有丰富的文学想象，也反映了藏族社会的民俗风情和价值取向。从《格萨尔王》的描写和故事可以看出，藏地的珠饰大部分来自周边特别是喜马拉雅南麓山区和中亚山区那些盛产半宝石的河谷盆地，以及象雄阿里。

根据早先任乃强先生提供的一名杂谷（现四川省阿坝藏族羌族自治州理县杂谷脑镇）土司收藏的一份《格萨尔王》目录，总结了共19部。其中包括：1. 天岭卜筮之部。2. 降生岭国之部。3. 赛马称王之部。4. 汉地与岭地之部。5. 黑魔之部。6. 霍尔之部。"霍尔"是藏族对活动在现青海黄河以北的"吐谷浑"的称谓。7. 霍岭大战之部。8. 姜岭大战之部。9. 辛赤之部。10. 分大食财宝之部。大食一般指克什米尔及中亚的波斯语民族的广大地域。11. 上蒙古马宗之部。12. 下蒙古铠玉宗之部。

13. 水晶宗之部。水晶宗指雪山水晶国，即今天拉达克地区。14. 卡契玉宗之部。卡契即克什米尔。15. 朱古兵器国之部。朱古（祝古）国远在印度之外。16. 白惹绵羊宗之部。白惹即白布国，今之尼泊尔。17. 日勒得通好之部。18. 取九眼珠之部。九眼珠即今天所说的天珠。19. 地狱救妻之部。此外，热振寺（位于拉萨以北）还提供了《象雄珍珠之部》和《米努绸缎国女王之部》的目录，其中米努绸缎国可能指今天的缅甸。

故事[69]以格萨尔王降生开始，自幼家贫，在阿须草原放牧，由于叔父离间，母子漂泊，相依为命。16岁赛马选王并登位，遂进住岭国都城森周达泽宗并娶珠牡为妻。格萨尔一生降妖伏魔，除暴安良，南征北战，统一了大小150多个部落，岭国领土始归一统。为了铲除人间的祸患，他受命降临凡界，镇伏食人的妖魔，驱逐掳掠百姓的侵略者，并和他奸邪恶不忠的叔父晁通斗智斗勇，赢得了部落的自由和平与幸福。故事人物众多，个性生动，有美丽坚贞的王后珠牡，忠诚仁厚的老总管，冲锋陷阵的大将嘉察，智勇双全的英雄丹玛和昂琼等，在史诗中都描绘得栩栩如生。除了人物塑造，史诗几乎每一章回都涉及珠饰的描写，很多描写不啻为藏传珠饰来源出处的线索。（图072）

第25回“解危难格萨尔亲征 胜大食众英雄分宝”。格萨尔王带兵征服富饶美丽、财宝成堆、牛羊成群的大食国（中亚波斯）后说道：“四魔降伏不算完，岭地的百姓还缺很多东西，为了众生得安乐，我们还要去降敌”，“一为今年财宝城，二为蒙古宝马城，三为阿扎玛瑙城，四为碣日珊瑚城，五为祝古铠甲城，六为米努绸缎城，七为汉地茶叶城”，“世界财宝的大树，应该种在我们岭国；世界的奇珍异宝，应该归我们岭地所有。臣民们，分吧，分吧，财宝分给你们，分给百姓，福禄分赐给你们，这是上天的旨意”。老总管建议“大食珍宝献神灵，藏地事业会圆满”，于是格萨尔王吩咐煨桑[70]，召唤众神前来领取宝物。

第29回“晁通王恃强落敌手 下索波失陷丢珍宝”。下索波王莽吉赤赞高坐在

69 《格萨尔王》史诗历来有多种版本和译本，本节摘录的段落来自藏族学者降边嘉措与吴伟合作的汉语版《格萨尔王传》。降边嘉措，1938年生于现四川省甘孜藏族自治州巴塘县，1955年毕业于成都西南民族学院。曾为达赖喇嘛、十世班禅担任翻译，现任中国社会科学院少数民族文学研究所研究员，研究生院少数民族文学系博士生导师。

70 煨桑是藏族礼祭天地诸神的习俗，源于古老的苯教仪式。在藏族聚居区，几乎每家都有桑炉，煨桑仪式就是闷烧松柏枝，焚起霭霭烟雾礼敬神灵，在煨桑过程中不断添加松柏枝、桑面（糌粑）等物，或献酒洒浆，跪拜叩首。藏族相信煨桑过程中产生的烟雾可以取悦神灵，以此祈福，神灵便会降福于祈祷的人们；煨桑同时也能让凡人去秽除污，有舒适感。

图072 格萨尔王唐卡。唐卡是藏族传统的绘画艺术，具有鲜明的民族特点。唐卡色彩明艳，构图对称，绘画样式有严格的规定，题材大多为宗教内容和历史人物。格萨尔王是唐卡绘画中经常被表现的题材，此幅唐卡中央人物为英雄格萨尔王，四周为格萨尔王的众大臣和战将，画面表现格萨尔王与众人在牙帐中庆功的场景。

镶满珍珠、珊瑚、松石的宝座上，身穿天蓝色锦袍，罩九彩披风，缎靴上饰有红珊瑚带环，洁白的绫巾下面是一张焦虑的面孔。往常大王有如日月般的光彩，如今却被岭国的乌云遮蔽了。眼看兵临城下，他怎能不着急呢？……下索波君臣全都丧命，格萨尔吩咐开城，住在城外的岭军纷纷涌入。八十英雄紧跟在雄狮王的后面，来到城堡外的一座石崖。格萨尔用金刚杵一敲，石崖轰隆裂开，六只大石柜显现出来。三只柜子里，装的是五颜六色的松石，三只柜子装的是镶有虎皮边的铁甲，此外还有金银玛瑙等珍宝。众英雄上前，从柜中取出金银玛瑙和各种玉石、铠甲，放在已经准备好的驮马上。格萨尔将所得八十二套盔甲全部分给岭国众位英雄，把各种松石带回去，分送给众王妃和姑娘们，让她们打扮得更美丽。

第33回“阿扎王认罪献玛瑙 格萨尔聚兵伐碣日”。是夜，雄狮王格萨尔在尼扎王的宫内安寝。黎明时分，天母朗曼噶姆降临寝宫，给格萨尔降下预言：“阿扎王已降，现在要取宝藏。三天后是吉日，要把宝库开启。一是金石龟，此乃五海之宝，被罗刹五兄弟所收藏；二是两棱锋利剑，用九种精铁制成，日后降妖伏魔总有用；三是蓝宝石，四是琥珀蛋，五是美珍珠，……还有玛瑙虎、玛瑙雀、玛瑙瓶、红玛瑙、绿玛瑙、花玛瑙，……上等宝物无数，要用计谋去收获。取了宝，还要为宝藏找到顶替物。取时要带六英雄，方能如数取到手”……格萨尔君臣回到阿扎王城，又开启了城内宝库，然后将所得财物分给众人……金箱海螺盒里的虎纹玛瑙、豹斑玛瑙，分给众英雄每人一百。绿玉箱子琉璃盒里的花玛瑙，分给内臣和小英雄每人一百。珊瑚箱子莲花盒里的长玛瑙，分给外臣每人一百。琉璃箱子青玉盒里的鹰翎短玛瑙，作为万户、千户的奖励品。

第36回“诛达泽取珊瑚珍宝 守碣日委阿达娜姆”。海上现出一片彩虹，彩虹里隐隐约约露出一座城堡，城堡的四门被四个穿着一样靴帽的守门人打开，格萨尔率众英雄走进了宝藏之地。城堡内，遍地珊瑚之树，美不胜收。过去达泽王统治碣日，每三年到这里来收取一次珊瑚，因为和岭国打仗，至今已有五年没有收取了，所以珊瑚树长得硕大无比，有些已长出城堡之外，被海水、礁石磨损了不少……第二日，格萨尔大王给各部各族的众英雄分配珊瑚珍宝。众人高高兴兴地领到了自己应得的宝物。

第52回“杂曲河畔两强相遇 降伏梅王获取玛瑙在梅岭”。厦娃玉隆地方，藏有一种比阿扎玛瑙国的玛瑙还要珍贵的玛瑙。格萨尔亲自率众英雄来到厦娃玉隆的一面石壁下，将手中的彩带轻轻挥了三下，巨大的石壁一下开了三个门，芬芳的香气飘了出来，悦耳动听的鼓乐声回荡其间。三个一尺长的玛瑙小男孩，从三个石洞中款款走出，右手举着彩带，左手托着宝盆，念诵祝词。祝词尚未念完，各色各样的玛瑙如同泉涌，从石洞中源源不断地涌了出来。接着，又跑出骏马、牛犊，飞出雄鸡和杜鹃，臣民百姓见了，无不欢喜……格萨尔亲自主持，将梅岭的这些珍宝分给岭国各部和各属国以及梅岭的臣民百姓，整整分了十八天。分罢珍宝，格萨尔委任大臣古热托杰掌管梅岭国政，然后率军班师回岭。

第54回“岭国七雄奋勇除妖 雄狮大王开窟取宝”。大臣去挑选一百头骡子，一百匹好马，一千头犏牛，要头头精壮，准备给岭军驮运黄金和珍宝。公主拿来了“称心聚财宝珠”、“月光拂风宝珠”、“如意破阵宝珠”三件稀世之宝。还有一捆紫玉百股绳，一捆白松石百股绳，一捆花玛瑙百股绳，一捆蓝宝石百股绳，一捆花宝石百股绳。此外，把那狮虎争胜花缎、游龙舞云花缎、水纹花缎、石纹花缎等五色彩缎及六种特效灵丹也一起拿来献给了雄狮王及岭国的众将士。

第59回“伽域国君臣遭杀戮 永固城宝库被开取”。格萨尔率军进城。伽域国与其他邦国不同，宝物非常多，宝库也多，有查雅玛瑙宗、金刚宝石宗、玛瑙珊瑚宗、如意宝藏宗，还有玉石宗、粮食宗和兵器宗等。这些宝库个个都像一座城堡，分布在伽域王城的四周。格萨尔率众将将宝库一一开启……王妃德噶白珍禀告，伽域国最神奇的宝库是骡子宝宗，从未有人打开过。格萨尔心中高兴，因为攻占了穆古骡子城之后，给岭地百姓带来很大福分，如果能在伽域开启骡子宝库，岭地百姓将福上加福。雄狮大王随王妃德噶白珍来到一座岩山前，王妃说，这就是骡子宝库。格萨尔看了看这奇伟的山，认定山上的一面镜子般光滑的石壁就是宝库之门。格萨尔盘腿静坐，祈祷天神帮助他开启宝库。须臾之间，石壁裂开了，十匹白唇骡子像飞一样跃出石洞，接着，成千上万匹骡子潮水般地从洞中涌了出来，共有九十九万匹。这壮观的景象，连伽域的王妃德噶白珍也没见过，心中更加敬仰格萨尔大王……雄狮大王将部分骡子留给伽域的臣民百姓，其余全部驮上伽域的宝物，运回岭国。

一般认为第25回分大食珍宝和第33回阿扎王献玛瑙就是指的瑟珠（天珠），其中阿扎王的玛瑙虎、玛瑙雀、玛瑙瓶、红玛瑙、绿玛瑙、花玛瑙、虎纹玛瑙、豹斑玛瑙等，被认为是各种天珠及瑟珠系列。据另外的版本，还罗列了格萨尔王所获天珠的种类，藏语名称翻译过来便是：一眼、二眼、三眼、四眼、五眼、六眼、七眼、八眼、九眼、十眼、十一眼、十二眼、十三眼、十四眼、十五眼、十六眼、十七眼、三十五眼、宝瓶、虎纹、天地、莲花。其中一眼、二眼、三眼、九眼、宝瓶、莲花、虎纹、天地等图案的天珠，至今都在流传，而十眼乃至三十五眼的天珠几乎民间不见，传说一些古老的寺院供奉有稀有的天珠。

藏文版本中还有描写格萨尔王在冈底斯山附近取天珠的故事，并说那些天珠隐藏在冈底斯山附近的几座湖水里，是莲花生大师早年埋下的伏藏（见注47）。据说格萨尔王在这几处湖水中取得虎纹和宝瓶天珠五万零六百颗，绿松石和小天珠二十六万颗，长形天珠二十八万颗，短形天珠三十九万颗；并将部分天珠献给了天、龙、妖和当地的四位地主，最后将其余的天珠全部分送给贵族、大臣、女孩、小孩和随从作战的八属国首领及其臣属和军人。

◆4-1-9 《晶珠本草》和《四部医典》对瑟珠的记载

《晶珠本草》又名《药物学广论》、《无垢晶串》，藏语名《海贡海昌》或《资麦海昌》，是著名藏族药学家帝玛尔·丹增彭措所著。丹增彭措八岁开始听受学业、攻读医书、学习五明[71]，学业优殊，名声渐隆；成年后对青海东部、南部、四川西部、西藏东部进行了实地调查，结合历代藏医药经典的药物记载作了考证，共收录药物二千二百九十四种，是历代藏医药书籍收载药物数量最多的著作。作者历时二十年，于1735年成书，1840年木刻版印刷本问世，遂成为最著名的藏药经典。（图073）

《晶珠本草》对天珠和其他瑟珠入药及其功效都有记载，其中“不溶性珍宝药物”一节涉及多种宝石和半宝石，包括藏族最喜欢佩戴的几种半宝石：绿松石，同心环状玛瑙（缟玛瑙，药师珠），珊瑚，玛瑙（缠丝玛瑙，琼），琥珀（蜜蜡），珍珠，九眼珠（老天珠）等[72]。这里面有三种半宝石（珠子）是藏族归为“瑟”的珠子：

1. 玛瑙，藏语“琼”，即缠丝玛瑙（见图102）。描述为，“白红玛瑙祖母绿，功效也同九眼珠。本品分为四种。特品白色，有青色光泽、晶亮，里外不暗，称为嘎毛洛伊，是防八部之病的珍宝。状似特品但不如特品晶亮而有红色光泽者，称为玛拉洪，为上品，功效与特品相同。二品均产自玛哈支那。克什米尔产的为红色，前代产的有白斑，二品质劣。四种玛瑙功效与九眼珠相同。”文中提及“玛哈支那”不知何地。

2. 同心环状玛瑙，书中又称“花斑瑙”，藏语为“热查米”，直译为羊眼珠，即现在所谓“药师珠”（见图142）。描述为，“同心环状花斑瑙，治疗中风降诸魔。同心环状玛瑙又称白花玛瑙。虽然识别方法很多，但上面都有一些猫睛石质形成的不规则的蓝、白、红色花纹，为其特点。一种上面有猫睛石质的黑色花纹成九眼状。《明辨要旨》中说：蓝绿红黄色相杂成眼状，重而软蜡块状者质佳；明亮而坚硬者为印度人所造。本品原是水生珍宝，相相人从昂压朗地区带来，在乌仗卡卓之地售与商人，现在该品称为白花斑瑙。佩戴本品可避凶煞祟邪。”文中提及“昂压朗”地区不知何地，“相相人”不知什么人。

3. 九眼珠，藏语直译为老瑟珠，即老天珠。描述为：“九眼珠治中风症，降服邪魔止刺痛。本品容易辨认，新品很少。形色有：黑纹、黄纹、褐纹、圆块虎伏、

---

71 五明，亦称“五明处”。“明”即学问、学科，概括了藏传佛教所有的知识体系，包括声明（语言文字学）、因明（逻辑学）、工巧明（工艺历算学）、医方明（医学）、内明（佛学），合称“五明”。

72 本书依据上海科技出版社汉语版《晶珠本草》原文，由于译者很可能对瑟珠一类实物缺乏认识，翻译时多采用字面的说法，有时与习惯上对瑟珠一类的称谓不完全对应。

腿长、眼睛等。人工条纹扭曲，注意不要相混。真品圆块虎伏状，纹长9倍。用来擦眼，利眼病。用凉水泡一夜，水可止血痛，内服治中风人血病，也可入内服药。涂在箭头上镇邪，带在身上可防中风。相传本品为龙蛇制作而成，口传原先献给龙树论师，其后再未出现，产地不详。”

另一部成书于公元8世纪的《四部医典》是早期的一部集藏医药医疗实践和理论于一体的藏医药学术工具书，被誉为藏医药百科全书。藏王墀松德赞在位期间，藏医药学得到前所未有的发展，《四部医典》便是藏医学鼻祖宇妥·元丹贡布（公元708—833年）集古代藏医的基础上，吸收四方医学精华编著而成。“藏药七十味珍珠丸”最初的配方就源自《四部医典》，该药方是藏医临床治疗各种急慢性脑血管疾病常用的药物，药方大多选用青藏高原特有的动植物及矿物类药，主要由珍珠、牛黄、羚羊角、麝香、藏红花、檀香、九眼石（天珠）、玛瑙、珊瑚等七十余味藏药组成。

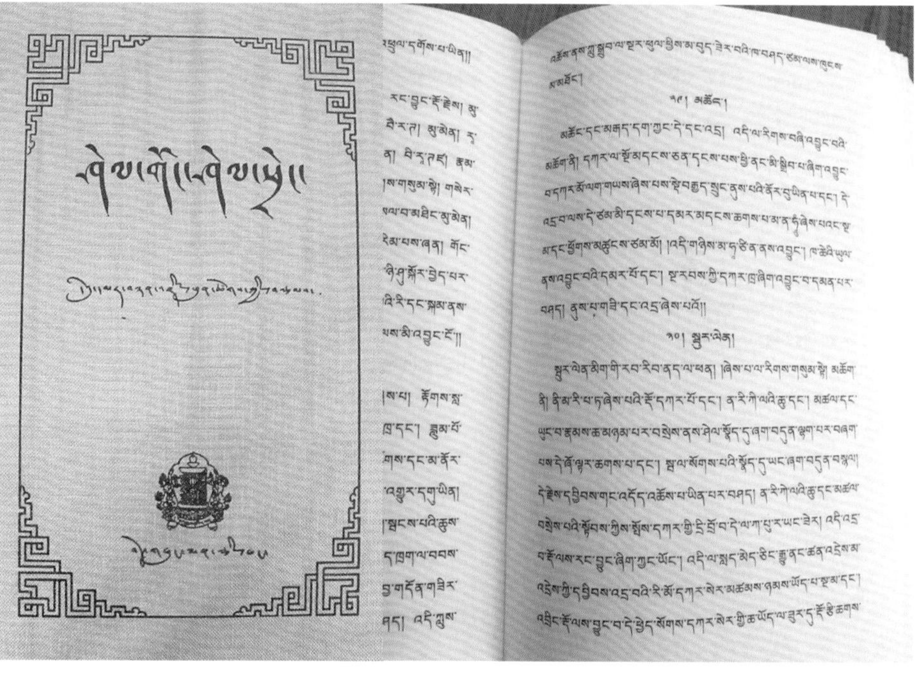

图073　藏文版和汉语版的《晶珠本草》。本书为藏药经典，除草本药物，涉及多种矿物宝石和半宝石药物标本，包括天珠和其他瑟珠。汉语版在翻译对天珠一类药物的描述时，使用的词汇有部分不能与习惯上对天珠的描述相对应。

根据《四部医典》绘制的《四部医典曼唐》（《四部医典系列挂图》）则成于17世纪，由西藏第五世“第司”（俗称“藏王”，清朝中央政府授权总管西藏地方事务的官员）桑结嘉措（1653—1705年）亲自主持，召集全藏著名医学家和画家，以北方学派名医伦汀・都孜吉美所绘《四部医典》教学图画为蓝本，综合各派画稿，增补必要内容，于公元1688年完成了60幅《四部医典系列挂图》，此后，又依据《月王药诊》（最早的藏医药经典）等经典医籍，补画了部分西藏特产草药和一幅历代名医图，共计80幅唐卡，是现存《四部医典系列挂图》的标准蓝本。（图074）

◆4-1-10　民间传说

最早整理关于天珠的民间传说的文章是内贝斯基那篇《来自西藏史前的珠子》（见4-1-4），他记录的那些传说和故事至今都经常被引用。之后，艾宾豪斯在他的《西藏的瑟珠》中进一步丰富了传说的内容（见4-1-5），比如藏族大多会认为，当一颗天珠突然被摔断或者损坏，这是天珠为了保护它的主人免受邪恶攻击时为主人挡灾的证据。

关于天珠的传说和故事有些是在整个藏族聚居区流传不衰的，而有些则有一定地域性，或者因为某些意外事件的发生被重新演绎。在康巴地区，德格（四川省甘孜藏族自治州德格县）一带的说法认为，在野外捡到天珠或者挖到天珠，不能据为己有，不能带回家，否则家里会遭到厄运，最好的办法是送去供奉。但是捡到绿松石是幸运的，会带来好运。同样是德格地区，一些藏族认为佩戴一种被称为“鬼眼”图案的天珠可能带来不好的事情，然而时至今日，天珠的愈加稀有使得这种说法逐渐被淡忘，人们更多地珍视天珠的珍贵难得。

在印度新德里的藏村，作者曾经听一名藏族的天珠流通商讲过一则“挤奶天珠”的故事，这名商人来自道孚（四川省甘孜藏族自治州），从老家带过来一颗老断后粘的两眼天珠，图案设计与常见的两眼天珠不太一样，珠子的色彩偏淡。这位藏族商人说，当地人把这颗天珠称为“挤奶天珠”，因为拥有这颗天珠的人家的奶牛一直丰产，总是有丰富的牛奶供主人食用和用来交换。（图075）

在巴基斯坦珠商中，还有来自吉尔吉特当地（见4-3-7）和阿富汗一些地方关于天珠的传说，这些传说针对那些一断为二的天珠解说道：以前那些拥有天珠的人家在嫁女的时候都会用天珠给女儿陪嫁，如果只有一个女儿就给她一颗天珠；如果有两个女儿，就会将天珠从中间一分为二，分送给两个女儿一人一半作为陪嫁，这也是很多天珠都断得那么对称和齐整的原因。这类故事同样具有地域性，反映的是不同地域不同风俗的人们赋予天珠不同的信仰，并寄予天珠保佑自己实现美好的愿望。

藏药书中记载的天珠入药篇

图074　《四部医典曼唐》。"曼"即医药的意思，"唐"是唐卡的简称，曼唐就是《四部医典》的医学挂图。曼唐根据8世纪成书的《四部医典》绘制，其中天珠和其他瑟珠入药的医方被具象地绘制出来，曼唐第二十五图和曼唐第三十一图均有天珠作为药物标本的绘制。

图075　具有地域性的民间传说“挤奶天珠”。珠子老断后粘，两眼，图案设计独特。作者一行在印度德里藏村搜集写作资料时见到这颗珠子，持珠人来自四川道孚县（四川省甘孜藏族自治州）。持珠人声称当地人把这种珠子叫作“挤奶天珠”（直译），如果拥有这种珠子就会幸福吉祥，因为牛奶丰产永远都挤不完。这种来自民间的有趣故事很可能因地方和环境的不同还会有不同的衍生和演绎。故事本身不一定具有代表性，大多是因为某些偶然事件的发生契合了人们的愿望而赋予珠子美好的信仰。这类故事和传说不是孤立的，藏族聚居区不同地域和不同环境可能还有不同的版本，这些故事和传说为天珠增添了更加丰富和美好的内涵，使得天珠在藏民族中间备受珍爱，世代相传。

第二节　考古资料中的天珠

◆4-2-1　考古资料中的零星记录

四川大学专门从事西藏考古的霍巍教授在他的《西藏高原墓葬考古的新发现与藏族族源研究》一文中提到，“在西藏早期出土的墓葬中，曾经大量发现这种器物（有图案的珠子），藏族群众把它称为‘喜’（dZi），既有椭圆形，也有圆珠形，上面蚀出黑、白、棕色的条纹或者虎皮斑纹。近年来，在雅鲁藏布江中下游的隆子县及林芝地区出土的石棺葬中，也发掘出了这种带黑色条纹的蚀花料珠”。现有的西藏考古资料中，一直有零星报道在藏西和藏南地区古代象雄人墓地以及印度锡金邦和尼泊尔的古象雄文化版图内均有特殊图案和符号的珠子出土，由于早期的考古报告中没有专门登录这些珠子，也没有呈现图像资料，只能推测这些珠子可能是瑟珠。从象雄墓地的考古编年看，这种有特殊符号和图案的珠子在佛教传入这一地区之前就存在，它们可能属于原始苯教。苯教中的自然崇拜，包括天地、山川、日月、星辰，这些图案也都能在天珠上找到，同时也能在象雄人刻画的岩石上找到，它们是用来表示对自然神祇和万物有灵的崇拜，并因此被信徒赋予神奇的法力。

除了西藏考古，中原考古资料中也有报道称“特殊图案”的珠子。1979年03期《文物》公布了由长沙市文化局文物组撰写的《长沙咸家湖西汉曹女巽墓发掘简报》，出土了水晶、玛瑙等不同材质的珠串，其中有一颗属于瑟珠系列的虎牙“措思”珠（见6-2-3）。该墓葬年代为西汉（公元前202—公元8年），根据墓内出土“曹巽”、“妾巽”印章，推断墓主人曹巽“其人很可能是诸侯王的近亲或妻妾，说不定就是定王（发）妃”。（图076）

另外一处与瑟珠系列有关的考古发掘是新疆“曲曼墓地”[73]，该墓葬群位于新疆喀什地区塔什库尔干塔吉克自治县提孜那甫乡曲曼村，帕米尔高原东端、库尔干河西岸的吉尔赞喀勒台地上，海拔3050 米，年代确定为2500年前后。2013年，中国社会科学院考古研究所新疆考古队对墓地进行正式发掘。该墓地被认为是与古波斯拜火教（琐罗亚斯德教）有关，年代为公元前500年前后，这一编年与大量制作蚀花玛瑙珠的铁器时代繁荣期相一致。墓葬除了陶器和金属器，还出土了玛瑙珠和

73　资料采自2014年01期《西域研究》，巫新华，《2013年新疆塔什库尔干吉尔赞喀勒墓地的考古发掘》一文；　2014年11期《新疆人文地理》，巫新华，《丝路考古新发现——新疆有望成为世界拜火教起源地之一》一文。巫新华在《2013年新疆塔什库尔干吉尔赞喀勒墓地的考古发掘》一文中注明“吉尔赞喀勒墓地”（又称“曲曼墓地”）。

琉璃珠（玻璃珠），其中有红地白花的蚀花玛瑙珠，人工蚀花的黑白条纹玛瑙珠。（图077）

2004年，青海省湟中县多巴高原训练基地发现一处大规模汉代墓葬群，出土了铜壶、铜镜、陶罐、陶樽、五铢钱等文物，另有绿松石、红玛瑙、缠丝玛瑙和瓜棱形玻璃珠等珠饰，其中包括一颗深棕色线珠，白色条纹为人工蚀花，现藏青海湟中县博物馆。另外一些非正式考古发掘的资料也不时出现，2015年，美国藏学家约翰·文森特·贝雷扎（见注41）在印度喜马偕尔邦［Himachal Pradesh］喜马拉雅山区的斯丕提河谷［Spiti valley］地区对当地的古代墓葬群进行了调查（见4-3-8）。之前这里已经被数次盗掘，出土过线珠、措思和纯天珠等多种类型的瑟珠，现仍有陶片、青铜残件散落在墓穴及周边。墓葬类型有石棺葬和竖井式木棺葬两种，与西藏境内考古发掘的史前墓葬类似。

◆4-2-2　曲踏墓地考古出土的天珠

曲踏墓地位于西藏阿里地区札达县西郊象泉河南岸的一级台地。2012年因修建公路，发现了古代墓葬。在抢救性发掘中，墓地1曾发现一枚羊眼板珠（应为马眼

图076　湖南长沙咸家湖西汉曹娱墓出土的玛瑙印章和措思珠。曹娱墓一共出土三百余件随葬品，包括金属器、玉器、漆器和各种材质的珠饰。其中三枚印章由白玉和白玛瑙制成，印文“曹娱”、“妾娱”，为墓主私印，之前推测为某诸侯王妃，后经考证，为西汉文景时代吴氏长沙王王妃。墓主拥有的珠串有水晶、玛瑙、琉璃等材质制作的珠子，仅见一粒措思（天珠），可见其珍贵。珠饰图片采自2015年第9期《文物天地》，喻燕姣，《馆藏花斑纹玛瑙珠小议》一文；文章称“湖南省博物馆收藏有一批两汉至唐代墓葬遗址出土的褐白相间或黑白相间、宽窄不一圈带纹玛瑙珠，考古报告或研究文章称之为缠丝玛瑙、截子玛瑙或花斑纹玛瑙。据不完全统计，迄今为止湖南有30余处墓葬出土这种玛瑙珠80余件，分布于郴州、零陵（今永州）、耒阳、衡阳、长沙、益阳、常德等地，长沙出土最多。时代最早的为西汉时期，最晚的为唐代”。

C区M48出土的琉璃珠

B区M14出土的蚀刻玛瑙串饰与琉璃珠

人骨颈部蚀刻玛瑙串珠和国内出土年代最早天珠

B区M32出土的蚀刻玛瑙珠

图077　新疆塔什库尔干塔吉克自治县曲曼墓地示意图和出土的蚀花玛瑙珠及琉璃珠。曲曼墓地位于帕米尔高原东端，新疆喀什地区塔什库尔干塔吉克自治县提孜那甫乡曲曼村。墓葬群内出土数十件不同类型的蚀花玛瑙珠，图中红地白花的蚀花玛瑙珠为印度河谷文明类型的蚀花玛瑙，铁器时代在中亚、南亚、东南亚被大量制作；黑白线珠为人工蚀花，这类珠子在藏文化背景中被视为瑟珠一类，称为“琼瑟”或“线珠”（见6-4-2）。值得注意的是曲曼村的地理位置，与之相邻的阿富汗瓦罕走廊、塔吉克斯坦的喷赤河［Panj River］支流、巴基斯坦的吉尔吉特河谷、罕萨河谷等几个地方都是民间出土（盗掘）天珠和各类瑟珠的地方。

板珠）。2014年8月，中国社会科学院考古研究所和西藏自治区文物保护研究所在同一区域发掘了其他五座墓葬，其中墓地4出土一粒完整的天珠（虎牙图案的措思珠），这是迄今为止西藏首次发现具有明确考古编年的天珠。墓室为竖井墓道洞式墓，墓室右侧有长方形箱式木棺，棺内墓主人为侧身屈肢葬，尸骨周围有大量随葬品，包括木器、陶器、草编器和珠饰，其中天珠（虎牙措思）位于墓主人头颈部，与发辫放置在一起；墓室左侧随葬一批完整的马和一堆青稞种子。根据发掘获得的碳-14数据，该墓地的年代距今约1800年，据墓地所处地域、年代及随葬品分析，为古象雄时期富裕阶层的墓地。

这颗天珠被描述为：呈橄榄形，两端截平，有穿孔，长2.85厘米，直径0.5厘米，最大径0.9厘米，孔径0.2厘米。深褐色和乳白色相间纹饰，上下相对有两排乳白色三角形垂叶纹，使中间的褐色部分形成波折纹。两端留有宽度约2.5厘米的褐色带。从其中一端的截面上看，其深褐色渗透较深，而另一端的截面完全没有染色，留有透明的肉色。天珠孔内残留有细线，很显然是用于系带。从出土天珠的具体位置来看，其主要功能为装饰。从出土木梳、铜镜、纺织工具等来判断，该天珠的佩戴者应该为女性。（图078）

阿里地区发现的古象雄墓葬并不是孤立的，除了札达县曲踏墓地，最近几年还发掘了另一处重要的古象雄墓葬群。目前对象雄古都穹隆银城的具体位置仍有争论，但学术界大都同意两个古城遗址，一是阿里地区札达县曲龙村西的曲龙银城遗址，二为阿里地区噶尔县门士乡境内。2005 年，一辆载重卡车从阿里地区噶尔县（狮泉河镇）门士乡故如甲木苯教寺院门前经过，压塌一座古代墓葬，随后寺院的僧人赶来对其进行了慎重而简单的抢救性发掘，揭开了西藏故如甲木墓葬群的一角。2012年至2014年，中国社会科学院考古研究所和西藏自治区文物保护研究所在位于象泉河上游的故如甲木墓地联合开展了正式发掘工作，发现并清理了一批土坑墓和洞室墓，出土了有“王侯”铭文的禽兽纹丝绸残片及大量素面褐色丝绸残片、马蹄形木梳、长方形木案、木㚏、草编器、钻木取火棒、青铜釜、青铜钵等。西藏阿里故如甲木墓地和曲踏墓地的发现，以实物形式展示了两千多年前古象雄王国的文化面貌，以及象雄与周边地区乃至中原的贸易交流，藏传文献中不绝于疑问和推测的古老王国，终于在考古发掘中得以证实。

图078　西藏阿里曲踏墓地出土的虎牙天珠。曲踏墓地位于西藏阿里地区札达县西郊的象泉河南岸一级台地，2012年至2014年，中国社会科学院考古研究所与西藏自治区文物保护研究所对该墓地进行了发掘。除了出土一枚瑟珠（措思类型的虎牙天珠），墓地还出土了一颗人工蚀花的马眼板珠和一颗人工蚀花的黑白线珠（残珠），以及散落的红玛瑙珠和蓝色玻璃珠。此次发掘为第一例西藏考古出土天珠，为天珠（瑟珠）的断代提供了可靠的依据。资料采自2015年第1期《文物天地》，《西藏首次考古出土的古象雄天珠》一文，作者仝涛、李林辉、赤列次仁。

第三节　天珠尊贵之地

◆4-3-1　拉萨——天珠荟萃

公元633年，吐蕃王松赞干布将王城由雅砻河谷迁入富饶开阔的拉萨河谷，公元637年，松赞干布主持修建了拉萨城的第一座建筑——布达拉宫。建都城不久，松赞干布迎娶了泥婆罗（尼泊尔）的尺尊公主和唐朝的文成公主，在拉萨城里分别修建了大昭寺和小昭寺，供奉两位公主带来的释迦牟尼像。拉萨位于拉萨河与雅鲁藏布江交汇的河谷平原上，原是一片沼泽荒芜之地，传说松赞干布建寺时，曾有山羊负土填湖，藏语中羊叫“惹”，土为“萨”，大昭寺建成后就叫作“惹萨”，“惹萨”便成了这座城市的名字，汉文史籍译为“逻婆”、“逻些”，转音读成“拉萨”。随着佛教的兴盛，这个以大昭寺为中心的城市被视作圣地，“拉萨”的名字沿用至今。

在佛教传入西藏以前，来自象雄王国的苯教是吐蕃社会唯一的信仰基础。天珠为苯教遗物，早在拉萨建城之前的数百年就已经在苯教信仰中流传，苯教还有与天珠名称相同的经书《光荣经》。苯教经师在吐蕃王廷主持礼祭、辅佐国政，吐蕃贵族和上层人士也大多崇信苯教，即使在松赞干布倡导佛教之后，佛苯之争仍持续了两百多年，直到公元8世纪朗达玛灭佛、吐蕃社会分崩离析。那时的吐蕃朝野，不论是来自象雄的苯教经师，还是吐蕃王臣或富裕阶层，很可能都佩戴与苯教信仰有关的天珠，吐蕃民族珍视天珠的传统并非佛教传入之后才有的事情。拉萨从公元7世纪成为吐蕃王城之日起，就一直是天珠荟萃之地，在那时，来自西部象雄或者更加遥远的某个神秘之处的天珠和各种半宝石珠饰，无论是贸易还是征服，就像星辰一样汇聚在拉萨那些吐蕃贵族的身边和供奉在城中的大小寺庙里。（图079）

今天的拉萨，仍然活跃着一批天珠交易商，天珠和藏族珍爱的其他半宝石珠饰如蜜蜡、珊瑚、绿松石和贵金属大多集中在大昭寺附近的冲赛康（市集），除了职业商人，每天都会有来自各个地方的藏族群众汇聚在这里，他们满身披挂着各种材质和色彩的珠子，自己就是流动的商店，在人群中穿行漫游，等待主顾上来问价（图080）。拉萨的生意人大多来自康巴地区（见注60），即康巴人，这些康巴人吃苦耐劳，慷慨好客，敢于冒险，善于长途奔徙，天生就是做买卖的好手。

生活在拉萨的天珠流通商大多有自己的故事，他们除了精通生意经，对自己的货品了如指掌，也都能说出关于天珠的传说和故事。近几年因为与内地的生意往来频繁，他们不仅能说一口流利的汉语，对本民族的历史文化知识积累也很在意。在

图079　布达拉宫和大昭寺释迦牟尼像。布达拉宫是拉萨建城时的第一座建筑，是松赞干布建立王城的宫殿。大昭寺则是专门为了供奉佛释迦牟尼像而修建的，由文成公主入藏时从长安带进西藏的释迦牟尼十二岁等身像，最初供奉在小昭寺里，经吐蕃历史上第一次灭佛的劫难后重新被供奉在大昭寺里，在藏传佛教信徒的心目中有着至高无上的地位。这尊造像满身镶金，嵌满绿松石、珊瑚、珍珠、砗磲、蜜蜡等各种半宝石，最引人注目的是尊像头冠上的天珠，其中有水纹天珠、虎牙天珠和三颗珍贵的九眼天珠，这些珠子包含强烈的宗教意义，是供奉佛尊的圣物。

图080　拉萨冲赛康。冲赛康（藏语为“集市”的意思）位于大昭寺附近，是藏传古董、珠饰、药材和各种生活用品的集市，这里每天人头攒动，热闹非凡，充满西藏本土特有的缓慢自在的商业气息。近几年藏传珠饰尤其受到内地藏家、珠饰爱家和信徒的推崇，冲赛康每天都有来自内地的珠商、古玩商与藏族流通商讨价还价。藏族对生意的态度看似随意，从不因为买家开出任何低价而伤和气，但对自己的货品充满自信，从不轻易出手，即使生意不成，仍然茶来送往。

与天珠商人达洛的沟通中，他毫不怀疑地说，天珠从苯教时期开始就很出名了，那时的天珠是有地位的人戴的，不同的眼睛数量代表不同的地位；九眼是最重要的，是地位最高的人戴的；松石、玛瑙、珊瑚、南红、珍珠、蜜蜡，那时就是西藏人最喜爱的珍宝。

幸运的是，在拉萨遇到了第六世热振活佛[74]洛追嘉措。洛追嘉措4岁时被认定为第六世热振活佛的转世灵童，那时便离开家庭进驻热振寺，在经师的严格指导下学习佛经，虽不满20岁，已是满腹经纶、深谙佛学。在问及他对天珠的看法时，洛追嘉措活佛说，天珠是自然形成的而不是人为的，是由自然界中金木水火土（的元素）形成的。天珠用来供奉，天珠本身也可以被供奉。天珠来自净土。他真诚地说，“我不知道净土在哪，如果知道的话，我也去找天珠了。”一位来自甘孜的格西（藏传佛教格鲁派寺院的学位，相当于博士）后来为我解释道，“净土不在六道轮回，只有修行最高的人，才能去到净土。”热振活佛对天珠的认识代表了大多数藏族传统上对天珠的信仰，无论我们对天珠乃至藏文化的认知如何，我们总是想方设法试图以我们的逻辑去解释事物的合理性，而藏民族却从未受此困扰，对自己的信仰和周遭的一切认知出自天生，虔信不疑。（图081）

◆4-3-2 日喀则扎什伦布寺

从拉萨出发，沿雅鲁藏布江的河谷平原一路向西，沿途是西藏高原狭窄的农耕区，也是高原最富庶的地带，沿河谷都有青稞[75]和其他农作物种植，一直到冈底斯山附近的普兰县都有青稞栽种，据说当年的普兰是古格王朝的贡品青稞基地。高原的秋天是收获的季节，一早便是阳光普照，空气清凛，对面整理房间的藏族姑娘一边劳动一边唱歌，整个走廊弥漫着她响亮的歌声，只有在高原才会听到这么不假修饰的天籁。藏族不会没有宗教和歌声，一路向西都是收获青稞的景象，田间的人们一边绕场打青稞一边唱歌，像高原上开阔的天空一样敞亮。

日喀则是离开拉萨往西的第一站，是后藏（见注60）的心脏，而扎什伦布寺则是日喀则的心脏。（图082）公元8世纪，藏王墀松德赞邀请莲花生大师入藏弘法，莲花生便是从日喀则西南的吉隆小城（芒域，见注56）入藏，经由日喀则前往山南

74 热振呼图克图，俗称“热振活佛”，是藏传佛教八大呼图克图之一，驻锡于热振寺，“呼图克图”为蒙语圣人的意思。热振寺为藏传佛教噶当派祖寺，位于拉萨林周县北部，始建于公元1057年（宋仁宗皇祐九年）。

75 青藏高原的青稞种植已经有超过3500年的历史，青稞是高原主要的农作物，用青稞粉（青稞炒面）加水、酥油、奶渣、糖调和的糌粑是藏民族主要的日常膳食。西藏民间流传许多青稞种植的神话，反映了青稞如何从野生引种为人工栽培的过程，以及藏族对青稞粮食的珍惜。青稞有丰富的营养价值和药用价值，藏药经典《晶珠本草》将其列为重要药物，除湿止泻，益气壮精，治疗多种疾病。

图081　采访资深藏族古董商人。来自康巴地区的伍金泽仁，18岁时怀着对美好生活的向往、对财富的渴望和康巴人一颗勇敢的心，背着一袋糌粑，从老家四川省甘孜藏族自治州德格县徒步两个月到达拉萨。从最初生无分文到如今在大昭寺旁边拥有自己的藏传古董店，伍金泽仁已经有三十多年买卖经营天珠的经历和经验。如今伍金泽仁将他的大部分生意交给了儿子土多多吉，多吉说他从小家里人和亲戚就都戴有天珠，对藏传珠饰耳濡目染，天生珍爱。他现在的顾客一半藏族一半汉族，但是藏族更愿意买昂贵的天珠，就像汉人喜欢买玉一样，他们对天珠更有信心和信仰。在拉萨，像伍金泽仁这样的康巴商人并非个别，实际上，大部分在拉萨和西藏其他地方经商的职业商人大多是康巴人。这些人拥有的不仅是对天珠和其他藏传珠饰的经验和实践知识，也见证了藏传文化和宗教如何通过藏传古董和珠饰一类的文化载体在西藏以外的地域传播。

图082　日喀则和扎什伦布寺。日喀则位于雅鲁藏布江南岸，平均海拔4000米，依山傍水，适宜高原农耕，其地富庶多产，风光旖旎，是历代班禅的住锡之地，现为西藏第二大城市，后藏的政教中心。扎什伦布寺始建于公元1447年（明正统十二年），寺内僧伽众多，密藏无数，为后藏最大的格鲁派（黄教）寺庙。

地方主持修建桑耶寺。公元13世纪，在元朝中央政府支持的萨迦政权[76]时期，日喀则初具城镇规模；14世纪，元朝政府册封的大司徒降曲坚赞（1302—1364年）战胜萨迦王朝，建立了帕竹王朝（也称拉加里王朝），先后得到元、明两朝皇室的庇护，设立十三个大宗溪，最后一个宗叫桑珠孜，选址即是今天的日喀则，从此，日喀则的全名称溪卡桑珠孜，简称为溪卡孜，汉语译音为日喀则。

公元1447年（明正统十二年），一世达赖根敦珠巴（1391—1474 年，格鲁派祖师宗喀巴的弟子）在后藏大贵族的资助下，主持兴建扎什伦布寺。经过数代住持的经营，到16世纪，扎什伦布寺已经拥有房室 3000 余间，属寺 51 处，僧侣 4000 余人，庄屯和牧区部落各 10 余处，成为格鲁派[77]在后藏最大的寺院。日喀则城便是以扎什伦布寺为中心发展起来的。

扎什伦布寺珍宝无数（图083），富甲后藏，盛名在外，一山之隔的尼泊尔廓尔喀人曾两次抢劫扎什伦布寺。廓尔喀原为生活在北印度的部族之一，信仰印度教，种姓制度。他们在一千年前进入尼泊尔西部，以养牛种地为生。公元18世纪开始壮大，大举东进兼并土著，统一尼泊尔建立沙阿王朝（1768—2008年），成为尼泊尔主体民族，语言卡斯库拉语为尼泊尔国语。廓尔喀人以其骁勇善战著称，至今仍是尼泊尔和英国等多个国家的军队招募人选。

1780年即乾隆四十五年，六世班禅进驻北京向乾隆皇祝寿时，感染天花病逝圆寂。其兄仲巴呼图克图护送班禅灵柩返回日喀则扎什伦布寺，得乾隆皇帝赏赐及王公贵族供奉的大量财物，《清史稿》藩部传八记“无虑数十万金”，“珍宝不可胜计”。仲巴呼图克图之弟夏玛巴为噶举派（白教）活佛，素与仲巴呼图克图不和，因为不能分润，怀怒在心，出走尼泊尔。尼泊尔廓尔喀王族素与夏玛巴交好，夏玛巴极言扎什伦布寺所藏财物之丰厚，又将藏兵虚实相告，唆使廓尔喀入藏劫掠。六月，廓尔喀侵藏，来势汹汹。西藏方面妥协，以赔款议和，廓尔喀次年退兵。此为廓尔喀第一次侵藏。

廓尔喀有了前师之利，于1791年即乾隆五十六年，以贸易纠纷为借口，再次突袭西藏，一路攻陷城池，直奔日喀则扎什伦布寺，将金银佛像、供器、贮藏及灵

76　萨迦政权（1265—1353年），亦称萨迦王朝，是元朝政府在西藏支持的由萨迦派建立的政教合一的地方政权，驻地在后藏萨迦（今萨迦县）。萨迦政权的首领是元帝师，其僧俗领袖均由元朝政府册封任命。1322年萨迦款氏家族发生内部分裂，萨迦派开始走向衰弱。1353年萨迦政权被帕竹政权取代。

77　藏传佛教大致可分为四大教派：宁玛派（红教）、噶举派（白教）、萨迦派（花教）、格鲁派（黄教），其中宁玛派是产生最早的一只教派，教法出自莲花生大师；该派著名六大寺庙：噶陀寺、白玉寺、佐千寺、多扎寺、敏珠林寺、雪谦寺。噶举派创始于玛巴译师和米拉日巴二人，于11世纪发展起来，重视密修，玛巴译师是全藏最著名的瑜伽大修士，却没有修建寺庙，直到第三代达布拉吉时，才在达布地区建立冈布寺。萨迦派创始于1073年，由于该教派寺院围墙涂有象征文殊、观音和金刚手菩萨的红、白、黑三色花条，故称花教；萨迦五祖八思巴为元朝皇帝国师，创制了“八思巴文”；萨迦派于1550年在四川德格贡钦寺设立了德格印经院，是藏族聚居区最著名的印经院。格鲁派由宗喀巴大师在14世纪所创，主张显密讲修结合，此派所着袈裟和僧帽均为黄色，俗称黄教；该派六大寺庙为：甘丹寺、哲蚌寺、色拉寺、扎什伦布寺、塔尔寺、拉卜楞寺。

塔镶嵌之天珠珊瑚珍珠宝石等物悉数掠去，一并将清朝廷册封六世班禅的金册掠走。乾隆皇帝得知消息，大动干戈，派兵多路逼近日喀则，清军每遇迎战之廓尔喀人将其击溃，最终收复西藏全境，并越过喜马拉雅山，兵临廓尔喀首府（现加德满都西北）。1792年，廓尔喀人到清军大营请求投诚，归还掠夺去的珍宝和金册；清军准其归降，并从尼泊尔撤兵。退兵之后，廓尔喀之役功臣福康安在拉萨停留数月，拟定《钦定藏内善后章程二十九条》，并译成藏文。章程对西藏的宗教事务、外事、军事、行政和司法做了详细规定。章程的第一条规定便是认定活佛转世实行金瓶掣签制度[78]。此后的100余年，该条章程一直是西藏地方行政体制和法规的规范。

廓尔喀侵藏，曾受英国暗中支持，廓尔喀之役后，乾隆帝对西方人关闭了西藏所有关隘。廓尔喀之役为乾隆“十全武功”最后一役，《清史稿》记载，共耗白银一千又五十二万两。廓尔喀之役后，由廓尔喀人建立起来的尼泊尔沙阿王朝向清朝称臣，直至1908年被英国控制。

◆4-3-3　阿里——曾经的象雄和古格

短命的天才诗人海子在他的诗中说，“一块孤独的石头坐满整个天空”，这是他自杀之前写给西藏的。在拉萨，没有什么是孤独的，浓重的色彩和热烈的宗教气息像大昭寺门前的煨桑炉中升腾的烟雾弥漫周遭，让人无暇顾及人群中的自己。当你离开拉萨，离开人群，沿着喜马拉雅山和冈底斯山之间的雅鲁藏布江河谷一路向西，穿过一望无际的草原、横亘连绵的土林、神秘消失在天际的河曲、风声不绝的无人区，第一眼看见冈仁波齐，你就知道海子在说什么。

冈仁波齐峰的圣名还来自她是诸多大江大河的源头，这些河流哺育了世界上最古老和最独特的文明（图084）。冈底斯山脉地处世界上海拔最高的地区，印度河、恒河、雅鲁藏布江、萨特累季河均发源于此，这四条河的源头分别是狮泉河、孔雀河、马泉河、象泉河（图085）。冈仁波齐仿佛永不枯竭，充满力量，从她发源的四大河流向四方奔涌，义无反顾地赐福于她脚下的子民。传说中冈仁波齐的力量倾注在她发源的每一处：从冈仁波齐奔流而下的一条河，注入玛旁雍错——不可征服的湖泊；而阿里民谣唱到：

78　金瓶掣签，又称为金瓶鉴别，是西藏认定藏传佛教最高等的大活佛转世灵童的方式，于清朝乾隆五十七年（1792年）正式设立的制度。元明以来，西藏事务均由西藏宗教上层和信奉藏传佛教的蒙古王公及西藏贵族操持，皇帝对西藏事务只是派钦差进藏督办。乾隆时，为了加强中央政府对西藏的直接控制，《钦定藏内善后章程二十九条》专门规定藏传佛教活佛达赖和班禅转世灵童需在中央代表监督下，经金瓶掣签认定。历史上，第十世、十一世、十二世达赖喇嘛和第八世、九世、十一世班禅额尔德尼以及第五世、六世、七世、八世哲布尊丹巴呼图克图经由该仪式产生。

当却喀巴东流卓雪方，卓雪的马术高超由此来；
马甲喀巴南向普兰城，普兰姑娘的美貌由此来；
朗钦喀巴西涌古格城，古格的富足辉煌由此来；
森格喀巴泻入拉达克，拉达力士的勇气由此来。

当却喀巴即流向东方的马泉河（雅鲁藏布江），饮此河之水的人擅长驾驭良驹；马甲喀巴即流向南方的孔雀河，饮此河之水的普兰姑娘如孔雀般可爱；朗钦喀巴即流向西方的象泉河，饮此河之水的古格富足雄壮如大象；森格喀巴即流向北面的狮泉河穿越克什米尔，饮此河之水的拉达克人勇似雄狮。这些河流养育了古老的印度河谷文明和已经消失的象雄王国、古格王朝，以及雄踞西藏高原的藏民族和喜马拉雅山南麓的整个南亚次大陆。

圣湖玛旁雍错位于冈仁波齐峰和喜马拉雅山纳木那尼峰之间，海拔4590米，藏语“不可征服的湖泊”。对圣湖的记载在苯教和印度教经典中都能找到，在印度教文献中，如果一个人喝了圣湖的水，就能洗清所有的罪，死后回归创造神湿婆的居所；在苯教的记载中，苯教师祖辛饶米沃且曾专程从他的诞生地俄摩隆仁前来圣湖中沐浴。距圣湖玛旁雍错最近的驻地是普兰县，与尼泊尔和印度相邻，孔雀河（马甲藏布）由此流经尼泊尔后汇入恒河。普兰县所在的孔雀河流域为两山之间的小型谷地，有高原难见的湿润气候，动植物种类多样，河谷之中有大片绿洲，适宜耕种，这里曾是古格王国的青稞贡品基地。

札达县，建在象泉河的二级台地上，远远望去像海市蜃楼一样不真实。这里曾是古老的象雄王国的中心地带，也是古格王朝的遗址所在地。公元823年，吐蕃末代赞普朗达玛灭佛被刺，两位王妃所生的两位王子及其王孙为争权夺利混战了半个世纪。公元842年，次妃一派的王孙吉德尼玛衮战败后逃往阿里，娶地方官之女为妻并自立为王，经营至晚年将其领域分封给三个儿子：长子贝吉衮占据芒域（现吉隆），以现克什米尔的列城为中心，即后来的拉达克王国；次子扎西衮占据普兰，后来被并入古格；幼子德祖衮占据札达，即古格王国，为古格的开国之君。当初吉德尼玛衮逃至阿里时，接手的土地曾是臣属于吐蕃的象雄，虽王国不存、势力不再，但旧土仍包括以昔日王城为中心辐射的周边。公元17世纪，古格灭于同宗的拉达克王国。

如今的古格遗址仍旧伫立在一片干涸荒凉的土坡之上，古老的文明已湮灭无闻，只有残存的墙垣、坍塌的洞穴和斑驳陆离却艳丽如初的佛教壁画让人想象千百年前的光荣（图086）。曾经的札达盆地就像镶嵌在喜马拉雅山脉与冈底斯山之间的宝石，古老的象雄和古格都在这里盛极一时。1933年，意大利藏学家朱塞佩·图齐访问了古格，他是第一个访问古格的西方学者，对古格的建筑格局、寺庙壁画和周围的建筑群进行了初步测量和记录。图齐将古格比喻成中世纪东方的威尼斯，这里是黄金、丝绸、羊毛和香料贸易的枢纽，同时也是一座艺术之城和宗教之城，在当时，托林寺就如一座梵蒂冈城，有超过900名常驻僧侣，终年都有来自各地的朝圣者（图087）。

图083　扎什伦布寺内第十世班禅金灵塔。扎什伦布寺文物众多，其中第十世班禅金灵塔内装藏十分丰富，按照宗教仪轨，整个灵塔内装藏分为上中下三层。下层装有青稞、小麦、大米、茶叶、盐、碱、各种干果和糖类、檀香木、各种药材、绸缎、金雕的马鞍、犀牛角、银宝、珠宝、大师袈裟和藏装。中层装有大藏经和格鲁派三大祖师的经典著作及历代班禅的经典著作、历代班禅经师的著作、贝叶经、金汁书写的佛经等。在塔的上层装有佛经和佛像。十世班禅大师的法体完好地安放在众生福田的中央，周围放置了各种宗教用品，如袈裟、唐卡、佛像、经书等。历世班禅灵塔大小不一，塔身都饰有珍珠等各种半宝石，包括天珠、有眼板珠和松石、珊瑚一类藏传珠饰。寺内每座灵塔都燃点数量不等的大小酥油灯，终年不熄。塔内藏有历世班禅的舍利肉身，以十世班禅的灵塔最为华丽。

图084　冈仁波齐峰。冈仁波齐是冈底斯山脉的主峰，海拔6656米，峰形似金字塔，四壁对称，藏语意为“雪的宝贝”。冈仁波齐峰是多个宗教的神山，梵语称为吉罗娑山［Kailāśa］，印度教认为该山是创造和毁灭之神湿婆的居所，世界的中心；雍仲苯教发源于该山，是苯教的“俄摩隆仁”，即永恒世界；耆那教认为该山是其祖师瑞斯哈巴那刹得道之处；藏传佛教认为此山是胜乐金刚的住所，代表着无量极乐。冈仁波齐常年都有来自各个地方的朝圣者在这里转山，环绕冈仁波齐峰一周51千米，徒步需三天时间。

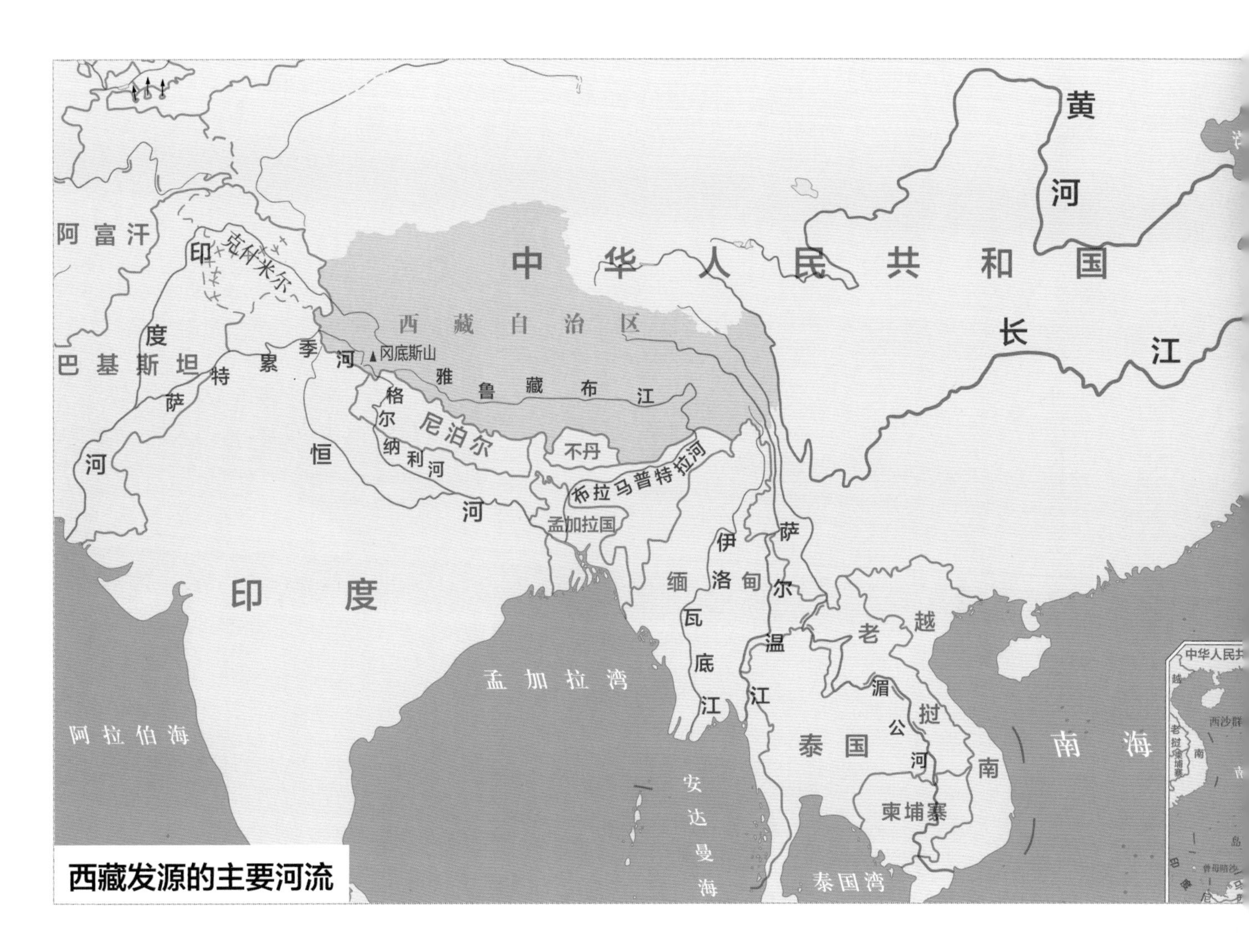
黄河
阿富汗
克什米尔
印度河
巴基斯坦
萨特累季河
冈底斯山
中华人民共和国
西藏自治区
长江
雅鲁藏布江
格尔纳利河
尼泊尔
不丹
恒河
布拉马普特拉河
孟加拉国
伊洛瓦底江
萨尔温江
缅
印度
孟加拉湾
阿拉伯海
安达曼海
老
越
湄公河
挝
泰国
柬埔寨
南
南海
泰国湾
西藏发源的主要河流

图085 西藏发源的四条大河和玛旁雍错。冈仁波齐峰位于西藏自治区西南部普兰县北部，在她的南面是圣湖玛旁雍错和俗称“鬼湖”的拉昂错［Lake Rakshastal］；与冈仁波齐的圣名一样，玛旁雍错同样是印度教、苯教、耆那教和佛教的圣湖，与圣山遥相对望。从冈仁波齐峰北面冰川发源的狮泉河，藏语“森格藏布”，向北流至狮泉河镇（噶尔）与噶尔藏布汇合，折向西北，穿过喜马拉雅山流入克什米尔后称为印度河，与吉尔吉特河汇合后折向西南，流经巴基斯坦全境，注入阿拉伯海。由冈仁波齐发源流向西方的是象泉河，藏语“朗钦藏布”，经札达、什普奇，穿越喜马拉雅山后流入印度境内，称为萨特累季河，向西流入巴基斯坦后汇入印度河。流向南方的是孔雀河，藏语“马甲藏布”，由普兰县流入尼泊尔后称为格尔纳利河，穿过尼泊尔后与亚穆纳河［Yamunā］汇合注入恒河［Ganges］。流向东方的是马泉河，藏语“当却藏布”，沿着喜马拉雅山和冈底斯山脉之间的河谷一路向东，过萨嘎（现日喀则市萨嘎县）后为雅鲁藏布江［Yarlung Zangbo Jiang］，贯穿整个西藏高原南部，之后绕过喜马拉雅山最东端，折向南面进入印度阿萨姆邦，称布拉马普特拉河，穿过整个孟加拉平原，最后注入孟加拉湾。

图086　札达县和古格遗址。札达县建在象泉河的二级台地上，这里曾是古老的象雄王国的中心地带，也是古格王朝的遗址所在地。古格遗址位于札达县郊外象泉河畔的一座山坡上，占地约18万平方米，从山脚到山顶密布房屋建筑、佛塔、洞窟600余座，为一组综合庞大的古建筑群。象泉河不仅哺育了古格，早在古格千年之前就是古象雄的母亲河。沿象泉河已经有多处古象雄墓葬或遗址被发现，包括出土了天珠的札达县曲踏墓地和（噶尔县）门士乡故如甲木寺古象雄墓地以及寺院北侧的卡尔东遗址和以南的曲龙村遗址。

图087　托林寺壁画和古格壁画。托林寺，坐落于札达县城西北的象泉河畔，公元996年由古格王国第一代王德祖衮的长子益西沃始建，是古格王国在阿里地区建造的第一座佛寺。1036年，印度那烂陀寺高僧阿底峡（982—1054年）住锡托林寺讲经弘法，托林寺因之蜚声全藏，成为中世纪西藏名寺。托林寺内数座大殿都保留了从12世纪到16世纪的精美壁画，大多克什米尔风格，精致秀美，是西藏古代美术的杰作。图下右为古格遗址白庙内壁画，古格国王年少英俊，自信安详，其时正当古格国运昌盛、称雄一方。国王冠以吐蕃赞普的缠头，这种传统样式保留了数百年；脚穿白色藏式皮靴，坐于卡垫之上，垫饰上的图案今天仍可得见。室内四壁和天顶的壁画色彩仍旧鲜艳如初，内容丰富，是研究古格历史和艺术的第一手资料。

2014年，中国社会科学院考古研究所和西藏自治区文物保护研究所在札达县西郊的象泉河南岸联合发掘古象雄墓葬，出土了距今1800年的天珠（见4-2-2），这次发掘再次为古象雄王国的存在提供了实物证据，并为天珠断代提供了考古编年的下限。沿象泉河溯源而上，在距古格遗址100公里的门士乡故如甲木寺（现属阿里地区噶尔县即狮泉河镇），同样发现了古象雄墓葬群。然而这里最吸引人的是有关古象雄都城“穹隆银城”（也作琼隆银城）的推测。站在故如甲木寺外的象泉河岸边即可望见寺庙北侧山崖上的卡尔东城遗址 —— 穹隆银城，藏语叫“穹隆威卡尔”，“穹隆”意为大鹏鸟［Khyung］之地，“穹隆威卡尔”译成汉语就是“大鹏银城”，最后“穹隆银城”这个藏汉合璧的词成了对象雄故都的称谓。至今这里的山崖上仍旧布满蜂巢般的洞窟，故如甲木寺的僧人还能指出山坡台地上城堡内的大蓄水池，山顶的地表还能拾到古陶残片、铁甲片、石磨盘等遗物，甚至还不时发现骨珠和玻璃珠。

象雄古国和古格王朝虽分属不同的历史时期，但占据的是大致重叠的地域，两者的考古遗址大多沿象泉河分布，而与象泉河并行奔流的狮泉河（森格藏布，印度河上游）同样是哺育古象雄的母亲河。苯教学者扎顿·阿旺格桑丹贝坚的《世界地理概说》记载的“里象雄”，即包括现在的阿里大部分地方和印控拉达克（见4-3-7）。与狮泉河相距百里之外的班公错［Pangong Tso］跨印度中国边境，一半在日土县，一半在拉达克，而班公错曾经只是象雄王国的内湖。班公错位于阿里最西端的日土县，传说格萨尔王曾在湖中取宝（一说献宝于圣湖）；而日土县则是阿里民间传说中“天珠从山上像泉水一样流出来”的地方，捷克藏学家内贝斯基在他的《来自西藏史前的珠子》一文中记录了这一则流传广泛的传说（见4-1-4）。无论班公错湖里是否还有珍宝，日土的山上是否曾有天珠像泉水一样流出，沿狮泉河顺流而西，直至克什米尔的印度河，沿途那些隐秘的河谷支流都留下了天珠若隐若现的线索。

◆4-3-4　尼泊尔和木斯塘

喜马拉雅山的圣名可以追溯到遥远的过去，在印度吠陀史诗《摩呵婆罗多》的诗篇《薄伽梵歌》中[79]，吉祥薄伽梵咏唱道，“我是吞噬一切的死神，我是未来一切的起源，我是阴性名词中的名誉、吉祥、语言、记忆、聪慧、坚定和忍耐……我是祭祀中的低声默祷，我是高山中的喜马拉雅山。”至少一万年前的新石器时代，喜马拉雅山两麓的山区就有人类在那里艰难实践，他们在与自然的妥协和共处中创

79　薄伽梵歌［Bhagavad Gita］，印度教的重要经典和古印度瑜伽典籍，意即“神之歌”，薄伽梵即首神。《薄伽梵歌》收录在印度两大史诗之一《摩呵婆罗多》的章节中，成书于公元前5世纪前后，共有700节诗句。为古代印度的哲学训教诗，是唯一一本记录神而不是神的代言人或者先知言论的经典。

造隐秘的奇迹，许多遥远的群落在我们发现它们之前就已经消失。

翻越喜马拉雅山，便是混乱无序、热情友善的尼泊尔［Nepal］[80]，这里从古代就是西藏通往南亚的门户，加德满都成为连通西藏和南亚的贸易集散地，至少始于松赞干布与尼泊尔尺尊公主联姻。尼泊尔不是（至纯）天珠原产地，但天珠和其他藏传珠饰很可能从那时就是往来于吐蕃和尼泊尔的贸易品。天珠原为象雄苯教遗物，原始苯教受中亚各种宗教元素的影响明显多于南亚，象雄时期，其势力向印度河谷上游和中亚山区的扩展也多于喜马拉雅山南麓的恒河流域。但是吐蕃王朝的建立改变了尼泊尔与西藏高原的关系，公元7世纪，新近崛起的吐蕃势力一度翻越喜马拉雅山进入尼泊尔，由此开始建立长期的贸易关系，加之尼泊尔人擅工巧，经常受雇于吐蕃，修建寺庙、铸造佛像，两地往来密切。西藏与尼泊尔一山之隔，横贯喜马拉雅山脉的河流谷地是两地沟通的孔道，两地贸易大多是经过这样的途径完成，日喀则后藏地区沿吉隆河的吉隆镇和沿樟木沟的樟木镇都是历时久远的关隘。公元17世纪，尼泊尔廓尔喀人入侵后藏，洗劫扎什伦布寺，也是途经这样的通道。

至少从公元8世纪，新兴的吐蕃向周边扩张，那时就有吐蕃人（藏族）翻越喜马拉雅山，在南麓山区那些遥远的、不为人知的深山谷地建立起孤独的村落，艰难从事耕种并为贸易商队提供补给。随着大山两麓贸易的日渐频繁，世代经营的聚落发展成了独立的王国，木斯塘高地［Upper Mustang］（图088）就是这样一个孤独的小王国。他们是喜马拉雅山区中联系西藏、印度和尼泊尔的关键节点，这条商道上由西藏而来的大宗贸易是盐巴、麝香、金矿、皮毛等货品；从印度、不丹甚至海外经尼泊尔而来的则有铁器、珊瑚、珍珠、琥珀、海螺、玻璃、宝石、檀香木、不丹纸、尼泊尔铜器等。

尼泊尔最终于17世纪结束了木斯塘独立的宗主权，获得了西藏与印度的贸易必须经由加德满都的特权，加德满都由此占据穿越喜马拉雅贸易的垄断地位。[81]19世纪初，英国通过东印度公司向尼泊尔施加压力，从这条商道大量获益；随后又成功开通印度大吉岭（喜马拉雅山南麓）通过印度锡金邦进入西藏的贸易路线，最终取代了加德满都对西藏贸易的垄断地位。而世代经商的尼泊尔人和藏族仍旧往返于这样的贸易通道，并在异国他乡建立各自的据点，无论是加德满都河谷还是大吉岭，从事经商和相关事务的藏族社区比比皆是（图089）。

80　尼泊尔在长达数千年的历史中，历经不同王朝统治，其中李查维王朝［Licchavi Kingdom］（400—750年）是第一个有明文记录的王朝。李查维王族（又译离车族）来自印度，来到加德满都谷地征服当地人，建立王国。之后又有同样来自印度的库里塔王朝［Thakuri Dynasty］和马拉王朝（1201—1769年），马拉王朝灭于廓尔喀人的兴起。马拉王朝是尼泊尔的繁荣期，尼泊尔现今保留的最著名的古寺佛塔大多建于马拉王朝期间。这一时期的佛教造像艺术对西藏产生了很大影响。尼泊尔自古盛产能工巧匠，初唐时期，来自加德满都河谷的尺尊公主嫁给吐蕃王松赞干布，她带去的工匠参与建造了拉萨的大昭寺和小昭寺。元代中统元年（1260年），出生于帕坦（尼泊尔城市）的建筑师阿尼哥［Araniko］率领八十名工匠入藏修建黄金塔，两年后入元大都长住，主持设计修建了佛塔三座、大寺九座，以北京妙应寺（又称白塔寺）最为著名。

81　希尔努瓦：《西藏的黄金和银币——历史、传说与演变》，耿升译，中国藏学出版社，1992，第35-36页。

图088　喜马拉雅山脉中的木斯塘。木斯塘深藏于崇山峻岭之中，藏语为“肥沃的平地”，位于尼泊尔西北部和西藏之间高耸的迎风台地、喀利河上游，现居人口15000，称为“洛巴”［Lopa］。从拉萨到日喀则、仲巴县，经木斯塘到尼泊尔博克拉［Pokhara］可达加德满都。在尼泊尔于17世纪结束木斯塘的独立宗主权之前，这里被称为洛域国［Kingdom of Lo］，由于隔绝的环境，这里的人至今说一种古旧的藏语，保存着最传统的藏文化。木斯塘遥远而孤独，在崇山之中一小块河谷台地上艰苦耕耘了上千年，是联系西藏和南亚及外部世界的孔道上的庇护所，只有最勇敢的商人和无畏的探险家才能得见其芳容，当地仍流传莲花生大师入藏途中在此停留的故事。千百年来，木斯塘目睹了无数天珠和其他珍宝经过，但是没有一件比得上木斯塘本身的存在更珍贵，木斯塘见证了世界上最艰难的商旅之路。

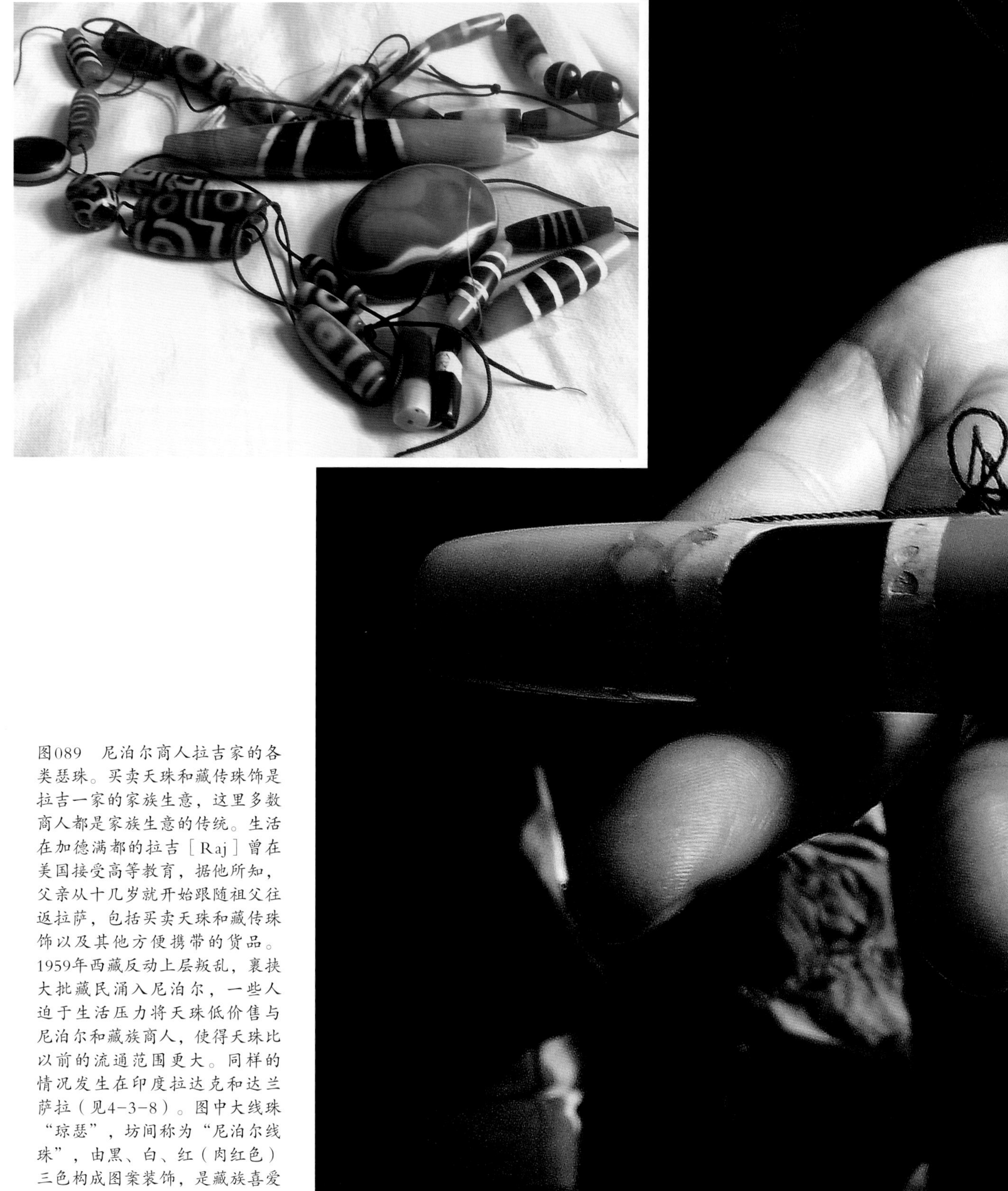

图089　尼泊尔商人拉吉家的各类瑟珠。买卖天珠和藏传珠饰是拉吉一家的家族生意，这里多数商人都是家族生意的传统。生活在加德满都的拉吉［Raj］曾在美国接受高等教育，据他所知，父亲从十几岁就开始跟随祖父往返拉萨，包括买卖天珠和藏传珠饰以及其他方便携带的货品。1959年西藏反动上层叛乱，裹挟大批藏民涌入尼泊尔，一些人迫于生活压力将天珠低价售与尼泊尔和藏族商人，使得天珠比以前的流通范围更大。同样的情况发生在印度拉达克和达兰萨拉（见4-3-8）。图中大线珠“琼瑟”，坊间称为“尼泊尔线珠”，由黑、白、红（肉红色）三色构成图案装饰，是藏族喜爱的一种瑟珠类型。

尼泊尔最早的定居者是公元前3300年来自印度河谷文明的德拉威人（即印度河谷文明的土著达罗毗荼人），他们是否携带了制作珠子的技艺不得而知，尼泊尔有限的文献和实物资料很难说明早期的情况。尽管尼泊尔并非天珠产地，铁器时代的尼泊尔制作线珠却是可能的，被坊间称为“尼泊尔线珠”（见图136）的三色珠就是蚀花玛瑙工艺在铁器时代新的演绎。尼泊尔几乎没有正式的考古发掘，没有考古证据证明这些线珠的原产地就是尼泊尔某地，可以用来参照断代的考古实物来自孟加拉的Wari-batshwar（见7-1-4），虽然实物不能佐证尼泊尔也是线珠产地。微弱的证据来自早年一些专门进藏收集天珠的台湾商人和收藏家提供的信息，他们言称从拉萨出发，越往后藏日喀则，线珠越多，而出售线珠的藏族群众会告诉他们这些珠子来自尼泊尔。近些年，一些年轻的古董商人更是亲自前往尼泊尔寻宝，他们勤勉实干，具备实用的知识，在与当地古玩商打交道的过程中收集到很多相关信息。（图090）

成书于公元前1000年至前500年的梵语经典《奥义书》［*Upanishads*］曾提及，加德满都谷地［Kathmandu Valley］是出口毛毯的地方，而尼泊尔制作毛毯的传统似乎从那时一直延续至今。公元前500年前后，一些部落开始形成小型王国，其中最著名的是“释迦”［Sakya］族，佛教创始人悉达多·乔答摩便是释迦王子［Gautama Siddhartha］（公元前563—前480 年）。其时正值印度十六国时期［Mahajanapadas］，中国的春秋战国，希腊的城邦时代；波斯琐罗亚斯德教［Zoroastrianism］早已传遍伊朗高原和中亚，希伯来人完成了旧约《圣经》，希腊有苏格拉底、柏拉图，中原有诸子百家；佛教的兴起仿佛是轴心时代（见1-3-1）的必然。

公元前249年，印度孔雀王朝阿育王到佛祖释迦牟尼诞生地蓝毗尼［Lumbini］（今尼泊尔西南）朝圣，并留下石柱纪念佛祖圣名。2500年前，迦毗罗卫国［Kapilavastu］净饭王之子悉达多·乔答摩诞生于此，青少年时代受传统的婆罗门教育，29岁时舍弃王族生活，出家修道，创立佛教。这里遂成为早期佛教中心，寺庙、佛塔盛极一时。释迦晚年，迦毗罗卫国为北方拘萨罗国[82]琉璃王所灭，释迦族人或被杀或被掳，城池尽毁。公元406年，高僧法显游历于此，载“城中都无天民，甚如丘荒，只有众僧，民户数十家而已。”公元645年，大唐高僧玄奘曾来此朝圣，在他的《大唐西域记》中记载了关于佛祖诞生地蓝毗尼的细节，并见到了阿育王石碑。玄奘到此，已经是“空城十数，荒芜已甚。王城颓圮，周量不详。其内宫城周十四五里，垒砖而成，基址峻固。空荒久远，人里稀旷。”他称城西北有

82　拘萨罗国位于印度乌塔普拉帝须省［Uttar Pradesh］（印度北方邦）东北部，印度两大史诗之一《罗摩衍那》之背景所在。首都舍卫城，城南有著名的祇园精舍，释迦牟尼曾在此修法。法显《佛国记》记载，精舍毁于火灾；玄奘《大唐西域记》卷六，“城南五六里有逝多林，是给孤独园，胜军王大臣善施为佛建精舍。昔为伽蓝，今已荒废。……室宇倾圮，唯余故基，独一砖室巍然独在，中有佛像。”清代雍正年间所建圆明园，曾按舍卫城蓝图修建“佛城”，城周建有坚固的城墙和高大的门楼，沿城有护城河，城池南北长150米，东西宽110米，占地面积1.65万平方米；城内供有从西藏、蒙古及外藩进贡的金佛像、珍贵法器、经文，佛像有十万尊之多。

图090 尼泊尔首都加德满都。尼泊尔处处充满远古气息，加德满都杜巴广场既是凡人的世界也是神灵的居所，流浪的小孩则带着羞怯向外人讨钱讨巧克力。游荡在广场上的任何人都可能是潜在的商机，尼泊尔人擅长生意并且让人感觉真诚。在此交易的当地珠商则会跟前来寻珠的商人和藏家聊起山谷河边挖线珠的事，那些地方除了典型的尼泊尔三色线珠，同出的还有其他类型的蚀花玛瑙珠（见图136），从事挖掘珠子和贩卖珠子在当地是专门的营生。

“释种诛死处”，在迦城西北有数百千塔，装置死者骸骨。释迦族所在迦毗罗卫国早已灭，但佛传故事随佛教传播为信徒所知，入梦受胎、树下诞生、出游四门、逾城出家、降魔成道、树下涅槃，佛陀的一生以美术图像的形式广为流传。（图091）

◆4-3-5　不丹的天珠

不丹［the Kingdom of Bhutan］被称为“雷龙之域”[83]［land of Druk］，在世人眼里一直是遥远神秘的国度。内贝斯基在他的《来自西藏史前的珠子》中提到不丹出最好的天珠（见4-1-4），坊间也一直有不丹海关不允许天珠出境的传闻，实际上不丹政府的确有明文规定，外国游客购买不丹古物须到政府指定的商店。不丹出好天珠的事实可能与17世纪帕竹噶举派领袖阿旺·朗吉［Ngawang Namgyal］（1595—1651年）带领信徒远走不丹有关，他也是现代不丹疆域、民族和宗教的奠基人。

不丹位于喜马拉雅山脉东端，这里至少从公元前2000年就有人居住，公元前500年至公元600年之间，这里生活的是门巴人[84]，他们信奉原始的萨满巫术和早期苯教。公元7世纪，松赞干布将吐蕃版图扩张至不丹和印度锡金邦，并授命在不丹修建寺庙，此后不丹一直作为西藏的一个属地，经常在西藏地方势力间易手。

12世纪，噶举派（俗称白教）僧人帕木竹巴·多吉杰波（1110—1170年）在西藏山南帕木竹地方（今西藏桑日县）建丹萨替寺，传授“大印修法”，得吐蕃贵族朗氏家族支持，形成帕竹噶举系，进而建立地方政权。1351年，元代中央政府赐封帕竹领袖绛曲坚赞“大司徒”，遂统一卫藏（拉萨和日喀则地区），取代萨迦派（花教）势力。15世纪，帕竹陷入内乱，外部又有蒙古贵族支持的格鲁派（黄教）兴起，大势衰落。1616年，西藏江孜竹巴噶举热龙寺［Ralung Monastery］住持阿旺·朗吉（又译阿旺·南嘉）在法王转世的认证中处于劣势并受到被拘禁的威胁，传说是夜他在梦中得到护法神大黑天的指点，大黑天化作一只杜鸦，指引他前往喜马拉雅山南麓的福地，阿旺·朗吉审时度势，带领帕竹噶举信徒远走不丹。杜鸦的形象后来被固定在不丹的王冠上，成为维护神圣信仰的象征，阿旺·朗吉至今仍被不丹人民尊为国家的缔造者，尊号夏尊［Zhabdrung］，意为“人们拜倒在他的脚下”。

83　雷龙之域的说法源自不丹的奠基人、帕竹噶举派领袖夏尊·阿旺·朗吉，他于1651年从西藏逃往不丹时，不仅带去大量信众，也为不丹带去了宗教文化，包括竹巴世系［Drukpa Lineage］的传说。雷龙的传说起于一世法王嘉旺竹巴［Gyalwang Drukpa］修建热龙寺时遭遇风暴雷电，他认为这是雷龙的咆哮，于是将寺庙取名热龙寺，并将雷龙的形象作为竹巴世系的象征。不丹人现在仍将他们的国家称为“雷龙之域”，称他们的国王为“龙君”，并将雷龙的形象用于不丹国旗。

84　门巴人［Monpa people］，大约不到10万人口，中国境内称为门巴族，大部分生活在印度阿鲁纳恰尔邦［Arunachal Pradesh］和西藏林芝、墨脱县一带，一小部分生活在不丹。说门巴语，通用藏文。历史上门巴人曾建立过小型王国，公元7世纪开始受吐蕃文化影响，信仰藏传佛教和原始苯教。门巴族最著名的人物是六世达赖仓央嘉措［Tsangyang Gyatso］（1683—1760年），以其传奇的一生和热烈的情诗著称。

1651年，夏尊·阿旺·朗吉在58岁时将其世俗权力交与随从并命其作为摄政王，宣告无限期闭关静修，随即进入一座宗堡[85]僧房，这是他最后一次出现在世人眼中，不久圆寂。但是直到1705年，他的摄政王才宣布夏尊圆寂的消息，此间半个世纪，六任摄政王相继宣政，一直对于夏尊的死亡秘而不宣。传说远在拉萨的五世达赖喇嘛[86]则宣称他早已在秘法中得知夏尊的死亡，而五世达赖喇嘛圆寂后，他的管家同样将他的死亡隐瞒了15年。

历史上不丹多次与西藏交战，后又遭受英国和印度入侵。1907年，不丹迎来划时代的纪元，出身不丹望族的乌颜·旺楚克［Ugyen Wangchuck］（1861—1926年）在内战中获胜，登基为不丹第一任国王。鉴于长久以来政教合一转世制度引起的派系和家族争端，乌颜·旺楚克实行政教分离，建立现代不丹君主制国家并规定国王世袭。1972年继位的第四任国王晋美·森格·旺楚克开始大力推行民主，2006年宣布退位，王子晋美·凯萨尔·旺楚克继位，于2008年构建议会民主制。（图092）

夏尊当初作为西藏最强有力的帕竹噶举派领袖人物，却在法王转世认证中败北，他决意出走不丹时，带走了众多忠信和贵族家族，无疑夏尊本人和他的贵族们也携带了大量珍宝包括各种瑟珠，其中不乏最好最稀有的天珠。并没有任何文献记载夏尊和他的贵族们带走了多少珍宝，但是与后世西藏的情况一样，十四世达赖和他的追随者流亡印度、尼泊尔和西方国家，皆携走大量宗教法器、造像和各种珍宝。这些藏民在海外形成社区，以此延续他们的宗教文化，这些社区充斥着各类藏传艺术品和手工艺品，包括天珠一类的藏传珠饰，不仅在藏民圈子里形成交流交易，也成为西方人认识和研究藏传手工艺品的窗口，20世纪的西方藏学家几乎都在这些海外藏民社区进行过调查和资料收集，有些写成了专门的论文，捷克藏学家内贝斯基的《来自西藏史前的珠子》就是在印度卡林朋的藏民社区和不丹、印度锡金邦采集的写作资料。

在夏尊以前，不丹是一处远乡僻壤，这里山高云深，隐秘难至，甚至第一任国王在位时，国民大多还习惯赤脚，生活十分简单质朴，与世无争。英国入侵期间（1772—1907年），在不丹长期旅居的英国人这样描述他们："他们风度的质朴……以及强烈的宗教感，使不丹人免于很多那些更文雅的民族所沉迷的罪恶……他们对弄虚作假和忘恩负义非常陌生。偷盗和其他种种不诚实的行为鲜为人知……他们是我所见过的构建最好的种族。"不丹曾于2006年英国莱斯特大学公布的"世

85　宗堡［Dzong］是一种独特的防御式综合建筑，常见于不丹和西藏南部。宗堡以高大的外墙围绕中央庭院、寺庙、管理区、僧房，兼有地方性的宗教、军事、管理和社交中心的功能。不丹境内拥有大量宗堡，或建于谷地要塞，或建于高地山脊，多以白色石头建成，巍峨醒目，是不丹一道独特的风景。不丹境内古老的宗堡大多于17世纪受命于夏尊·阿旺·朗吉修建。

86　五世达赖喇嘛阿旺罗桑嘉措（1617—1682年），出生在西藏山南的琼结望族，据传这个家族源于古印度的一支王族，松赞干布时期迁入西藏后融入吐蕃社会。五世达赖本人在藏文化史、宗教史、建筑、医学、艺术等方面造诣极高，是西藏历史上在政治、宗教、学术等领域都取得非凡成就的一代宗师。著有《西藏王臣记》、《三世达赖喇嘛传》、《四世达赖喇嘛传》、《相性新释》等著作，其中《西藏王臣记》一直是后世研究西藏历史文化的书目。

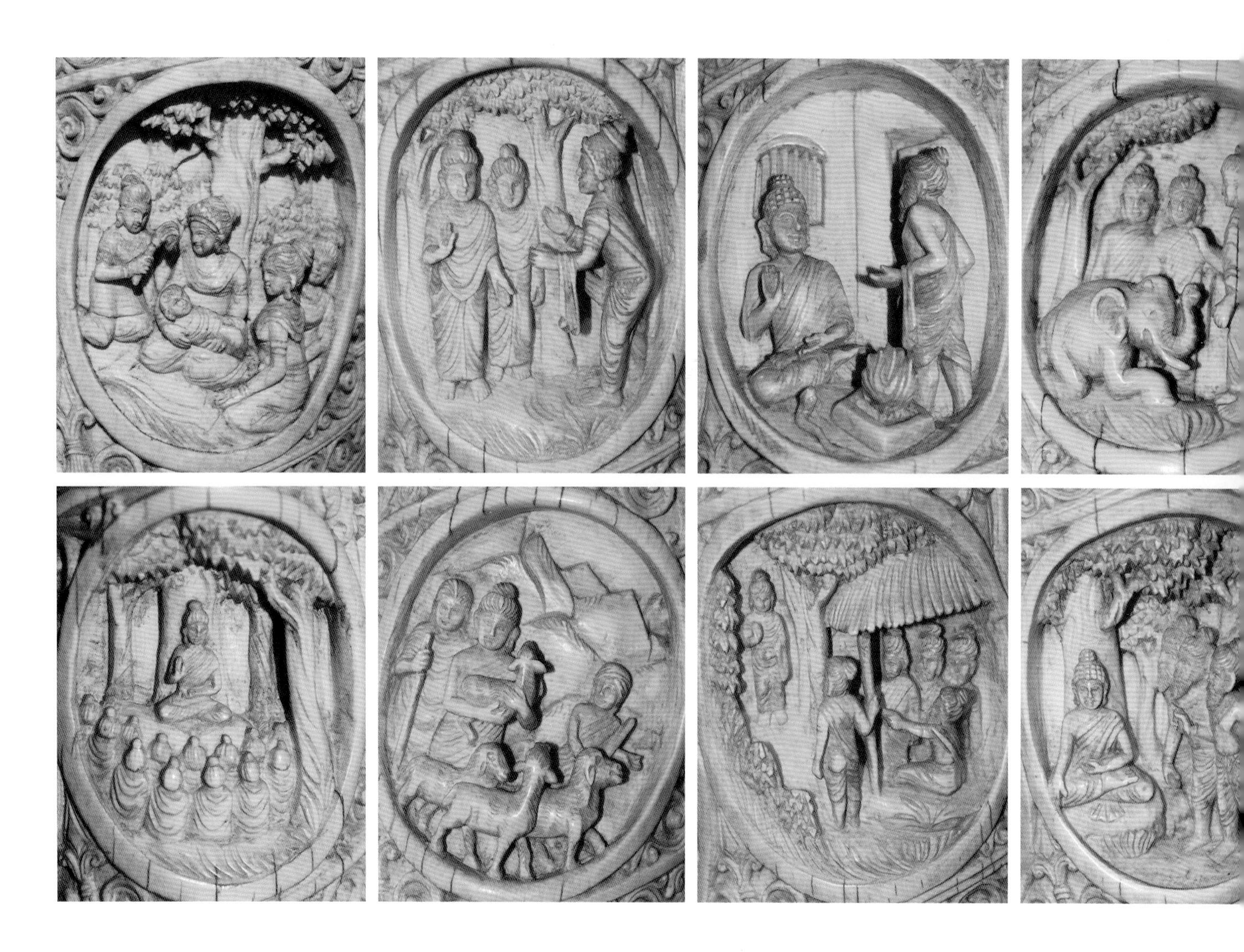

图091　蓝毗尼遗址和佛传故事。蓝毗尼位于尼泊尔南部特莱平原，梵文“可爱”的意思。公元前563年，佛教创始人悉达多·乔答摩诞生在这里。公元645年，大唐高僧玄奘来此朝圣，在《大唐西域记》中记载了蓝毗尼地方的诸多细节。1967年至1972年间，尼泊尔考古局根据《大唐西域记》的记载，在蓝毗尼附近的村庄发掘出古代释迦时期的废墟，发现了陶制头像、佛像、石雕、钱币等文物和神龛、佛院遗址及建筑残垣。尽管如今的蓝毗尼只存残垣断壁，但是释迦牟尼的生平以佛传故事的文本和图像世代流传。藏于印度新德里国家博物馆的象牙雕刻佛传故事，以47幅场景展示了释迦牟尼从出生到得道和传教的故事。图中入梦受胎、树下诞生、出游四门、逾城出家、降魔成道、树下涅槃等经典场景广为流传，远至南亚、中亚、东亚和东南亚各地。

图092　不丹第一任国王乌颜·旺楚克和第五任国王晋美·凯萨尔·旺楚克。现任第五任国王晋美·凯萨尔·旺楚克［Jigme Khesar Namgyel Wangchuck］（1980—）于2006年登基，2011年国王大婚，婚礼上王后吉增·佩玛身着不丹传统服装，胸前戴着天珠与珊瑚穿缀的项链，艳丽夺目。参加婚礼的王室贵族也大多佩戴天珠，尤其是国王的父亲（第四任不丹国王）携四位妻子及几位公主，皆佩戴珍贵完美的天珠项链。大卫·艾宾豪斯曾提到他第一次见到天珠就是不丹三世王后［Ashi Kesang Wangchuk］在《国家地理》的封面照片，王后头戴王冠，胸前戴着一大串珊瑚和天珠（达洛）穿缀的项链，艳丽夺目。正是这张照片使大卫·艾宾豪斯颇有感触，意识到天珠之于不丹民族的重要远不只是装饰品，这也激发了他学习和了解天珠及藏传珠饰的热情，并最终写成了那篇著名的《藏族的瑟珠》（见4-1-5）。

界快乐地图”［World Map of Happiness］中排名亚洲第一、全球第八。随着不丹对外部世界的开放，这片雷龙之域将不可避免地不再是隐秘的世外桃源。

◆4-3-6　印度新德里国家博物馆

印度河谷文明是世界上发生得最早的都市文明之一，能与之比肩的只有古埃及和两河流域的美索不达米亚文明。印度河贯穿现巴基斯坦全境，印巴分治（见注104）以前，这里是北印度，与南面的恒河流域一起构成印度悠久的历史。印度河谷文明没有像埃及和两河流域那样为后世留下大型的神庙或公共建筑供人仰望，也没有留下长篇铭文供学者打开其思想的堂奥，但是印度河谷是各种神奇的小手工的鼻祖，这得益于北印度山区丰富的自然宝藏和那些聪明的工匠的妙思奇想，其中之一便是与本书主题密切相关的蚀花玛瑙工艺。工匠们最初可能是受石头上那些天然纹样的启发，决定以人工可控的方式对石头进行任意的图案装饰，经过实践，一旦掌握了对天然石材（玛瑙玉髓）人为地改色和染色的技术，便能够将包含意义和信仰的图案施加在石头上，尽管我们对那些最古老的蚀花玛瑙图案已经很难解读。（图093）

公元前1700年至前1500年，印度-雅利安人从他们最早生活的南俄草原南下，进入南亚次大陆（印度），印度-雅利安人的到来，开启了印度历史的吠陀时代。雅利安人创造的印度文明造就了不一样的印度，尤其是当他们进入恒河流域之后，铁器时代的到来伴随城市的兴起，文字和哲学成为表达思想的载体，印度开启了用文字书写它漫长的宗教王国的历史。梵文经典《阿闼婆吠陀》［*Atharvaveda*］已经开始将菩提树［peepal tree］和牛神圣化，这是恒河文明的印度所有宗教和文化仪式性的符号，根植于印度各大宗教的达摩［Dharma］和因果［Karma］概念皆出于吠陀思想。与之前印度河谷达罗毗荼人不同的是，雅利安人像古埃及人和两河流域居民一样热爱大型建筑和雕塑，这些象征宗教和信仰的大型实物就像里程碑一样标识文化的历史，也使得后人能够更多窥视已经消失的世界。（图094）

如果建筑和雕塑一类的美术作品是历史的路标，那些美术作品中的杰作则是里程碑，它们一直供人景仰，后人永远执着于对它们的仰望和解读。在印度，没有人会错过泰姬陵［Taj Mahal］，这组象牙白大理石的帝王陵建筑群是除著名的伊斯兰清真寺之外，与西班牙阿尔罕布拉宫［Alhambra］齐名的伊斯兰建筑，但最让人津津乐道的不是它莫卧儿伊斯兰的建筑装饰和风格，而是它是一座“爱的丰碑”。始建于1632年的泰姬陵是莫卧儿帝国［Mughal Empire］（1526—1857年）皇帝沙贾汗［Shah Jahan］（1628—1658年在位）为了纪念他出身波斯公主的亡妻慕塔芝·玛哈尔［Mumtaz Mahal］修建的巨型陵墓，这组有陵寝、花园及众多附属建筑的综合建筑群坐落在印度北部城市阿格拉［Agra］的亚穆纳河岸，每年吸引至少两百万以上的游客前来凭吊，被列入“新古代世界七大奇观”名单。

泰姬陵所在的阿格拉位于新德里以南的亚穆纳河［Yamuna River］南岸，亚穆纳河是恒河最大支流，发源于喜马拉雅山南麓的印度北阿坎德邦［Uttarakhand］。从新德里出发向南，沿全长165公里的亚穆纳高速公路穿行恒河平原，公路两边是开阔的农田，葱绿的树丛和印度农民的小屋点缀其中，一眼望去跟四川的川西坝子（川西平原）有点像，开阔平缓，郁郁葱葱。然而细致观察，景致却大有不同，川西坝子是竹林掩映农舍，田间沟渠纵横，小水塘星罗棋布，那里空气湿润，阳光若隐若现。而恒河平原一望无际的田野中大树孤立，空气干烈，阳光刺目，却看不见哪怕一条小沟渠或者一个小水塘，很难想象印度人如何在这样的大型平原上经营农耕。

然而数亿印度农民和城市居民每年等待的是必来无疑的南亚季风，季风像神一样于每年6月准时降临，给恒河平原带来长达近两个月的雨季。河水泛滥淹没农田，完成水稻农业从灌溉到泡田的步骤；雨水还带给印度的植物、动物和生态系统几乎全年所需的淡水用量；给酷热干燥的印度带来湿润和降温。季风就是印度的福音和希望，印度的农历以季风为周期，印度有专门祈求季风的仪式和节日，季风的任何波动都可能造成干旱或水灾，要么赐予印度丰收要么给予印度饥荒。这真是一个靠天吃饭的国度，无怪乎他们拥有众多的神祇和听天由命的坦然。（图095）

很多时候我们都会错觉对古代遗物的研究是关于物件本身，实际上所谓人文科学都是关于人的，大到建筑雕塑乃至城址，小到珠子玉作等个人装饰。这些实物既是客体也是象征，对宗教和文化而言，它们是思想和信仰的物化，对于现代人文学科，它们是最好的探究古代世界的钥匙。今天的印度可能不那么整洁严谨，但是印度从来不会让人失望，你可能在某一处看到你心目中想要的印度，而在另一处呈现的则是另一个印度，在那里你看到的听到的闻到的都不是你经历过的，那种强烈、鲜活、混乱和潜伏的危险混同酷热的天气，让人心惊目眩。但是印度人会坦然自若地告诉你，这只是虚幻的世界，你眼里看到的其实是你心里的世界。当你走进任何一座寺庙或清真寺，哪怕只是一棵挂满祭品的菩提树，周遭的嘈杂混乱似乎瞬间隐去，你看到的是安静的祈福和平静的祷告，卑微的人们和同样卑微的祭品，而它们却有着某种难以言传的神圣，这也许才是真实的印度。

◆4-3-7　拉达克和列城

拉达克现为印控查谟和克什米尔的一部分，位于喀喇昆仑山脉和喜马拉雅山脉之间的印度河上游，与西藏阿里地区的日土、噶尔、札达接壤，班公错［Pangong Tso］跨日土和拉达克两境。根据苯教学者扎顿·阿旺格桑丹贝坚的《世界地理概说》（见注37），拉达克曾为象雄王国地域三部之“里象雄”，历史上还曾经包括号称“小西藏”的巴尔蒂斯坦、藏斯卡［Zanskar］（印度喜马偕尔邦）、拉胡尔和斯丕提县［Lahaul and Spiti district］（印度喜马偕尔邦）。拉达克现在的边界可描述

G7
1781
G7
1781

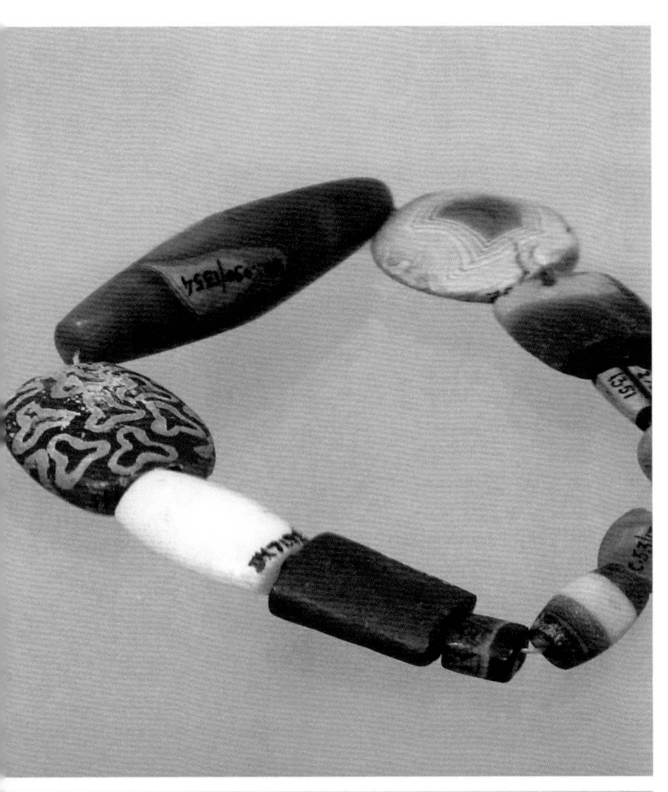

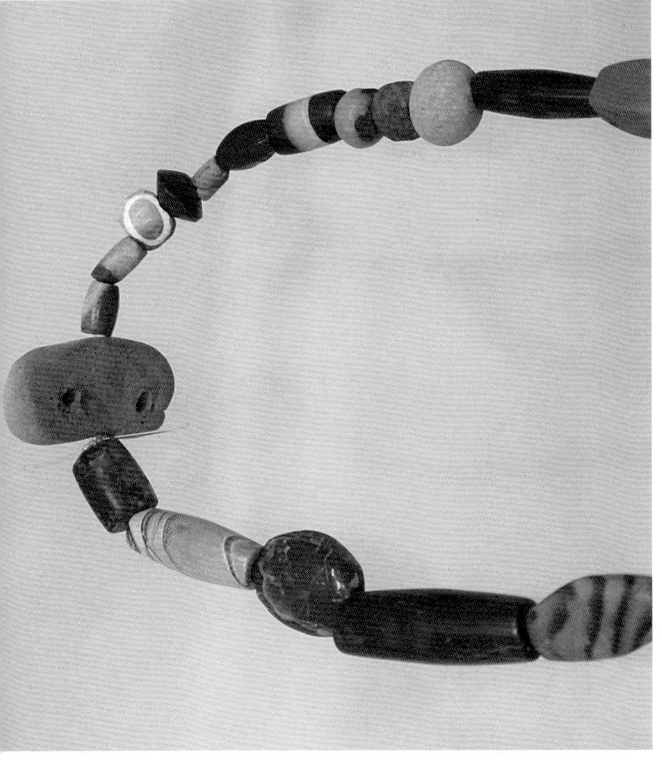

图093　印度河谷文明的蚀花玛瑙珠和各种珠饰。印度河谷文明是古代世界与埃及文明和美索不达米亚文明比肩的青铜文明，时间跨度从公元前3300年至公元前1300年，成熟期从公元前2600年至公元前1900年；地域跨度包括现在的阿富汗东北部、巴基斯坦全境、伊朗东南部分和印度西北部分。印度河谷文明的工匠擅长制作各种珠饰，蚀花玛瑙珠和带眼圈图案的珠子是印度河谷文明珠饰中的典型器。图中鼓型红玉髓珠属布尔扎霍姆文化［Burzahom Culture］，于位于克什米尔高原斯利那加［Srinagar］的布尔扎霍姆遗址出土，考古编年为公元前3000至前1000年，反映了印度河谷文明对周边乃至遥远山区的文化辐射。藏品来自印度新德里国家博物馆［National Museum,New Delhi］。

Yama, the God of Death and
Guardian of the South

图094　印度新德里国家博物馆的雕塑。雕塑是印度新德里国家博物馆最为丰富的藏品，与希腊写实的自然主义美术、埃及高度程式化的装饰主义和中原简约写意的象征不同，印度的雕塑和造像是饱满的宗教和丰腴的肉体，没有什么比丰硕的人体更能表达印度的宗教热情，连那些穿戴了各种珠串的手指脚趾都在赞颂神灵的恩赐。印度有超过4500年的文明史，文化堆积多彩而厚重，印度国家博物馆的陈列从印度河谷文明到孔雀王朝、笈多时代、贵霜帝国、莫卧儿王朝；从哈拉巴遗址的小珠小印到犍陀罗、马图拉造像，再到莫卧儿帝国精致细腻的痕都斯坦工玉器，直至展厅走廊到露天中庭都是各种大型石雕和千年造像，无处不显示其文化堆积之丰富和深厚。

图095　印度印象。今天的印度是恒河文明的延续，尽管印度有过近两百年被英国殖民的历史，但是印度始终是印度，西方人没有能够把她变成北美和澳洲那样的西方新世界，印度太古老太深厚了。开阔无际的恒河平原，阳光下熠熠生辉的泰姬陵，老德里嘈杂的街道、恢宏的红堡、静谧的清真寺，印度的一切在混乱和酷热中运行自如，没有犹豫和疑惑，只有静止的时间、卑微的人们和轮回的宇宙。

为，东面为西藏阿里，西面为巴尔蒂斯坦（巴基斯坦），南面为喜马偕尔邦的拉胡尔和斯丕提县，北面为跨新疆的喀喇昆仑山口。现在的主要居民是藏族和印度-雅利安人。

拉达克最早的居民是达尔德人［Dards］，他们是印度-雅利安人的一支，被誉为“历史之父”的希腊历史学家希罗多德曾记录达尔德人生活在克什米尔和阿富汗一带，19世纪的英国东方学家戈特利布则把他们居住的区域称为达尔德斯坦[87]。在公元1世纪贵霜帝国[88]征服包括拉达克在内的克什米尔地区之前，拉达克可能与象雄王国保持着某种较为松散的臣属关系，比如赋税、贸易和宗教认同，因而在苯教文献中被归为象雄三部之“里象雄”，尽管这段历史的记载一直比较模糊。公元2世纪，佛教传入西拉达克，但象雄苯教仍旧盛行于拉达克东部，直到今天，生活在拉达克的一部分达尔德人仍然保持着实践苯教仪轨的传统。

公元7世纪吐蕃灭象雄并继续向中亚和克什米尔扩张，从公元8世纪初开始，拉达克不断卷入吐蕃与唐朝在中亚和克什米尔的较力，其宗主权在唐朝与吐蕃之间几经易手。公元823年，吐蕃末代赞普朗达玛灭佛被刺，王室混战，吐蕃王朝分崩离析；842年，吐蕃王室成员尼玛衮逃往西藏西部取得势力，遂建立拉达克王朝。这一时期开始，藏民族大量涌入拉达克，拉达克逐渐“藏化”［Tibetanization］，藏族人口最终超过印度-雅利安人。历史上拉达克几经周边势力入侵，最终于20世纪落入英属印度。

列城从公元8世纪拉达克王朝之初就是拉达克首府，很早就成为沿印度河谷上游西入克什米尔、东入西藏的贸易中转站，在这条贸易路线上转运的货物有盐、谷物、羊毛、（用于麻醉的）大麻脂、靛蓝（染料）、绢丝和织锦，不用怀疑还有西藏人喜欢的珠饰包括天珠。在拉达克，同样流传《格萨尔王》的故事，当地传说格萨尔王曾途经列城征战波斯，夺取无数珍宝和天珠，回程又经列城返回西藏，在日土举行了祭祀天地湖泊的仪式，将各种瑟珠撒入班公错湖（一说取宝于湖中）和日土的山中，后来便不断有天珠从日土的山上流出来。西藏文献中经常提到的波斯并非具体的地理名词，而大多是指方位，泛指西藏以西说波斯语的地区或臣属于波斯的版图，包括现在的巴基斯坦、阿富汗和塔吉克斯坦周边。（图096）

87　达尔德斯坦［Dardistan］，是由英国东方学家戈特利布［Gottlieb Wilhelm Leitner］（1840—1899年）杜撰的学术名词，用来描述达尔德人居住的区域，包括现在的巴基斯坦北部、克什米尔高原（属巴基斯坦的巴尔蒂斯坦部分和印控拉达克）和阿富汗东北部分。达尔德人的语言与吠陀梵语关系密切，表明他们可能于公元前1700年印度-雅利安人进入南亚时分离出来，进入“达尔德斯坦”山区。现在多数达尔德人信仰伊斯兰教，生活在巴基斯坦奇特拉尔山谷［Chitral Valley］的卡拉什人［Kalash］仍信仰原始多神教，与藏族共同生活在拉达克的布罗巴人［Brokpa］信仰佛教，其宗教实践和仪式仪轨仍然保留大量早期的苯教元素。

88　贵霜帝国［Kushan Empire］由大月氏人的部落于公元1世纪建立，领土跨中亚、阿富汗、印度部分。公元前5世纪，大月氏人游牧于河西走廊（甘肃走廊）一带，公元前2世纪，迫于匈奴压力，西迁至中亚阿姆河（中原文献称乌浒水、妫水）。公元前125年征服希腊人在中亚建立的巴克特里亚。公元1世纪，大月氏之贵霜部统一五部，建立贵霜帝国，攻下喀布尔河流域和包括拉达克在内的克什米尔地区。公元425年灭于哌哒人（白匈奴）。

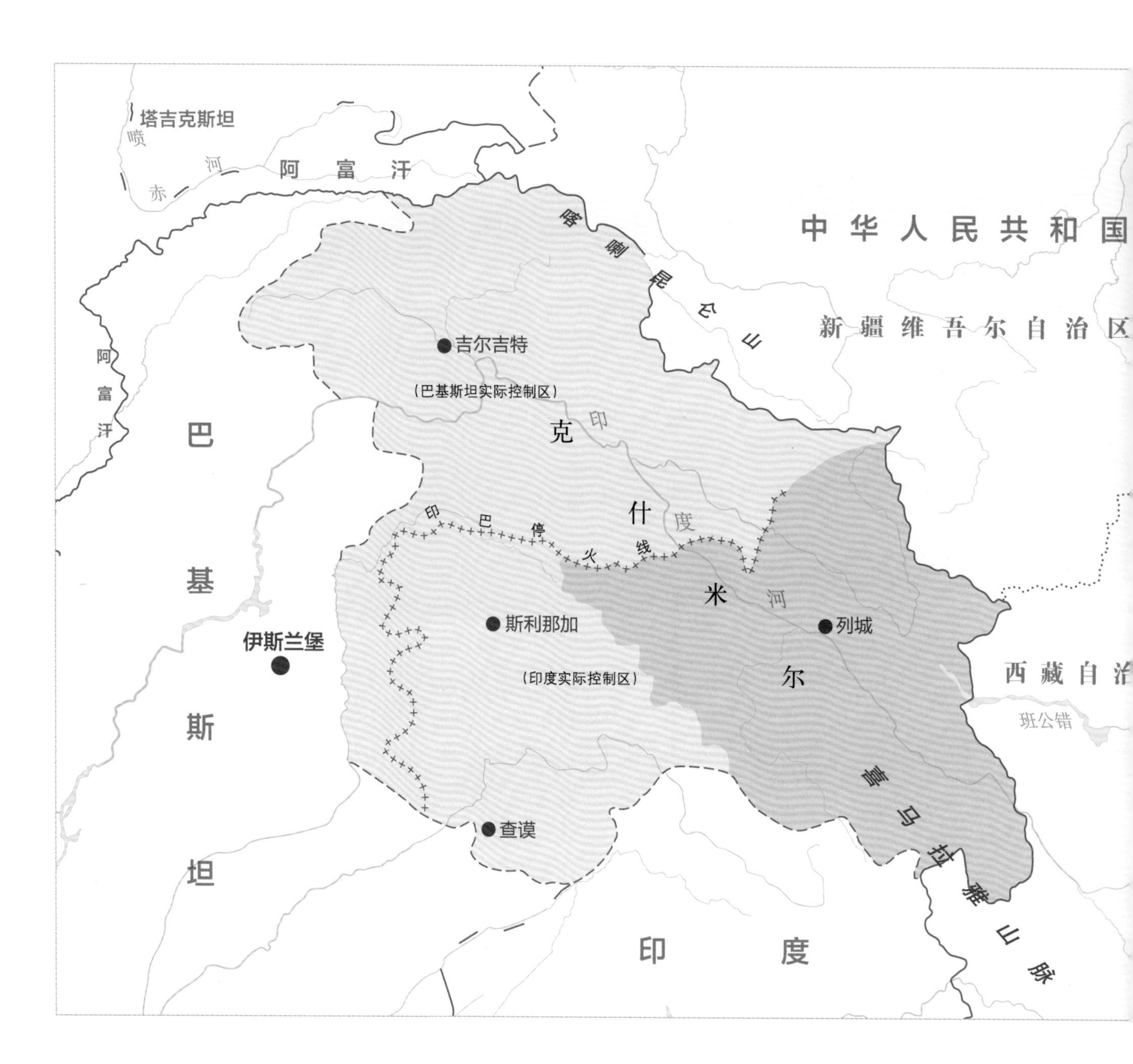
塔吉克斯坦
喷赤河
阿富汗
中华人民共和国
新疆维吾尔自治区
喀喇昆仑山
阿富汗
吉尔吉特
（巴基斯坦实际控制区）
克什米尔
印度河
印巴停火线
巴基斯坦
伊斯兰堡
斯利那加
（印度实际控制区）
列城
西藏自治
班公错
查谟
喜马拉雅山脉
印度

图096　列城在克什米尔高原的位置。列城位于印度河上游南岸，很可能在象雄王国时期就已经是沿印度河向西进入克什米尔和中亚、向东进入西藏和西域（新疆）的贸易中途站。始建于1553年的列城王宫以拉萨布达拉宫为蓝本，立于列城制高点，列城因之被誉为“小拉萨”。列城周边和拉达克其他地方均有古老的藏传寺庙，寺内壁画及装饰、法器等保存完好。拉达克藏族服饰与西藏本土不同，尤其是妇女头饰，是独特的拉达克样式。而生活在拉达克的布罗巴人（达尔德人的一支）更是偏好明艳的装饰，男人女人皆是如此，他们一部分人是穆斯林，而另一部分是佛教徒，并都保留一些原始万物有灵的信仰，如有必要，他们都会去居住在同一区域的藏传寺庙求医问药。

◆4-3-8　喜马偕尔邦的达兰萨拉和斯丕提河谷

达兰萨拉［Dharamsala］位于列城以南246公里的喜马偕尔邦西北部分。从山脚沿山路盘旋而上，山谷郁郁葱葱，花香四溢，越往高处是越来越密集的藏族民居、商店、客栈和沿街小集市。临到山顶回头望去，鲜艳的藏式建筑层层叠叠，或隐或现在山间的树林，这便是达兰萨拉的藏族聚居区。

“藏语著作和文献图书馆”［Library of Tibetan Works and Archives］和“藏医药与占星术学会”［Men-Tsee-KhangTibetan Medical and Astro Institute］就坐落在上达兰萨拉的藏族社区。图书馆现有超过8万件手稿、书籍和文书，600幅唐卡、造像和其他艺术品，6000张照片。占星术学会主要致力于藏医药医学和占星术的研究，提供健康保健、社区服务和医药治疗；此外，学会还拥有一间制药厂，生产的药品发放给印度各个藏族社区，包括拉达克各处和首府列城。

达兰萨拉藏医药与占星术学会的博物馆陈列有藏医学曼唐（挂图）和各种藏药原料，其中矿物类包括许多常见的半宝石材料如珊瑚、琥珀、绿松石、玛瑙、黄金等，这些药味在藏医药经典《晶珠本草》（见4-1-9）中都有记载。最引人好奇的成列品是天珠，带着关于天珠入药的问题，我问那位引导我们参观博物馆的僧人：天珠是玛瑙，藏药里面既用玛瑙入药，也用天珠入药，那你们用的是天珠的物理属性还是超自然属性？他很简明扼要地回答：Can be both（两者都是）。陈列在博物馆的天珠，根据《晶珠本草》的记载标明了药性，入药主治癫痫（古代很可能解释为魔鬼附体）和眼病。古代医学包含大量巫术成分，不仅藏医药，中医和其他古代医学都会同时涉及生物和心理层面，不应都视为伪科学，现代心理治疗虽不等同于古代巫医，但是都会应用不同方式的心理暗示，正如那位僧人所答，天珠入药既是物理治疗也是心理治疗，藏民族对天珠可以辟邪祛病的说法始终深信不疑。（图097）

与达兰萨拉同属印度喜马偕尔邦的斯丕提河谷是另一处有着诸多线索却从未有过正式发掘的瑟珠（包括纯天珠和措思珠）来源地。斯丕提河谷位于喜马拉雅山南麓的印度喜马偕尔邦东北部分，北与拉达克连界，东与西藏接壤，意为“雪山之邦”。这里与藏族聚居区和藏文化有着诸多渊源，现在的居民说藏语、信仰藏传佛教。历史上，这里要么属于古格王朝，要么属于拉达克王朝，在吐蕃兴起之前与象雄王国也有着同样的渊源，按照苯教文献，很可能曾属于象雄王国地域三部之“里象雄”。直到最近还有西方学者在这里的田野调查中不时偶遇（非正式发掘的）瑟珠，包括天珠、措思和（尼泊尔）线珠，以及民间称为“糖球”或“糖八棱”的珠子，都是藏族聚居区传统上十分珍视的珠子。（图098）

美国藏学家约翰·文森特·贝雷扎［John Vincent Bellezza］（见注41）于2016

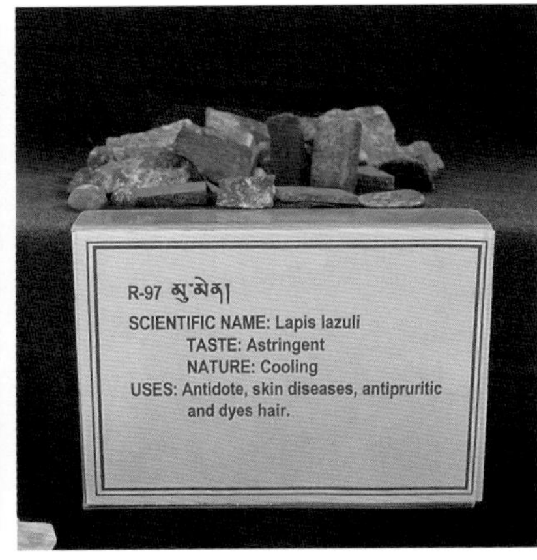

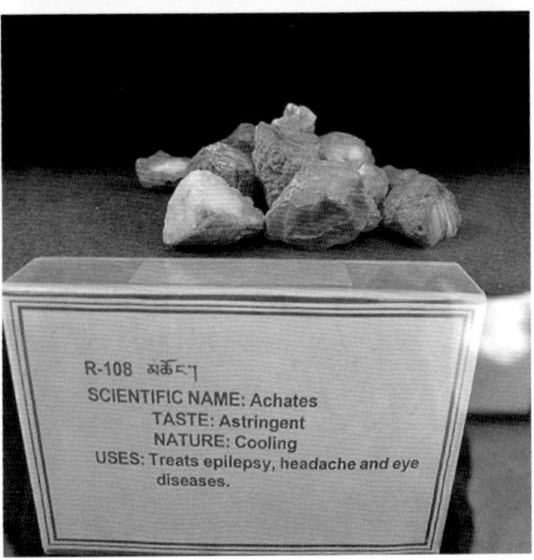

图097 达兰萨拉藏医药与占星术学会及藏药展示。达兰萨拉位于喜马拉雅山南麓，气候受季风影响，夏季潮湿高温，冬季干燥寒冷；这里植被丰富，景色宜人，英国殖民时期的建筑仍有保留。藏族聚居在上达兰萨拉即坎格拉山谷［Kangra Valley］的山顶，印度人在谷底平原从事农耕。从达兰萨拉就能望见喜马拉雅山的德哈山脉［Dhauladhar Range］，该山脉与喜马拉雅山脉主体相连。

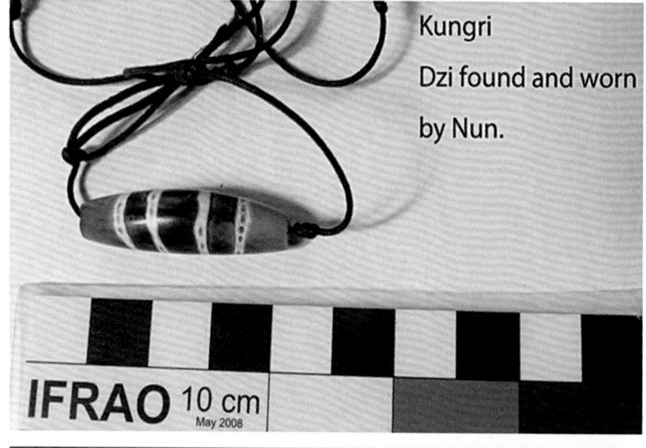

Kungri
Dzi found and worn by Nun.

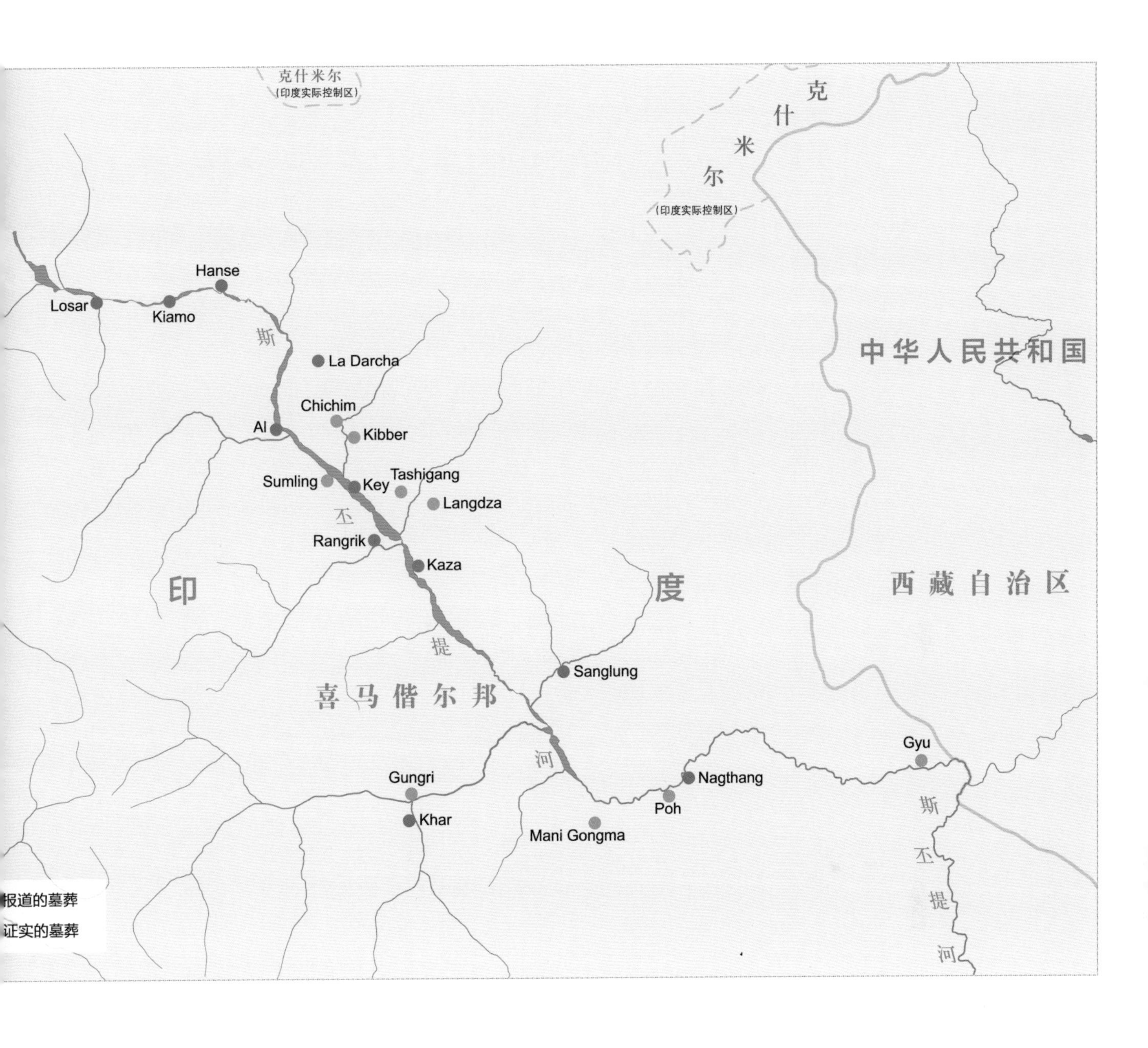

图098 印度喜马偕尔邦斯丕提河谷所出的瑟珠。斯皮提河谷的古代墓地一般位于河谷台地的小块平地上，与现代民居处于同一地层，当地人在修建民居或学校时经常能挖出墓葬伴生物。珠子出土时大多盛于陶罐内，周边墓葬同出的还有（尼泊尔）线珠和坊间所谓“糖球”，伴生物包括陶器和青铜制品。图中瑟珠为个人捐赠，原为近年盗掘出土，据传这些珠子原被该地区首府科努尔［Kinnaur］颇有名气的古董商人购得，其中一部分瑟珠已经售予中国买家和新加坡藏家。图中线珠为当地女尼前些年偶然所得。图片引自约翰·文森特·贝雷扎教授的文章［www.tibetarchaeology.com］。

年发表了一篇在斯丕提河谷的调查日志，内容主要涉及近些年当地墓葬盗掘和出土的瑟珠。根据对墓葬形式和陪葬物的判断，贝雷扎认为这些墓葬是（藏传）佛教传入之前即吐蕃兴起之前的古代墓葬，也就是说这些墓葬和包括天珠的出土物都非吐蕃时期的遗物。从20世纪80年代起，这里的墓葬一直被盗掘，几十座古代墓葬暴露在地表，未经任何科学揭示和正式记录，丧失了大部分来自远古的信息。

现遗留的墓葬形式大致有两类：石棺葬［cist graves］和木结构的竖井墓［shaft graves］。石棺葬为西藏地区常见的早期墓葬形式，在亚洲北部内陆许多地方可见，一般地表有石头垒成的圆圈或方形小丘；竖井式墓穴为地下墓室，有墓室通道或竖井［shaft］通向地面，墓室有时为数间连通或上下连通，地表没有堆积物，古格（西藏阿里）和木斯塘（见4-3-4）均见内置木棺的竖井式墓穴。所出的伴生物显示，这些墓葬所属的文化背景至少于公元前600年至前100年的铁器时代就已存在，甚至更早的史前时代；最晚中断于10世纪佛教在西藏西部的传播（藏传佛教后弘期）。

按照印度古代文献《往世书》［*Puranas*］的说法，这里曾经存在过一个喜马拉雅山地王国，称为库宁达王国（见1-3-8），大致存在于公元前3世纪至公元3世纪这几百年间，地域范围相当于现在印度北部的喜马偕尔邦和北阿坎德邦。公元前3世纪佛教随阿育王的大力推广到达这一区域，库宁达王国随之兴起，公元3世纪，该地方改信印度教希瓦宗，库宁达王国消失。

◆4-3-9　吉尔吉特-巴尔蒂斯坦

吉尔吉特-巴尔蒂斯坦深藏于崇山峻岭中，不为世人所知。丰富的矿藏和稀有的动植物群、独特的人文景观和隐秘的历史，自古以来只有勇敢的商人和探险家独享那里的秘密。这里是整个南亚乃至中亚最激动人心的地方，世界上最宏伟的三条山脉——喀喇昆仑山脉、兴都库什山脉和喜马拉雅山脉在这里相遇。作为丝绸之路上的重镇，吉尔吉特持续繁荣了一千年，历史上那些伟大的旅行家、冒险家如玄奘、法显、斯坦因等人都曾到访过这里。当丝路上那些孤寂的旅人经过漫长单调的旅行到达吉尔吉特山口，镶嵌在崇山峻岭之中的吉尔吉特河谷就像世外桃源一般，平静、开阔、富饶和不真实。

吉尔吉特-巴尔蒂斯坦位于克什米尔西北部，由吉尔吉特区、巴尔蒂斯坦、前罕萨土邦［States of Hunza］和纳加尔土邦［States of Nagar］组成。西面是巴基斯坦的开伯尔-普赫图瓦省，北面是阿富汗瓦罕走廊［Wakhan Corridor］，东北是中国新疆，东南是印度查谟-克什米尔。其中吉尔吉特区地处印度河上游支流吉尔吉特河南岸，东北可沿罕萨河谷经明铁盖山口可入中国新疆；西南沿印度河谷进入南亚；

东南溯印度河上游可到拉达克、西藏阿里。这里从公元前5000年就有人居住，他们是最早在这一区域开始创作岩画［petroglyphs］的人群，这一传统数千年来从未中断，从早期的狩猎人到后来的征服者、丝路旅人、印度教徒、佛教僧人和穆斯林都曾在沿途留下岩刻，沿喀喇昆仑高速公路两旁有超过五万件岩刻。（图099）

根据苯教学者扎顿·阿旺格桑丹贝坚的《世界地理概说》记载，古象雄王国的地域分三部：里象雄、中象雄、外象雄，其中里象雄在冈底斯山以西的波斯、巴达先（现阿富汗巴达赫尚）和巴拉，这块土地上有32部族，已为异族所占，这块被“异族所占”的地方便是指包括拉达克和吉尔吉特的克什米尔。象雄人称他们西边的高原山区为“大食”或“达瑟”，他们与象雄王国保持着松散的附庸关系，如贸易、保护和贡赋，而现存的物质和文化遗迹均表明象雄王国在宗教文化方面对这一区域产生过强烈影响。意大利藏学家图齐在比较了印度拉达克列城附近的墓葬和巴基斯坦斯瓦特河谷的古代墓葬以及西藏存在的一些前佛教墓葬后，指出古代西藏（象雄）与波斯之间的联系，他认为这种联系是通过游牧和贸易实现的，并且“在中亚和克什米尔中间的吉尔吉特可能是另一个中心。它与西藏长久以来一直保持着联系。这种联系一直持续到十四世纪”。

巴基斯坦学者穆罕默德·尤素夫·侯赛因阿巴迪所著的《巴尔蒂斯坦（小西藏）的历史与文化》，在讨论巴尔蒂斯坦的宗教时说：“据当地传说，在伊斯兰教之前，巴尔蒂斯坦流行的是佛教，再早则是苯教。不过，在苯教之前，这里曾流行过琐罗亚斯德教。”并推测佛教是阿育王时期由克什米尔（指巴尔蒂斯坦东南面的查谟-克什米尔）传入的，阿育王法令至今仍然残存在喀喇昆仑高速路旁的岩石上。当佛教传遍北印度和克什米尔时，西藏仍然是苯教的世界，佛教并没有能够翻越喜马拉雅山脉进入西藏，那时正值象雄的鼎盛期，象雄王国所持有的苯教的势力足够强大到抵御外来的传教。佛教最终进入西藏还要等待若干世纪，直到公元7世纪吐蕃崛起灭象雄，实施灭苯扬佛后，佛教才从尼泊尔经由后藏（日喀则地区）传入吐蕃。

公元7世纪，吐蕃崛起，向中亚山区扩张势力，吐蕃军队沿着当初由象雄通往克什米尔和中亚的贸易路线首先侵袭了中国文献中所称的“勃律国”即现在的巴尔蒂斯坦，勃律王被迫迁往西北方的娑夷水（今吉尔吉特河谷），原巴尔蒂斯坦称大勃律，吉尔吉特和肥沃的雅辛谷地［Yasin Valley］则称小勃律。随后勃律王遣史入唐称臣，唐朝北庭节度使张孝嵩遣疏勒副使张思礼率西域联军四千救之，大破吐蕃。8世纪中叶，吐蕃再破勃律，勃律王被迫向吐蕃称臣，迎娶吐蕃公主，随后大量吐蕃移民涌入，与当地达尔德人杂居混血，世代生息，成为巴尔蒂斯坦主体民族，被称为巴尔蒂人［Balti people］，巴尔蒂斯坦遂有“小西藏”之称。这里至今流传《格萨尔王》的故事，当地70%的人讲一种被称为巴尔蒂语的藏语方言，他们是吐蕃（后裔）分布的最西端。1911年编纂的《大不列颠百科全书》形容他们：这

图099　吉尔吉特–巴尔蒂斯坦所在克什米尔高原的地理位置。克什米尔跨印度、巴基斯坦和中国，包括印度部分的查谟–克什米尔（包括查谟、克什米尔山谷、拉达克），巴基斯坦部分的自由克什米尔和吉尔吉特–巴尔蒂斯坦。这里的历史变幻而隐秘，然而无数的征服者、朝圣者、冒险家、旅行家和商人都在这里以铭刻岩石的方式留下印记。沿喀喇昆仑高速公路两旁有超过五万件岩刻，主要集中在从罕萨河谷［Hunza］到Shatial的公路两旁。除了史前人类有关狩猎的动物题材，还有琐罗亚斯德教行者、佛教朝圣者、粟特商人、波斯和帕提亚以及萨桑旅行者等留下的各种语言文字和图像图形，近些年还发现了古代吐蕃铭文。这些岩刻就像一副巨大的历史长卷，记录了吉尔吉特–巴尔蒂斯坦曾经的繁荣和变幻。

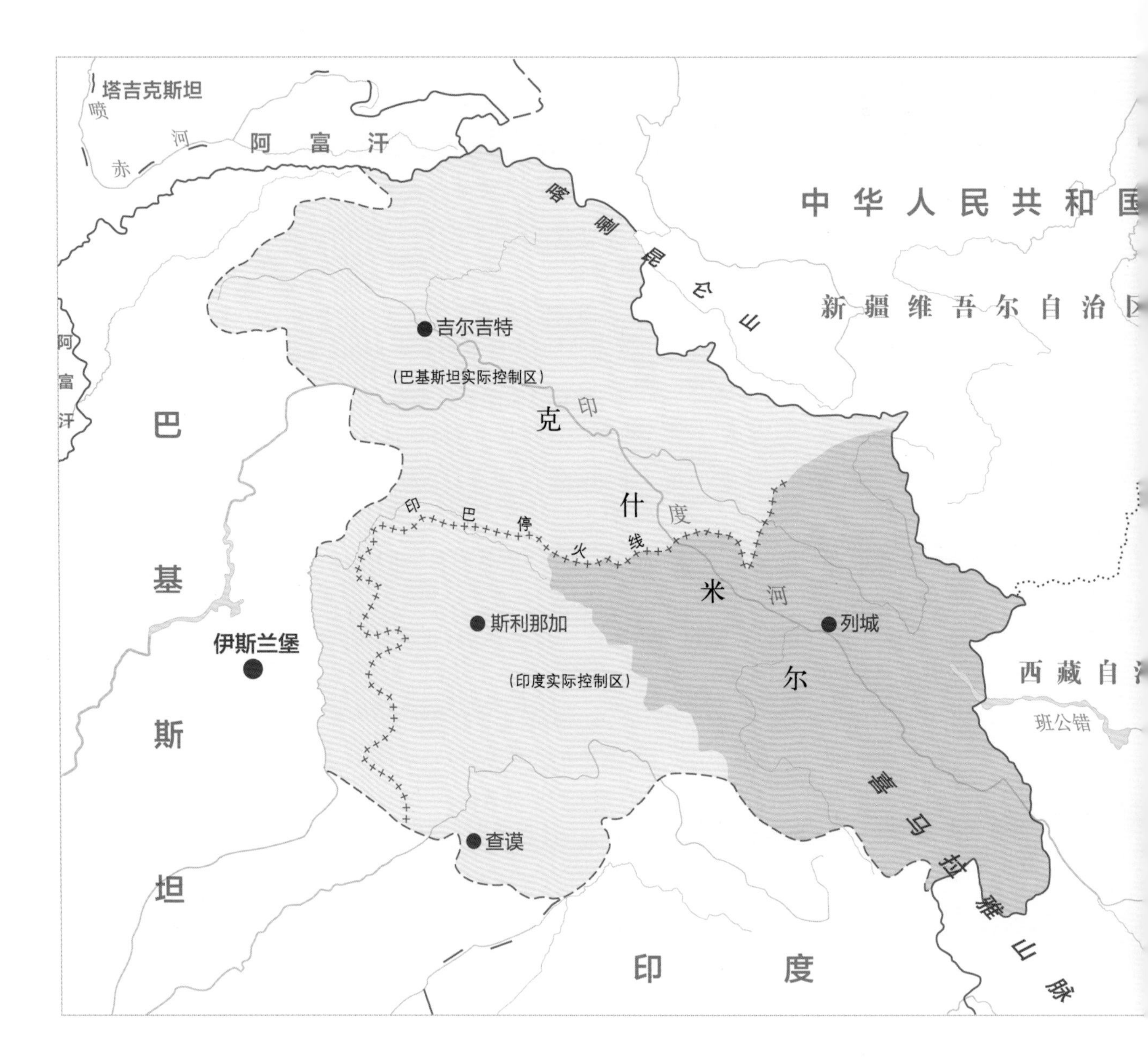

些温和的吐蕃人[89]与他们西北方向凶悍的雅利安部落形成对比。

《格萨尔王》史诗曾描写格萨尔王带领军队从大食获取无数天珠，带回西藏用天珠举行了祭祀山川湖泊的仪式，并将剩下的数万颗天珠（各种瑟珠）分发给了臣下。就像人们当初对待《荷马史诗》的态度那样，一直以来，没有人认为那些传说和故事真正发生过，更没有直接的证据证明那些事件的细节，只有从传说中走出来的千年老天珠在藏族聚居区流传不衰。然而近几年活跃于中国内地的巴基斯坦和阿富汗珠商却在带来各种瑟珠的同时也带进来了大量关于瑟珠（天珠）的信息，证实巴基斯坦、阿富汗和塔吉克斯坦等少数几个山区河谷出土天珠。由于最近二十年来天珠在西藏以外越来越高的认知度和价值的快速攀升，也驱使克什米尔山区那些河谷地带的盗掘越来越职业化，相关知识也愈加累积，当地人中间流传的模糊的传说竟被不断证实。持续数十年的挖掘证实当地瑟珠的拥有量可观（尤其是措思），当地民间大多相信，在古代，除了现在的俾路支斯坦，吉尔吉特-巴尔蒂斯坦是古代（波斯地区）最大的珠子制作地。

如果天珠为苯教或古象雄遗物的说法不错的话，很可能就是从公元前3世纪或者晚一些时候佛教传入之后，吉尔吉特及周边在终止了苯教信仰的同时，停止了天珠（和各类瑟珠）的制作。吉尔吉特及克什米尔和中亚山区富藏宝石和半宝石，为珠子一类的工艺制作提供最方便的物质条件。制作瑟珠和其他珠子的那些人，他们有着共同的或相似的信仰，分散在各自阻隔的小型河谷单元里，他们可能共享制作瑟珠（天珠）这样的工艺秘密，也能够将这些秘密保存在远离外部世界的几个隐秘的河谷盆地中。这些隐秘的文化单元没有像冲积平原上那些中心都市那样书写自己的历史和人民，也没有集中化、制度化的运作方式，他们的历史和文化一经改观或消失，其物化形式如技艺、手工艺品及承载的信息则永久消失。

吉尔吉特-巴尔蒂斯坦共有10个区，每个区都能发现珠子，而能够发现瑟珠（包括天珠和措思等各种类型的瑟珠）的只有几个特定的支流小河谷，但是几乎都不出土寿珠（瑟珠的一种，见6-5-1）。据传寿珠通常与苏莱曼尼珠［Soluimani］（藏族称羊眼，见6-6-1）和印度河谷类型红地白花的蚀花玛瑙同出于斯瓦特河谷和俾路支斯坦，但是这两个地方却不出现天珠（纯天珠）和措思。吉尔吉特-巴尔蒂斯坦的古代墓地和西藏考古发掘的墓地环境很相似，都是在河谷边缘的山坡台地上一块较为开阔的平地，当地人称为Dhaas。多数瑟珠发现于墓葬环境，伴生各种金属武器、工具和饰品，包括青铜、黄金和铁器。少数瑟珠在非墓葬环境中被发现。

89　这里的吐蕃人即巴尔蒂人，他们是古代藏族与达尔德人和其他雅利安部族的混血。巴尔蒂人的温和、善良和坚韧由于最近出版的由美国人葛瑞格·摩顿森［Greg Mortenson］写作的纪实作品《三杯茶》而广为人知。按照巴尔蒂人的风俗，敬上一杯茶，你是一个陌生人；敬上第二杯茶，你是我们的朋友；敬上第三杯茶，你是我的家人，我将用生命保护你。美国登山爱好者葛瑞格·摩顿森在巴尔蒂斯坦一次失败的登山行动之后被当地村民先用三杯糖茶救起，之后在休养期间被村民的善良感动，更为他们的贫困和艰辛震惊，为此他许下承诺一定返回，为村民修建一所学校。十几年过去了，如今巴基斯坦、阿富汗及西藏山区已经有六十所学校建立，摩顿森的信念和行动在巴尔蒂斯坦及周围山区创造了“三杯茶”的奇迹。

与历史上多数时间一样，当初的吉尔吉特–巴尔蒂斯坦相对独立。由于地理的因素，吉尔吉特–巴尔蒂斯坦自古就依赖于山间分散的河谷盆地经营半牧半耕的生活，丰富的宝石和半宝石矿藏为当地人提供手工制作的优越条件。分散在那里的古代墓葬显示的情况为考古学所谓再生地层，即不同编年的伴生物的混合地层，这些伴生物早可见斯基泰风格的青铜饰品、青铜武器，晚一些的则有中亚风格的金属牌饰、黄金镶嵌饰品和半牧半耕地区常见的武器和工具，更晚一些也最可靠的断代标准器是孔雀王朝的冲压银币和贵霜帝国时期的金币和合金钱币。这种混合地层最大可能是由频发的自然灾害造成，如地震和泥石流。中亚山区尤其是阿富汗东北和巴基斯坦交界的山结部分［mountain knots］位于跨亚洲地震带，仅阿富汗平均每年就会经历5000次震级不同的地震。2005年的克什米尔大地震造成数万人死亡，300万人无家可归。山体滑坡是另一种严重的自然灾害，2010年罕萨河谷泥石流，截断了罕萨河，生成了阿塔比湖［Attabad Lake］。历史上这一区域的情况一直如此，自然灾害的频发造成地表变化，也造成吉尔吉特地下遗存的暴露和重新掩埋，或者混合堆积。

巴基斯坦北部及各处挖掘古代遗物包括珠子珠饰的行动可能自古就有，那里的居民不会不注意到脚下丰富的古代遗物。生活在斯瓦特［Swat］和白沙瓦［Peshawar］的古董商人大多是家族生意，年轻一代的古董商人则有许多从事国际交流买卖。他们还记得年幼时，祖父或父亲经常往返吉尔吉特，带回各种古代遗物包括天珠和黄金饰品。但是真正意识到古代珠子和珠饰的价值是最近这几十年的事，特别是西方人对几个古代文明遗址的发掘和文化背景的复原，外部世界对那些珠子珠饰的认知度的提高，使得当地人意识到他们脚下的宝藏的非凡价值。这种情况与埃及类似，生活在金字塔脚下、从公元7世纪开始阿拉伯化的埃及人，最初并不了解他们周围那些庞然大物（金字塔）所属为何，也不了解那里曾经有过独步世界的古埃及文明，20世纪西方人在埃及持续一百多年的探险和发掘使得外部世界和埃及人都认识到了埃及的价值。今天的巴基斯坦穆斯林村民并不了解伫立在他们村前屋后那些荒野山坡上的窣堵波的文化归属，当外部世界和现代人文学科介入，这些遗物及其价值才被重新发现。

美国人类学家詹姆士·斯科特在《逃避统治的艺术：东南亚高地的无政府主义历史》一书中通过东南亚山地民族的历史指出，国家总是试图将山地的居民集中到平地，而山民则通过各种方式来逃避国家的控制。这些所谓落后和野蛮的社会可能是选择的结果，而不一定是被文明社会边缘化，他们通过逃避国家控制来逃避税收、兵役、战争和瘟疫。克什米尔高原山区的情况自古如此，不光吉尔吉特–巴尔蒂斯坦，连藏于吉尔吉特河流的小河谷都自成微型王国，那里地域阻隔、遥远隐秘，许多河谷一直就是外部世界默认的“土邦”，直到1947年，吉尔吉特及周边才与巴基斯坦签署“加入书”，20世纪70年代设立为自治单元。

英国人詹姆斯·希尔顿在《消失的地平线》一书中以斯卡都［Skardu］（吉尔吉特–巴尔蒂斯坦的一个区）向世人讲述了几个西方人意外经历的“香格里拉”秘

境的故事，那里是深藏于喜马拉雅群山中的世外桃源，生活在那里的人们平静、友善、长寿，不为外部世界纷扰。至今仍然有不少浪漫的理想主义者去克什米尔群山中寻找失落的香格里拉，她或许已经消失，或许像散落在克什米尔高原上神秘的天珠一样，仍旧隐于世人难以企及的深山河谷。（图100）

◆4-3-10　巴达克山和瓦罕通道

同样的，苯教学者扎顿·阿旺格桑丹贝坚的《世界地理概说》中，将巴达克山归为象雄地域三部之里象雄。巴达克山是中亚的一个历史区域，包括今天的阿富汗巴达赫尚省［Badakhshan Province］和塔吉克斯坦的戈尔诺-巴达赫尚自治州［Gorno-Badakhshan Autonomous Province］，跨兴都库什山和帕米尔高原。现在居住的主要居民是塔吉克人［Tajiks］和帕米尔人［Pamiris］，信仰伊斯兰教。

在公元10世纪这里被伊斯兰化以前，巴达克山区是另一番历史景象。从公元前4000年起，产自巴达克山科克恰河的青金石就贩往两河流域和埃及。公元前800年，琐罗亚斯德教（拜火教）已经成为这一区域主导的宗教，该宗教对西藏古象雄王国和苯教产生过影响，一些历史学家甚至相信苯教创始人辛饶米沃且来自这一区域。公元前6世纪，波斯帝国占领巴达克山，之后又有巴克特里亚（大夏）和亚历山大大帝的征服，马可波罗在他的旅行笔记中记录了巴达克山出产包括红宝石在内的各种宝石，明代的中国文献称该地为“巴丹沙”。

图100　吉尔吉特-巴尔蒂斯坦。吉尔吉特-巴尔蒂斯坦深藏于崇山峻岭中，不为世人所知。丰富的矿藏和稀有的动植物群、独特的人文景观和隐秘的历史，自古以来只有勇敢的商人和探险家独享那里的秘密。作为丝绸之路上的重镇，吉尔吉特持续繁荣了一千年，历史上那些伟大的旅行家、冒险家如玄奘、法显、斯坦因等人都曾到访过这里。大唐高僧玄奘于公元628年经达吉尔吉特，他在《大唐西域记》中写道，“钵露罗国（吉尔吉特-巴尔蒂斯坦）周四千余里，在大雪山间，东西长，南北狭。多麦豆，出金银，资金之利，国用富饶。时唯寒烈、人性犷暴、薄于仁义、无闻礼节。文字大同印度，言语异于诸国。伽蓝数百所，僧徒数千人，学无专习，戒行多滥。”

瓦罕走廊是阿富汗北部延伸至中国边境的狭长的山间谷地，将塔吉克斯坦与巴基斯坦分开，也是帕米尔高原和克什米尔高原的天然分界。藏于高山之间的喷赤河谷是连接巴达克山与莎车［Yarkand］（现中国新疆西部城市）的天然走廊，是丝绸之路北线最艰难的一段路程，是从中国进入中亚的捷径。瓦罕走廊宽13至30公里，最宽处65公里，全长300公里。1906年，斯坦因爵士［Sir Aurel Stein］的探险队穿越了瓦罕走廊。至今这条狭窄的山间通道都没有现代公路。

与克什米尔的情况相同，巴达克山地区很少有过正式考古发掘，关于这一地区出土天珠及其他瑟珠的实物资料全部来自民间，这些珠子大多通过阿富汗商人转卖至泰国和中国。阿富汗于公元7世纪开始穆斯林化，大部分居民由佛教转信伊斯兰教，逐渐与之前的文化割裂。许多世纪以来，生活在这片艰难的土地上的穆斯林居民并不了解他们脚下的宝藏和仍然伫立在目的遗迹。但是由于富藏各种宝石和半宝石资源，阿富汗民间制作珠子珠饰的传统一直没有中断。随着近百年来的考古发掘，人们对古代遗物的认知和最近的古物热，阿富汗民间也开始流传瑟珠故事，民间发现的瑟珠和其他珠饰四处交流，直至阿富汗北部城市马扎尔谢里夫［Mazari Sharif］都有瑟珠交易。（图101）

2013年中国社会科学院考古研究所和新疆考古队在紧邻巴达克山和瓦罕走廊的新疆喀什地区塔什库尔干塔吉克自治县提孜那甫乡曲曼村发掘了一处墓葬群（见4-2-1），墓地位于帕米尔高原最东端，该墓地被认为与古波斯琐罗亚斯德教有关，年代为公元前500年前后。墓地出土了蚀花玛瑙珠和黑白蚀花玛瑙珠，没有出土天珠（至纯天珠）。

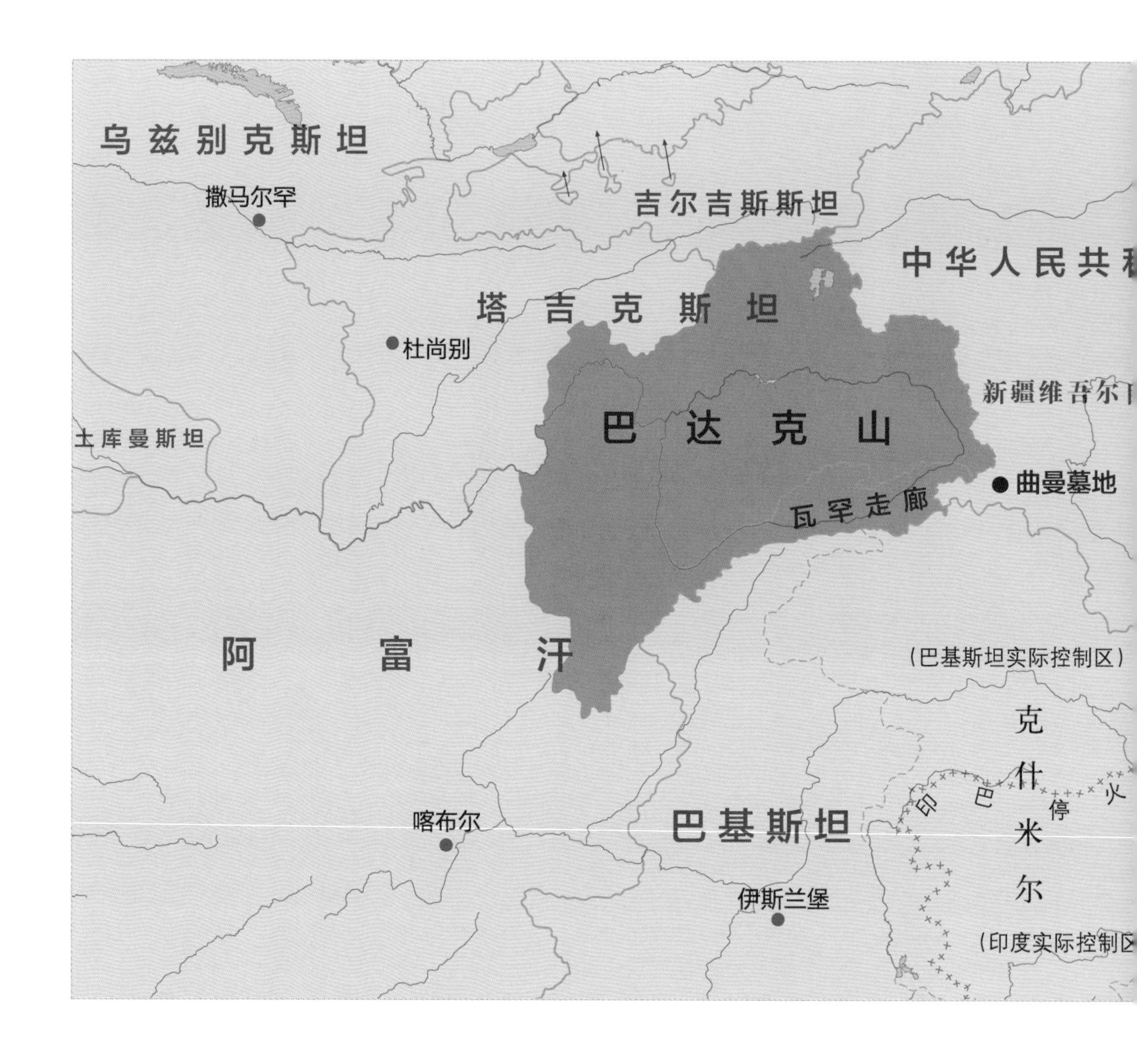

图101　巴达克山与新疆曲曼墓地所处的地理位置。巴达克山包括今天的阿富汗巴达赫尚省、瓦罕走廊、塔吉克斯坦的戈尔诺–巴达赫尚自治州。按照苯教文献和西方藏学家的调查，巴达克山及现在的中国新疆西部地区曾经均为古象雄之地域，至少是文化辐射的区域。连接中亚、阿富汗和新疆最快的途径是瓦罕走廊，绝对海拔从3037米到将近5000米，是丝绸之路北线最艰难的一段路程。新疆喀什地区塔什库尔干塔吉克自治县曲曼墓地（见图077）出土的几种蚀花玛瑙珠在克什米尔几个河谷盆地都能见到，可能是来自巴达克山或克什米尔的贸易品。

◎第五章◎
天珠的材料和工艺

第一节　天珠的材料和工艺

◆5-1-1　几种玛瑙玉髓矿物

天珠及其他类型的蚀花玛瑙珠都是玉髓制作的，它的主要成分是一种隐晶质的二氧化硅［silica］。与水晶有明显的菱形晶体排列不同，玉髓的岩石结构是由微小的石英（二氧化硅）微纤维和少量斜硅石［monganite］（摩斯硬度6）混合组成的矿物，斜硅石是另一种不同于石英的单斜晶系二氧化硅矿物。玉髓的多孔结构使矿石可以被化学试剂渗透，从而使内部发生化学反应（染色）成为可能，这种反应可以使矿石呈现一种比涂画在表层的颜料保存得更为持久的色彩。在了解天珠和蚀花玛瑙的制作工艺之前，有必要先认识用来制作它们的矿物材料。

玉髓是对隐晶质二氧化硅矿石的总称，摩斯硬度[90]6—7度。汉译“玉髓”，也

90　摩斯硬度［Mohs scale of mineral hardness］，石材的硬度一般用摩斯硬度表示，在摩斯硬度表中最高硬度为10，最低为1。这个标准由奥地利矿物学家Friedrich Mohs在18世纪初提出，它有助于鉴定石材的强度和硬度，以便在应用时采取相应的措施。下面是著名的摩斯硬度计（硬度从小到大分为10级）：1.滑石；2.石膏；3.方解石（大多数是大理石）；4.萤石；5.磷灰石；6.长石（花岗岩）；7.石英；8.黄玉；9.刚玉；10.金刚石。摩斯硬度表就是用来测量石材的耐磨程度，例如硬塑料硬度等级大约为2，它不会刮伤等级为3的方解石（大理石）；硬度为6度的沙子会刮伤3度的方解石但不会刮伤7度的石英石；硬度等级越高，就越耐磨。

一般而言，硬度达到7度以上的天然非金属矿物单晶体可称为宝石，常见的宝石种类及其硬度如下：10度，钻石。9度，红宝石、蓝宝石。8度，黄玉、尖晶石。7.5度，祖母绿、水蓝宝石、红色绿宝石、锆英石。7.25度，红石榴石、黄石榴石、电气石。7度，紫水晶、水晶、翡翠（硬玉）。 6.5度，橄榄石、钙铁石、榴子石、软玉。6度，蛋白石、月长石、土耳其石（绿松石）。5度，青金石、琉璃。中国人自古偏爱的和田玉属软玉，硬度6.5。

有译成“石髓”的，后者较玉髓的译名更不容易引起与“玉”的混淆，玉髓实际上与玉是不同的矿石。玉髓的矿物名称来源于拉丁文，罗马博物学家大普林尼（公元23—79年）在他的《自然史》中已经使用玉髓一词，其命名可能与位于小亚细亚古老的希腊城邦卡尔西登［Chalcedon］有关。尽管玉髓作为制作珠子的半宝石材料在地中海周边已经使用了数千年，但是没有人知道在普林尼之前是如何称呼的。在中国，使用玉髓（玛瑙）制作珠子也有漫长的历史，直到西周才以“琼”、“琚”、“玫”、“瑰”这样的名称出现，并笼统地被归为“玉”，古代中国所谓“美石为玉”，凡漂亮石头都可称为玉，那时还没有现代矿物学意义上的分类和命名。

玉髓有许多变种，这些变种便是玉髓的不同品种，其中常见的有缠丝玛瑙［agate］、红玉髓（肉红玉髓）［carnelian］、碧玉（鸡肝玛瑙）［jasper］、绿玉髓［chrysoprase］、鸡血石［heliotrope］、苔藓玛瑙［moss agate］（水草玛瑙）、缟玛瑙（条纹玛瑙）［onyx］。不常见的有沙金石（东陵石）［aventurine］、铬玉髓［mtorolite］。

缠丝玛瑙，玉髓常见的一种，特点是有透明度和不同色彩构成的图案，而不透明的（缠丝）玛瑙有时也指碧玉。缠丝玛瑙和缟玛瑙都是由不同色彩的条纹组成图案，不同的是缠丝玛瑙的条纹是多色的曲线或折线，呈同心状分布，而缟玛瑙的条纹大致呈平行状。缠丝玛瑙也有缠丝图案之外的纹样，如一些带有天然风景图案或有树枝图案的，习惯上称为“风景玛瑙”，应与后文提到的苔藓玛瑙区别开来。绝大部分天珠是用缠丝玛瑙制作的（见5-1-2），风景玛瑙是缠丝玛瑙例外的图案，与缠丝玛瑙特性相同，因而也偶见用来制作天珠。（图102）

缟玛瑙，也称条纹玛瑙，专门指黑白条纹构成的缠丝玛瑙。使用这种材料制作珠子珠饰已经有数千年的历史，流行于古代印度、中亚、西亚、地中海广大地区的有眼板珠就是用黑白条纹玛瑙（缟玛瑙）制作的，中亚及巴基斯坦等地所称的“苏莱曼尼”和藏传珠饰中所谓“药师珠”也是这种材料制作的。与缠丝玛瑙不同的是，缟玛瑙的条纹呈平行状，多数时候为黑白条纹，而缠丝玛瑙的条纹大多为折线，呈同心放射状，且色彩多样。另外，西方人也把红白条纹或橙色与白色条纹的缠丝玛瑙称为sardonyx，即红条纹玛瑙。（图103）

红玉髓，也有翻译成“肉红玉髓”，一种透明至半透明、红色至棕色变化的玉髓，红玉髓的色度可由浅红色、浅橙色至暗红乃至黑红的变化。还有人将颜色更暗、硬度更高的红玉髓称为暗红玉髓［sard］，但没有严格意义上的区别，而对于长期接触玉髓类矿石的工匠则相对重要，暗红玉髓的摩斯硬度更高、质地更粗糙，所需要的技术尤其是抛光技艺不同于肉红玉髓。红玉髓从印度河谷文明起就被用来制作蚀花玛瑙，铁器时代随着蚀花玛瑙珠子和工艺的流传被广泛使用。（图104）

苔藓玛瑙，也称水草玛瑙，有类似苔藓和水草的纤维状包裹体，尽管得名于此，苔藓玛瑙实际上不包含任何有机物，而是形成于风化的火山岩。苔藓玛瑙容易与一些带天然风景图案或有树枝图案的缠丝玛瑙像混淆，注意苔藓玛瑙的背景通常

图102　缠丝玛瑙原矿和用这种材料制作的珠子。缠丝玛瑙呈透明或半透明，由多种色彩的条纹组成图案，色彩变化丰富，条纹呈弯曲状或折线，呈同心状分布。缠丝玛瑙是制作天珠、措思珠和寿珠的材料。多数时候缠丝玛瑙的图案呈同心条纹分布，另外也有树枝图案或风景图案的缠丝玛瑙，这种材料也偶见用来制作天珠（见图109）。图中唐代羊角杯现藏陕西博物馆。红色缠丝玛瑙管为天然纹样加黑白蚀花的特殊线珠，藏品由美果女士、祝念楚先生提供。

图103　缟玛瑙和用这种材料制作的珠饰。缟玛瑙也称条纹玛瑙，通常专门指黑白相间的条纹玛瑙，当条纹呈红白相间或橙白相间时，称红条纹玛瑙［sardonyx］。缟玛瑙在古代珠饰的制作中极受青睐，流行于古代印度、中亚、西亚、地中海广大地区的有眼板珠（见2-4，2-5）就是用黑白条纹玛瑙（缟玛瑙）制作的，大量出现在古代印度和中亚的苏莱曼尼珠（藏传珠饰中的“药师珠”）也是这种材料制作的；这两种珠子是利用缟玛瑙的横截面制作的。古罗马人偏爱的尼可洛（见图048）是一种特殊的缟玛瑙，由蓝黑条纹构成，尼可洛和其他浮雕宝石是利用缟玛瑙的纵剖面制作的。

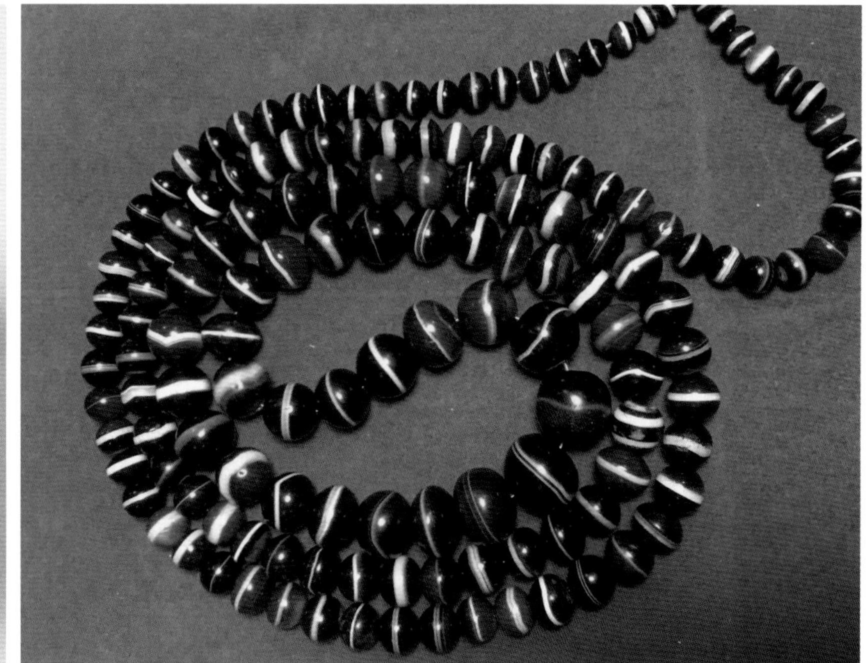

图104　红玉髓原矿和用这种材料制作的珠子。红玉髓也称肉红玉髓，呈半透明，色度变化从浅红至深棕乃至黑色，没有缠丝玛瑙那样的图案或纹样。西方人把呈棕色的红玉髓称为sard。红玉髓富含铁元素，当加热矿石时，铁元素氧化还原可使石头呈现更加鲜艳的红色，早在五千多年前，古代工匠就已经懂得这一原理并开始实践。印度河谷类型红地白花的蚀花玛瑙珠、中原的西周贵族红玛瑙、希腊罗马以及两河流域的红玉髓印章珠、东南亚红地白花的蚀花玛瑙珠子和管珠、尼泊尔线珠等都是用肉红玉髓制作的。希腊红玉髓印章珠为大都会博物馆藏品。西周贵族红玉髓手串为陕西梁代村两周贵族墓地出土，现藏陕西宝鸡博物馆。私人藏品蚀花肉红玉髓珠由收藏家郭彬先生和张虎先生提供。

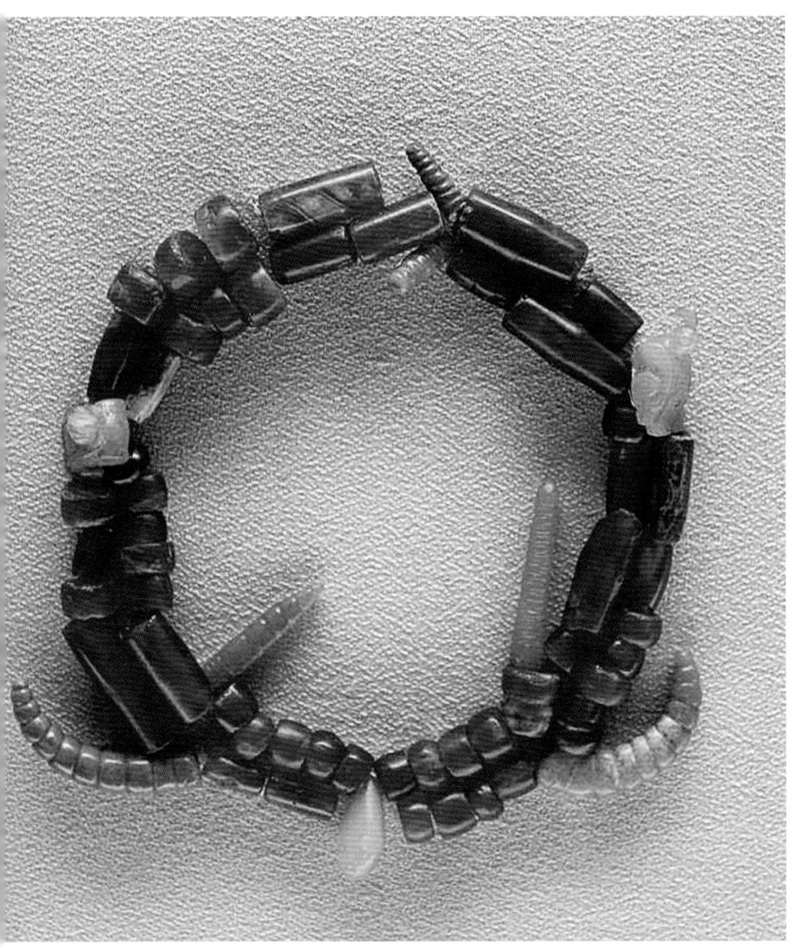

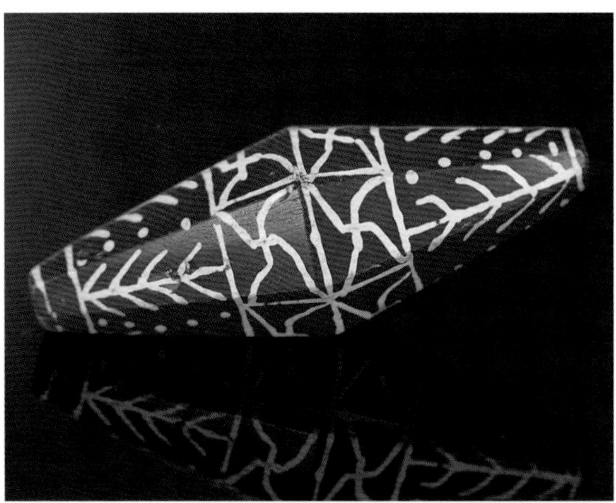

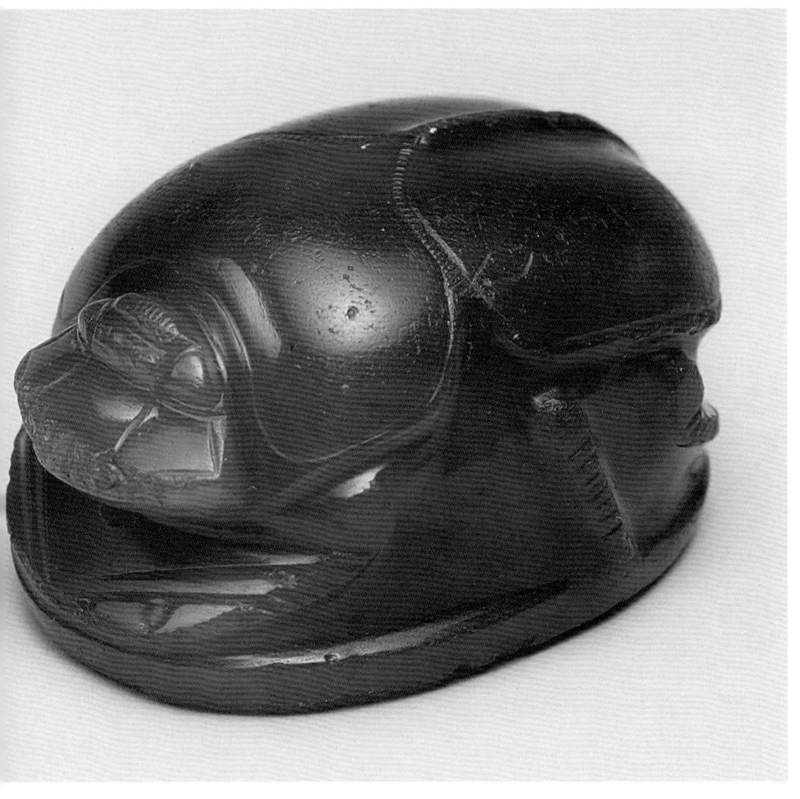

是透明的，因而其“苔藓”或“水草”的包裹体呈三维效果（图105）。

碧玉，也称鸡肝玛瑙，是不透明的玉髓，由于构成它的二氧化硅不够纯净，碧玉有纯色和杂色之分。纯色的鸡肝玛瑙色彩浓重，呈红色、绿色、黄色、棕色等各种色彩，蓝色相对少见。杂色的鸡肝玛瑙常伴有变化丰富的斑点花纹，碧玉的原有的名称在拉丁文中的意思便是“有斑点的石头”，但名称已被现在的称谓碧玉代替。（图106）

绿玉髓，也称绿玛瑙，名称来自希腊语。通常呈苹果绿，半透明，有时也呈暗绿色，色彩由矿石所含氧化镍所致。绿玉髓比红玉髓相对少见一些，在古代珠饰中并不是最受欢迎的色彩。（图107）

鸡血石，也称血石［bloodstone］，名称来自希腊语，源自古老的有关矿石的概念，即使用矿物反射光线的方式。典型的鸡血石不透明，呈深绿色带有血红色斑点，因而称“血石”。鸡血石被认为具有魔法，大普林尼记载了魔法师用鸡血石实施隐身术，另一些希腊和罗马作家则描述了鸡血石可以用来祈雨、制造日食、占卜、养生和保持年轻。（图108）

◆5-1-2　制作天珠的材料

制作天珠的材料是缠丝玛瑙，这种材料是刻意选择的，这与制作天珠的工艺有关。天珠就工艺而言是蚀花玛瑙的一种，即对天然玉髓进行人工染色和施加图案的技术。人工染色对隐晶质的玉髓有效，而显晶质的晶体则不易被染色，无论是结晶完美的水晶还是结晶不够完美的石英，都不易被染色或改色，这从工艺不够完善、残留有天然质地的天珠样本（包括措思）可以看出（图109）。古人选择缠丝玛瑙作为制作天珠的材料，正是因为其质地较易被染色和施加其他工艺。

缠丝玛瑙有透明度，不同色彩构成缠丝图案，呈同心状分布，经常有水晶伴生，与我们接触到的其他摩斯硬度达到7度的玛瑙、玉髓、水晶等半宝石都是石英类矿物。石英由二氧化硅组成，与我们通常见到的砂子和水晶是同一种物质。当二氧化硅结晶完美时就是水晶，二氧化硅胶化脱水后就是玛瑙，所以玛瑙不是结晶体而是聚合体。二氧化硅含水的胶体凝固后就成为蛋白石，比如我们所知道的邦提克珠所使用的材料。二氧化硅晶粒小于几微米时，就组成玉髓、燧石等，硬度非常高，缠丝玛瑙是玉髓的一个变种。玉髓是石英族矿物中分布最广的，玉髓的多孔结构使矿石可以被化学试剂渗透，从而使内部发生化学反应（染色）成为可能，这种反应可以使矿石被永久性地染色和改色。古代工匠对缠丝玛瑙这一特性十分了解，制作天珠的材料是刻意挑选的。

藏民族很早就意识到了天珠与缠丝玛瑙是同一种材料，这也许是他们格外珍视天然缠丝玛瑙珠的原因——藏族称其为“琼瑟”［chung dZi］。藏医药经典《晶

图105　苔藓玛瑙和这种材料制作的珠饰。也称水草玛瑙，透明背景包含苔藓状包裹体，因而得名。苔藓玛瑙也很早就被古代工匠所青睐，中原战国时期曾大量使用水草玛瑙（苔藓玛瑙）制作玛瑙环作为贵族组配构件。清代喜用水草玛瑙制作鼻烟壶、扳指、小摆件一类的器物。现代手工艺品和珠子珠饰也经常有用水草玛瑙制作的。藏品战国水草玛瑙环由洪梅女士提供。

图106　碧玉原矿和这种材料制作的珠子。碧玉也称鸡肝玛瑙，后者翻译更为准确形象。Jasper一词同样来源于拉丁语，最早是希腊人借自东方的词语。碧玉的使用有相当长的历史，古埃及和古罗马都对碧玉这种材料十分偏爱，考古发掘和博物馆展示中有大量古代埃及和罗马人用碧玉制作的印章戒指和其他装饰品。印度河谷文明同样出土形制漂亮的碧玉珠和碧玉管。绿色的鸡肝玛瑙硬度较高，新石器时期就已经用来制作弓钻的钻头。中原战国时期制作“红缟”玛瑙珠子和玛瑙环实际上是这种碧玉即鸡肝玛瑙。罗马鸡肝玛瑙人物印章为大英博物馆藏品。图中埃及绿玉髓印章戒指由美国大都会博物馆藏。私人藏品战国红缟玛瑙珠、红缟玛瑙环由洪梅女士提供。

图107　绿玉髓即绿玛瑙原矿和用这种材料制作的珠饰。与绿玉髓相似的一种玉髓是铬玉髓，前者的色彩由矿石所含氧化镍所致，后者的色彩由矿石所含铬［chromium］所致。绿玛瑙在古代不如红玛瑙的制作普遍，但也有相当长的历史。一尊于公元1世纪用绿玛瑙制作的罗马皇后立雕像被基本完好地保存，是比较少见的古代绿玛瑙作品，现藏大英博物馆。其余为中国清代使用绿玛瑙制作鼻烟壶和其他小首饰构件。现代半宝石加工业经常使用绿玛瑙制作小首饰。

图108　鸡血石和用这种材料制作的珠饰。鸡血石容易与外表类似的鸡肝玛瑙（碧玉）混淆，典型的鸡血石呈深绿色带有红色斑点纹样，有时带黄色斑点纹样。使用鸡血石制作珠饰的历史很长，古罗马人偏爱使用鸡血石制作印章戒面，罗马统治埃及时期流行在北非的基督教诺斯替神秘教派喜用鸡血石制作带魔法性质的戒面和坠饰。拜占庭时期的埃及同样擅用鸡血石制作坠饰。英国维多利亚时代也大量使用鸡血石制作戒面，鸡血石带“血点”的肌理被认为本身就具有魔法。鸡血石主要产地是印度，巴西、中国、苏格兰也都有鸡血石。

图109　制作天珠的材料。制作天珠的材料是缠丝玛瑙（见图102），材料的选择与工艺有关。天珠（至纯天珠）的工艺较为复杂，首先将石头（珠子）通体“白化”，这一工序将掩盖石头本身的缠丝纹样并改变石头的颜色和质地，之后才着手施加图案等一系列工艺。而白化的效果取决于工艺水平、染剂配方、材料质地和工艺流程中的人为控制，当工序和工艺不够完善、白化不能彻底的时候，缠丝玛瑙的天然纹样仍然能在珠体上观察到，包括缠丝玛瑙中带有树枝图案的所谓“风景玛瑙”。另外，缠丝玛瑙经常可见水晶共生的情况，由于晶体不易着色，因而经常能在天珠的珠体上观察到一小块未被染色的水晶，有时是一条或者数条未经着色的晶体线。图中长型天珠样本由收藏家郭彬先生提供。达洛珠样本由郭梁女士提供。

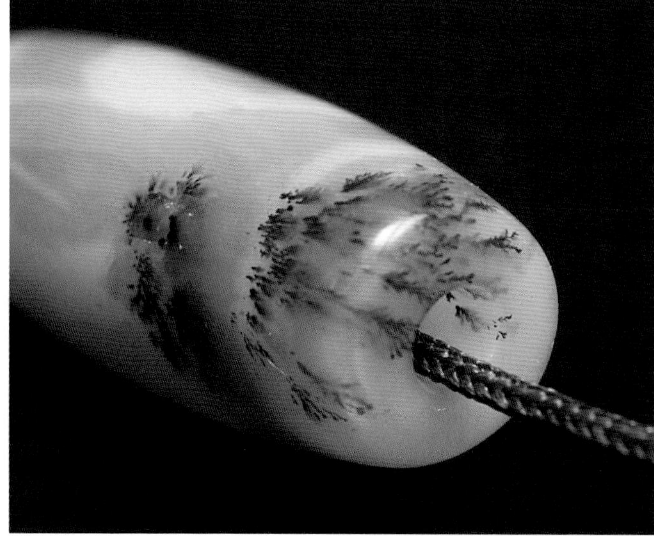

珠本草》中将天珠列为一味药用成分，同时也列举了缠丝玛瑙［achates，即agate］作为药用成分的性状和功效，此外还罗列了几种产自不同地方的缠丝玛瑙，包括克什米尔出产的缠丝玛瑙，称其功效“与九眼珠相同”，九眼珠即天珠。经常有民间说法，把天珠叫作“九眼岩”，如果不考虑矿物学规范，这种说法是描述性的逻辑，所描述的是制作天珠的材料本身的天然纹样，缠丝玛瑙材料本身不仅有缠丝纹样，还不时出现圆圈形状的“眼睛”图案（见图135），因而藏族将其称为“九眼岩”。一颗带有天然眼睛纹样、色彩漂亮、质地细腻的缠丝玛瑙“琼”，在藏族心目中同样价值不菲。

◆5-1-3 天珠的工艺

天珠是蚀花玛瑙珠的一种，其工艺也是蚀花工艺中最复杂最精美的一种。蚀花玛瑙工艺起源于公元前2600年印度河谷文明，公元前1500年前后印度河谷文明衰落之后，蚀花工艺一度销声匿迹，几乎没有出现在考古资料中。直到公元前600年前后，铁器时代的到来和各个文明城邦的兴起，贸易繁荣，手工兴盛，蚀花玛瑙工艺悄然复兴，并衍生出新的工艺类型。天珠最早就出现在这样的背景下。

尽管对天珠的原产地仍是基于非正式资料的推测，但是天珠的制作工艺在理论上是可以解释的。制作天珠所使用的是蚀花工艺“抗染”的办法，与蜡染［batik］和铜版画蚀刻技术[91]是类似的工艺原理。与金属铜版画蚀刻技术不同的是，铜版画所使用的是酸性溶液，而蚀花玛瑙使用的是碱性溶剂，并且没有使用刻、划或者镶嵌之类的工艺手段，而是用碱性溶剂对石头进行浸蚀染色。古老的天珠工艺没有文字记录或流程演示，只能通过对成品珠子尤其是断珠样本的观察、西方研究者对蚀花工艺的复原实践，以及现在民间仍在制作的仿品天珠的工艺的考量，想象复原其工艺制作步骤。

按照贝克和艾宾豪斯对蚀花玛瑙技术类型的分类，型二，而且只有型二这种经过“白化”的珠子才符合藏族所谓至纯天珠的分类标准，目前的经验证实这个结论是正确的。Dr. Niharika在《古代印度石头珠子的研究》[92]中提到，用于制作（印度河谷类型的）蚀花肉红玉髓的原石在切割成珠子毛坯之前，一般都会进行加热处理，加热原石的目的一是加色，即使得石头所含铁元素氧化还原而使石头颜色更

91 铜版画蚀刻术最早出现在中世纪的欧洲，原用于金属表面装饰，如枪、盔甲和其他金属用品。15世纪，已经形成成熟的铜版画技术，其工艺过程是在金属版表面先涂上一层可以抗酸蚀的保护层，一般是蜡质；然后艺术家使用尖锐的刻针在蜡质涂层上刻画作品，将需要侵蚀的阴线部分暴露；作品刻画完成后，将金属版浸入强酸溶液中，酸液侵蚀无蜡质保护层的阴线，形成凹陷的阴刻线；清除铜版表面蜡质涂层；铜版表面再涂上墨水，擦去表面墨水，留下阴线凹陷部分的墨水，便是可以用于复制印刷的铜版。

92 *A Study of Stone Beads in Ancient India* by Dr. Niharika. Publisher: Bharatiya Kala Prakashan; 1st edition (August 1, 1995).

红，另外就是软化石头，以便进一步加工。在制作天珠时，用于制作天珠的缠丝玛瑙可能在做成毛坯之前并没有经过印度河谷蚀花玛瑙那样的原石加色处理，但是天珠在做成珠坯后经过白化处理，其目的是改变石头质地，以使得下一步施加图案时容易着色。

天珠的材料不同于印度河谷类型蚀花玛瑙，天珠使用的是缠丝玛瑙，而印度河谷类型的蚀花玛瑙使用的是肉红玉髓，并且两者使用的是不同的蚀花工艺类型。印度河谷类型蚀花玛瑙使用的是表面画花的工艺，即贝克和艾宾豪斯对蚀花玛瑙技术类型分类的"型一"，而天珠使用的是抗染的工艺，这种工艺的第一步需对加工成型的珠坯进行白化，即贝克和艾宾豪斯对蚀花玛瑙技术类型分类的"型二"。

以下将天珠（至纯天珠）的工艺过程进行复原描述：1.成型。将缠丝玛瑙加工成珠子成品的形制，此时的珠子仍旧是天然缠丝玛瑙的质地。2.白化。将珠子浸入染剂中进行"白化"，此工序将造成珠子整体白化，缠丝玛瑙的天然缠丝纹样被掩盖。3.画花。至纯天珠所使用的是"抗染"的办法，即使用抗染剂在已经白化的珠体上画上所需要的图案，抗染剂覆盖的部分便是最后呈现白色图案的部分。4.黑化。待珠子上的抗染剂风干后将珠子浸入碱性溶剂（染色剂）中，对珠体进行第二次染色，此溶剂（染色剂）最后将在珠子表面呈现黑色或棕色的效果，与抗染剂覆盖的线条部分形成黑白图案对比。5.焙烧。将经过碱性溶剂（染色剂）黑化过的珠子风干，放入炭火中焙烧，（对现在的工艺过程的观察）焙烧时间一般是待炭火逐渐冷却之后，将珠子取出。6.打磨抛光。打磨掉珠子表面干结的溶剂，对珠子经过精细打磨和抛光处理。抛光所使用的介质不得而知，应该与现代抛光工艺使用的介质不同，抛光后的珠子呈现出蜡质光泽。7.打孔。通过对天珠残件和半成品的观察，（至纯）天珠一般是在完成蚀花工艺之后再打孔，孔壁有螺旋纹，两端对打孔，孔道对接处有台阶。以上工艺流程复原来自对古代实物的观察和现代工艺的借鉴，并未得到过证据支持和实验证明，其中涉及的工具、装置、媒介、配方和工艺控制均无具体详细的操作原理和数据。（图110）

必须提到的是至纯天珠的白化工艺，这一工艺流程是除至纯天珠、寿珠和部分措思珠之外其他瑟珠类型所没有的。白化珠体不仅仅是为了给基底材料（缠丝玛瑙）改色，从珠体白化之后的质感看，白化工序一定程度改变了石头的质地以使其更加容易着色和施加图案。白化的效果取决于工艺水平、染色剂配方和工艺过程中的人工控制，由于石头（缠丝玛瑙）本身密度的不同造成染色剂对其侵蚀程度的不同而形成不同的质感，有些珠体最后呈完全不透明效果，而有些呈半透明效果，这些不同的效果在成品天珠的珠体上都能观察到。当工艺不够完善、白化不够彻底的时候，缠丝玛瑙的天然纹样仍旧残留在珠体上（见图109）。天珠白化之后，使用抗染剂覆盖图案部分，然后进行第二次染色——碱性染色溶剂"黑化"或"棕色化"。现今所见天珠大致分为两种色彩对比，一种是黑地白花的对比效果，另一种是棕色底色与白色图案（或牙黄）的对比效果，这两种底色应该出自不同的染色剂配方，古代染色配方已不可知，但现代半宝石“棕色化”的染色仍在使用，20世纪德国伊达尔–奥伯斯泰因对巴西条纹玛瑙的“糖化”工艺（见5–3–2）可作为参考。

古代制作天珠所使用的抗染剂和碱性溶剂（染色剂）的配方已经无法确切知道，但是蚀花工艺从4600年前发明之初直到现在，一直有工匠在使用，这些不同时期不同地域的工匠使用的配方各自不同，工艺流程和工艺控制也有差异，因而制作出来的蚀花玛瑙珠的表面效果有明显的不同。现今印度古吉拉特邦［Gujarat］的坎贝［Khambhat或Cambay］仍旧在使用某种抗染剂配方制作包括天珠图案在内的蚀花玛瑙，他们的配方同样对外界保密。坎贝被认为是印度河谷文明哈拉巴玛瑙珠制作工艺的活标本，位于印度西部坎贝湾［Gulf of Khambhat］，自古就是重要的贸易港口，优越的地理位置使得这里作为珠子珠饰的制作中心持续繁荣数千年，直到今天那里至少仍然有超过五千名工匠在使用传统的手工工艺制作珠子，这些珠子出口世界各地。（图111）同样的情况发生在缅甸曼德勒周边的村社，人们从20世纪初开始注意到那里有工匠利用当地的硅化木，使用蚀花工艺制作坊间称为“邦提克”的木化石珠，他们的工艺配方被一些研究者记录下来，但是可以肯定这些配方并非古代工艺的所谓传承，而是聪明的工匠对古代蚀花工艺的再发明（见图187）。

尽管前文对天珠工艺的描述均为想象复原，但是制作天珠的工艺仍能在文献中找到线索。《西藏工艺典籍选编》一书中有专门涉及天珠制作的一节[93]，其中帝玛尔·格西丹增平措的《工巧明经部》说，“制作猫睛宝石（藏文：gZi；现译：天珠）有八种方法：其一为辨别猫睛石新旧；其二是将猫睛石化新为旧；另加两类石头种类为四；再加三种黑白红斑点的猫睛石制作为七；最后为猫睛石打孔为八。”又说猫睛石（天珠）分为“公母两类”，这与现在对天珠的认识和分类相去甚远，但是“石材像玉者为良品”，“像鱼鳞、像蛇皮者也为旧”，这类认识确与现在的认识一致。文中谈到的工艺制作，有些也与现在研究天珠得出的结论颇为一致，比如使用混合有硝石粉的溶剂覆盖花纹部分，晒干后再烧制，此应为制作纹样时的抗染工艺。

特别值得一提的是文中描述使用动物脂肪和泥巴包裹（天珠），用“宰杀一羊”的时间在马粪上烧制，之后又在融化的酥油中煮一夜，又用旧弓弦和熟皮革擦亮，此应为“润化”和抛光的工艺。我们现在看到的至纯天珠温泽如玉、油润如脂的表面效果应该与此种工艺有关，这种蜡质光泽或玉质光泽的表面效果是措思、寿珠一类瑟珠所没有的，后者很可能没有经过这种“润化”工艺，这也可能是为什么

93　本书引用章节选自《西藏工艺典籍选编》，帝玛尔·格西丹增平措的《工巧明经部》，原文为藏文。作者通过在西藏大学任教的常艳老师请同校的藏族老师拉巴次旦和他的研究生道吉仁青将有关天珠的制作工艺一段翻译成汉语。《西藏工艺典籍选编》1990年由西藏古籍出版社出版，恰白·次旦平措主编，藏文版。该书为工艺使用典籍，藏族传统文化“大五明”中，手工艺被列为“工艺明”，其典籍多载于大藏经二藏之《丹珠尔》及有关学者全集中。但自古分散各处，未曾汇编成集，几近失传。《西藏工艺典籍选编》收录了帝玛尔·格西丹增平措著《工艺论典圆光显影》两种内容不尽一致的写本和另外五种古文文献，对研究西藏手工艺发展具有史料价值。

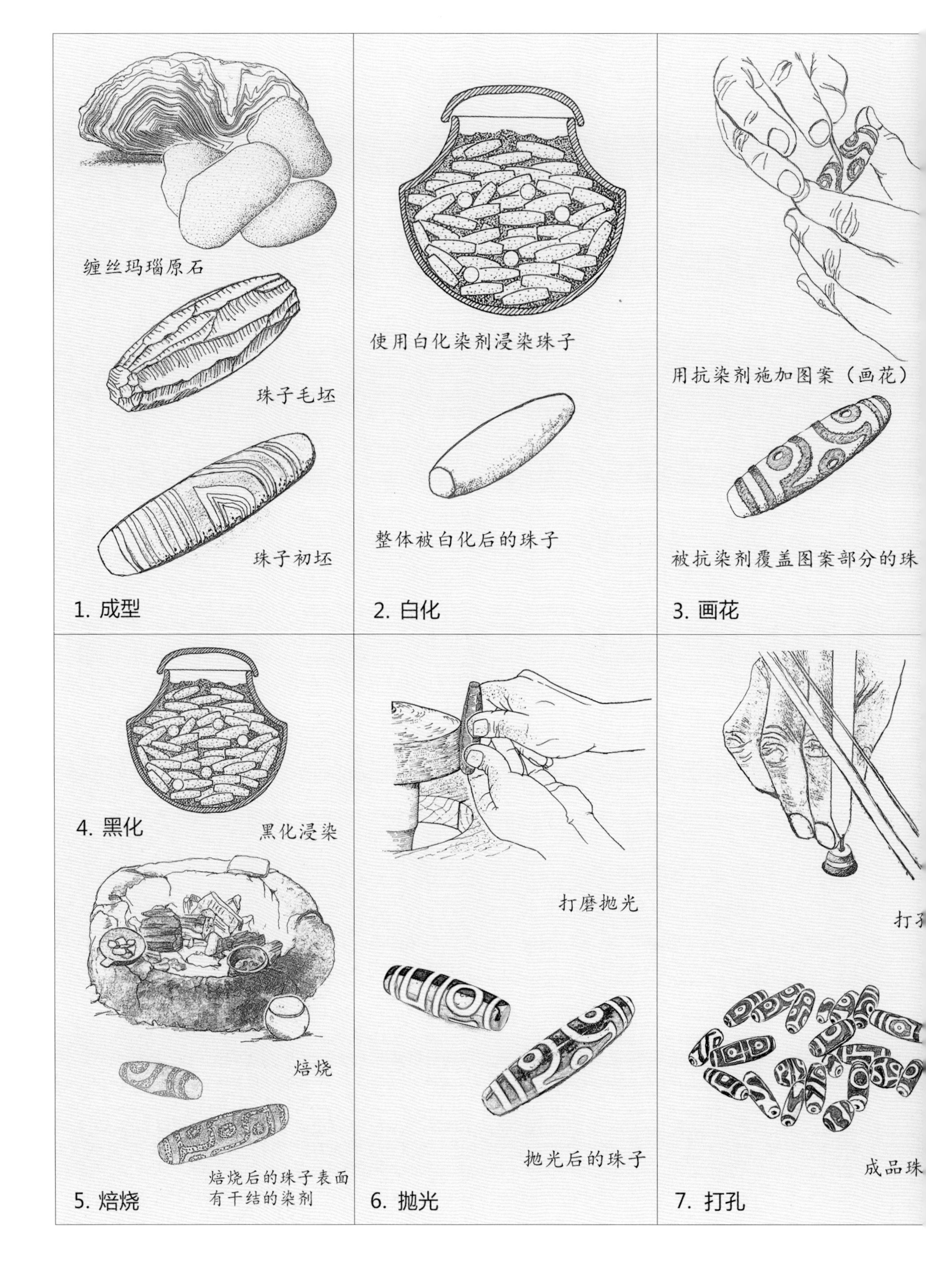
缠丝玛瑙原石
珠子毛坯
珠子初坯
1. 成型
使用白化染剂浸染珠子
整体被白化后的珠子
2. 白化
用抗染剂施加图案（画花）
被抗染剂覆盖图案部分的珠
3. 画花
4. 黑化
黑化浸染
焙烧
焙烧后的珠子表面
有干结的染剂
5. 焙烧
打磨抛光
抛光后的珠子
6. 抛光
成品珠
7. 打孔

图110　天珠（至纯天珠）的工艺过程：1.成型。将缠丝玛瑙加工成珠子成品的形制，此时的珠子仍旧是天然缠丝玛瑙的质地。2.白化。将珠子浸入染剂中进行“白化”，此工序将造成珠子整体白化，缠丝玛瑙的天然缠丝纹样被掩盖。3.画花。至纯天珠所使用的是“抗染”的办法，即使用抗染剂在已经白化的珠体上画上所需要的图案，抗染剂覆盖的部分便是最后呈现白色图案的部分。4.黑化。待珠子上的抗染剂风干后将珠子浸入碱性溶剂（染色剂）中，对珠体进行第二次染色，此溶剂（染色剂）最后将在珠子表面呈现黑色或棕色的效果，与抗染剂覆盖的线条部分形成黑白图案对比。5.焙烧。将经过碱性溶剂（染色剂）黑化过的珠子风干，放入炭火中焙烧，（对现在的工艺过程的观察）焙烧时间一般是待炭火逐渐冷却之后，将珠子取出。6.打磨抛光。打磨掉珠子表面干结的溶剂，对珠子经过精细打磨和抛光处理。抛光所使用的介质不得而知，应该与现代抛光工艺使用的介质不同，抛光后的珠子呈现出蜡质光泽。7.打孔。通过对天珠残件和半成品的观察，（至纯）天珠一般是在完成蚀花工艺之后再打孔，孔壁有螺旋纹，两端对打孔，孔道对接处有台阶。以上工艺流程复原来自对古代实物的观察和现代工艺的借鉴，并未得到过证据支持和实验证明，其中涉及的工具、装置、媒介、配方和工艺控制均无具体详细的操作原理和数据。

至纯天珠的工艺观察图解。断珠是最好的观察工艺的样本，图中断珠剖面显示天珠孔道为两端对打孔，孔壁有螺旋纹。图中未经打孔的天珠样本的图案部分仍旧残留有蚀花工艺完成后未经打磨掉的白色抗染剂，半成品表明珠子是完成蚀花工艺之后打孔的。天珠样本分别由梵堂喜马拉雅天珠艺术馆、收藏家郭彬先生、英国藏传艺术品收藏家詹姆斯·温赖特先生［Mr. James Wainwright］提供［www.dzibeads.blogspot.com］。

图111　印度古吉拉特邦的坎贝城正在使用传统工艺给珠子打孔的工匠。古吉拉特邦的坎贝城由于优越的海港位置，至少从印度河谷文明时期就是珠子制作中心之一，这一传统延续了至少四千多年。尤其是在铁器时代，由于海运的发达，坎贝城成为印度珠子制作最重要的地方。直到今天，坎贝城仍然有超过数千人在使用传统的手工艺制作珠子，是西方珠饰研究者偏爱的田野调查对象。

在措思表面可以观察到工具打磨的痕迹，而天珠表面没有打磨痕却有所谓“鱼鳞纹”、“马蹄纹”等所谓风化纹。（图112）

《西藏工艺典籍选编》中工巧明一章关于天珠工艺的记载收录在大藏经《丹珠尔》中，原文传自一手抄本，没有上下文，文中字句可能有缺失，因而不易通读。据藏族学者释读，文中所使用的词汇有很多藏文古语，与后起的用法不同。虽则释读困难，但也知其源自更加古老的文献。天珠一类珠饰在藏民族中备受珍爱，藏语文献不会没有文字提及，这些文字记述的内容可能几经流传而残缺不全或者在誊抄时有误，因而不易通读，但文中的确保留了可靠的、源自古老文献的信息。

这里要再次提及古代工艺以及所谓传承的问题。由于对传统的偏爱，尤其是对古老传统的浪漫想象，我们经常会想当然地认为一种手工艺品的制作工艺是某项古老传统的延续，或者使用更美好的词“传承”，这是可能的。但事实上，单纯的直线式的技术传承并不是经常见到，特别是像天珠这种跨越数个文化背景和历史阶段的手工艺术品。就像现今在深圳广州制作的“天珠”，那不是古老的天珠工艺的传承，而是最古代工艺的想象和复制；制作得更加精致的还有所谓“台湾天珠”，跟古代中亚山区和象雄王国的天珠工艺也没有任何传承关系；我们不能说英国维多利亚时代风行一时的“马眼”胸针和“药师珠”首饰套装（见图120）是两河流域亚述和波斯帝国的古老传统在不列颠王国的传承，这两者之间没有任何联系，那些首饰是富强的英国国民在他们国家的精英分子对两河流域已经消失千年的古老文明大规模揭示的刺激下产生的怀古情结，最后投射在了大到博物馆藏品收集，小到珠子胸针的仿古设计。同理来自缅甸的邦提克珠（见7-3-1），其制作并非古代骠珠的工艺传承，而是后来生活在同一块地平面的人们对古骠珠的技术模仿，由于得到钦族人（Chin）信仰的支撑，被赋予了与古老珠子同样的神奇意义。

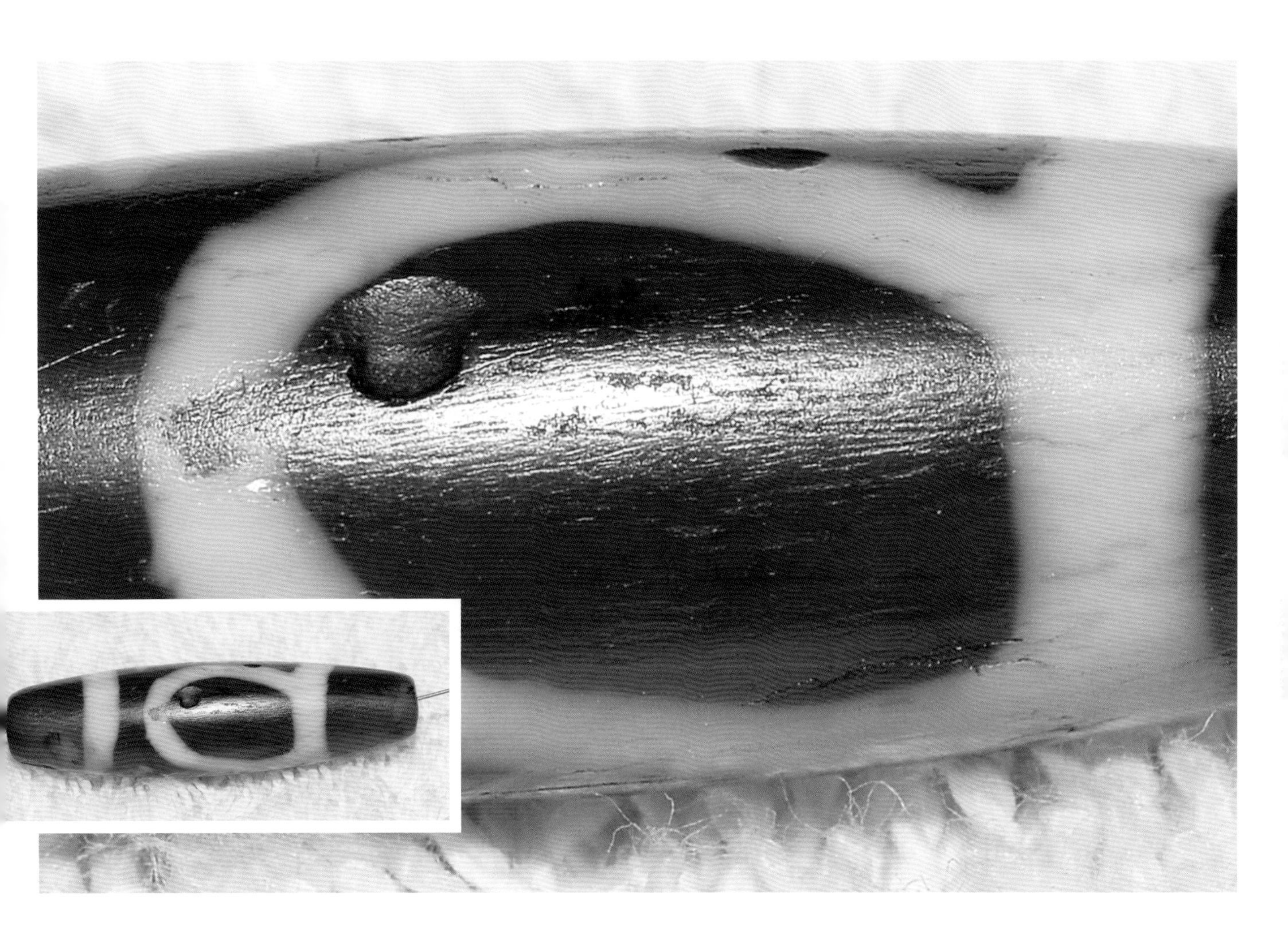

图112　天珠样本显示的表面细节和工艺痕迹。天珠（至纯天珠）的表面经常可以观察到所谓“鱼鳞纹”、“马蹄纹”的表面效果，一般认为是珠子长期暴露在空气中形成的风化痕迹，一些人认为只有在高原缺氧的环境中才会在珠子表面造成这样的效果，是自然和时间合力的结果。同样的表面效果也出现在寿珠的珠体上。多数措思以及其他类型的瑟珠很少有类似的所谓风化痕迹，但能够观察到表面打磨的工艺痕迹，而类似的人工打磨痕迹却很少在天珠和寿珠的珠体上观察到。少部分经过类似整体染色（无论是白化、糖化还是黑化）的措思珠同样会出现表面“风化纹”的情况（见图132），考虑到天珠和寿珠都经过白化的工艺过程，以上现象可能不是巧合，而是不同的工艺制作造成的不同的表面效果。图例由梵堂喜马拉雅天珠艺术馆和骆阳能先生提供。

第二节　天珠的仿制

◆5-2-1　仿品和替代品的历史

由于老天珠的稀有和珍贵以及藏族珍爱天珠的传统，仿制天珠已经有一段历史，但目前的资料看，其上限不会超过清代。这里须首先区别仿制天珠的目的，特别是在老天珠大量流入藏族聚居区以外的收藏圈的今天。在藏族聚居区，将天珠作为护身符佩戴是长期的传统，但并非所有的藏族都有条件佩戴天珠，于是，就像南红玛瑙珠最初只是珊瑚的替代品一样，仿制天珠最初的目的是制作天珠替代品，受众都是藏族。这时出现的仿品天珠用意并非造假，无论是琉璃制品还是其他材料如蛇纹石一类的仿品，制作者并没有刻意混淆产品与真品老天珠的表面效果，以谋求与真品老天珠一样的商业利益。我们把这类天珠称为天珠替代品。

天珠在吐蕃（藏族聚居区）流传已经有超过千年的传统，中原文献《新唐书·吐蕃传》对瑟珠（天珠）在吐蕃社会标识等级的作用有过记载（见4-1-2），那时天珠的使用可能已经一定程度地被制度化，佩戴天珠的则大多是吐蕃社会的精英阶层，天珠不太可能出现仿品或替代品。从公元9世纪吐蕃社会分崩离析到公元13世纪元朝一统西藏之前，西藏多数时候处于动荡和分离之中，天珠和其他藏传珍宝大多流入各个地方势力和大家族等少数人手中。13世纪开始，一些大寺庙相继建立，寺院所得供奉和财产捐赠中保存了大量天珠、佛像以及其他藏传艺术品，并且寺院经济中也有了工巧制作，制作佛像和其他带有实用目的的手工艺品。但直到清代，由于没有消耗替代品的大量人群，很可能都未制作过天珠仿品或替代品。

清代突然开始流行天珠替代品基于几个因素，一是技术条件的可能，二是社会文化背景，包括政治和宗教因素。1644年清朝取代明朝，接管了明朝在西藏设立的僧官制度，进一步推行明代后期不太成功的“改土归流”制度，即改土司制为流官制，并派驻直属中央的“噶厦”政府进驻西藏，后又有“金瓶掣签”（见注78）革除达赖、班禅和大喇嘛自行任命继承人的制度，这些制度的实施对西藏从政治到社会风尚都产生了极大影响。西藏贵族妇女佩戴的饰品样式开始吸收清朝宫廷配饰的装饰元素，现藏于罗布林卡（历代达赖喇嘛消夏理政的藏式园林）的贵族配饰，仍保留了当初的穿缀方式，一些饰品使用的珠子等构件有天珠一类的藏传元素，也有翡翠玉石一类来自内地的小饰件。（见图156）

这期间形成的相对固定的贵族装饰样式对西藏民间产生很大影响，与现在的社会风气一样，普通平民大众对王室和精英阶层的审美往往趋之若鹜。由于天珠稀有难得，普通民众对天珠和其他珠饰的需求促成了天珠替代品和其他珠饰替代品的出现。从那时开始，无论是为寺院服役的本土工匠，还是内地的技术产品，乃至印度靠近喜马拉雅山区的一些地方，使用可能的材料制作的天珠替代品从开始到后来一直没有中断。1932年，长期在印度从事考古调查和美术研究的英国学者科德林顿发表《西藏的蚀花玛瑙珠》一文，文中称玻璃仿品天珠（在印度的藏族社区）到处都有出售，非常廉价，除了列城和大吉岭的集市，加尔各答（印度东部城市）等地都有贩售，科德林顿认为这些玻璃珠子是在欧洲制作贩卖过来的（见4-1-3）。1952年，捷克藏学家内贝斯基在他的《来自西藏史前的珠子》（见4-1-4）提到，由于瑟珠的市场价值，印度和中国都制作瓷质仿品，内贝斯基关于瓷质瑟珠的说法并没有说错，坊间的确有烧瓷的天珠流传。

天珠替代品大致有三类，琉璃天珠、半宝石（蛇纹石）天珠和塑胶天珠。清代对各种仿半宝石珠饰最大的技术支持是琉璃的批量化生产，其主要产地在山东博山。博山每年生产大量各种样式和色彩的琉璃小饰件和琉璃珠，除了专门针对清宫廷的产品需求和京城的玩赏风气，还有专门针对少数民族地区及东南亚的产品，琉璃天珠只是针对少数民族地区产品的一部分，其他品种的琉璃珠和琉璃小饰品丰富多样，远销各地和海外。蛇纹石天珠的制作不会晚于琉璃天珠的出现，目前的资料支持这些珠子出自西藏本土的说法，也有一些出自尼泊尔。塑胶天珠的出现，理论上可假设百年前人类第一次发明塑胶为起点，但实际应用并以此作为替代材料制作天珠，则是更晚的事。

与制作天珠替代品的目的不同，赝品则是真正的仿品，其制作刻意混淆仿品与真品古珠的表面效果，用意获取与天珠一样的商业利益。这类珠子的历史并不长，20世纪60年代，海外流亡藏族社区那些独特的风俗和配饰引起外部世界和西方人的兴趣，由于天珠可观的市场价值，聪明的工匠开始仿制真品天珠，台湾一度是这类珠子的制作中心，坊间习惯称其为“台湾天珠”，其技艺在实践中不断精进，一些珠子从视觉到质感几近乱真，足以混淆初学者甚至一些有经验的藏家对天珠的辨识。近些年，国内有深圳和辽宁一些地方批量化地制作天珠及相关珠饰，供应旅游纪念品市场，产品的工艺制作精粗不一，一些消费者尤其是藏族在知情的情况下仍愿意购买当作传统饰品。（图113）

◆5-2-2　琉璃天珠

早在明洪武年间（1368—1398年），宫廷内宫监就在山东博山设立了专制贡品的琉璃作坊，明末宋应星的《天工开物·珠玉》（1637年）专门谈到了博山的琉璃生产，“凡为灯、珠，皆淮北齐地人，以其地产硝之故”，说齐地（山东）人擅长制作珠子和灯具一类，他们之所以能大量制作这些产品，是因为当地产硝石的缘故，“硝”和“马牙”（石灰）是熔化石英砂烧造玻璃必不可少的成分。

由于清宫廷的大力提倡，清代的琉璃制作已经达到工业化生产的规模，产品除了供给内地，还有专门针对不同民族喜好的种类，远销各个民族地区乃至海外。清康熙三年（1664年），大学士孙廷铨著有《颜山杂记》，记述山东益都颜神镇（颜山，今博山，山东省淄博市博山区）的地方风物、乡土出产等，其中“物产”一卷有专门的“琉璃”一项，详细记载了从明代到清初的博山琉璃制造工艺、原料、品种和出口地区，其中所谓“水响货”即包括“泡灯、鱼瓶、葫芦、砚滴、佛眼、轩辕镜、火珠、响器、鼓珰”等，举例中“佛眼”为何物没有具体描述，是否就是销往藏族聚居区的琉璃天珠不得而知，但博山制作琉璃天珠的传统由来已久，直到1980年“博山美术琉璃厂”关闭之前，仍旧有这类珠子的生产。（图114）

图113　仿品天珠。最早能够做到一定程度混淆真伪的仿品天珠据传出自台湾，大多出现在20世纪90年代前后。这类仿品的质量取决于贩售者的良心和购买者的眼力。生活在藏族聚居区的藏民族都并非人人都有条件佩戴真品老天珠，一般情况下他们都可以接受替代品和仿品。材质精良、工艺上乘、色彩漂亮的仿品天珠同样可能以较高的价格售出，普通藏族群众并不十分在意天珠的所谓真伪，前提是珠子漂亮可人，如果能搭配几颗色彩艳丽、质地细腻、个体硕大的真品珊瑚珠，节日期间佩戴仍不失体面和骄傲。图中仿品天珠样本及图片均由英国藏学家、藏传艺术品收藏家詹姆斯·温赖特［James Wainwright］先生提供［www.dzibeads.blogspot.com］。

图114　老琉璃天珠和山东博山解放后生产的琉璃天珠。琉璃天珠作为天珠替代品，在藏族中间的使用已经有一定历史，普通藏族群众对这种珠子用来替代老天珠是认同的，称其为“谢思”［shel-dZi］，意即琉璃天珠。老琉璃天珠的年代上限不会早于清代对藏传密宗的大力推崇，主要产地在山东博山，而印度和尼泊尔制作的琉璃天珠可能始于大致平行的年代。制作琉璃天珠由于材料和工艺本身有一定随意性，在制作过程中并非都严格按照天珠的样式，很多珠子不仅保留了琉璃手工的特征，图案也有随意发挥甚至创新的。图3九眼图案为陶瓷珠，这种珠子有近百年的年份，内贝斯基在他的《来自西藏史前的珠子》中提到，这种珠子在印度和中国都有制作。图片1、2、3、4由英国藏学家、藏传古代艺术品收藏家詹姆斯·温赖特先生提供。图5为山东博山琉璃珠，藏品由祝念楚提供。图6由土多多吉提供。

4

5

6

1932年，英国学者科德林顿在他的《西藏的蚀花玛瑙珠》一文中称，玻璃仿品天珠在印度各地都在出售，非常廉价，包括列城、大吉岭和加尔各答等地，科德林顿认为这些玻璃珠子是在欧洲制作贩卖过来的，但他没有提供具体的产地。1952年，捷克藏学家内贝斯基在他的《来自西藏史前的珠子》提到，印度和中国都制作瓷质仿品，在印度各个藏族聚居地均能见到。

印度和尼泊尔某些地方一直在制作琉璃天珠是肯定的，也包括其他材质的仿品天珠，他们的产品至今仍旧在印度和尼泊尔的藏族社区流行，而中国内地的仿品天珠同样充斥其中。对于欧洲制作琉璃天珠乃至仿品天珠的说法一直没有直接证据，一般会推测其制作地在20世纪的德国伊达尔-奥伯斯泰因（见5-3-1）或捷克的玻璃制作中心，但是欧洲殖民扩张期间生产的玻璃（琉璃）珠和半宝石珠饰，其间有专门的贸易公司操作产品目录和贸易目的地，至今那些产品目录仍比较完整地保留了下来，目录中并未检索出琉璃天珠的项目或半宝石（玛瑙）制作的仿真产品。

◆5-2-3　蛇纹石天珠

藏族聚居区流传的石质天珠可能出自西藏本土手艺人，材料大多用蛇纹石一类，也有用玛瑙材质的。由于蛇纹石[94]的材料特性偏软，摩斯硬度2.5度至4度，远低于制作天珠的玛瑙（摩斯硬度6.5度至7度），因而成品在使用不算太长的时间内就会出现明显的痕迹和表面包浆。制作这类石质天珠的工艺分两大类，一是阴刻线槽内填涂白色颜料；另一类是表面蚀花。珠子没有真品老天珠白化珠体这一工艺流程，其蚀花效果也不同于玛瑙材质。

在藏族聚居区，藏族群众的聚居一般都围绕中心寺庙形成村落。作为藏族聚居区基层社会的传统形态，寺院与村社之间以供施和交换为内容形成一种互惠的双向共生关系。寺院为村社的民众（信众）提供宗教崇拜、宗教教育等精神依托，以及村民婚丧嫁娶、生老病死的各类仪式，而寺庙周边的村民则有轮流为寺庙提供无偿杂役的义务，例如扫洒、仪式服务和手工制作，特别是一些有手艺的村民，他们往往参与寺庙中宗教仪式仪礼用具的制作。藏传寺庙的修习内容包括“五明”，即声明、因明、医方明、工巧明、内明，工巧明即工艺学，无论民间手艺人还是寺庙中一些善工巧的僧人，他们在长期参与工艺制作的过程中利用可获取的材料制作包含工艺成分和一定技术难度的蛇纹石类天珠仿品是完全可能的。

关于蛇纹石天珠，藏族聚居区还流传其来自尼泊尔的说法，这是可能的，尼

94　蛇纹石［serpentine］是一种含水的富镁硅酸盐矿物的总称，一般呈绿色调，也有浅灰、白色或黄色等。蛇纹石由于经常青绿相间的表面色彩像蛇皮一样，因而得名。摩斯硬度2.5度至4度。蛇纹石一般透明、质地细腻、杂质少、无裂绺，较易加工，但抛光效果不佳。我国蛇纹石产地较多，青海都兰县、四川会理县、新疆托里县、甘肃武山县等地都出产优质蛇纹石，辽宁岫岩县出产的岫玉（岫岩玉）为蛇纹石的一种。

泊尔人擅工巧已经有数个世纪的名声，藏族聚居区经常有人将那些来源不明的手工艺品都说成是尼泊尔的。频繁的贸易造成蛇纹石天珠（包括天珠、其他仿品天珠、琉璃天珠）经由大多尼泊尔而来，但是否就是尼泊尔制作的，一直未经证实。（图115）

◆5-2-4　塑料天珠

塑料的历史并不长，这种人工合成材料的发明只是一个世纪前的事情，应用到民用物品的生产上则是更加后来的事情。1909年，由美国籍比利时化学家利奥·贝克兰［Leo Baekeland］用苯酚和甲醛制造的酚醛树脂成功完成了人类历史上第一种完全人工合成的塑料即人造树胶，又称贝克兰塑料［Bakelite］。但直到20世纪40年代以前，塑料［plastic］都主要用于电器、仪表、机械和汽车工业，很少用于民用产品。20世纪40年代以后，当塑料的主要原料由煤转向石油后，新的塑料品种出现，产量猛增，塑料才开始应用于民用日常产品的制造。但没有资料显示欧洲人使用塑料制作天珠替代品，20世纪30年代和50年代的西方藏学家分别提及印度、尼泊尔一些地方有琉璃天珠或者瓷质的廉价天珠出售，也没有提到塑料天珠之类。

塑料在中国的发展起步较早，1921年上海胜德赛珍厂（现胜德塑料厂）开始生产赛璐珞，即硝化纤维塑料，用于制造玩具、文具等，旧称假象牙。20世纪70年代，北京燕山石油化工公司、辽阳石油化纤公司和上海石油化工总厂等几个大型石油化工企业的合成树脂生产装置相继投产。从80年代开始，塑料制成的民用产品已经相当普及，无论城乡居民还是偏远地区，塑料杯、塑料盆之类的日用品随手可得。塑料具有可塑性和延展性，由合成树脂、填料、增塑剂、稳定剂、润滑剂、色料等添加剂合成，熔化温度低，可再生利用。如果有人最早注意到这种材料特性并实践如何利用它来制作天珠替代品，不会早于塑料制品在民间的普及。塑料天珠的制作上限不会早于这期间。

据懂天珠的藏族商人回忆，大约二三十年前，一些聪明能干的藏族手工艺者开始试验使用塑料制作天珠替代品。一位来自德格的藏族商人描述：以前老家（德格）有人专门做这样的（塑料）天珠，大概二十多年前就有人做，但不是所有人都会做，在德格只有一两个村子的人会做，他们把用过的塑料盘子和杯子用来做这样的珠子。现在德格没有人做了，都是拉萨（的人）做，做得又多又好。还专门有人做批发，前几年有些人买卖这样的塑料天珠还发了大财。现在这种天珠做得多了，就没有以前值钱了。（图116）

图115　蛇纹石天珠。有把这类表面效果的蛇纹石天珠当成措思的，作为替代品，我们仍然把这类天珠视为仿品，而非措思或任何瑟珠类古珠。区别蛇纹石天珠与措思并不难，首先是材质，前者的材料是蛇纹石，背光下透光，有些蛇纹石天珠还能在透光时观察到墨点状杂质，因而也有人称其为“墨玉”。其次是工艺的区别，所有蛇纹石天珠均未经过“白化”处理，都是使用抗染剂在珠体上画出线条，之后经过染色处理，抗染剂覆盖的部分未被染色而呈现材料的底色，染色的部分大多没有天珠和措思珠一类老珠子的强烈的着色效果，因而底色与图案的对比效果不及天珠和措思等老珠子的效果强烈。图片中灰色九眼天珠被认为是在尼泊尔制作的，这种说法在藏族聚居区流传较广，但一直未经证实。藏品由降拥西热先生提供。

图116　市场流通的塑料天珠和西藏博物馆的塑料天珠。西藏博物馆所藏乐器单钹，乐器上的塑料天珠应该是后配的。塑料天珠在坊间习惯称谓“料器天珠”，传言为高僧使用各种配料制作而成、具有殊胜法力云云，这类出于商业目的的说法和称谓被有意无意地流传，造成很多误解。实际上“料器”是自清代开始对琉璃（低温玻璃）制品的统称，因制作琉璃均使用预制的玻璃料块而得名，如琉璃制作的鼻烟壶、鸟食罐、小水盂等各种小件均被称为“料器”，琉璃珠被称为“料珠”。按照奥地利矿物学家摩斯（见注90）的摩斯硬度表，用于制作天珠（瑟珠）的玛瑙硬度为6.5度至7度，硬度相当高。使用摩斯硬度测量比较，人的指甲硬度大约2.5度，而塑料的硬度略高或略低于指甲硬度，能够被指甲划伤的即低于2.5度，不能被指甲划伤的则略高于2.5度，其硬度是比较低的，使用中容易造成磨损，因而塑料天珠经过较短时间的穿戴，即可形成明显的磨损和表面包浆。

第三节　西方的相关工艺

◆5-3-1　德国伊达尔-奥伯斯泰因的玛瑙制作

伊达尔-奥伯斯泰因［Idar-Oberstein］是位于德国西部靠近法国边境两个毗邻的小镇，这里因为洪斯吕克山脉［Hunsruck Mountains］的半宝石矿藏，至少从15世纪就开始成为半宝石和宝石加工制作的中心，低成本工匠和纳厄河（Nahe，莱茵河支流）水能驱动的切割和抛光机器使得这里的半宝石加工和宝石切割工业持续繁盛，直到18世纪当地的缠丝玛瑙和鸡肝玛瑙资源逐渐枯竭。制作业的萧条迫使许多工匠离开本土，远渡重洋谋求生路。19世纪初，一些世代以开采和加工玛瑙为业的德国移民在巴西发现了玛瑙原矿。美国地理学家奥利弗·C. 法灵顿［Oliver C. Farrington］（1864—1934年）在他的《玛瑙的物理特性和起源》一书中描述，巴西盛产玛瑙原矿的山脉从南部的阿雷格里港［Porto Alegre］一直延伸到乌拉圭北部的萨尔托［Salto］，这一矿脉出产的玛瑙纹样美丽，产量惊人，一度成为全世界最大的玛瑙原料输出地，出口欧洲和其他地方。

1827年，从德国伊达尔-奥伯斯泰因移居巴西南里奥格兰德州［Rio Grande do Sul］的移民在当地发现了当时世界上最重要的玛瑙矿脉，1834年，第一批玛瑙原矿从南里奥格兰德州运往德国伊达尔-奥伯斯泰因。巴西玛瑙展现的条纹所形成的色彩分层比奥伯斯泰因当地出产的玛瑙更加均匀，因而更容易加工利用，尤其是在制作浮雕宝石时利用玛瑙的天然分层所形成的色彩对比。从这一时期开始，奥伯斯泰因的玛瑙加工工业再度复兴，一度成为与巴西和非洲半宝石市场的贸易中心。据统计，从19世纪早期到20世纪中期不到两百年的时间里，只有三万居民的伊达尔-奥伯斯泰因生产了超过一亿件玛瑙珠饰，其中绝大部分贩往非洲。其时正值欧洲在非洲的大规模殖民，产自欧洲的德国伊达尔-奥伯斯泰因玛瑙和威尼斯千花玻璃珠、捷克仿宝石玻璃珠、德国单色玻璃珠等工业化、批量化的珠子大量贩往非洲，用以交换非洲的黄金、象牙甚至奴隶，被当作货币使用，习惯上称这些珠子为“非洲贸易珠”［African Trade Beads］，而伊达尔-奥伯斯泰因的当地居民则称他们的珠子为“Negergeld”——黑人钱币。随着欧洲人在非洲殖民势力的衰退和与印度、泰国宝石及半宝石加工业的竞争日趋紧张，伊达尔-奥伯斯泰因的宝石贸易需求和加工制作逐渐萎缩。（图117）

伊达尔-奥伯斯泰因的居民相信他们有关半宝石的历史可追溯到罗马时代，这是可能的，罗马在公元1世纪占领莱茵河之后，不仅为当地带去工艺制作，也大量开发利用当地资源，罗马人离开后，这里和欧洲其他地方一样经历了漫长的中世纪的沉寂。然而在最近几个世纪的玛瑙加工制作中，伊达尔-奥伯斯泰因对一系列古代工艺进行了复原实验并取得成功，比如对玛瑙的改色和染色，尽管这些工艺不一定是对古代工艺的精确复原，但面对相同的问题，不同时期、不同地域的人们几乎都选择类似的方案。

伊达尔-奥伯斯泰因的玛瑙加工技术给我们提供了关于古代玛瑙工艺可能性的想象和复原，除了玛瑙的改色染色工艺，另有本书主题涉及的蚀花玛瑙工艺，一些研究古代珠饰和老珠子的西方人认为，20世纪初出现在珠子交易市场的某一类仿品天珠便是德国伊达尔-奥伯斯泰因的作品（图118），这一说法可能源于这类珠子早于台湾仿品天珠出现，且工艺和质感都与台湾仿品天珠不同。技术的角度，伊达尔-奥伯斯泰因具备可能性，但很难解释德国人如何获得对天珠的认知并开始制作此类精致仿品，直到20世纪50年代，西方藏学家才第一次将天珠作为研究主题进行论述（1952年捷克藏学家内贝斯基发表《来自西藏史前的珠子》），藏学作为专门的知识也只为少数学者所知，而流亡藏族带着藏传艺术品进入欧洲则更晚。所谓德国人制作天珠的说法得以流传但一直未经证明。

◆5-3-2　德国伊达尔-奥伯斯泰因的玛瑙染色和糖化工艺

伊达尔-奥伯斯泰因在几个世纪的玛瑙加工制作中产生了一系列的技术发明和创新，玛瑙的加色工艺是其中一项普及的技术。由于包含氧化铁，玛瑙的天然色彩以红色和棕色居多，呈红色时，是氧化铁所致；呈棕色时，是氢氧化铁所致，当棕色玛瑙暴露在阳光下或加热造成水分流失，氢氧化物转变为氧化物，这时棕色玛瑙就会变为红色。人类很早就注意到，自然界中的玛瑙原矿，暴露在阳光下的部分比被遮盖的部分颜色更红更鲜艳，聪明的工匠很快意识到加热玛瑙比暴露在阳光下的玛瑙原石更快更容易将其转变为鲜艳的红色，玛瑙加色工艺便在对自然的观察中被发明出来并开始在加工过程中应用。早在公元前2600年甚至更早，印度河谷文明的工匠就懂得了这一原理并开始实施，印度河谷文明生产的那些色彩鲜艳的红玉髓珠子和蚀花玛瑙大多经过加色处理，伊达尔-奥伯斯泰因的工匠同样将这项工艺用于他们的玛瑙制作。

而玛瑙的染色工艺则是一项重要的发明，或者说是对某种古老工艺的再发明。早在公元1世纪的罗马时代，大普林尼[95]就在他鸿篇巨制的《自然史》第37卷中尽可能详细地记录了玛瑙的各种染色工艺，主要做法是将矿石浸泡在蜂蜜中连续烹煮七个昼夜。这种工艺随着罗马帝国的崩溃而消失，大普林尼的理论一度被后人误认为是杜撰的无稽之谈。我们往往趋向于低估古人的智慧，公平地说，古人应该比我们

95　见注29。

图117　伊达尔-奥伯斯泰因生产的玛瑙珠和其他珠饰。非洲人对玛瑙类珠子的需求量巨大，偏爱黑白缟玛瑙和亮红色玛瑙珠，这种风格的珠子最初都是从印度的珠子制作中心坎贝［Cambay］输入。坎贝的珠子工艺刺激了伊达尔-奥伯斯泰因针对玛瑙染色和加色的技术发明，特别是伊达尔-奥伯斯泰因移民在巴西发现储量巨大、成本低廉的玛瑙矿源之后，一跃成为最大的玛瑙和半宝石加工中心和进出口地。伊达尔-奥伯斯泰因制作的珠子形制大多模仿印度和东南亚早期的珠子，与印度玛瑙珠不同的是，德国人的玛瑙珠由于加工机械的不同和人工染色工艺，珠子的切割很锋利，色彩更浓重一些；而印度的珠子由于原矿的天然属性，大多只经过加色（加热或烤色），而没有德国那样的人工染色。

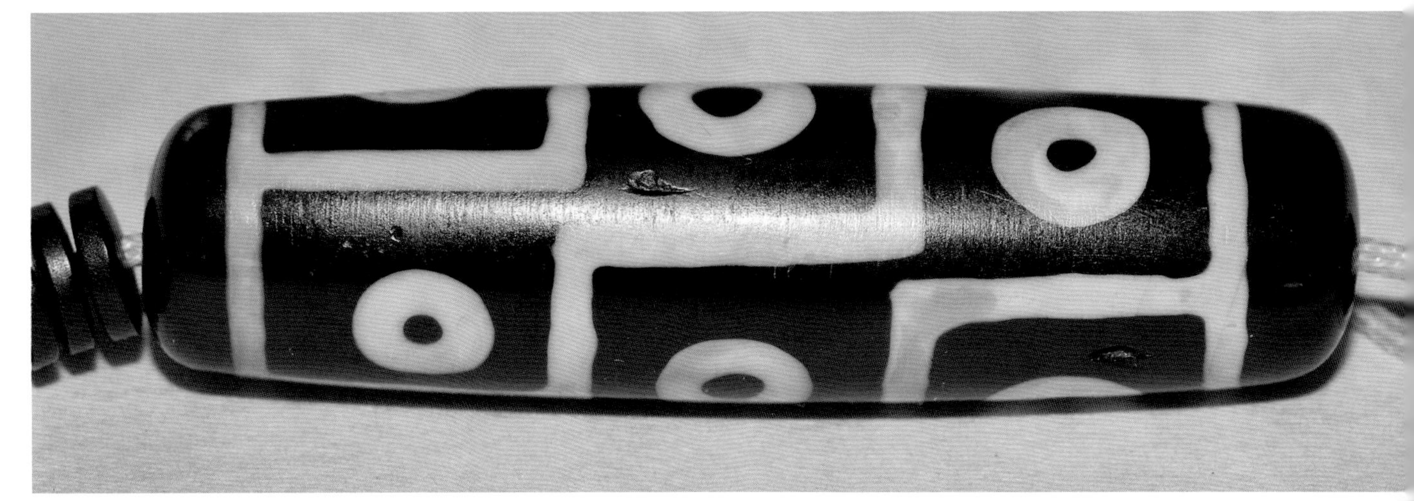

图118　现代工艺制作的天珠仿品。这类天珠20世纪中期开始出现在市场，藏家和珠商最早在尼泊尔加德满都发现，当地人称其为“不丹天珠”，大多以为这些珠子的源头是在不丹。一些西方研究珠饰的学者则认为这类珠子是德国伊达尔-奥伯斯泰因制作的，但这种说法一直未经证实。最近几年也有巴基斯坦和阿富汗珠商持有这类天珠，图案装饰有12眼甚至更多。普遍认为这类珠子的制作早于20世纪90年代的台湾仿品。

更聪明，他们可借助的工具和外力远不如我们今天，并且我们是在他们积累起来的知识的积淀上迈出的每一步。

18世纪，德国宝石加工中心伊达尔-奥伯斯泰因根据大普林尼提供的线索，将玛瑙染色工艺重新实验成功。最早是几个伊达尔-奥伯斯泰因的玛瑙商人从罗马宝石商人那里获得的灵感，罗马珠宝商也只是从大普林尼的著述或者长期流传的传统说法中得知一些使用加糖的溶液对玛瑙染色的记载，德国人将这一信息带回，经过反复实验竟然获得了成功。1819年，现代方法的玛瑙染色工艺被引入加工过程，这项并非偶然的加工技术开始得到应用。1849年，W.牛顿详尽地描述了用“蜂蜜和酸”对玉髓进行染色的技术，发表在《伦敦艺术与科学杂志》上，一些矿物学家也在著书中记录了德国人的玛瑙染色工艺。

工匠们很早就懂得玛瑙的亮红色是玛瑙原石所含氧化铁造成的，由于一部分玛瑙在加热后仍然无法呈现红色，于是得出结论，这些玛瑙不包含铁元素。人工给玛瑙加入铁元素的方法在几经实验后获得成功，之后，对玛瑙进行红色之外的其他颜色的染色工艺也相继实验成功。1845年，人工染色的蓝玛瑙被加工出来；1853年，人工染色绿玛瑙也获得成功。伊达尔-奥伯斯泰因利用他们经过试验发明的染色工艺将大量的巴西玛瑙［Brazilian Carnelian］染色改色，红色通常是将石头浸泡在绿矾［green copperas］或者硫酸铁中［ferrous sulphate］数日，然后加热处理；蓝玛瑙的色彩则是经过亚铁氰化钾［yellow prussiate of potash］溶液浸泡，溶液进入玛瑙空洞形成沉积物使其呈现为普鲁士蓝［Purussian blue］。之后，伊达尔-奥伯斯泰因又研发了其他色彩的染色方法，欧洲和非洲的半宝石市场上充斥了大量这种人工染色的珠子珠宝，但染色工艺的秘密只有少数人知道。这些工艺的加工过程被一些学者记录在他们的调查文章中，不同的色彩有不同的加工原料和工艺流程，可以看出，玛瑙的改色和染色是否能够获得理想的效果，仍取决于工艺流程中的技术控制和一些偶然的因素。

伊达尔-奥伯斯泰因的染色工艺对于古代工艺的想象复原提供了有用的信息，其中缠丝玛瑙的“糖化”工艺特别具有参考价值，本书涉及的古代珠饰中所谓糖色玛瑙珠（见6-10-3）和瑟珠系列中的措思珠的工艺（见6-3-2）可能与此工艺流程类似。缠丝玛瑙是一种常见的玉髓，透明或半透明，由不同色彩的条纹构成图案，我们将有多色的曲线或折线呈同心状分布图案的称为缠丝玛瑙，而将条纹大致呈平行状的称为缟玛瑙（条纹玛瑙）。“糖化”工艺不仅仅是给玛瑙改色染色，也掩盖玛瑙条纹、去除内部杂质，将其改色为褐色或浅棕色，呈半透明的、蜜糖般的质地。这种对糖色质感的审美从何而来不得而知，须知在蔗糖[96]技术并不普及的古代

96　蔗糖［sugar、sucrose］，原料主要是甘蔗和甜菜，经加工技术提炼而成。印度是最早种植甘蔗和炼糖的地方，无论种植还是提炼，都经过数世纪的改良才得以普及。传统的炼糖术是将甘蔗榨出甘蔗汁，用火熬炼，不断加入石灰一同搅拌，石灰和糖浆中的杂质凝结成渣，原本褐色的糖浆经过反复除杂工序，最后得到黄色的砂糖（蔗糖）。蔗糖是唐代才传入中国的，《新唐书》有唐太宗遣使去摩揭陀（印度）获取熬糖法的记载。蔗糖在欧洲直到中世纪都是奢侈品。

世界，蔗糖和蜂蜜都是高贵难得的，使用蜜糖对玛瑙进行染色的工艺一定很昂贵，而罗马时代还没有蔗糖，正如老普林尼记载的所使用的都是蜂蜜。

伊达尔-奥伯斯泰因对缠丝玛瑙和条纹玛瑙的“糖化”染色工艺具体流程如下[97]，1.将石头彻底清洗干净，风干。2.将石头放入盛有蜂蜜水（半磅蜂蜜加16到20盎司水，换算为克数即227克蜂蜜加454克到566克水）或者蔗糖加水或加油的托盘中浸泡。3.将托盘放置在烤箱或烤炉上，保持糖液总是将石头淹没的容量，同时保证液体不能沸腾而持续温热的状态，这一慢烤过程将持续14天至21天不等，依赖工匠的经验视石头的变化而定。4.从糖液中取出石头，清洗干净，放置在另一只盛有硫酸［sulphuric acid］的托盘内，然后将托盘封闭，放入热炭灰中，用燃炭将其覆盖。这一过程中酸液将被石头的多孔层［porous layers］吸收，渗入石头内部的糖分或油性物质将会碳化［carbonize］，石头很快会因这些渗入空洞内的碳化物改色（染色）而呈现出暗黑或棕色。这一工艺流程耗时较长，有时尽管工匠精心照料，一些石头仍然不被染色。5.最后一步是将石头从硫酸中取出，清洗干净，在烤箱内烤干，再放入油液中浸泡一天，这一过程将使石头彻底清洁并呈现宝石光泽。（图119）

97　该“糖化”工艺过程引自埃德温·斯特里特于1898年出版的《宝石和半宝石，它们的历史、起源和特性》［*Precious Stones and Gems,Their History,Sources and Characteristcs*］一书第四卷“半宝石”中的章节。

图119　德国伊达尔-奥伯斯泰因的糖色玛瑙和古代糖色玛瑙。伊达尔-奥伯斯泰因能够对缠丝玛瑙进行不同色彩的染色，其中所谓“糖化”是受古代罗马的玛瑙染色工艺的启发试验成功的。现在出土的古代糖色玛瑙珠大多出自中亚和印度，罗马的糖色玛瑙珠并不常见。由于工艺配方和流程控制仍旧不尽相同，伊达尔-奥伯斯泰因的糖化玛瑙珠与古代糖色玛瑙相比较仍有很大区别，前者色彩偏暗，质地不及古代糖色玛瑙的黏稠感，特别是批量化生产造成的工艺精粗不均，从表面效果和质地质感都区别于古代糖色玛瑙。

大普林尼在他的《自然史》中记载的那些使用蜜糖加工出来的玛瑙符合罗马人对奢侈品的癖好，就像他批评罗马人对中国丝绸和印度货物的需求使罗马变得软弱那样，大普林尼对大部分奢侈品都持否定态度。他写道，“香水是最无用的奢侈品，珍珠和珠宝至少还可以传给后人，衣服也能长时间使用，而香水一经使用瞬间就失去香味儿”（《自然史》第十三至第十八卷“植物学”）。看来大普林尼对珠宝和石头的态度宽容得多，因为宝石和半宝石均有各自的“治愈”功能，他在“矿物”一卷中描述了各种石头的魔力，例如玛瑙可以安神，而苔藓玛瑙能够帮助运动员在运动会上成功等。

◆5-3-3　英国维多利亚时代的条纹玛瑙

维多利亚时代［Victorian era］（1837—1901年）是英国近代史上的黄金时代，无论政治、经济、科学、技术和文学艺术各个领域，都被认为是大英帝国［British Empire］的全盛期。期间的领土面积达到3600万平方公里，经济占全球的70%，贸易出口比全世界其他国家的总和都多出几倍，工业革命和科技发明浪潮汹涌，文学领域有狄更斯、萨克雷、勃朗特姐妹等批判现实主义作家，建筑、装饰、绘画、时尚无不经典存世。

18世纪晚期在欧洲文学艺术领域兴起的浪漫主义运动［Romanticism］对珠宝服饰的审美和设计产生了深远的影响，维多利亚时代的装饰风尚盛行复古风潮，珠宝服饰华丽柔美。具有维多利亚时代审美风尚和设计风格的珠宝样式的风行，除了经济繁荣的背景，在工业革命中成长起来的中产阶级是时尚风潮的领军队伍和主要消费者，他们希望有符合自己阶层审美的、能够支付得起珠宝。因此，在工业革命浪潮中出现的各种新技术包括合金的使用、石头特别是半宝石的开发、人造合成材料的运用、杰出的工匠和设计、技术和艺术的结合，成就了具有维多利亚时代审美特征的珠宝的风行。具有浪漫主义哲学气息的“哀悼珠宝”[98]［mourning jewellery］便起源于维多利亚女王时代的英国，人们佩戴哀悼珠宝以表达对失去的爱人和亲人的哀思。许多新奇的珠宝设计理念被引入，浮雕宝石、胸针、吊坠、手镯、耳环、围巾扣等各种漂亮精致的小玩意大肆风行。

另一个点燃公众审美热情的是通过现代考古学建立之后发掘的那些古文明的宝藏，特别是英国人在两河流域的考古发掘，出土数量可观的古代珠子和珠饰，那些古老的、异域的珠饰带着远古优美辉煌的文明背景，对于持重的英国人在观念和

98　哀悼珠宝起源于维多利亚女王时代的英国，是18世纪以来浪漫主义哲学在装饰艺术和首饰设计上的投射。自维多利亚女王的丈夫阿尔伯特亲王［Albert, Prince Consort］去世后，女王经常佩戴黑色煤精［jet］制作的胸针，以表达对失去的爱人和亲人的哀思。这一风尚很快风行英国。哀悼珠宝常见的样式是戒指和胸针，戒指或镌刻有死者的名字，或小型头像，或哀悼语。而胸针则可能制作成中空的小盒子［locket］，其中装有死者的头发或其他遗物。

视觉上都是全新的，维多利亚时代用缟玛瑙制作的珠宝便是在这种对异域的和古老文化的想象和热情的回声。用黑白条纹的缠丝玛瑙制作的珠子早在千年甚至数千年前就出现在两河流域、伊朗高原、希腊罗马、印度中亚直至东南亚各个地方，本书涉及的印度河谷、两河流域、伊朗高原的有眼板珠（藏族称为马眼板珠），希腊罗马人的浮雕宝石（见2-8），中亚和印度的苏莱曼尼珠（藏族称为羊眼珠或药师珠），均是采用这种石头制作，而英国人则从中获得灵感，使用条纹玛瑙制作符合英国维多利亚时代审美风尚的珠饰。（图120）

维多利亚时代制作玛瑙珠饰的材料来自苏格兰［Scotland］，从东部的蒙特罗斯［Montrose］和法夫［Fife］到西海岸的都努热［Dunure］都能发现漂亮的玛瑙原石，这些原石色彩丰富、图案生动，是制作维多利亚玛瑙首饰［Victorian Pcbblc Jewellery］的绝佳材料。美国地理学家奥利弗·法灵顿在他的《玛瑙的物理特性和起源》一书中专门提到，英国维多利亚时代用于制作胸针、耳环、项链、手镯一类的条纹玛瑙原料大多来自苏格兰的福法尔郡［Forfarshire］和佩思郡［Perthshire］，英国人称其为“苏格兰石子”［Scottish Pebble］，这种玛瑙石有着美丽的条纹和色彩，用来制作符合当时审美风尚的维多利亚首饰。

尽管早在千年前的凯尔特人［Celtic］时期，苏格兰玛瑙原石就被用来制作凯尔特人的环形胸针，但是将其演变成公众热情和流行风尚的是维多利亚女王的丈夫阿尔伯特亲王。苏格兰高地是那一时期浪漫主义文学和艺术的理想场景，维多利亚女王多次访问苏格兰，并于1848年在苏格兰买下了巴尔莫勒尔城堡［Balmoral Castle］，女王的丈夫则开始在苏格兰收集那些漂亮的玛瑙原石，称其为“苏格兰石子”，并将这种石头设计制作成首饰送给女王表达爱意，很快这种风气以及关于苏格兰的各种热情传遍整个英国。

再一次地，我们会对古代工艺的所谓技术传承提出疑问。对于作为美术史研究客体的古代手工艺品，经常会用到“技术保存”或者“技术传承”这个词，一般会认为，一种手工艺品的兴起或复兴一定是对一项古老技术的传承，我们总是一厢情愿地把后来的工艺赋予它们古老的技术传统。实际情况并非总是这样，多数情况下，是古代手工艺品本身的留存引发了后人对某项技术的想象复原或者再发明，比如文艺复兴时期对希腊罗马珠宝的再创作，另一个明显的例子便是英国维多利亚时代大量制作两河流域风格的珠宝首饰。我们无论如何找不到任何证据说明在两河流域文明消失之后，他们的珠宝技术以某种神秘的方式保存在英伦半岛数千年，一旦时机来临，英国人便让其繁荣起来。事实是，两河流域那些美丽诱人的考古实物的出现，诱发了对古代手工技术和装饰风格的复原和再发明。对于任何文化背景而言，在古代或者在今天，制作珠子都不是什么技术难题，持续变化的是装饰风尚而不是工匠技艺。另一个有必要提到的例子是印度河谷蚀花玛瑙一度消失、千年之后的铁器时代再度复兴，如果说古老的蚀花工艺作为技术秘密已经消失，后来那些聪明的工匠也能够对蚀花技术进行再发明和新的技术类型的演绎。

图120　维多利亚时代首饰。维多利亚时代的珠宝首饰华丽柔美，设计制作皆擅长于新的材料和技术应用。除了传统的文艺复兴样式和浪漫主义审美，现代人文学科背景下的文化事件对英国中产阶级及精英阶层的审美趣味也产生了很大影响，英国人在两河流域及世界其他地方的考古发掘所揭示的那些遥远的古老文明背景下的艺术品，激发了英国人的浪漫想象和审美热情。两河流域和希腊罗马那些带有眼睛纹饰和黑白条纹的珠饰（马眼板珠和药师珠）给予了珠宝设计师灵感，他们采用苏格兰进口的黑白条纹玛瑙制作出符合维多利亚时代审美风尚的珠宝首饰，这些首饰样式是英国人对两河流域古代文明艺术品的致敬。

◎第六章◎
天珠的分类

第一节　天珠的谱系

◆6-1-1　蚀花玛瑙、瑟珠、天珠

蚀花玛瑙、瑟珠、天珠这一组名词经常同时出现在关于古珠的话题中，这里先厘清这三个名词的关系，以便对其进行描述和分类。工艺的角度，天珠——包括其他类型人工蚀花的瑟珠，是蚀花玛瑙的一种。蚀花玛瑙是对天然的玛瑙玉髓珠子施加人工图案的技术，这种技术最早出现在公元前2600年的印度河谷文明，距今已经有4600多年的历史。蚀花玛瑙技术随着印度河谷文明的衰落一度消失，直到公元前600年前后铁器时代的到来、城邦的兴起、贸易的繁荣和宗教文化的重新思考而再度兴起，这一时期出现的天珠及其他瑟珠系列以及东南亚的骠珠和后来的邦提克珠，均为蚀花玛瑙的一种。

习惯上所称的蚀花玛瑙一般指使用蚀花工艺制作的肉红玉髓，这种工艺类型是在石头表面直接画花（图案），然后加热使得图案固着在珠子表面，形成永久性的图案。装饰效果有红地白花、红地黑花、黑地白花、白地黑花以及其他不太常见的色彩对比（见1–3–9）。蚀花肉红玉髓的典型器是印度河谷文明类型的蚀花玛瑙珠和铁器时代遍布整个中亚、南亚和东南亚的使用同一种工艺类型制作的玛瑙玉髓类珠子。（图121）

图121　不同技术类型的蚀花玛瑙珠。蚀花玛瑙是在天然玛瑙玉髓上施加人工图案的技术，技术的角度，蚀花肉红玉髓、天珠及其他各类人工蚀花的瑟珠、蚀花类型的缅甸骠珠和邦提克珠都是蚀花玛瑙的技术类型之一，这些不同类型的蚀花技术相互关联，但制作流程、办法和工艺配方均有不同，有些可能还保有某项工艺秘密，以至于其他类型的蚀花技术无法达到相同的效果。这些表面呈现不同装饰效果和质感的珠子与制作它们的工艺直接相关，比如表面画花的蚀花肉红玉髓和使用“抗染”技术的瑟珠就是因技术类型、工艺流程和染剂配方的不同而呈现不同的表面效果。图片藏品分别由郭梁女士、刘曼曼女士、骆阳能先生、张文昕先生、李超先生提供。骆阳能先生拍摄。

“瑟”（也音译成“思”）或者瑟珠则是藏族习惯上对所有他们珍爱的、有图案装饰的玛瑙珠包括（至纯）天珠在内的珠子的总称。中原古代文献大多称为“瑟瑟”或“瑟”，现代西方藏学家在他们著作中均按照藏族传统习惯称为“瑟”或者“瑟珠”。藏族所谓瑟珠并非全部都是人工蚀花技术制作的，瑟珠的装饰图案可以是人工蚀花的，也可以是缠丝玛瑙或条纹玛瑙（缟玛瑙）的天然图案。藏族将缠丝玛瑙珠子认同为瑟珠系列非偶然，缠丝玛瑙是制作瑟珠（天珠）的材料，材料本身与天珠相同。藏族使用不同的前缀或后缀将不同类型的瑟珠区别开来，比如“措思”（措瑟）［tso dZi］、“琼思”（琼瑟）［chung dZi］，或者给予某类瑟珠以专门的名称，比如“达洛”［taklok］、“达索”［tasso］。

“天珠”则是最近几十年才兴起的名称，最早流行于藏族聚居区以外的地方。近年由于藏族聚居区与内地及其他地方越来越频繁的交流，一些藏族尤其是藏族商人也跟随风气，大多称瑟珠为天珠，以方便交流，但使用藏语时仍按照传统称为“瑟”。一般情况下，内地汉人所称的天珠大多只指藏族心目中的至纯天珠，而在指称其他种类的瑟珠时，都尽量使用藏族传统上的音译，比如措思、达洛、达索之类。

“天珠”这一称谓最早可能出自台湾商人和那里的天珠藏家，但名称具体起于何时、什么人在什么地方构想出来的、谁将这一称谓最早引入台湾的，都已经很难得到考证。据一些资深的专门经营藏传艺术品的台湾商人和天珠流通者回忆，早期台湾那些藏传密宗［Tantric］的实践者大多会去尼泊尔朝圣，他们一些人从尼泊尔商人或生活在那里的流亡藏族人手中获得天珠作为护身符佩戴，藏族人和尼泊尔商人告知他们，这些珠子来自天上而非人力所为，因而具有保护佩戴者远离疾病和邪恶的殊胜法力。关于天珠来自上天的说法在西藏由来已久，广为流传，捷克藏学家内贝斯基在《来自西藏史前的珠子》中记录了西藏民间对天珠的各种传说（见4-1-4），其中就有“瑟珠是天神佩戴的珠宝”的说法，由于有些珠子受损出现瑕疵，而被天神扔下凡间。藏传密宗的实践者将这种解释带回台湾，经过台湾商人的宣传和推广，“天珠”的称谓遂流传开来。

天珠的来源和工艺一直是个悬而未决的谜，形成对天珠诸多神秘而传奇的说法，民间传说和长期依赖经验的认知中有真实的部分也有混淆视听的成分。一些西方装饰品研究专家试图从不同的角度找出线索，早期一些研究天珠的西方学者认为中国古代文献记载的“瑟瑟”一词的原意可能是指缟玛瑙（带条纹的玛瑙），与藏语“dZi”、波斯文中的“Sjizu”、阿拉伯文中的“Djizu”和梵文中的“Cesha”都有关系。这些推测有合理的成分，只是我们已经很难解释其中的联系和流变的过程。美术史的角度，任何手工艺品从起源到流传都不是一成不变的，这些变化包括形制、工艺、意义、文化背景、受众人群等多种变化，变化也是多种因素引起的，其中有社会变迁、文化更替、审美风尚以及贸易和战争等各种因素。

◆6-1-2　天珠的分类原则

不同的瑟珠类型在藏民族心目中有不同的价值，这种价值认同是长期的传统形成的，其中价值最高的天珠（瑟）被认为是至纯至真的，拥有护身符的能量和供奉神灵的法力，并且可以入药。当藏族谈论“瑟”的时候，即指最高价值的纯天珠，在指称其他类型的瑟珠时，一般会附加限定词，诸如被称为“琼瑟”的线珠或者被称为“措瑟”的次要一些天珠，这种围绕“瑟”附加前缀或者后缀来限定瑟珠分类和等级的习惯，足见“瑟”在瑟珠系列中的崇高地位。

西方藏学家和珠饰专家在以往的研究中都对瑟珠进行过分类，大多遵循了藏族在传统上对瑟珠的价值认同。由于资料和认识所限，早期的藏学家没有对所有瑟珠系列进行系统全面的分类，其中捷克藏学家内贝斯基只涉及了至纯天珠，没有涉及措思、寿珠等其他类型的瑟珠。内贝斯基将（至纯）天珠按形制分为两个大类，A组为椭圆形珠（实则管状的长形天珠），这组珠子大多有眼睛图案，其中以九眼为最尚；B组为圆珠（实则椭圆形珠的达洛珠），一般无眼睛图案，而呈现虎纹、宝瓶、莲花之类的装饰。（见4-1-4）

对瑟珠比较全面的分类是美国珠饰专家大卫·艾宾豪斯在20世纪80年代的研究中得出的，艾宾豪斯将蚀花肉红玉髓和其他瑟珠系列全部纳入了分类范围，包括线珠和马眼板珠一类，此外还包括印度河谷文明的蚀花玛瑙珠。由于分类包含瑟珠以外的蚀花玛瑙珠，艾宾豪斯的分类原则首先是按照技术类型而不是按照瑟珠在藏族心目中的价值认同，因而他没有将措思从线珠中分离出来，而是统一称为“琼瑟”。艾宾豪斯在分类中指出了至纯天珠即他的技术“型二”是藏族心目中的真品天珠，也只有经过这种（白化）工艺流程处理的蚀花珠才符合至纯天珠的分类标准，而其他技术类型制作的瑟珠则相对次要。（见4-1-5）

旅居意大利的南喀诺布教授则与内贝斯基相同，将瑟珠按照形制分为“椭圆”和“圆形”两大类（实则为长形天珠和椭圆形珠两大类），同时又将这些珠子按照装饰类型分成四个种类，1.“白瑟”，2.“红瑟”，3.“黑瑟”或“棕瑟”，4.“花瑟”。这种分类同时涉及装饰类型和价值认同，因为不同的装饰类型与不同的技术类型关联，这些技术类型最终从物理的角度构成衡量瑟珠价值高低的重要因素。（见4-1-6）

本书将所有使用蚀花工艺制作的和天然纹样的藏传珠子都归入“瑟珠系列”，人工蚀花技术的包括至纯天珠、措思、寿珠及其他蚀花类型的瑟珠，天然纹样的珠子则有缠丝玛瑙制作的“琼”和黑白条纹玛瑙制作的羊眼（药师珠）和马眼板珠，由于缠丝玛瑙是制作至纯天珠的材料而在藏族心目中有特殊的价值。本书对天珠的分类将尽可能沿用藏族长期以来的传统和习惯，名称也尽量按照藏民族的传统称谓，并厘清在过去的几十年中不同的音译和错误的解释造成的对同一种瑟珠多样名称和说法的混淆，或者对不同种类的瑟珠混为一谈的情况。

首先我们将所有蚀花工艺制作的珠子纳入分类范围，在蚀花玛瑙之下分为两大部分：瑟珠系列、蚀花玛瑙珠，其中“瑟珠系列”主要包括与藏文化有关的珠子。虽然我们已经肯定古代吐蕃也就是现在的藏民族不是瑟珠的制作者，瑟珠最初也不是在藏文化背景下产生的，但毕竟藏民族是瑟珠及其文化最好的，可能也是唯一的保存者，并且这种传统已经延续了超过千年，当我们在谈论瑟珠时，不得不将其置于藏文化的背景中。而另一部分“蚀花玛瑙珠”条目下又包括印度河谷类型蚀花玛瑙珠和东南亚蚀花玛瑙珠两个大类，这两类的珠子形制、装饰风格、制作工艺以及文化背景均有不同，而在这两个分类之下分别又有各自的细目，其分类关系将以谱系图分解（见6–1–3）。

◆6–1–3　天珠的谱系

列入《天珠的谱系图》图表中的珠子，在本书中均有专门的小节：

· 蚀花玛瑙（1–1–2）
· 长形天珠（6–2–1）
· 达洛（6–2–2）
· 宝瓶天珠（6–2–2）
· 莲花天珠（6–2–2）
· 水纹天珠（6–2–2）
· 诛法天珠（6–2–2）
· 虎纹（6–2–2）
· 达索（6–2–3）
· 小天珠（6–2–4）
· 措思（6–3–1）
· 琼（6–4–1）
· 线珠（6–4–2）
· 羊角珠（6–4–3）
· 黑白珠（6–4–4）
· 寿珠（6–5–1）
· 药师珠（6–6–1）
· 马眼板珠（6–7–1）

印度河谷类型的蚀花玛瑙珠和东南亚的蚀花玛瑙珠参阅本书专门的章节。

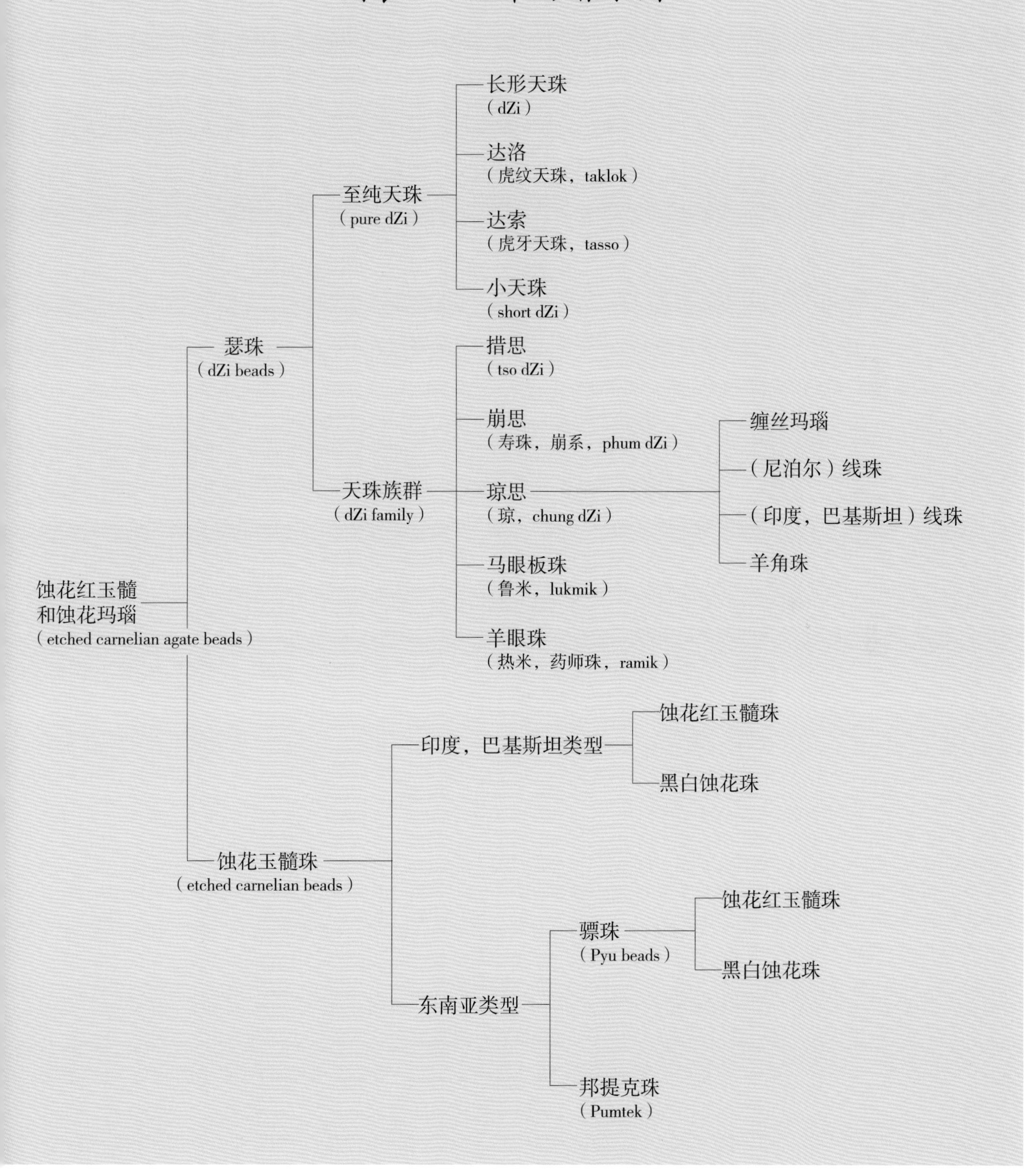
图表1　天珠的谱系图
长形天珠
（dZi）
达洛
（虎纹天珠，taklok）
至纯天珠
（pure dZi）
达索
（虎牙天珠，tasso）
小天珠
（short dZi）
瑟珠
（dZi beads）
措思
（tso dZi）
崩思
（寿珠，崩系，phum dZi）
缠丝玛瑙
（尼泊尔）线珠
天珠族群
（dZi family）
琼思
（琼，chung dZi）
（印度，巴基斯坦）线珠
羊角珠
马眼板珠
（鲁米，lukmik）
蚀花红玉髓
和蚀花玛瑙
（etched carnelian agate beads）
羊眼珠
（热米，药师珠，ramik）
蚀花红玉髓珠
印度，巴基斯坦类型
黑白蚀花珠
蚀花玉髓珠
（etched carnelian beads）
蚀花红玉髓珠
骠珠
（Pyu beads）
黑白蚀花珠
东南亚类型
邦提克珠
（Pumtek）

第二节　至纯天珠

◆6–2–1　长形天珠

“瑟”是藏族对至纯天珠的称谓，也有称为“思”的，有些文章也称纯天珠、真品天珠，在藏族心目中是瑟珠系列中价值最高、最受推崇的珠子。这种价值认同最早从什么时候开始、是如何形成的已经很难解释，但是这种传统由来已久，并且藏民族对于他们的价值判断深信不疑。古代美术品和手工艺品的价值涉及文化和工艺两个层面，文化是包括宗教在内的综合体，长期积淀形成；技术的角度，至纯天珠是蚀花玛瑙中制作技术最完善、最复杂的一种（见5–1–3），它特有的工艺技术不仅从物理的角度决定了它不同于其他瑟珠的质感和表面效果，也决定了它高于其他瑟珠类型的工艺价值。

至纯天珠按照形制和装饰特点可大致分为四种类型，包括常见的长形天珠、达洛（圆珠）、达索（虎牙）和小天珠，此外未见其他形制。藏族在称“瑟”的时候，一般是指至纯天珠中常见的长形天珠，而在指称其他类型的至纯天珠时，都有具体的名称或者围绕“瑟”的限定词。长形天珠是至纯天珠中最常见的形制（图122），一般而言有以下特点，1.珠体经过白化处理，即型二工艺。2.形制为长形管状，孔道为长轴，即珠子的最大长度。3.装饰大多为对称图案，少见不对称的或随意的图案。4.长形天珠大多带有“眼睛”图形，眼睛的数量有一眼、两眼、三眼、四眼、五眼、六眼、七眼、八眼、九眼、十二眼、十八眼，据传还有二十四眼天珠。5.长形天珠除了带有眼睛纹样的图案设计，还有天地珠、双天地、日月星辰、菩提叶等，以及其他特殊图案。6.长形天珠除了至纯天珠类型的，还有措思类型（见6–3–1）。

◆6–2–2　达洛——圆珠

达洛在藏语中的意思是“有虎纹的圆珠”，通常指所有（椭）圆形的瑟珠。“达”是藏语“虎”的意思，“洛”是圆形的意思。达洛是至纯天珠中不同于长形天珠的形制，一般包括如下特点：1.珠体都经过白化工艺，即型二工艺。2.形制为椭圆，孔道为长轴，即达洛珠的最大长度。3.只包括几种有限的图案设计，有宝瓶、莲花、水纹、彩虹、诛法（山形）、虎纹等，其中虎纹即“达洛”，是达洛珠中最常见的图案，其他几种图案的达洛珠相对少见，其中以宝瓶天珠最受藏民族追捧，其次是莲花、彩虹、水纹（也有称其为闪电的），另有山形（三角形）图案的称为“诛法”，名称很可能是后起的。4.达洛珠一般没有长形天珠那样的眼圈图案，带眼圈纹样的达洛珠非常少见。5.达洛没有措思类型的，就是说，所有的达洛珠都是至纯天珠。6.达洛珠的存世量少于长形天珠，其价值因图案的象征意义有时高于长形天珠。（图123）

◆6-2-3　达索——虎牙

至纯天珠之达索（tasso），形制为管状，中段略鼓，尺寸一般稍小于长形天珠。达索是藏语“虎牙”的意思，以前也有人称为马牙或马齿天珠的，但是随着天珠的广泛认知和相关知识的普及，马牙几乎不再被提及，以虎牙称谓为准确。达索一般有如下特点：1.与虎纹达洛珠的图案相比较，虎纹珠一般至少有两条曲折线装饰，而虎牙天珠则只有一条曲折线。2.形制有长形管状，也有短形桶状（小天珠）。孔道为长轴，即珠子的最大长度。3.有些虎牙天珠的两端分别有两道“口线”（口线是传统说法，南喀诺布教授在他关于天珠的描述中采用过，见4-1-6），这种图案设计在藏族心目中的价值高于一道口线的虎牙。4.虎牙有白化工艺的（型二）即至纯天珠类型（图124），也有措思工艺类型的，西藏阿里曲踏墓地考古出土的虎牙天珠就是措思类型的（见4-2-2）。

◆6-2-4　小天珠

小天珠是指短小一些的天珠，形制与通常的长形天珠不同，大多呈短型的桶状。由于形制与图案装饰不同于其他类型的瑟珠，按照藏族民间的习惯将其另行分类。小天珠有如下特点：1.形制和个体较其他类型的瑟珠短小，大多呈桶形。2.图案经常与长形天珠、达洛和达索的某些图案共有，常见的有小三眼、小两眼、小虎牙等，其他图案少见。3.小天珠中以小三眼最为常见，小三眼可分为两种类型，一种是圆形三眼，另一种是金刚三眼。这种金刚眼的图案仅见于小天珠，而不见或者极其少见于其他类型的瑟珠。4.小天珠有至纯天珠类型的即白化过的型二工艺，包括小两眼、小三眼和小虎牙（图125），也有措思工艺类型的，这种类型的一般以小虎牙图案居多（图124）。

◆6-2-5　特殊图案的至纯天珠

至纯天珠的图案设计大多对称，与其他类型的瑟珠和蚀花玛瑙珠的图案比较，显得规矩且庄严。至纯天珠的图案大致分为三类，一是有眼圈图案的，比如一眼、二眼、三眼等；二是无眼圈纹样的，比如天地、金刚、虎纹等；三是不对称图案，这类图案最为少见。至纯天珠中的长形天珠以眼圈纹样的居多，而达洛珠几乎都不带眼圈纹样。按照装饰图案类型的不同，至纯天珠的特殊图案也可分为三类：1.特殊数量的眼圈纹样。长形天珠中常见的有两眼、三眼、四眼、六眼，比较少见的如一眼、九眼、十二眼、十八眼等，据称还有更多眼睛数量的天珠（图126）。2.没有眼圈纹样的特殊图案，如双天地、日月星辰、菩提叶、金刚杵以及其他更加少见的图案设计（图127）。3.不对称图案。此类图案大多特殊少见，图案很少反复出现（图128）。

一般认为古代美术品和手工艺品的装饰图案大多与支持这种图案意义的文化背景或信仰有关。天珠图案同样如此，与制作这些珠子当时的文化背景和技术背景相关联，尽管我们现在对天珠的大部分图案的解释都是以泛文化的概念进行的推测。少数天珠图案是瑟珠出现之前的印度河谷文明的蚀花玛瑙珠就有的，我们无法在毫无证据的情况下将两者的意义轻易地联系起来，很可能这些图案装饰只是形式上的关联，而意义和象征则完全不同，毕竟从印度河谷文明到铁器时代的繁荣，这中间已经历时千年，文化的变迁和工艺的流失是必然的。（图129）

图122　至纯天珠之长形天珠。长形天珠一般指中段略鼓、两端略收缩的长管形天珠，是所有瑟珠类型中最常见的形制。长形天珠的图案设计分为三大类，一是带有眼睛纹样的图案设计，二是不带眼睛纹样的图案设计，三是不对称图案。前两类图案大多都是对称图形，不对称图案的长形天珠在至纯天珠（型二工艺）中少见，而措思珠则很常见。珠子的图案类型与工艺类型相关联的情形不是偶然的，可以类比成瓷器中官窑与民窑的关系，不同的工艺类型和与此关联的图案设计最终与瑟珠使用者的社会等级或宗教寓意相关。图中藏品由伍金泽仁先生和桑珠先生提供。骆阳能先生拍摄。

图123　达洛珠。达洛珠是至纯天珠的一种形制，形制以达洛珠中最常见的虎纹珠命名，意即“虎纹圆珠”。所有的达洛珠都是至纯天珠，没有措思类型的达洛珠。达洛珠的图案仅限于少数几种，最常见的是虎纹，而宝瓶、莲花、水纹、彩虹、诛法等图案的达洛珠相对少见一些，眼睛图案的尤其少见。按照藏族心目中对达洛珠的价值判断，最珍贵的达洛珠是宝瓶，宝瓶又以所谓“双线宝瓶”为最，也称“莲花宝瓶”；宝瓶之后是莲花、彩虹、诛法（山形）、水纹（闪电），最后是虎纹。在涉及交换流通时，这些珠子的市场价格则依赖珠子本身的品相，如颜色、形制、光泽、完整度等多种因素。图中藏品由伍金泽仁先生和桑珠先生提供。骆阳能先生拍摄。

图124　虎牙天珠。虎牙天珠通常只有一条折线装饰，两条折线的虎牙极少见到。按照藏民族对虎牙的价值判断，除了颜色、大小、完整度和表面光泽，图案设计是决定价值至关重要的因素。一般而言，两条折线的虎牙最为稀有贵重，其次是一条折线装饰、两端有两道口线的设计，最后是常见图案即一条折线装饰的虎牙。虎牙的图案设计是广泛流传在喜马拉雅周边的蚀花玛瑙装饰图案中最常见的折线装饰的变形（图028）。图中虎牙天珠按形制有长形天珠和小天珠两种，按工艺有至纯和措思两种。藏品由大西藏天珠馆、郭彬先生、骆阳能先生提供。骆阳能先生和宋博然先生拍摄。

图125　至纯天珠之小天珠。小天珠的形制与长形天珠和达洛珠有明显区别，按照藏族民间的习惯将其另行分类。小天珠图案与长形天珠、达洛和达索的某些图案共有，比如小三眼、小两眼、小虎牙，特殊图案的还有诛法即山形，以及其他更少见的图案。其中三眼的图案设计又可分为两种，一种是圆形三眼，另一种是金刚三眼。金刚三眼的图案设计仅见于小天珠，其他形制的瑟珠所无。小天珠中的措思类型经常是小虎牙（见图124）。藏品由扎松女士、郭彬先生、骆阳能先生、桑珠先生提供。骆阳能先生和宋博然先生拍摄。

1

2

3

4

5

图126　眼纹数量特殊的天珠。长形天珠以带有眼圈纹样的图案设计居多，常见的有两眼、三眼、四眼、六眼，比较少见的有一眼、五眼、七眼、八眼、九眼、十二眼、十八眼等，据称还有更多眼睛数量的天珠。眼睛数量最初可能与信仰内容相关，藏族以九眼最为尊贵，民间有将天珠称为“九眼珠”的，与原始苯教中以九为尚有关，至今苯教中仍有“九乘”教法。图中1被称为“灯芯一眼”，古代工匠十分了解材料特性，利用玛瑙伴生的晶体线（不着色）设计成图案的有机部分，心思巧妙，图案天成。藏品由李欣蔚女士提供。2为“佛眼金刚五眼”，两组佛眼加一只菱形金刚眼，共计五眼。藏品由伍金泽仁先生提供。3为不同组合方式的九眼天珠。藏族视九眼天珠为天珠至尊，拥有一枚九眼天珠被视为极大福报。藏品分别由伍金泽仁先生和桑珠先生提供。4为八眼天珠。藏品由郭彬先生提供。5为十二眼天珠。藏品由大西藏天珠馆提供。以上藏品分别由骆阳能先生和宋博然先生拍摄。

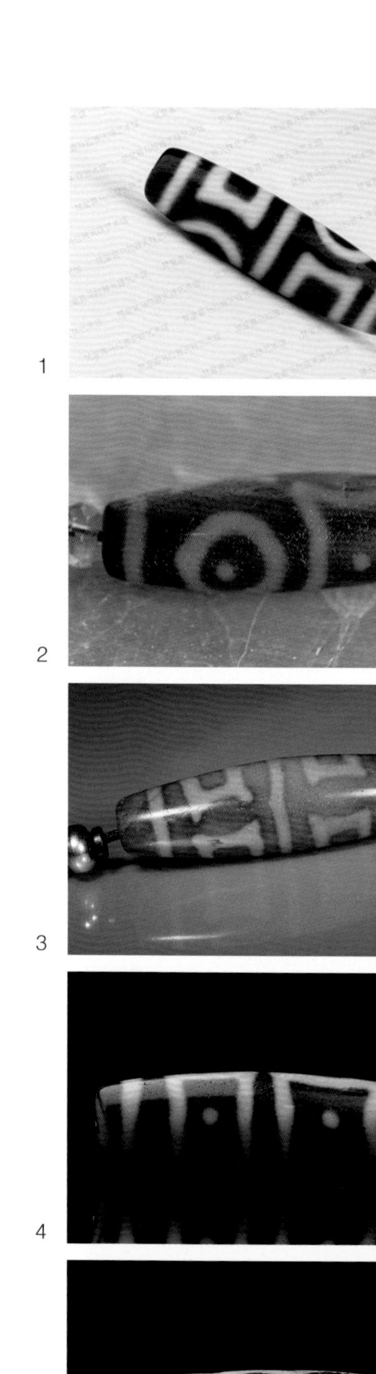

图127　特殊图案的天珠。至纯天珠的几种形制中包括长形天珠、达洛珠和小天珠都有特殊图案出现，其中以长形天珠的图案变化最多最丰富。图中所示特殊图案大多有各自的名称，由于图案少见，民间流传不多，一些古老的名称已经失落，后起代之的名称可能与原初的寓意不符，但是约定俗成，容易接受。1、2藏族人称为“天地四转”的双天双地图案应为早期与苯教自然崇拜相关。3、4称为“四地门”。5藏族人称为“三眼宝瓶”，而近年内地藏家称为“三眼菩提心”。6为“莲花生法杖”，名称后起。7为“金刚杵六眼”。8为“六叶菩提”。9为“四佛眼”。10为“金刚两眼”。11为“两眼菩提心”。12为“四山两佛眼”。图中藏品分别由大西藏天珠馆、梵堂喜马拉雅天珠艺术馆、郭彬先生、伍金泽仁先生、桑珠先生提供。骆阳能先生和宋博然先生拍摄。

7
8
9
10
11
12

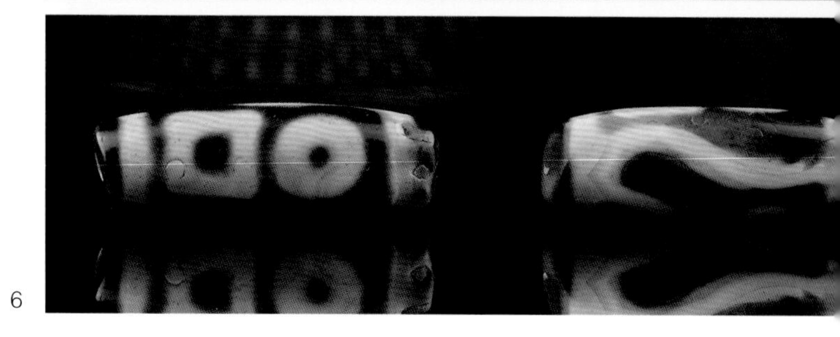

1

2

3

4

5

6

图128　不对称图案的天珠。不对称图案的至纯天珠相对少见，并且大多已经名称失落。藏族民间流传的名称可能后起，但也流传了相当长的时间。如5被藏族人称为“鸡嘴马眼”，养鸡并非藏族传统，藏族人所谓“鸡”并非指具体的鸡，而是泛指鸟类禽类，“鸡嘴马眼”实际上是指图案像禽鸟的嘴和马的眼睛，生动形象。9、10两枚天珠的实际尺寸较大，名称已经不可知，珠子整体形制有别于普通天珠，图案设计独一无二。图中藏品分别由大西藏天珠馆、郭彬先生、郭梁女士、伍金泽仁先生、桑珠先生提供。骆阳能先生和宋博然先生拍摄。

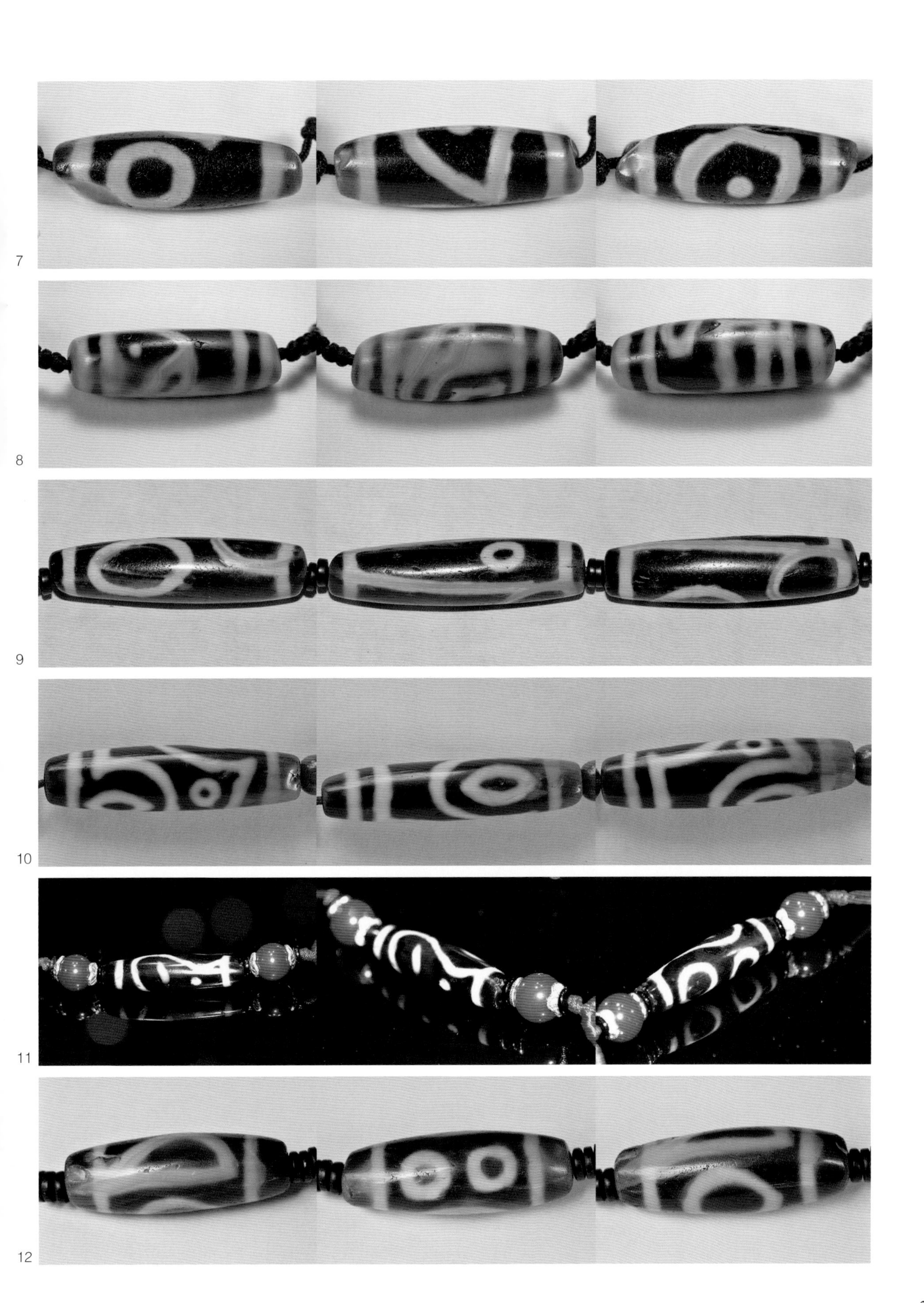

7

8

9

10

11

12

图129　措思珠。措思和至纯天珠的材料都是缠丝玛瑙，措思和至纯天珠有共同的图案，比如两眼、天地、金刚六眼、虎牙之类，应该是代表同样的意义或象征。措思与至纯天珠的区别主要是工艺制作技术的不同造成的，其次才是装饰图案的不同。措思的形制包括长形管和短形管两种，没有圆珠（达洛珠）形制的措思。2014年西藏阿里曲踏墓地考古出土了一枚虎牙图案的措思珠，为措思珠的断代提供了可靠的考古编年（见4-2-2）。

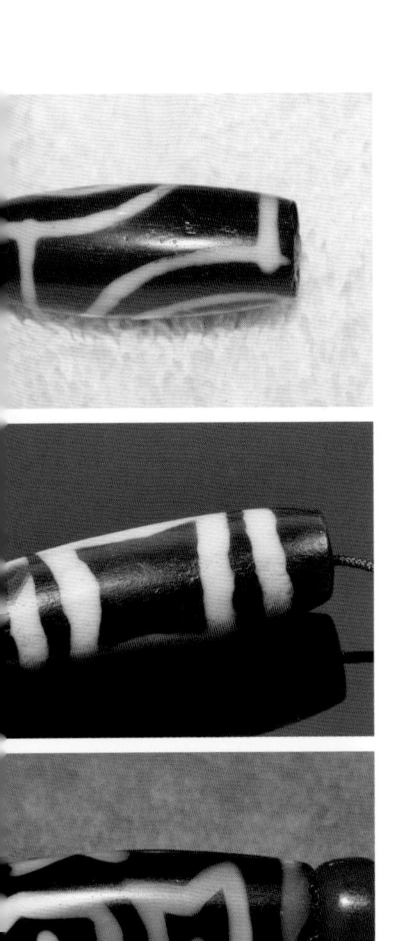

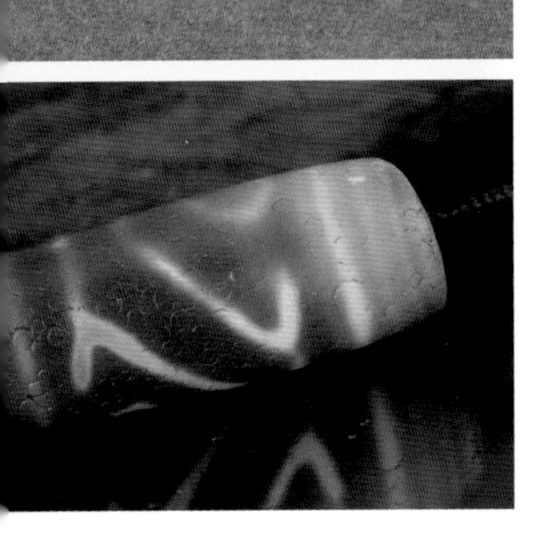

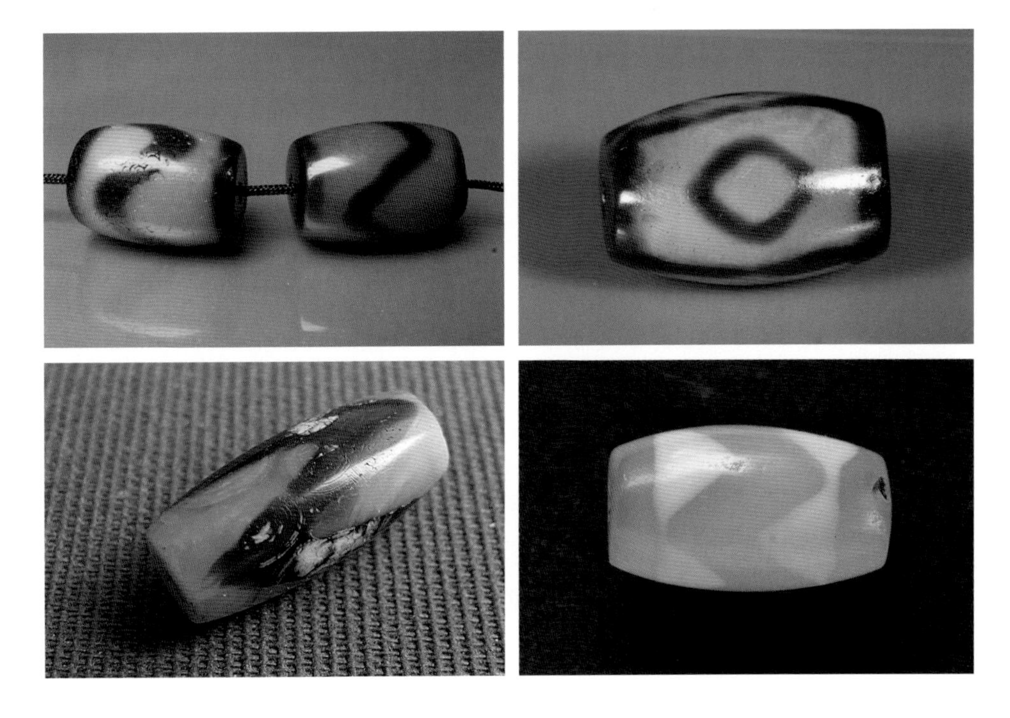

第三节　措思

◆6-3-1　措思——湖珠

措思（tso dZi）是藏语音译，意思是“湖珠”，“措”是湖或海子的意思（藏族称湖为海子），“思”即“瑟”，同一发音不同的音译。措思实际上是瑟珠系列中的一种工艺类型，也是一种装饰类型。措思与（至纯）天珠表面效果的区别首先是制作工艺的不同造成的，其次是图案装饰的不同（图129）。措思与至纯天珠有共同的图案设计，但措思有很多图案是至纯天珠没有的，图案设计比至纯天珠更丰富，并且与至纯天珠的对称图案不同的是，措思有很多图案是不对称的，图案设计比较随意，独一无二（图130）。

措思有以下特点：1.措思的形制都是中间略鼓、两端渐收的长管形，多数时候比长形（至纯）天珠略细长一些。2.措思的孔道为长轴，即珠子的长度。3.制作措思和制作至纯天珠的材料都是缠丝玛瑙。4.多数措思没有经过白化即型二工艺，因而质地呈半透明。5.措思与至纯天珠有共同的图案，一般为对称图案设计，比如两眼、金刚六眼、宝瓶四眼等。6.措思的图案设计比至纯天珠丰富，除了与有与天珠共同的图案，另外还有大量至纯天珠所没有的不对称的、随意的图案设计。7.措思没有达洛珠（圆珠）。

措思珠上经常有较明显的晶体伴生的情况，这在至纯天珠也能见到，但不同的是，措思珠大多没有刻意回避伴生的晶体，而是巧加利用。古代工匠知道晶体不易着色的特性，在制作珠子（措思）时，并没有刻意回避石头上自然伴生的晶体，而是将其设计成图案的有机部分，图案是根据随机的情况设计的，显得随意且不可复制，有些设计非常巧妙。至纯天珠的选材则不同，大概是出于在制作时施加对称图案的考虑，在选择材料时都尽量避免有晶体伴生的情况，偶尔见到珠体上的晶体也大多不太明显，应该是选材时无法避免留下的小块面积，另还有民间称为“水线”的晶体线。珠体上保留晶体伴生的情况在措思珠则很常见，一些人认为是故意为之，或者没有刻意回避，因为水晶在古人眼里具有某种能量。（图131）

在藏族人的心目中，措思的价值仅次于纯天珠。这种价值标准的认同究竟来源于什么，已经很难追溯，不应该只是单纯由于两者包含的工艺价值不同。如之前所说，瑟珠是苯教遗物，瑟珠系列及其图案设计有各自不同的符号意义或象征，最大可能是宗教和信仰有关的，同时也用于等级或身份的区别。《新唐书·吐蕃传》记载吐蕃官员用瑟珠和贵金属标识等级，这种传统是否源自象雄也未可知，在佛教传入吐蕃社会之前，苯教经师和来自象雄的精英群体一直占据吐蕃上层社会的重要位置，甚至松赞干布扬佛灭苯之后，象雄和苯教遗俗仍旧保留在藏族民间直至今天。

藏族对天珠和措思的质地分得很清楚，尽管两者就原材料本身而言都是缠丝玛瑙，但由于制作工艺的不同而最终呈现不同的质感和表面效果。一般而言，措思的材质显得比至纯天珠的材质硬一些，大多呈半透明状，而天珠的质地则显得细腻而油润。熟悉天珠的藏族和藏家大都会对珠子的材质和质感进行品鉴，比如藏族群众在观察一颗措思的时候，他们会说，这个措思的材质很好，像天珠的材质。这种价值判断源自古老的传统，也是天珠文化得以流传的重要的内容。

◆6-3-2 措思的工艺

措思的材料与天珠一样是缠丝玛瑙。前文所述，措思与至纯天珠首先是工艺的区别，然后才是图案装饰的不同。至纯天珠的工艺几乎是标准化的，白化、抗染剂蚀花、黑化（或糖化）、精细打磨抛光。而措思的制作工艺则与它的装饰图案一样变化多，有多种不同的技术类型。对现有可收集到的措思样本的考量，大致可分为三种类型，型一措思为典型工艺，技术特点是一次染色；型二措思与天珠工艺类似，但效果不同；型三为特殊工艺，造成其装饰风格也很特殊。三种不同类型的措思工艺描述如下：

1.型一措思，为典型的措思工艺类型。其技术特点是蚀花图案和整体染色一次完成，即珠子在施加蚀花图案前未经白化，而是在天然缠丝玛瑙珠上直接使用抗染剂覆盖所需图案，然后整体侵染，染色剂可以是“糖化”（棕色），也可以是黑化，甚至其他颜色。珠子最终呈现深色底色与白色（抗染剂）图案的对比，珠子或半透明或不透明，取决于染色剂配方。2.型二措思，这项工艺与天珠类似，即珠子在施加蚀花图案之前经过白化，但白化效果与天珠有别，措思呈半透明质地，天珠呈不透明蜡质状，两种质地应该是染剂配方不同造成的。白化后的珠子仍使用抗染剂覆盖所需图案部分，然后二次染色，即黑化或糖化乃至其他颜色的整体染色。3.型三措思，这类措思与型二措思一样在施加图案之前有过整体染色，但不一定是白化而是其他染色，染色后的珠子并非使用（白色）抗染剂覆盖图案，而是黑色染剂直接在珠子表面画花，加热使得黑色图案固着。此为这类珠子最为特殊的工艺办法和装饰效果。（图132）

我们假设至纯天珠与措思的关系有点像瓷器的官窑和民窑的关系，前者一般保有一项或者几项工艺秘密，以保证产品独有的工艺价值；而民间产品的制作工艺则为多数工匠所熟知，由于缺乏工艺的独特性而使得价值稍低于前者，但是民间身份使其从技术到装饰效果都更加随意和丰富。至纯天珠的白化工艺很可能是保密的，尽管制作天珠和措思使用的是同一种材料（缠丝玛瑙），就像瓷器的官窑都使用高岭土一样，但是由于工艺技术的不同，使得这两种类型的瑟珠从质感到表面效果都明显有别。（图133）

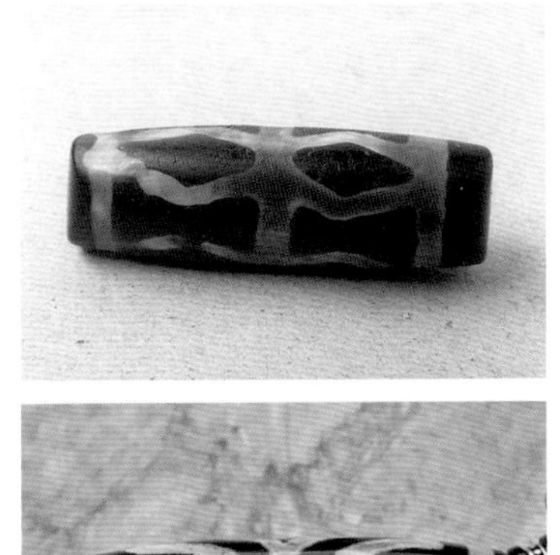

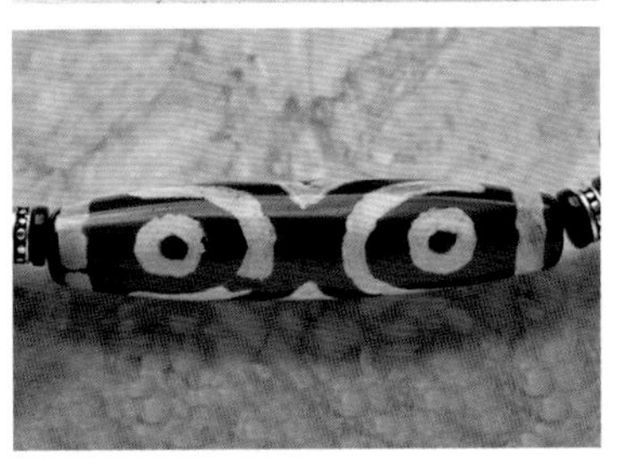

图130　特殊图案的措思。除了与天珠有共同的对称图案，几乎所有不对称图形的、随机设计的措思图案都可称为特殊图案，这些图案大多独一无二、没有重复出现。有些措思的图案似乎流传很广，在蚀花玛瑙和邦提克珠上都出现过，比如“之”字形图案（见图028），它们出现在不同工艺和不同地域的珠子装饰上，这些珠子年代大致平行，表明不同地域之间的交流。一些措思利用材料自带的伴生水晶设计成随机的图案，这些图案都是独一无二的。措思的制作工艺不像至纯天珠那样比较规范，而是有不同变化，图中最后两粒珠子并非典型的措思工艺。藏品分别由收藏家郭彬先生、骆阳能先生、李钟全先生、达洛先生、土多多吉先生提供。骆阳能先生和宋博然先生拍摄。

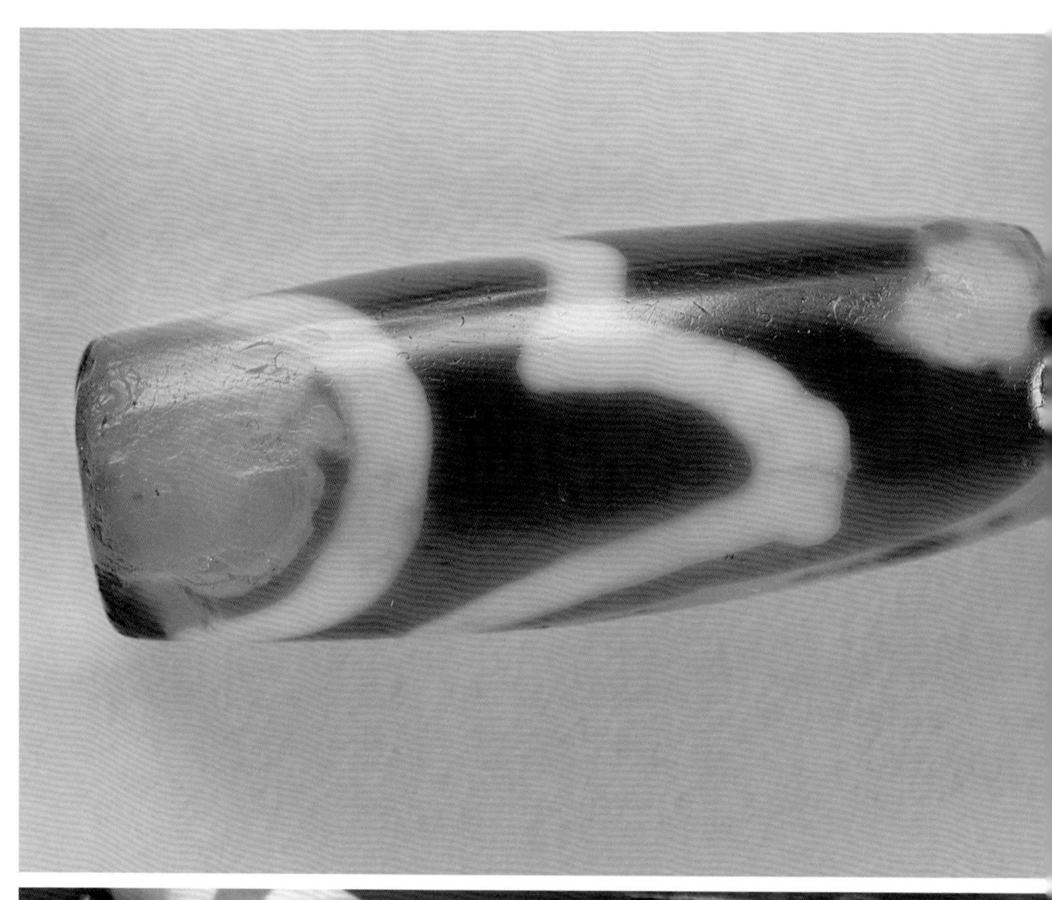

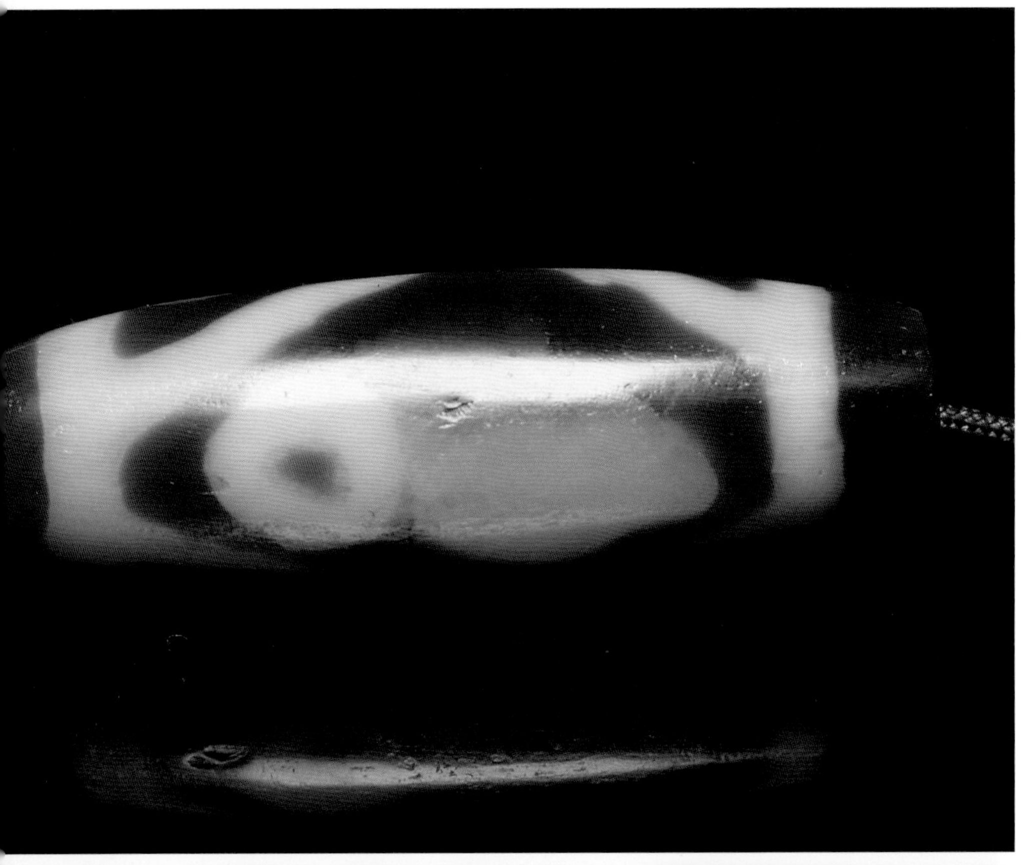

图131　有晶体伴生的措思。珠体上保留晶体伴生的情况在措思珠很常见，一些人认为是故意为之，或者没有刻意回避，因为水晶在古人眼里具有某种能量。从罗马时代的博物学家大普林尼到近现代的矿物学家对水晶以及其他宝石、半宝石的传说和治愈作用都有描述，生活在中世纪的法国诗人马尔博［Marbodius］（1035—1123年）是雷恩教区的大主教，他在《马尔博的宝石王国》［*The Lapidarium of Marbodiud*］中描写了每一种宝石、半宝石及其浪漫传说，对于水晶，他写道：水晶是寒冰穿越无尽岁月长成的石头；它坚硬、透明，仍旧持有本来的力量；它凛冽的颜色来自远古的源头。以上引文出自英国维多利亚时代作家和宝石专家查尔斯·威廉·金［Charles William King］（1818—1888年）所著《古代宝石：它们的起源、使用以及作为古史的解释的价值》［*Antique Gems: Their Origin, Uses, and Value as Interpreters of Ancient History*］。藏品由收藏家郭彬先生、祝念楚先生、大伍德先生［Daud］（巴基斯坦）提供。

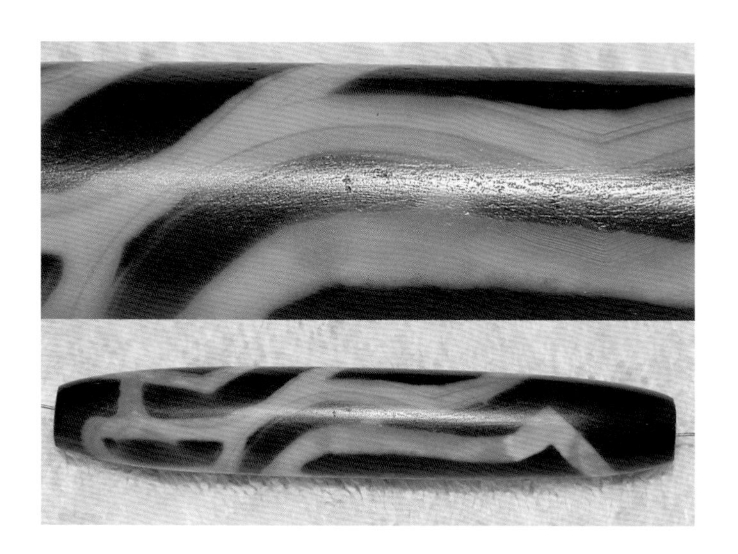

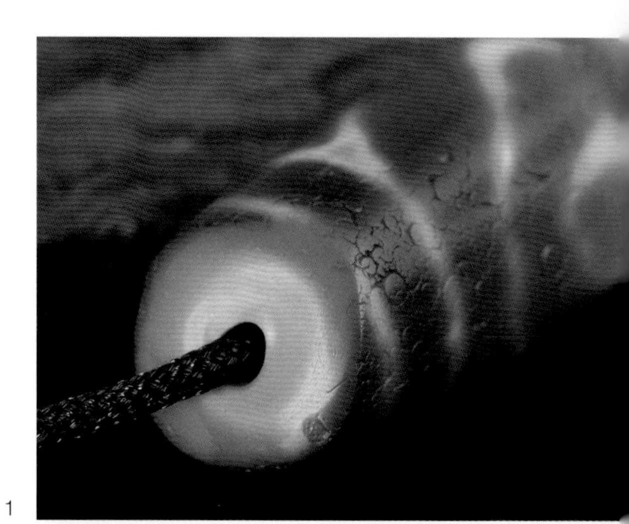

1

2

3

图132　措思的工艺类型。制作措思的材料与天珠一样是缠丝玛瑙，因之都必须使用染色工艺对材料进行改色染色才能施加人工蚀花图案，但措思与至纯天珠的区别首先是染色工艺的不同，然后是装饰风格的不同。与至纯天珠几乎是标准化的制作工艺不同，措思的工艺变化较多，根据对现有可收集到的措思样本的考量，大致可分为三种类型。1.型一措思为典型工艺，技术特点是一次染色，即在天然缠丝玛瑙珠上直接使用抗染剂覆盖所需图案，然后整体侵染“糖化”（棕色），或黑化或其他色彩的染色。型一措思的截面为糖色或黑色及其他染色。2.型二措思与天珠工艺类似，先整体白化，然后抗染剂施加图案，再二次染色黑化或其他色彩的染色。型二措思的截面为白色。3.型三为特殊工艺。特点是表面图案为黑色画花而非白色抗染剂蚀花图案。珠子经过整体染色，然后使用黑色染剂（而非抗染剂）表面画花，加热使得色彩永久性固着。藏品和断珠样本由收藏家郭彬先生提供。

1

至纯天珠

措 思

2

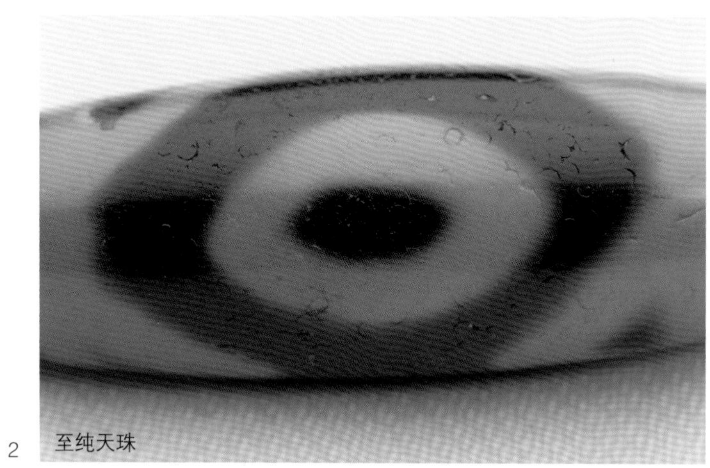

至纯天珠

措 思

3

至纯天珠

措 思

图133 至纯天珠与措思珠的工艺细节对比。1.天珠有过白化工艺，质地大多呈不透明蜡质感，而白化过的型二措思质地仍旧呈半透明。2.天珠的图案和线条较为规矩流畅，措思图案和线条较为随意古拙。3.天珠在全部蚀花工艺完成后经过精细打磨和抛光，可能还经过某种“润化”处理，《藏族传统工艺经典》中有过记载，而措思在蚀花工艺完成后有过快速打磨和抛光，但没有经过所谓“润化”一类的精细处理。4.天珠的两端大多打磨呈弧面，而措思的两端在经过（锋利的工具）切割后未经处理，截面为直切后的平面。藏品及断珠样本分别由收藏家郭彬先生、骆阳能先生提供。

◆6-3-3　三色措思

措思还有一种比较特别的装饰类型是三色珠，指表面同时出现三种不同色彩构成图案的措思珠，习惯上把这种珠子归为措思主要是因为它的图案装饰和形制，而不是因为它的制作工艺。三色措思的制作工艺与典型的措思工艺不同，而与线珠（指所谓尼泊尔线珠，见6–4–2）的制作工艺有相同的地方，即在珠子表面直接使用（不同色彩效果的）染色剂画花后加热处理，而不使用像措思那样用抗染剂画花后浸染“糖化”的工艺流程。至纯天珠没有三色装饰图案的，都是双色的。

线珠同样是一种呈现由三种不同色彩构成图案的珠子，但是与三色措思不同的是，线珠的三种颜色中有一种是材料本身的颜色，即只使用了两种染色剂画花，与材料本身被余留的部分作为第三种颜色一起构成三色效果（所谓蚀花技术类型三，见4–1–5）。而三色措思珠表面的三种颜色则全部是使用染色剂画花，这三种染色剂将覆盖珠体全部，没有余留材料本身的颜色作为构成图案的部分，画花后也没有经过染色剂浸染“糖化”之类，珠子的蚀花工艺即施加图案的过程与线珠类似。由于三色珠的图案是由两种以上色彩构成，画花时所使用的染色剂至少需要其中一种具有抗染剂的功能，否则无法在珠子表面施加不同色彩的染色剂而不被相互侵染。（图134）

图134　三色措思珠。三色措思是措思珠里面比较少见的类型，与通常的双色措思不同，三色措思的图案由三种不同的色彩构成。三色措思相对少见的原因，可能与其制作工艺较为复杂有关，目前所见三色措思几乎没有重复的图案和色彩，珠子的图案设计都是独一无二的。三色措思与三色线珠在工艺细节的区别，简单地讲，三色措思是使用了三种染色剂对珠子施加图案，三色线珠（指所谓尼泊尔线珠）则是使用两种染色剂与（珠子）材料本身的色彩一起构成图案。藏品由骆阳能先生和祝念楚先生提供。

第四节　琼

◆6-4-1　琼——天然缠丝玛瑙

“琼”［chung］或者“琼瑟”［chung dZi］，是藏族对所有带有缠丝纹样和线条（环线）装饰的瑟珠的称谓，包括天然缠丝玛瑙的琼瑟和人工蚀花的线珠两大类。天然缠丝玛瑙的琼瑟形制为其独有，既不同于天珠也不同于措思或寿珠以及其他所有类型的瑟珠，一般为中段略鼓、两端渐收的桶形，珠子表面尽可能保留了色彩和纹样俱佳的天然缠丝，有些缠丝玛瑙带有天然的眼睛纹样，这种琼珠在藏族心目中价值不菲。（图135）

藏医药经典《晶珠本草》（见4-1-9）对天珠和其他瑟珠入药及其功效都有记载，其中有专门的缠丝玛瑙词条，藏语“琼”，描述为，“白红玛瑙祖母绿，功效也同九眼珠。本品分为四种。特品白色，有青色光泽、晶亮，里外不暗，称为嘎毛洛伊，是防八部之病的珍宝。状似特品但不如特品晶亮而有红色光泽者，称为玛拉洪，为上品，功效与特品相同。二品均产自玛哈支那。克什米尔产的为红色，前代产的有白斑，二品质劣。四种玛瑙功效与九眼珠相同。”文中强调缠丝玛瑙的“功效与九眼珠同”正是由于藏民族很早就意识到这种材料是制作“九眼珠”（至纯天珠，也称九眼珠）的材料，因而认为其“功效与九眼珠同”。

“琼”的发音和称谓保留了古老的信息，中原古代文献对半宝石的记载包括“琼”，西周《诗经》有大量关于“琼”的字句，如“琼琚”、“琼瑶”等，皆指玛瑙一类半宝石制作的珠饰。汉代以及南北朝时期的札记随笔则称：琼，赤玉也。即红色的玛瑙类半宝石。古代中国以“美石为玉”，还没有严格意义上的矿物学分类，玉和玛瑙以及其他美石皆混为一谈，“琼”的读音很可能来自中亚克什米尔等富藏玛瑙和半宝石的地方。东汉时期安息国（帕提亚，伊朗高原古国）王太子出身的僧人安世高来中土洛阳传教，所译《阿那邠邸化七子经》有文，“此北方有国城名石室。国土丰熟人民炽盛。彼有伊罗波多罗藏。无数百千金银珍宝车渠马瑙真珠琥珀水精琉璃及诸众妙宝”，其中“玛瑙”写作“马瑙”，即先前的“琼”。南朝江淹的《空青赋》有“夫赤琼以照燎为光，碧石以葳蕤为色。咸见珍于东国，并被贵于西极”，文中所说“赤琼”即产自西方（西域中亚）。魏文帝曹丕写有《马脑勒赋》，“马脑，玉属也。出自西域，文理交错，有似马脑。故其方人因以名之。或以系颈，或以饰勒。余有斯勒，美而赋之。命陈琳、王粲并作”。曹丕佩戴有来自西域的马脑（玛瑙）勒子，因为自己很喜爱便赋诗赞美，“玛瑙”一词在中原的

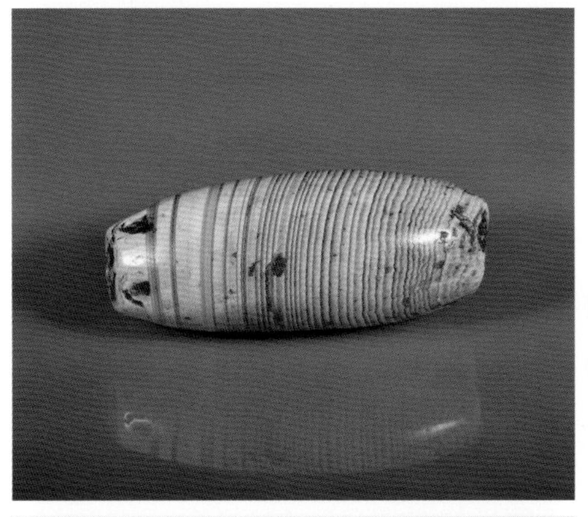

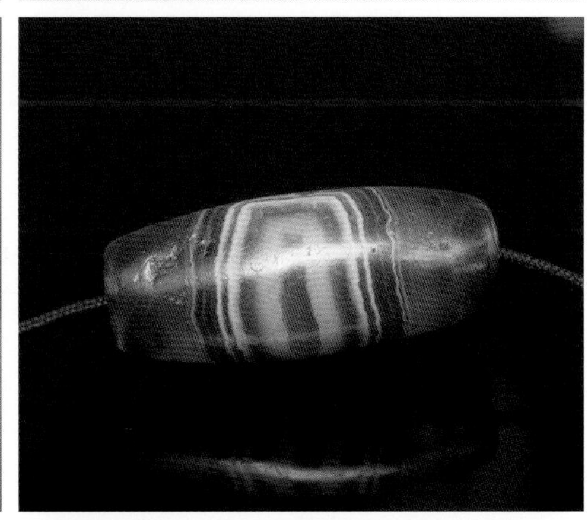
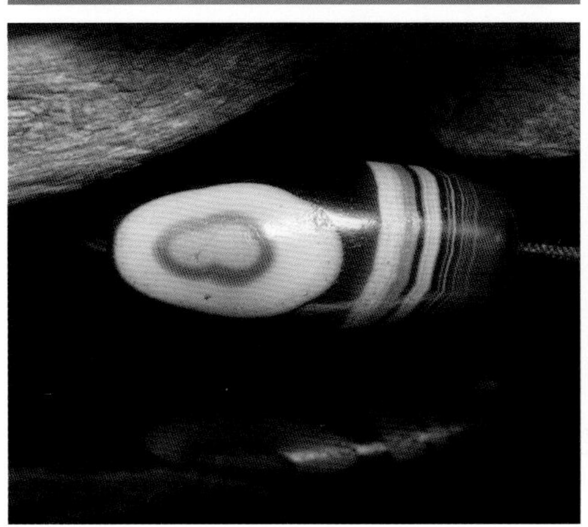

图135　琼。也称“琼瑟”，“琼”珠。“琼”或者“琼瑟”是藏族人对所有带有缠丝纹样和线条（环线）装饰的瑟珠的称谓，包括天然缠丝玛瑙的琼瑟和人工蚀花的线珠两大类。天然缠丝玛瑙同样是藏民族十分珍爱的瑟珠，这种珠子的表面尽可能保留了色彩和纹样俱佳的天然缠丝，有些缠丝玛瑙带有天然的眼睛纹样，这种琼珠在藏族人心目中价值不菲。“琼”的读音很可能来自古代中亚波斯及克什米尔等地方，藏民族保留了这一古老的读音，而中原在先秦时期也都称其为“琼”，直到东汉和魏晋之后才开始称为“玛瑙”，因为缠丝纹样“有似马脑”，文人雅士将其写为“玛瑙”，表“玉属”，尽管玛瑙不是玉，但古代中国以“美石为玉”，也将其归为玉属。瑟珠系列在最近几十年被藏族聚居区之外的藏家认识后，坊间一度将“琼”一类的缠丝玛瑙和线珠称为“冲天珠”，实际上是“琼”的转音，由于最初对瑟珠系列缺乏系统认识而造成对其分类的误解。藏品由收藏家郭彬先生、祝念楚先生提供。宋博然先生拍摄。

推广除了佛教经典的传播，也得益于曹丕这样的雅士文人的诗词歌赋。

◆6-4-2　线珠——蚀花工艺的琼

在藏族心目中，典型的琼除了天然缠丝玛瑙，还有坊间所谓“尼泊尔线珠”。尼泊尔线珠的说法并非毫无根据，早期有关尼泊尔线珠的说法来自那些在后藏（日喀则，见4-3-2）从事天珠交易的商人，他们声称这些独特的线珠均来自尼泊尔，而尼泊尔民间一直有某些地方能够挖到线珠的传闻，这种说法在最近几年越来越多地得到民间和官方资料的证实。2000年孟加拉境内铁器时代的考古遗址瓦里-贝特肖［Wari-Bateshwar］的发掘（见图171），出土了陶器、银币、金属制品、武器、半宝石珠子和玻璃珠，其中蚀花玛瑙包括除天珠、措思和（型二）寿珠之外的、几乎所有南亚和东南亚的蚀花玛瑙珠的形制和装饰类型，这些珠子有些来自缅甸（骠珠），有些来自印度南方，而有些则是本地生产的。瓦里-贝特肖的考古编年为公元前500年至公元前后，这条编年信息的确认几乎为（除天珠之外的）大部分蚀花工艺的珠子提供了断代的依据。尽管遗址并非尼泊尔境内，但南亚某地制作线珠的事实被证实。

线珠的蚀花工艺符合艾宾豪斯对蚀花玛瑙技术分类的型三变形A（见图068），制作工艺和装饰效果有以下特点：1.制作线珠的材料有乳白色或略呈肉红的（半透明）玉髓，也有与制作天珠和措思一样的缠丝玛瑙。2.线珠的形制大多为中间略鼓、两端略收的长管状，也有略呈羊角的形制，个体和尺寸变化较大，从一二厘米到四五厘米不等，个体最大的线珠超过10厘米。3.线珠的工艺按照艾宾豪斯的技术分类，采用的工艺为型三的变型A。4.线珠呈现的装饰效果为黑、白、自然色（优化过的自然色）三色构成的图案，其中珠子中段的黑白线条为人工蚀花，一般是四条呈一定角度的白线将黑色划分为三部分，共计七条线，称为“七线珠”。也有五线、三线装饰的珠子。5.线珠在施加图案之前没有整体“白化”这一工艺过程，但是两端呈现“自然色”的底色部分在珠子加热过程中有优化，表面呈现一种与（内部）自然色相比不同的颜色。6.线珠在施加图案之后没有整体浸染“黑化”的工艺流程，而是使用黑白两种染色剂在珠子表面直接画花，这两种染色剂都具有很强的浸染效果，且其中须有一种同时具有抗染作用（一般为白色），以防止黑色染剂对其造成浸染。（图136）

线珠采用黑白两种染色剂在珠子表面直接画花的工艺与骠珠的制作工艺和染色剂配方有类似的地方，孟加拉瓦里-贝特肖考古出土的珠子既有骠珠也有线珠，以及其他类型的蚀花工艺的珠子，这些珠子的工艺配方很可能相互关联。与骠珠不同的是，（尼泊尔）三色线珠是使用黑白两种染色剂在珠子的中段画花，将珠子两端余留为材料本色，而骠珠是使用黑白两色将珠体全部覆盖，珠子表面没有余留部分。工艺的角度，三色线珠很难采用将珠子整体放入染色剂中浸染的工艺流程，因为珠子两端需保留材料本身的质地和颜色而必须避免染色剂浸染整个珠子。将黑白染色剂填涂在珠子表面同样具有浸染的效果，且黑白两种染色剂中须有一种为抗染剂，抗染剂本身需有染色作用（一般为白色）。无论尼泊尔线珠还是骠珠，所使用的染色剂都具有很强的浸染效果，从断珠样本的观察，染色剂对石头（珠子）的浸染一般都深入内部。（图137）

◆6-4-3　羊角珠——特殊形制的琼

羊角珠是特殊形制的琼瑟（线珠），与马眼板珠和羊眼（药师珠）等其他类型的瑟珠一样，羊角珠也分为天然图案和人工蚀花两类。羊角珠的形制非常古老，最早的考古资料可以将其追溯到公元前2600年的两河流域。形制最初是否就是模仿羊角或者其他动物的双角很难考证，但是“羊角珠”的命名很形象，这种形制也一直很受喜爱，制作时间长，分布范围广，从西亚到中亚再到印度和东南亚都有。奇怪的是，尽管天然纹样的羊角珠也大多使用缠丝玛瑙制作（图138），但藏族对其珍爱程度显然少于琼瑟（天然缠丝玛瑙珠），而人工蚀花的羊角珠显然更受青睐，尤其是在康巴地区，（尼泊尔）线珠和羊角珠是康巴人节日佩戴的珠饰中十分显眼的装饰元素。

◆6-4-4　黑白珠

黑白珠指黑白两色装饰的珠子，形制有长管状和短管状，装饰效果变化较多，有黑白线珠、两段式的黑白珠、三段式的黑白珠、线条和分段结合的珠子等各种装饰效果。两段式珠子一般为黑色与另一半白色对比；三段式的黑白珠一般是珠子两端的黑色与珠子中段的白色对比，或者两端的白色与珠子中段的黑色对比；线条和分段结合的黑白珠装饰效果则变化比较多。黑白珠除了黑白对比，也经常见到棕色与白色对比的珠子，在制作过程中，工匠使用不同配方的染色剂可以造成不同的色彩变化（图139）。黑白珠和黑白线珠一般都是指人工蚀花的珠子，技术类型可归为艾宾豪斯的型三变形B，即型一和型三的技术组合，同时施加黑色和白色两种图案在天然石头的珠子上，但是两种图案不互相重叠（见图068）。

图136　线珠。线珠大多被认为出自尼泊尔，典型的尼泊尔线珠有相对固定的图案样式，即珠子中段有黑白两色对比的图案装饰，一般呈一定角度的黑白条带，即四条白线连同白线之间的黑色间隔部分一同算作七线，称为七线珠，也有五线装饰的，珠子两端未装饰的部分为余留的玉髓天然底色。七线珠已经有考古出土实物，孟加拉瓦里-贝特肖考古出土的珠子既有骠珠也有七线珠，为珠子提供考古编年（见图171）。尼泊尔民间挖掘线珠已经有一段历史，近些年由于内地珠商和藏家的深入造访，了解到一些线珠挖掘的相关信息。一般挖掘地点都在离河岸不远的台地上，每年4月长达半年的雨季会冲走大量泥沙，雨季结束后就开始进行挖掘。与线珠同出的还有其他类型的蚀花工艺制作的小线珠和黑白珠，装饰效果不同于典型的七线珠，制作工艺相互关联而略有变化。尼泊尔线珠常伴有一种形制为扁片状的鸡肝玛瑙珠子，这种珠子大多呈不透明的天然绿色或红色。除尼泊尔线珠，中亚、印度、巴基斯坦和东南亚都出线珠，装饰办法和工艺制作都变化多样。图1、2为典型尼泊尔线珠，图3、4、5、6、7、8出自中亚、南亚、东南亚不同地方。藏品由收藏家郭彬先生、李超先生提供。

3
4
5
6
7
8

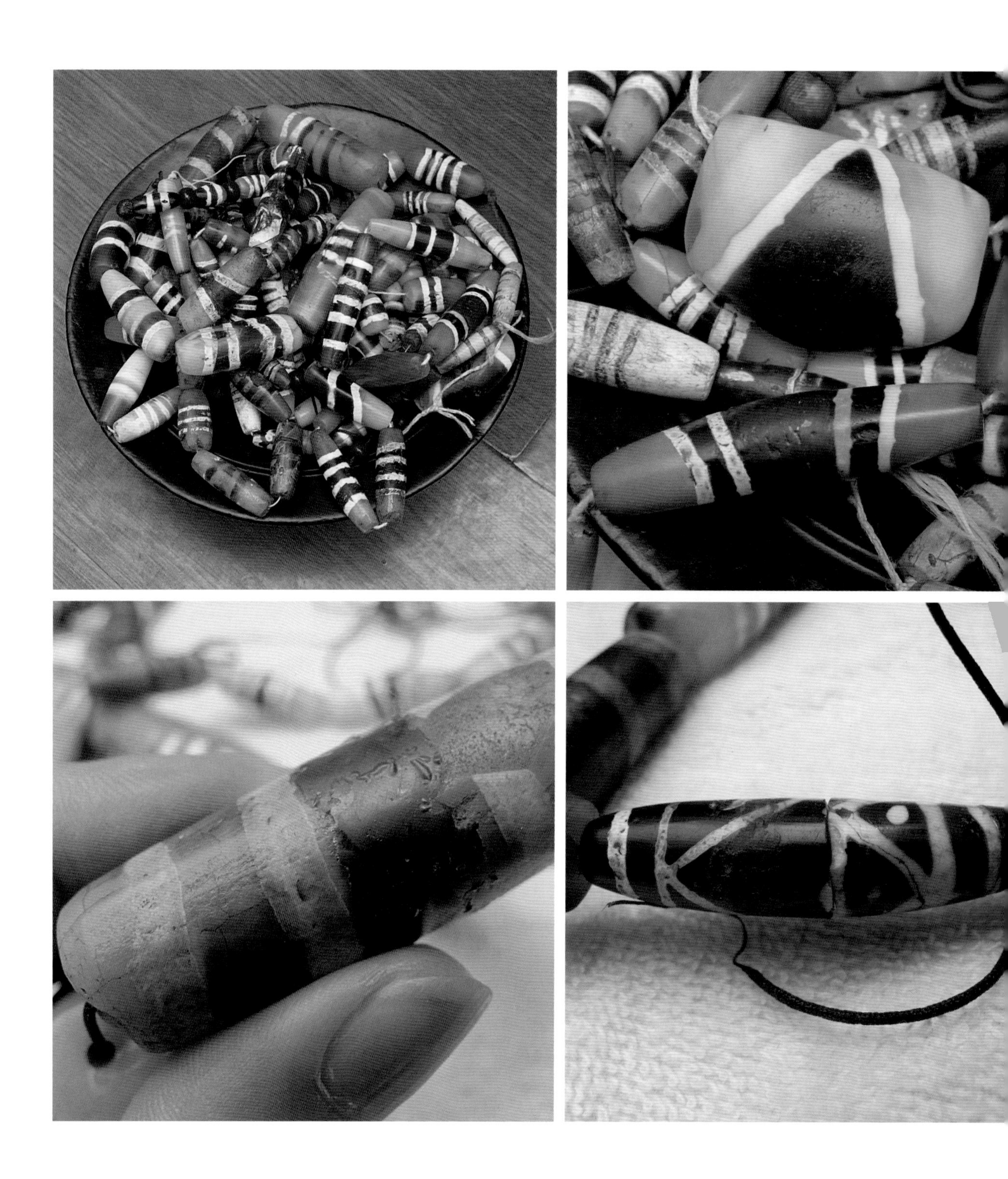

图137　线珠样本及工艺细节。线珠在康巴地区很受欢迎，康巴人擅长经商，他们往返周边各地包括尼泊尔和印度，经手大量货物，富裕的商人在康巴地区受人尊敬。直到现在，康巴地区某些老建筑和老寺庙中还能不时发现类似财宝的窖藏，其中包括数量不算少的各种瑟珠和线珠，这些珠子经手数代人和世事变迁，很多已经残断不堪，却是最好的暴露珠子工艺信息的样本。图片中的线珠和其他蚀花类型的珠子来自德格，由长期在拉萨经营生意的藏族伍金泽仁于德格老家购得。珠子大多已破损或残缺不全，据伍金泽仁讲，这样的珠子不再用作佩戴装饰，最好的用途是售予藏医药制药厂作为药物配方，制药厂一般按重量（克）收购。图中断珠样本由伍金泽仁先生提供。

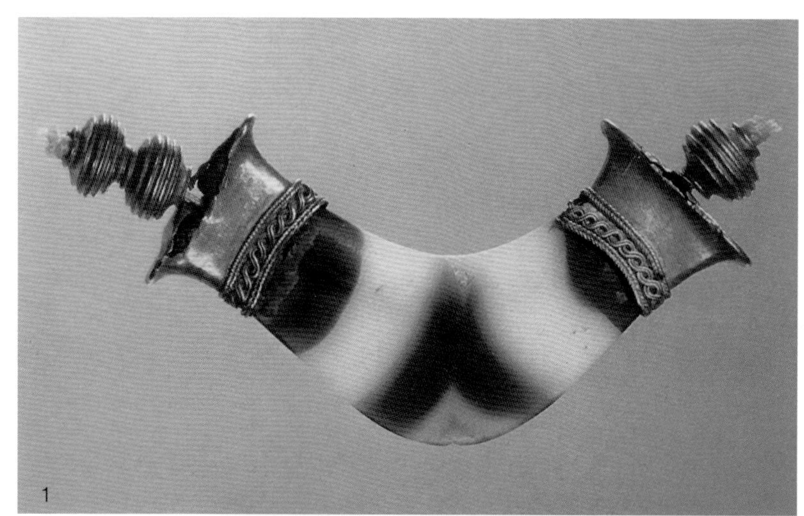
1

2

5

6

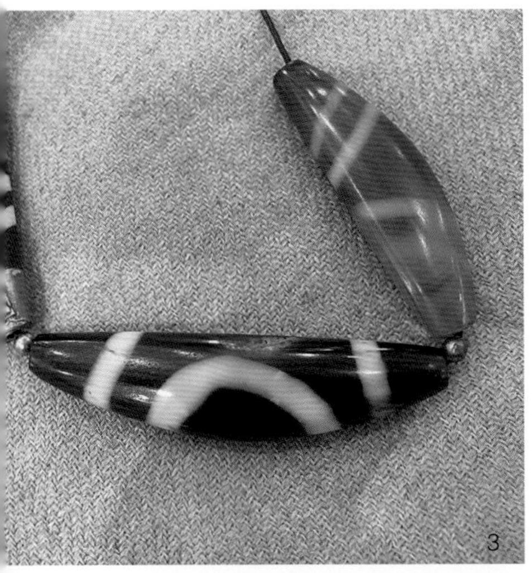

图138　羊角珠。羊角珠是特殊形制的琮，有天然材料的羊角珠和人工蚀花的羊角珠两类。天然材料的羊角珠的形制非常古老，早期的考古资料可以将其追溯到公元前2600—前2100年两河流域的乌尔古城的皇室墓地，美国大都会博物馆所藏公元前2000年的天然缠丝玛瑙制作的羊角珠则来自乌鲁克古城（图1）。东南亚尤其是古代缅甸和泰国，制作羊角珠形制的蚀花玛瑙也有相当长的历史，有红底白花和红黑白三色羊角等不同的装饰类型。泰国国家博物馆所藏来自万伦港［Ban Don Ta Phet，Panom Thuan，Kanchanaburi］（也译素叻他尼，泰国西南部港口城市）的三色羊角珠考古编年在公元前500年后（图2）。这种珠子属于东南亚古代蚀花玛瑙的类型，其制作工艺尤其是对肉红玉髓的加色处理和抛光工艺十分精湛。缅甸民间称为“水蛭珠”（Leech Beads），名称由来可能是与其形制和装饰与东南亚地区田间溪水经常见到的水蛭相似。藏民族偏爱的则是所谓尼泊尔线珠一类，尤其是康巴地区，那里至今都可能挖到线珠和其他类型的蚀花珠，当地人传言是打仗或逃难时故意掩埋的。康巴地区的跑马节上，康巴汉子和康巴女子都以佩戴穿缀了红珊瑚和线珠的大型项链为骄傲，这些装饰醒目而贵重，展示了康巴地区藏族对勤劳、豪爽、勇猛和财富的崇尚。藏品分别由刘曼曼女士、郭彬先生、骆阳能先生、扎德先生［Zed］（巴基斯坦）、Terence Tan先生（缅甸）提供。

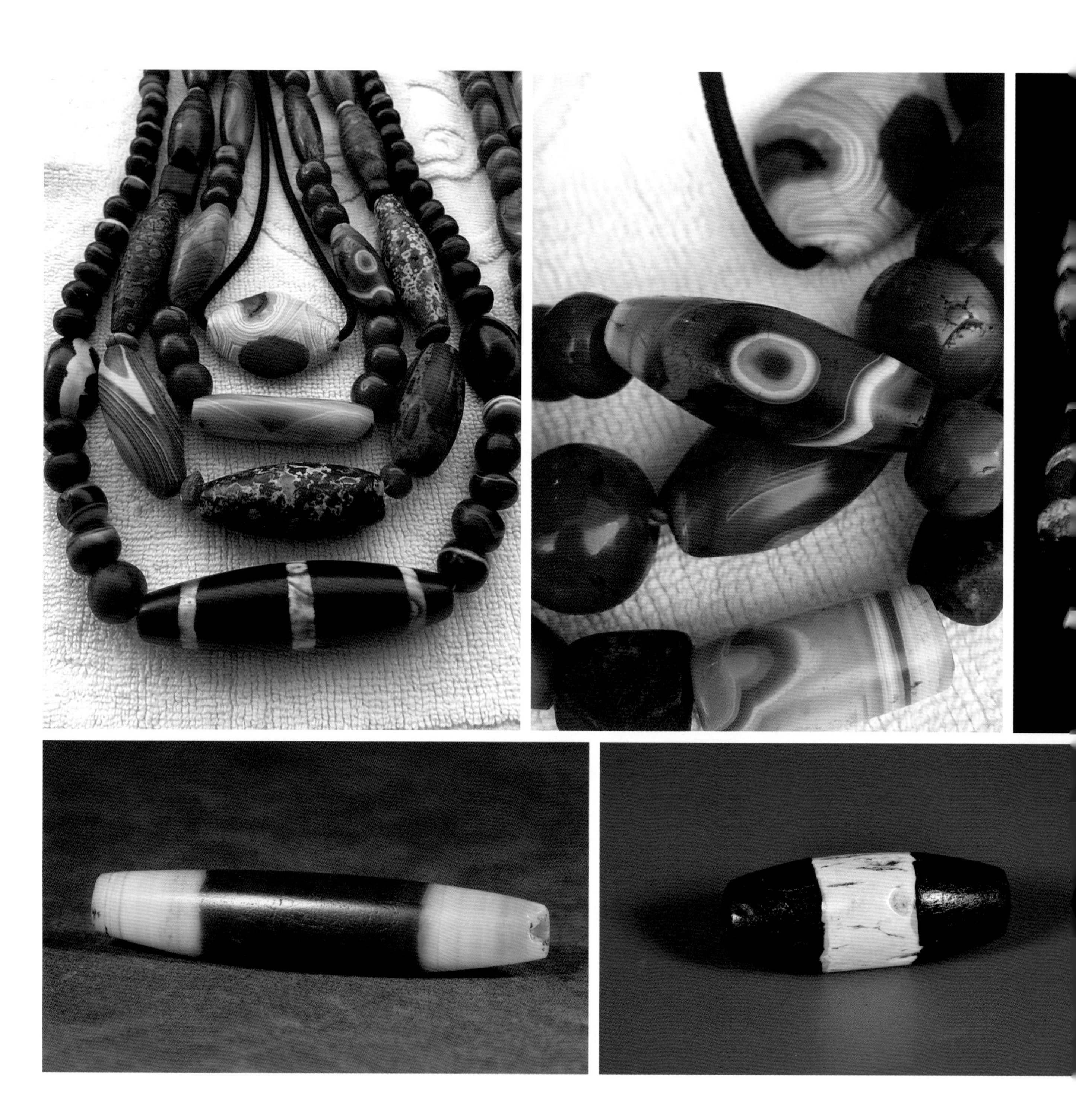

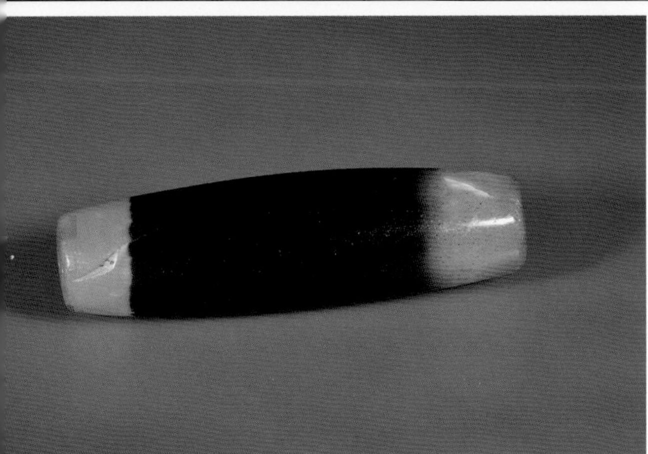

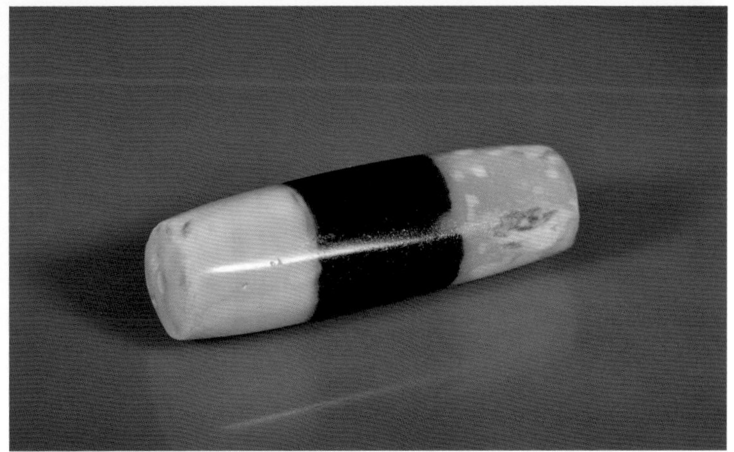

图139　黑白珠和黑白线珠。理论上这种黑白装饰的管状的珠子应归入线珠一类，藏族人大多称其为“琼”，但是他们有自己的限定词，以能够与其他类型的琼珠在名称上区别开来。黑白珠的个体一般不大，偶见大尺寸黑白线珠的形制，一般为中段起鼓，两端明显收缩，形似橄榄，黑色底色，白色线圈装饰。图中大黑白线珠为美国珠饰专家大卫·艾宾豪斯先生的藏品，藏品中包括一粒带眼睛纹样的天然缠丝玛瑙珠，大卫·艾宾豪斯先生曾评论道：当古人看见天然石头上的眼睛时一定很惊讶，这启发了他们在石头上人工制作眼睛纹样。黑白线珠藏品由美果女士、郭彬先生、李超先生提供。

第五节 寿珠

◆6-5-1 型二寿珠

寿珠是瑟珠系列中从图案装饰到工艺类型都很独特的珠子，藏语发音“崩思”（Phum dZi）也音译成“崩瑟”。之前坊间所称的“崩系”天珠实际上是藏语“崩思”的转音，指的就是寿珠。“寿珠”的名称是后起的，可能得于珠子表面四方连续的五边形装饰图案，这种图案与乌龟背甲上的纹样类似，而乌龟在许多文化中都是长寿的象征，于是这种装饰图案的珠子得名“寿珠”。

有意思的是藏语“崩思”的直译为“驴珠”，这一传统称谓的得名已经很难考证，就像瑟珠系列中的其他珠子，如药师珠在中亚原产地被称为“苏莱曼尼”一样，寿珠在原产地也有当地的名称，而那些名称也许更难考证，因为它们的文化背景早已消失。在瑟珠系列中，珠子名称与动物关联的很常见，如羊眼、马眼之类，这些名称和驴珠一样，可能都是在吐蕃（古代藏族）接手这些珠子之后才有的，名称显然与吐蕃文化和生活方式密切相关。

寿珠就工艺而言也可以分为两大类，按照艾宾豪斯的技术分类可归为型二寿珠（图140）和型三变形B（图141）两类。型二寿珠在公元前2600年的印度河谷文明时期就已经出现（见图029），因而也有人认为型二寿珠的年代早于其他瑟珠系列。现在流传下来的型二寿珠当中，有一部分很可能是印度河谷文明时期的，这些珠子从形制到工艺有别于本书中给所有瑟珠系列断代的大范围——铁器时代的寿珠。大部分寿珠仍然是铁器时代制作的，能够制作型二寿珠的地域范围也很小，几乎只限于现巴基斯坦的几个山区河谷。根据（巴基斯坦民间）资料，出寿珠的地方不出天珠和措思，出天珠和措思的地方不出寿珠，说明这些不同工艺类型的瑟珠有各自的工艺秘密，至少是有各自的工艺系统和制作习惯，制作出来的珠子也是不同的装饰效果，甚至连珠子的形制都不同。珠子的生产制作是一种密集型手工，并不需要太高的文明程度，最主要的条件是材料的获得和人力资源，只需少量的技术培训和一定时间的实践就能成为熟练工。铁器时代遍布整个喜马拉雅山脉及其西端的延长线都在使用各自的工艺系统制作不同工艺类型的蚀花玛瑙，这里有些河谷盆地相对封闭，却利于保存其技术秘密。

型二寿珠就工艺和装饰有以下特征：1.型二寿珠（在施加蚀花图案之前）经过白化，即所谓型二的工艺。2.白化后使用抗染剂覆盖图案部分再浸染黑化，黑化着色强烈，但抗染剂覆盖的白色线条着色较弱，可能与抗染剂配方有关。在所有瑟珠系列中，寿珠是与至纯天珠在工艺流程上最接近的珠子。3.型二寿珠的形制在瑟珠系列中是独有的，呈中段略鼓两端收缩的略微扁平的形制，个体一般大于达洛珠，长度一般小于长形天珠，也有长形寿珠。以上两种形制的个体都较大。4.寿珠的图案大多为四方连续的五边形，这种图案是寿珠独有，在其他类型的瑟珠装饰图案中没有出现过。5.除了典型的寿珠图案，也能见到其他较为特殊的图案设计，如“菩提叶”和“莲花”以及其他更为少见的图案。当这些图案出现时，将其辨识为寿珠的理由是工艺和形制，而不是图案本身。6.型二寿珠的材料与纯天珠和措思相同，都是缠丝玛瑙而不是肉红玉髓，这种材料的选择跟型二寿珠首先需要进行白化的工艺。相比较而言，寿珠的白化效果与天珠最为接近，但是所使用的抗染剂蚀花效果则与天珠不同。天珠、寿珠和措思都是使用缠丝玛瑙制作的，如果以天珠的工艺为技术标准，那么措思具有与天珠同等效果的抗染剂蚀花技术（图案效果），但没有天珠那样的整体白化工艺效果；寿珠具有与天珠相似的白化工艺，但没有天珠那样的抗染剂蚀花图案效果。这些不同的表面效果最终都是工艺技术和工艺配方造成的，它们可能出自不同的工艺系统，或者各自保有某项技术秘密，或者一直缺失某项工艺配方。

◆6-5-2　蚀花寿珠

前文提到过，寿珠按照艾宾豪斯的技术分类可分为型二寿珠和型三变形B两类，由于后者称谓不方便，本书将型三变形B的寿珠称为“蚀花寿珠”，即采用（黑白两色）染色剂在珠子表面画花的蚀花工艺制作的寿珠，与黑白骠珠是同样的制作方法（图141）。制作蚀花寿珠的工艺持续的时间较长，工艺流传也很广，孟加拉出土了蚀花寿珠的标准器（见图171），古代缅甸和泰国都使用相同的工艺制作蚀花寿珠，装饰图案也都一样，缅甸骠珠中有寿珠图案的均为这类珠子。但是缅甸和东南亚乃至其他能够使用蚀花工艺制作珠子的地方都不制作型二寿珠，甚至不制作任何型二工艺的蚀花珠，从目前的资料看，型二工艺的蚀花玛瑙即寿珠和纯天珠一类，都只出现在中亚山区、巴基斯坦北部和紧邻的喜马拉雅山区东端及印度河谷上游的支流河谷。

蚀花寿珠就工艺和装饰有如下特点：1.蚀花寿珠的材料有缠丝玛瑙，也有灰白玛瑙（玉髓），后者在缅甸和东南亚很常见，缅甸骠珠也多是这种材料制作的。2.蚀花寿珠有自己独特的形制，区别于型二寿珠和其他所有蚀花珠子的形制，典型的蚀花寿珠形制为纺锤形。3.蚀花寿珠（在施加图案之前）没有经过整珠白化，而是直接在珠子表面使用黑白两种染色剂画花。4.与型二寿珠一样，蚀花寿珠典型的装饰图案也大多是四方连续的五边形（龟背图案），此外也能见到其他比较特殊的图案装饰，如“莲花”和网格纹等。5.蚀花寿珠有两种装饰类型，一是黑白蚀花，另外也有蚀花肉红玉髓，即红地白花的装饰效果，后者为蚀花玛瑙中最常见的即型一工艺类型。6.民间把有五边形图案（龟背图案）的圆珠也称为寿珠。

图140　型二寿珠。寿珠的藏语发音为“崩思”，直译为“驴珠”，名称由来已不可知。型二寿珠同样可分为两种，一种是典型寿珠工艺，一种为天珠工艺的寿珠，两种的区别是抗染剂造成的装饰效果不同，后者为天珠类型抗染剂蚀花，线条白色部分（图案）染色效果强烈，前者的白色线条着色较弱，且蚀花工艺完成后未经过后期打磨，一般线条内残留有抗染剂残渍。典型寿珠工艺和装饰图案都出现得较早，公元前2600年的印度河谷文明已经有与寿珠类似的珠子。寿珠的图案大多为四方连续的五边形，这种图案是寿珠独有。此外也能见到其他较为特殊的图案设计，如“菩提叶”和“莲花”以及其他更为少见的图案。型二寿珠在藏民族的心目中价值高于蚀花寿珠，这可能与型二寿珠包含更多的工艺价值有关，也可能与其原产地所属文化和宗教有关。藏品分别由郭彬先生、桑珠先生、伍金泽仁先生、阿漠汗［Aamir Khan］（巴基斯坦）先生、阿塔汉［Atta Khan］（巴基斯坦）先生、大伍德［Daud］（巴基斯坦）先生提供。

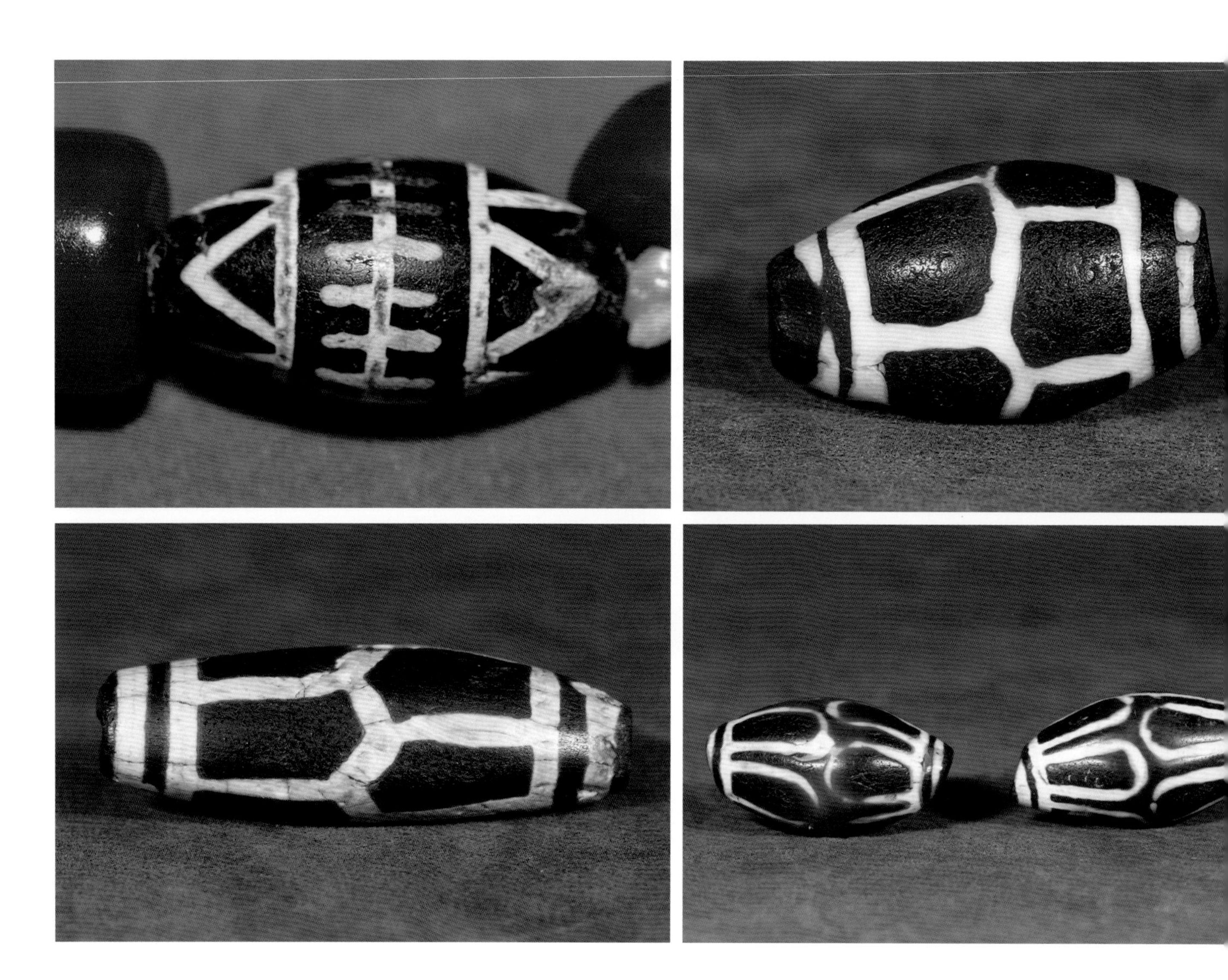

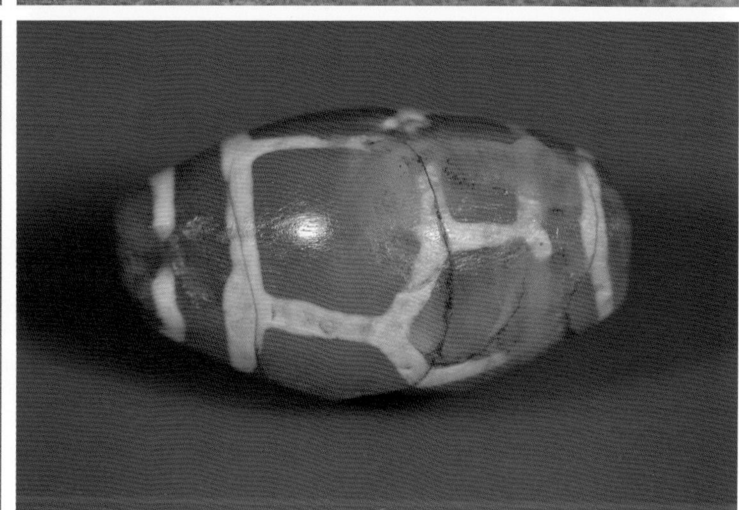

图141　蚀花寿珠。蚀花寿珠被归入瑟珠系列并非因为其工艺制作，而是因为装饰图案类型。就工艺而言，蚀花寿珠较型二寿珠简化，实际上几乎所有的骠珠和东南亚其他地方的蚀花珠子都没有使用过型二即整珠“白化”的工艺。蚀花寿珠除了有黑白装饰效果，还有蚀花肉红玉髓，即红地白花的装饰效果。东南亚的黑白蚀花珠所使用的黑色染色剂的着色效果特别强烈，包括尼泊尔线珠、缅甸骠珠和古代泰国制作的黑白蚀花珠，与他们使用的特有的染色剂配方和工艺控制有关。典型的寿珠图案为五边形四方连续图案，即所谓“龟背”纹样。特殊图案在型二寿珠和蚀花寿珠中都能见到，图中特殊图案的蚀花寿珠有莲花和网格纹装饰等。藏品由收藏家郭彬先生、李超先生、纳依姆罕先生（阿富汗）提供。

第六节 羊眼

◆6-6-1 热米—羊眼—药师珠—苏莱曼尼珠

“热米”［ramik］是藏语“羊眼”的意思，指利用缟玛瑙的黑白条纹制作的圆珠，现在经常被称为“药师珠”，伊朗和巴基斯坦及印度则称其为“苏莱曼尼”［Sulaimani］。藏医药经典《晶珠本草》将其描述为“同心环状玛瑙”（见4-1-9），又称“花斑瑙”，藏语为“热查米”，直译为羊眼珠（图142）。《晶珠本草》将其描述为，“同心环状花斑瑙，治疗中风降诸魔。同心环状玛瑙又称白花玛瑙。虽然识别方法很多，但上面都有一些猫睛石质形成的不规则的蓝、白、红色花纹，为其特点。一种上面有猫睛石质的黑色花纹成九眼状。《明辨要旨》中说：蓝绿红黄色相杂成眼状，重而软蜡块状者质佳；明亮而坚硬者为印度人所造。本品原是水生珍宝，相相人从昂压朗地区带来，在乌仗卡卓之地售与商人，现在该品称为白花斑瑙。佩戴本品可避凶煞祟邪”。

藏民族所谓的热米（羊眼）和鲁米（马眼），实际上使用的是同一种材料，即黑白条纹的缟玛瑙，只是在制作珠子时采用的是不同方向的截面制作成不同的图案效果。使用黑白条纹玛瑙制作珠子珠饰已经有超过四千年的历史，印度河谷文明在公元前2600年前后就已经使用黑白条纹玛瑙制作有眼板珠——后来被称为马眼和羊眼的珠子，在当时被称为什么不得而知。两河流域一直有制作带眼睛纹样的板珠的传统，波斯帝国时期将其传遍地中海希腊世界，罗马时期曾大量使用这种黑白分层的缟玛瑙制作一种减低工艺的浅浮雕小饰件（浮雕宝石），包括牌饰、戒面、坠子和各种小镶嵌件，罗马战士的山脊头盔上也镶嵌了用玻璃制作的（马眼）板珠（图143）。

现代考古学科建立之后，西方人在两河流域的发掘点燃了英国人怀古的热情，英国维多利亚时代一度风行使用缠丝玛瑙和条纹玛瑙制作的、模仿两河流域古代珠饰的各种小首饰（见图120）。直到今天，土耳其和伊朗的穆斯林仍然佩戴条纹玛瑙制作的戒指，称为“阿卡克宝石”［Hakik/Akik /Aqeeq gemstone］，据称这一传统起于先知穆罕默德曾佩戴一枚镶银的阿卡克戒指（男性穆斯林被禁止佩戴黄金饰品）。

有意思的是，热米这种珠子的原产地——伊朗尤其是巴基斯坦和印度，将这种珠子称为苏莱曼尼，意思是“所罗门的宝藏”。中亚和伊朗高原各地都有关于所罗门王［Solomon］宝藏的传说，贯穿阿富汗东部和巴基斯坦西部的苏莱曼尼山承载了最多与所罗门王有关的传说。在普什图人［Pashtuns］（即阿富汗人，阿富汗和巴基斯坦北部的主体民族）和犍陀罗（以现巴基斯坦白沙瓦为中心的古国，见1-3-7）的传说中，苏莱曼尼山的最高峰（海拔3382米）便是所罗门的王冠。“苏莱曼尼”的称谓来源可能与中世纪那些经常在波斯语地区旅行的学者有关，著名的伊斯兰学者和旅行家伊本·巴图塔［Ibn Battuta］（1304—1368年）在他的书中引述了关于先知所罗门与这座山峰的传奇：所罗门王曾登上苏莱曼尼山，目光所及之处皆是被黑暗覆盖的南亚大陆，所罗门王没有临幸这片新的疆域便班师回程，只将自己的名字留给了这座山峰。另一个传说中，大洪水之后，诺亚方舟便降落在苏莱曼尼山峰。

阿富汗及巴基斯坦山区富藏各种宝石和半宝石，开采这些矿藏在阿富汗和巴基斯坦已经有几千年的历史，直到今天宝石开采仍旧是巴基斯坦最重要的工业之一。“苏莱曼尼”的珠子名称是否与苏莱曼尼山的古代矿产有关，目前还没有直接的资料证明，巧合的是，苏莱曼尼珠被发现最多的地方在俾路支斯坦（巴基斯坦四个省份之一，位于巴基斯坦西南部），而俾路支斯坦在当地人的传说中和北方的吉尔吉特（见4-3-9）一样，是古代最大的两个制作珠子的地方。苏莱曼尼山最著名的四座山峰，包括最高的“所罗门的王冠”，全部位于俾路支斯坦，这里占据伊朗高原［Iranian Plateau］的东南部分，印度河谷文明最早的新石器时代遗址梅赫尔格尔［Mehrgarh］便位于印度河冲积平原的边缘波伦山口［Bolan Pass］，遗址出土了印度河谷文明最早的珠子，包括海贝、石灰石、绿松石、青金石、砂岩石和陶珠等硬度不高的材料。梅赫尔格尔的考古编年最早到公元前7000年，也是印度河谷文明地域覆盖的最西端。

◆6-6-2　特殊热米——人工蚀花的药师珠

人工蚀花的药师珠使用的是型二工艺，这种珠子是瑟珠系列中除了寿珠最接近至纯天珠工艺的珠子，也有人因之称其为“一线天珠”。蚀花药师珠就其工艺和装饰效果有以下特点：1.蚀花药师珠采用的蚀花工艺型二加抗染，即珠子（在施加图案之前）有过整体白化，然后使用抗染剂覆盖图案（线条）部分，再进行第二次浸染。2.蚀花药师珠的二次染色有两种，“黑化”和“糖化”，之后便呈现两种色彩效果，即黑白对比的蚀花药师和所谓“糖色”药师珠。3.蚀花药师珠的装饰图案只有一种，即在珠子的最大直径处有白色线圈装饰，坊间称为“一线”。4.典型的蚀花药师珠为圆珠，也经常见到高度（顺打孔方向）略大于直径（与打孔垂直方向）的椭圆形珠。此外还有其他瑟珠类型没有的形制，纺锤形的药师珠、扁平的橄榄形药师珠和坊间称为“飞碟”的形制，将特殊形制和装饰图案的蚀花药师珠归为药师珠一类并非因其装饰和形制，而是因为与蚀花药师珠使用的同一种工艺。（图144）

图142 药师珠。在中亚以及巴基斯坦、印度被称为“苏莱曼尼”，在西藏被称为“羊眼”（热米），近年来被藏家称为“药师珠”。“药师珠”的称谓很可能起于《晶珠本草》的记载，由于其入药的功效，被民间赋予更多想象和故事，诸如擅医术的僧人总是佩戴这种珠子的说法，于是得名“药师珠”。事实上《晶珠本草》确实提到了“佩戴本品可避凶煞崇邪”，但并没有提到这种珠子源于所谓药师僧人的说法。与其他类型的瑟珠一样，药师珠的原产地也不在西藏，并且早于古代吐蕃民族的兴起，《晶珠本草》也说热米（药师珠）有些为印度人制造，大多靠商人贸易交换而来，“热米”即羊眼的称谓可能是这种珠子进入吐蕃之后才有的，名称与吐蕃民族的生存环境和方式密切关联。在藏族人心目中，圆珠最大直径处只有一条白色线圈的药师珠价值高于多条条纹线的珠子，被称为“一线药师珠”。藏品由骆阳能先生、洪梅女士、纳依姆罕先生（阿富汗）提供。

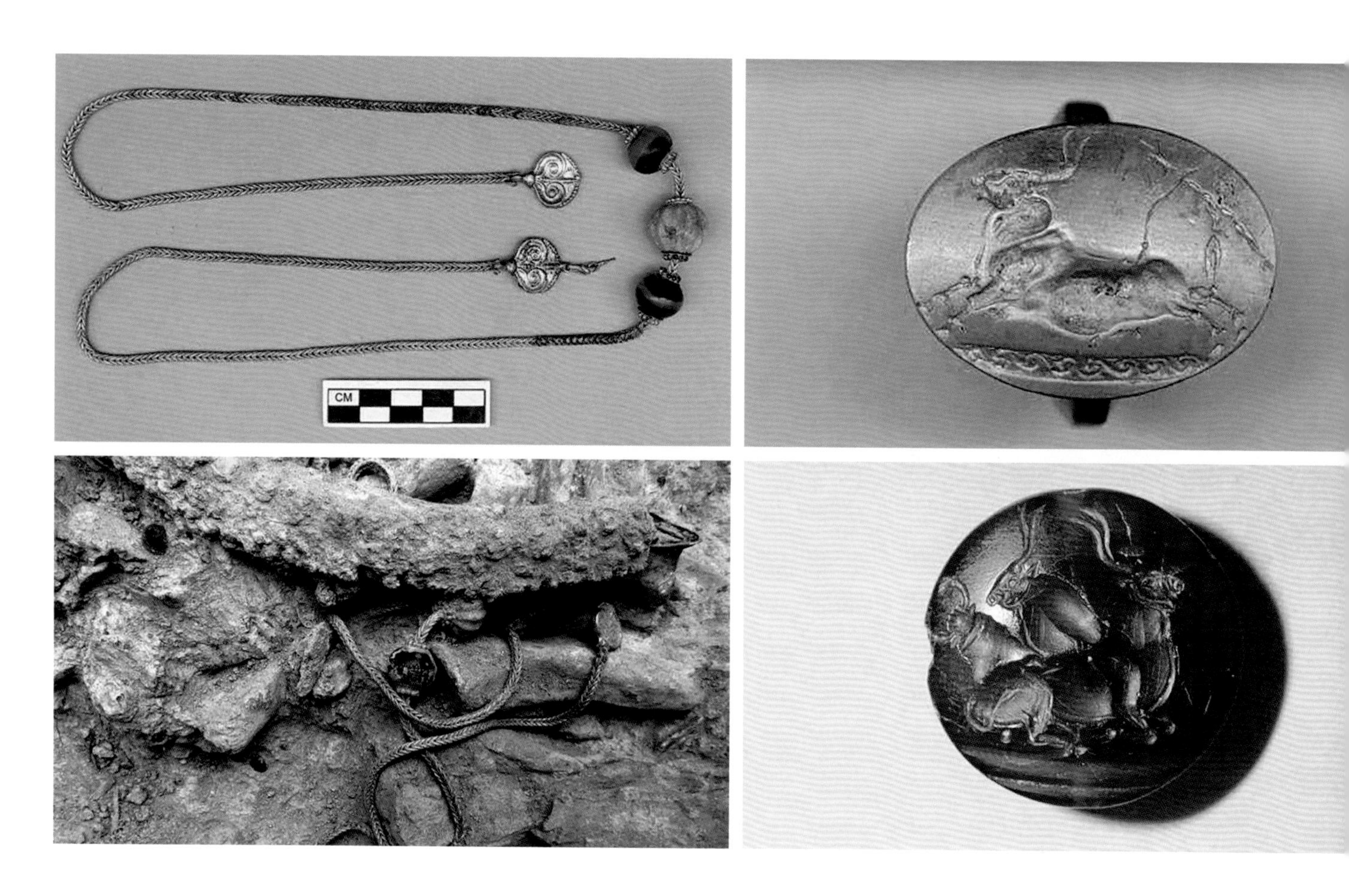
CM

图143　考古出土的条纹玛瑙珠。2015年，希腊考古学家对位于希腊西南海岸的皮洛斯［Pylos］青铜时代的希腊战士墓葬进行了发掘，出土上千件陪藏品，其中包括穿缀有条纹玛瑙珠（即苏莱曼尼珠、药师珠）的金项链和印章一类私人物品，墓葬的考古编年为公元前1500年。另外一件镶有玻璃制作的仿条纹玛瑙板珠的罗马山脊头盔于塞尔维亚（罗马帝国时期行省）出土，年代为公元4世纪罗马帝国晚期。使用条纹玛瑙（见图103）制作珠饰的传统从公元前2500年的两河流域延续至希腊罗马时期的地中海直至近现代的欧洲，其中不乏经典作品，被称为“法兰西大浮雕牌”［Great Cameo of France］的牌饰便是著名的一件。牌饰由五层条纹玛瑙雕刻而成，高31厘米，宽26.5厘米，于公元23年完成，题材为罗马帝国朱里亚·克劳狄王朝［Julio-Claudian Dynasty］几代皇帝的肖像。这件作品原属于拜占庭帝国的国家宝藏，几经易手和沉浮，最后落座法国国家图书馆［Bibliotheque Nationale］。

图144　人工蚀花的药师珠。制作人工蚀花药师珠的材料是缠丝玛瑙，珠子一般个体大于天然材质的药师珠，近年也有人称其为“一线天珠”，取其工艺和质地与至纯天珠类似。蚀花药师珠的色彩有黑白对比和所谓“糖色”药师珠，糖色的蚀花玛瑙珠经常出自孟加拉（民间资料），形制丰富，图案多变，除了圆珠，还有纺锤形、扁平的橄榄形和坊间称为“飞碟”的珠子，以及其他更为奇特的形制。藏品分别由骆阳能先生、张文昕先生、郭彬先生和孟加拉珠商提供。

第七节　马眼

◆6-7-1　鲁米——马眼

马眼［lukmik］是装饰有马眼纹样的圆形板珠，藏语称为“鲁米”，直译马眼的意思。典型的马眼为一眼圆形板珠，此外还有其他特殊形制和图案的板珠。马眼板珠的形制非常古老，早在公元前2600年的印度河谷文明就出土这种形制和装饰的珠子，在两河流域也是数千年的传统，但是型二技术人工蚀花的马眼板珠可能是铁器时代即蚀花玛瑙的第二期才出现的。“马眼”和“羊眼”并非珠子最初制作时的得名，这两种由同一种条纹玛瑙制作的珠子进入吐蕃以后，被藏民族珍爱并形成传统，藏民族在他们特殊的生存方式中撷取最容易观察到的形象，用来命名他们喜爱的珠子（图145）。马眼与羊眼（药师珠）以及线珠一样，都分为天然材料和人工蚀花两类。一般而言，藏族更珍爱人工蚀花的马眼板珠，这种珠子包含更多的工艺价值和图案设计中更多的人的意愿。

人工蚀花的马眼板珠就工艺和装饰有以下特点：1.蚀花马眼板珠在施加图案之前没有经过白化，而是使用抗染剂在石头上画花（图案），再浸染“黑化”或“糖化”，加热或焙烤处理后呈黑地白花或棕底色与白色图案对比的效果，工艺流程类似措思珠的制作。2.制作蚀花马眼板珠的材料是缠丝玛瑙，这与纯天珠和措思一样。3.典型的蚀花马眼形制为圆形板珠，少见其他特殊形制，但图案变化较丰富，除了典型的一眼，还有眼中眼、日月形眼、星辰眼等多种图案变化。这些图案的名称也都是后起的，有些包含了古老的信息，而有些可能只是后人附会。（图146）

◆6-7-2　天然纹样的马眼

天然纹样的马眼板珠是利用缟玛瑙天然的黑白条纹制作的，这种珠子的形制非常古老，流传地域也很广，从印度河谷文明到两河流域再到伊朗高原、印度、东南亚，都有出土或流传，并且有多样的形制变化，为马眼板珠中的特殊形制。乌尔古城还出土了双眼纹样的板珠，大多作为珠饰构件与其他珠子穿缀在一起，双孔的珠子用作隔珠（见图038）。

一般我们把单面有眼睛纹饰的、圆形的（有时是椭圆的）扁珠称为“有眼板珠”。在古代它们大多用贵金属镶嵌，由于贵金属可以循环利用又是硬通货币，一般很少跟珠子一同保存下来。这种形制的珠子在印度河谷哈拉巴时期已经能够见到，纹样一般是利用条纹玛瑙的天然色彩分层制作而成的，纹样被刻意做成眼瞳的形式，尤其是珠子的剖面，是带弧形的、外凸的眼瞳的形状。此外，还有菱形、椭圆形、三角形、多边形等，无论哪种形制变化都成扁形的板珠。（图147）

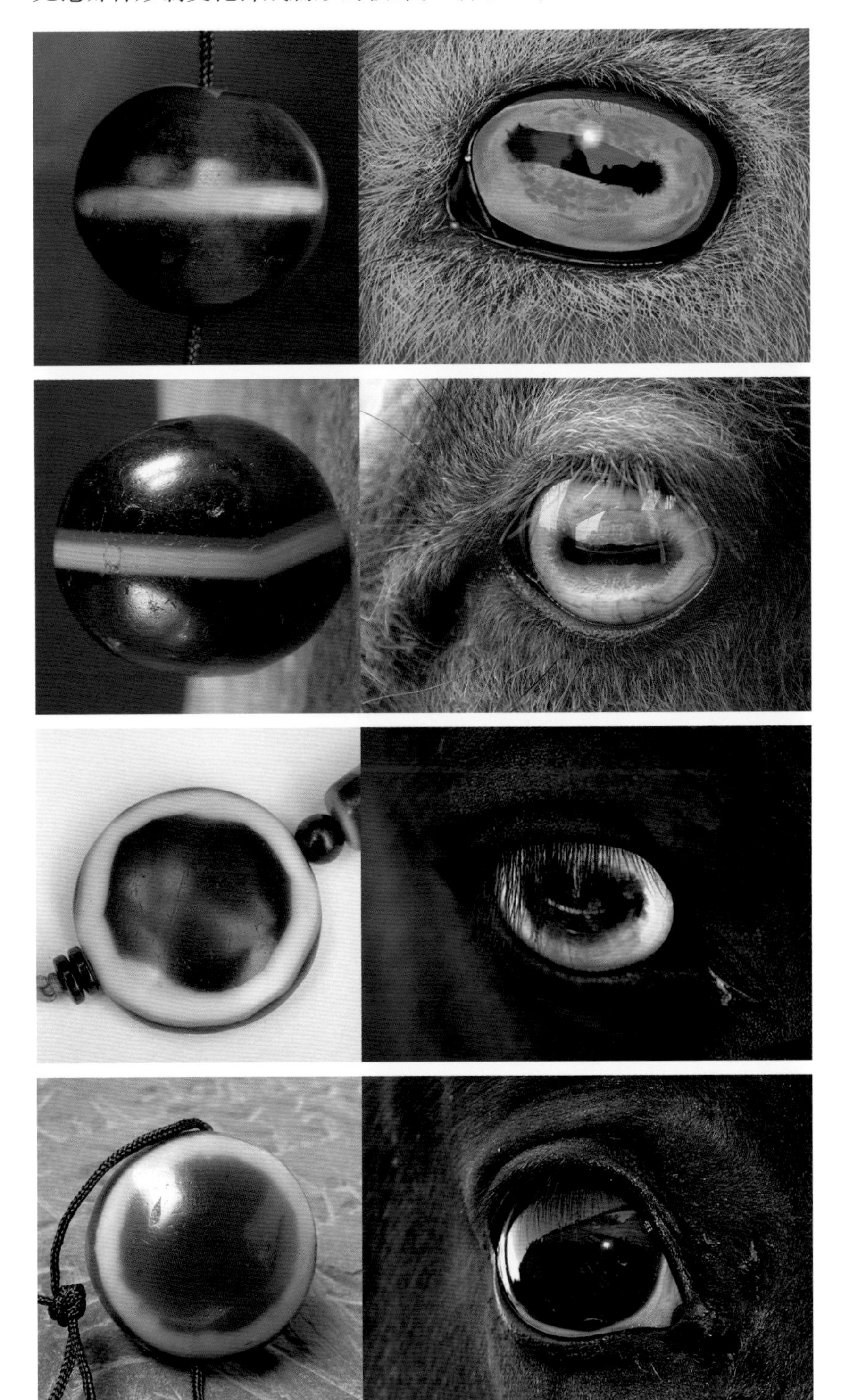

图145 马眼和羊眼及其得名。“马眼”是装饰有马眼纹样的圆形板珠，藏语称为“鲁米”，直译马眼。“羊眼”的藏语发音为“热米”，指利用缟玛瑙的黑白条纹制作的圆珠，现在经常被称为“药师珠”，中亚、伊朗和巴基斯坦及印度则称其为“苏莱曼尼”。“马眼”（鲁米）和“羊眼”（热米）并非珠子最初制作时的得名，但是这两种由条纹玛瑙制作的珠子进入吐蕃以后，被藏民族珍爱并形成传统，藏民族以他们熟悉的形象命名了他们喜爱的珠子，这些名称与吐蕃民族的生存环境和生活方式密切关联。英雄史诗《格萨尔王》和藏医药经典《晶珠本草》都提到各种瑟珠系列均来自西藏以外的地方。图片中呈现的珠子图案与藏民族生活休戚相关的几种动物的眼睛肖似，其得名于此。

图146　蚀花马眼板珠。马眼板珠典型的形制为圆形板珠，天然纹样的马眼板珠形制变化丰富，人工蚀花的马眼板珠形制则比较单一，少见特殊样式，但图案装饰变化却很丰富，除了最常见的一眼，还有“眼中眼”、“日月形眼”等图案变化，这些图案的名称可能是后起的，大多是根据珠子的图案和图形附会的，不一定表意最初制作时的图案象征。蚀花肉红玉髓中有类似马眼板珠的形制和装饰的，一般个体较小于典型的马眼板珠，采用的是型一的蚀花工艺，即直接使用白色染色剂在红玉髓珠体上画花的办法。这种珠子的形制和装饰图案在公元前2600年的印度河谷文明就已经出现，铁器时代从印度到东南亚都在制作，多数时候藏族不会将其视为真正的马眼板珠，而称其为“印度的红石头”。藏品分别由李超先生、土多多吉先生、李文方先生、郭梁女士、扎松女士、苟馨月女士提供。

图147　天然纹样的马眼板珠。与人工蚀花的马眼板珠一样，天然纹样的马眼板珠最常见的图案是一眼，也有两眼、三眼、四眼等多种图案变化，理论上这种材料可以制作任何数量的眼睛。典型的形制为圆形板珠，其他形制也经常见到。藏于罗浮宫的波斯帝国王族项链中的马眼板珠和藏于大英博物馆乌尔窖藏红玛瑙手串上的双眼板珠，均为天然纹样马眼板珠的标准器（见图038、图043）。与蚀花马眼板珠形制变化较少不一样的是，天然纹样的马眼板珠形制变化丰富，利用条纹玛瑙天然的色彩分层制作的特殊图案和形制经常见到，除了典型的圆形板珠，还有菱形、花瓣形、三角形等各种丰富的变化，一种带有双耳的“兽头”形也经常见到，但所有特殊形制的变化都是扁平的板珠状。图中菱形九眼板珠（断）是利用条纹玛瑙的三层色彩分层制作的。藏品由次仁达布先生提供。其他藏品由骆阳能先生、伍金泽仁先生、张虎先生、张本棋先生提供。

第八节　天珠的图案

◆6-8-1　关于天珠的“眼”

南喀诺布教授在他的《象雄和西藏的历史》一书中有专门叙述天珠的一节，他在文中将我们习惯称为“眼睛”的圆圈图案称为“泉眼”，英文翻译成“fountain of water”，与习惯上理解的“眼睛”不同，并引出了与“水”或者“泉水”有关的概念（见4-1-6）。藏族把有眼天珠叫“曲米古巴”，“曲米”在藏语里面的意思是“泉眼”，九眼天珠“曲米古巴”意思是九个泉眼；藏语两眼天珠“曲米尼巴”意思是两个泉眼，三眼天珠“曲米松巴”就是三个泉眼，诸如此类。这种对眼睛图案的解说与通常理解的天珠的“眼睛”并不完全是一个概念。（图148）

“泉眼”的说法保留了原始而古老的自然崇拜、万物有灵的信仰。在藏族的传统信仰中，泉水地是神的居所。青藏高原经常能见到从地下冒出地面的泉水，特别是羌塘高原（藏北高原），处在唐古拉山脉、念青唐古拉山脉及冈底斯山脉环抱之中，覆盖整个那曲地区及阿里地区东北，平均海拔4000米以上，是真正的世界屋脊，这里有数不尽的神山圣湖、奔流至四方的大江大河、一望无垠的草原、浩瀚高峻的冰川、密布遍地的地热和温泉。代代生息的藏民族以珍惜他们艰苦而不凡的自然资源与自然共存，对高山、湖泊、大地充满敬畏，对泉水这样的自然资源倍加珍视，认为来自地下的泉水最干净最圣洁，藏族路过泉水地都会在泉眼边膜拜，感恩自然和神灵的赐予。泉水涌出形成一圈一圈的涟漪，像眼睛一样闪动，在藏族看来这是神灵之眼，恩赐大地。传说弄脏泉眼的人会遇到噩运，藏族都会自觉保持泉眼周围的清洁，就像古老的丽江水洗街，居民对保持水源干净天生默契，维护自然赐予的生存法则。南喀诺布教授关于“泉眼”的解释正是古老的象雄宗教——苯教自然崇拜、万物有灵的信仰的反映。

◆6-8-2　几种天珠图案的解释

如果天珠为苯教遗物的结论不错的话，天珠图案则与早期的苯教信仰有关，不同的图形和图案组合反映的不仅是自然崇拜的信息，也是对生活环境的解释。20世纪50年代，西方学者在对澳大利亚原住民那些画在木板上的“美术作品”的研究中发现，原住民的画作所表达的大多是宗教内容和与他们生存及生活息息相关的事件，甚至有些就是对他们的历史和生活的图解，那些用符号和图形组合而成的图画，有些是他们的地图和生活指南，或者对祖先故事的再现。各种不同的图形和符号代表不同的意义或信息，诸如有些代表安全的路径，有些代表危险，而有些图形或符号则代表泉眼或水源。只要能解读这些符号和图形的象征意义，就能了解他们的传说、生活和信仰。

古老的天珠及其装饰图案可能具有类似的意义，尽管天珠表面呈现的各种图案已经不能全部释读或者复原其最初的意义，但至少我们知道古代先民是有意为之，并赋予其意义和象征。我们在之前按照传统习惯对瑟珠做过尽可能的分类和命名，但并不能完全解释所有名字的意义，它们有些是后起的，有些是我们按照字面意思附会的，而有些的确保留了与古老的信仰有关的信息，诸如那些以“泉眼”、“天”、“地”等名称命名的图形和符号，在当初的确与原始崇拜有关。

出于对古老传统的想象和附会，人们经常把天珠的图案设计称为“图腾”，这种称谓并不准确。“图腾”［totem］是人类学专有名词，最早将“totem”一词翻译成中文并介绍给国内的学者是清末启蒙思想家、翻译家和教育家严复，他在《社会通诠》一书中，首次把“totem”一词译成“图腾”，成为中国学术界的通用译名。图腾有严格的内涵，意思是“他的亲族”，是部落社会认为与其族群的起源有关的物种，这种物种可能是某种动物，也可能是某种植物，甚至可能是一个物件，这种物件可能没有生物学意义上的生命，却具有灵魂。部落社会在采用某个图案来代表他们的图腾时，是用来作为标志，以将自己与其他部族区别开来，这与符号化的装饰图案是不同的。一个图腾一定是一个图案，一个有特定内涵的图案有可能是一个图腾，但是并非所有的图案都能被称为图腾。如果以图腾论，古老的象雄王国的图腾应该是大鹏金翅鸟，而吐蕃民族的图腾则是猕猴。

信仰的角度，天珠有消灾抗魔的作用。在苯教信仰中，天珠图形如○、□、》、△等都与自然崇拜有关。苯教经典《十万龙经》记载了“念神”的抽象图案，苯教的十三念神为“太阳念、月念、星念、云念、虹念、风念、地念、雪念、海念、崖念、木念、水念、石念”，主管阴、晴、风、雪、雨、云、雷、电等大自然现象。苯教信徒所创造的圆形“○”代表“太阳念”，方形“□”代表“地念”，半月形“》”代表“月念”等。而最著名的“卍”符号，读音为“万”，代表永恒不变。各种“念”的符号，成了苯教信徒与天地沟通、神灵对话的图解。

佛教传入吐蕃以后，藏传美术品和手工艺品都被赋予了从佛教中衍生的信仰和概念。天珠的图案意义也跟随佛教的广泛传播及深入人心而被赋予与藏传佛教特别是与密宗有关的概念，如○、□、》、△，分别对应息、增、怀、诛，即息业、增业、怀业、诛业四业，是佛教密法中的四种事业。息业即息灾法，消除疾病、祛除灾害等；增业即增益法，增长财富、寿命、名望、官位等；怀业为怀爱法，获得他人的敬爱；诛业即诛杀法，摧伏怨仇、诛杀魔怪。与四种图形相关联的还有四种颜色，白色及圆形“○”符号来代表防止灾难、消除障碍；黄色及方形“□”符号用来祈求事业、福禄双增；红色及半月形“》”符号用来祈求圆满、健康良好；黑色及三角形“△”符号代表祛除邪恶、消除魔障。（图149）

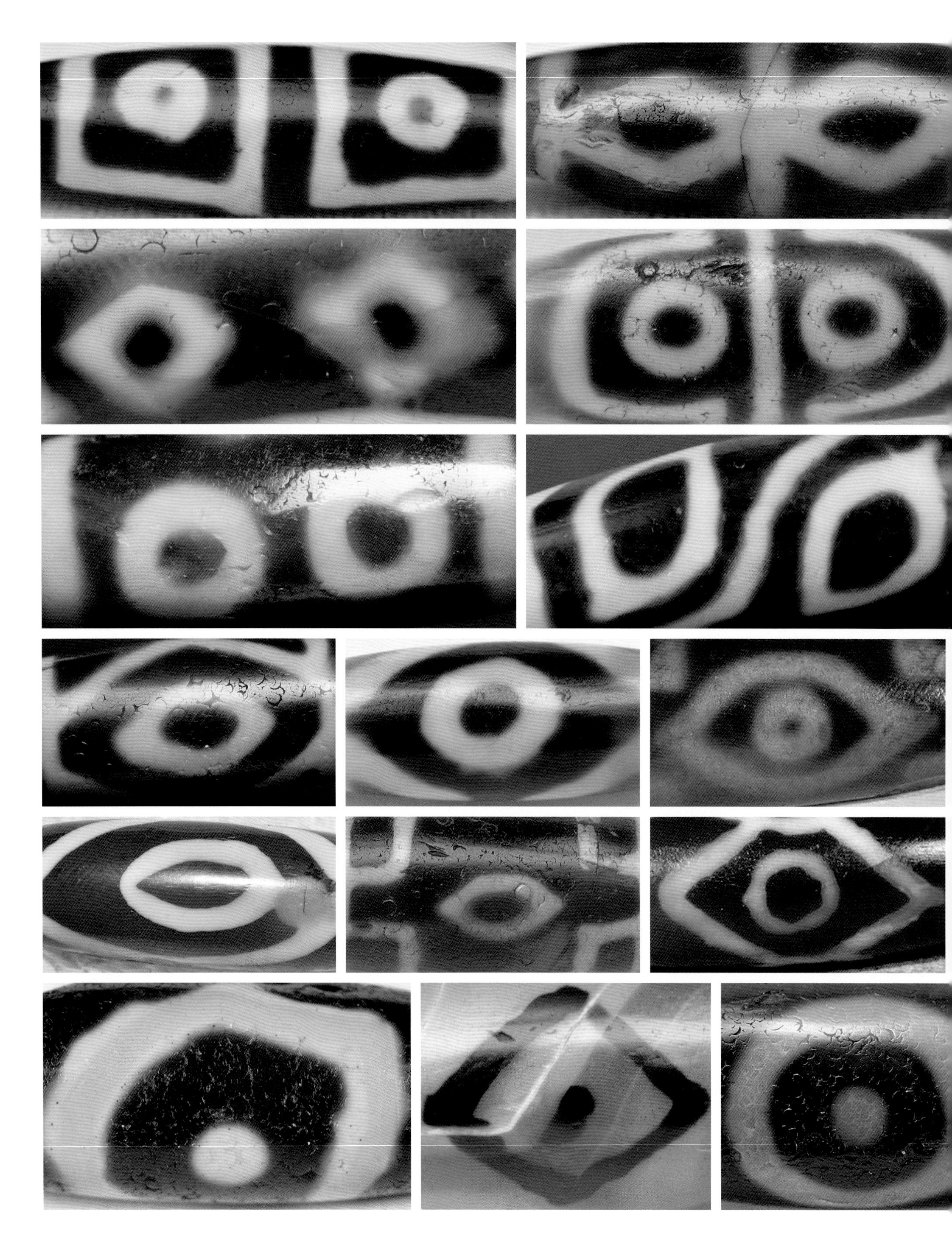

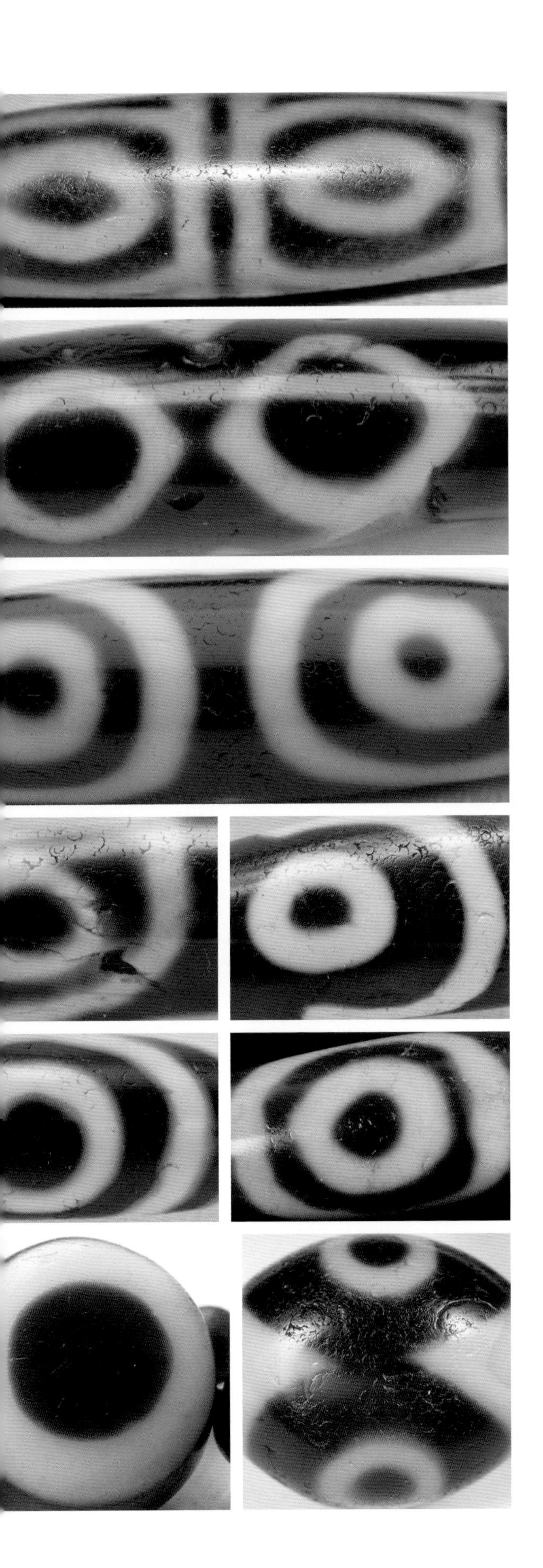

图148　天珠的“眼”。藏语“米”即“眼”的意思，“鲁米”、“热米”、“曲米”，即马眼、羊眼、泉眼，这些都是与高原民族的生活和环境密切相关的内容，对环境和自然的信仰并将它们用来命名珍爱的珠饰是再自然不过的事。与藏传佛教的偶像崇拜和秘密修法等不同，原始苯教是万物有灵的自然崇拜，天珠的古老名称也反映出苯教中自然崇拜的元素，无论是“泉眼”还是“天”、“地”的命名，都是古老的苯教中那些关于自然的和带有巫术性质的信仰的孑遗。

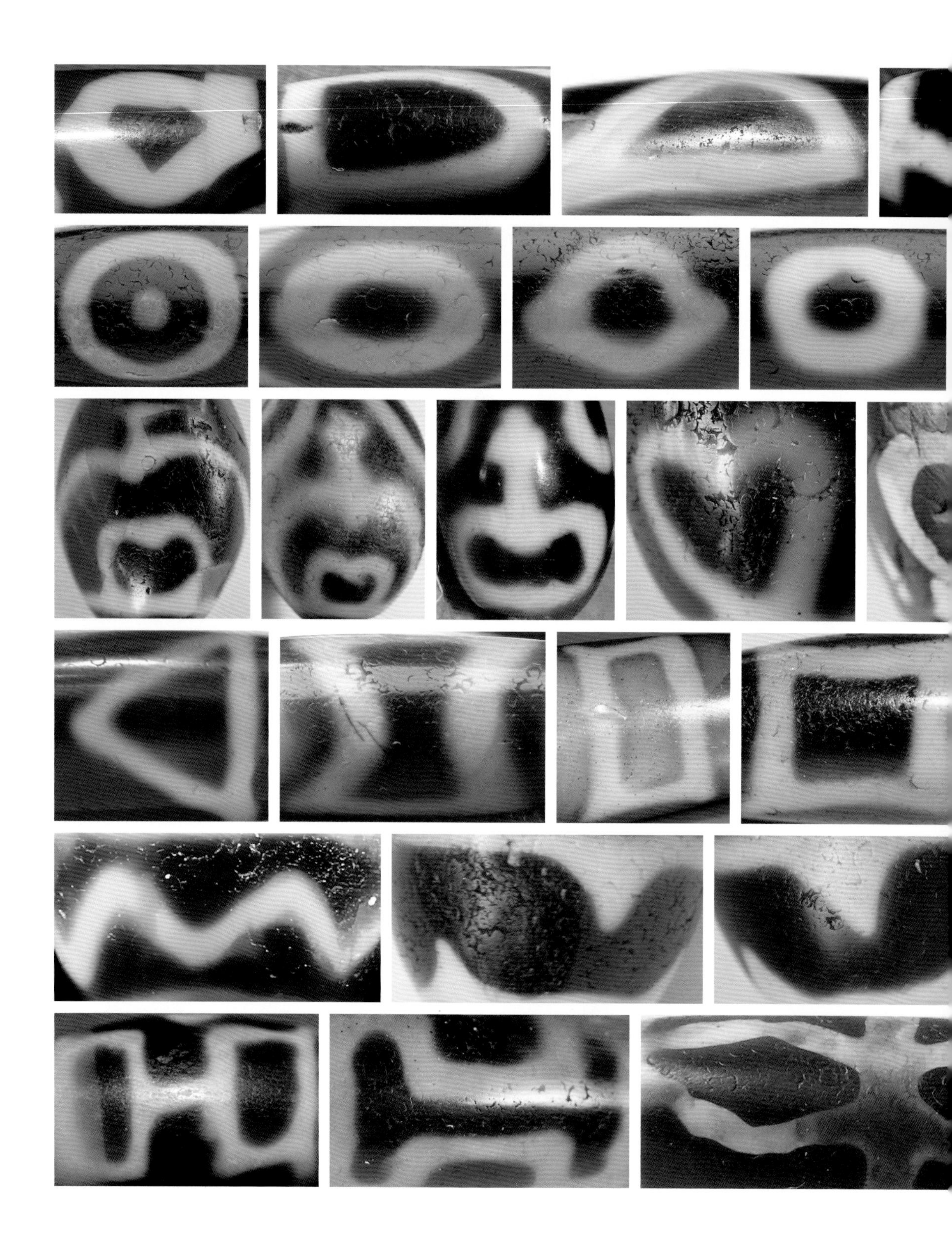

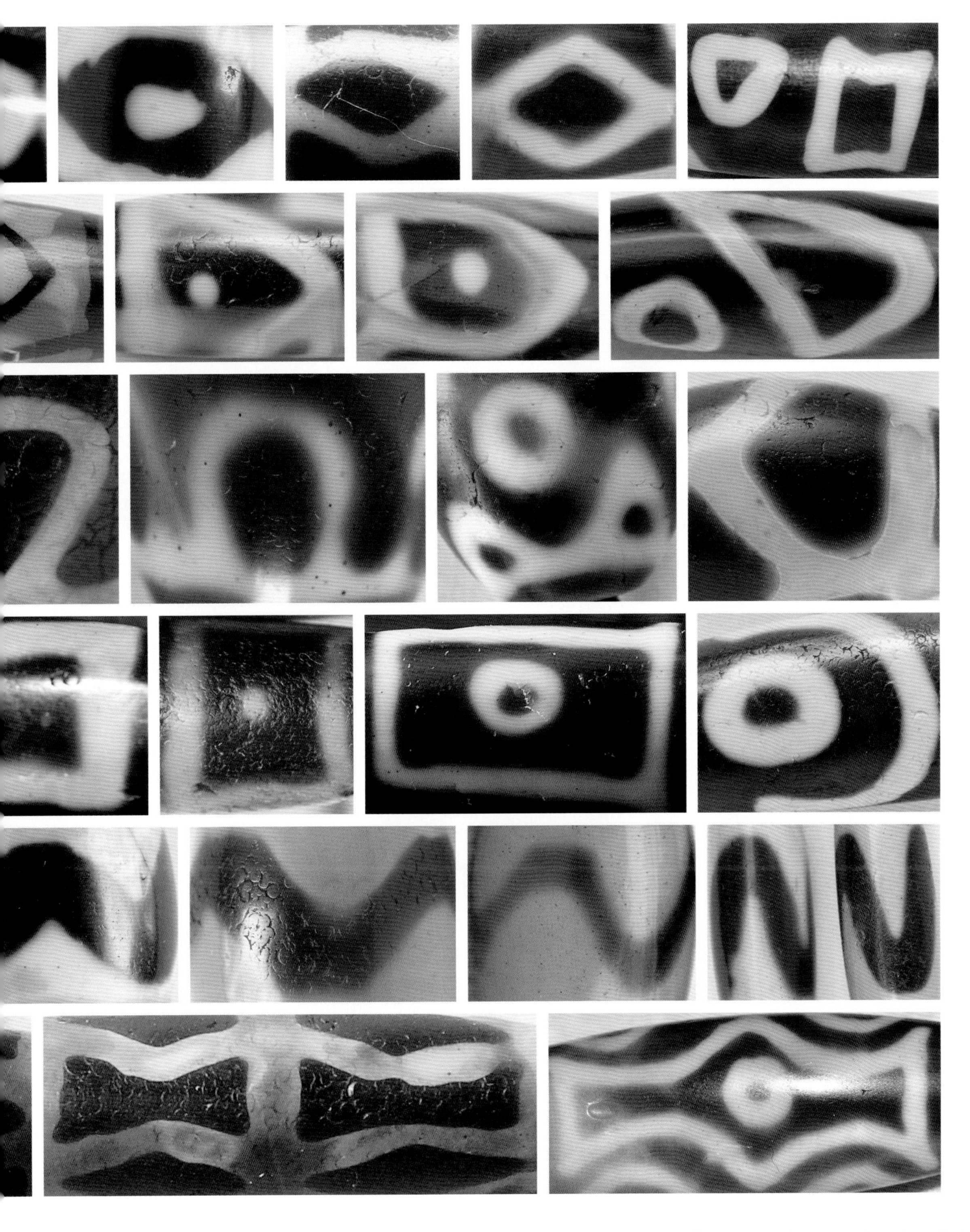

图149　天珠的图案。天珠的图案大致有圆、方、菱形、三角、点、线条和一些特殊图形。一般圆形、菱形、点等图形都可称为“眼”，其中菱形图案称为“金刚眼”，类似眼睛形状的菱形则称为“佛眼”。圆形在与方形同时出现时被认为是用来象征“天”，方形则被视为“地”。弯月形的图案为“月”，代表圆满。三角形图案被称为“山形”，在原始苯教时期很可能就是山川物语的符号，而在藏传佛教的密法中则有降伏魔障、调伏烦恼的含义。通常被称为“双天地”图案的天珠在藏语中的名称为“天地四转”，名称所反映的仍然是与原始苯教中天地崇拜、自然周转有关的概念。

第九节　朱砂和断珠

◆6-9-1　关于朱砂

天珠的珠体上呈现的朱砂点［cinnabar dots］是自然形成的，即玛瑙原矿自带的。朱砂点通常出现在天珠的白色图案部分，目前并没有科学分析显示这种微小的红色斑点究竟是硫化汞（朱砂）还是二价铁［ferrous］，两者在高温下都会氧化还原，呈现鲜艳的红色。蚀花肉红玉髓珠在制作成珠子毛坯之前对原石进行加热处理从而使玛瑙（玉髓）优化加色，利用的就是玛瑙所含二价铁在高温下氧化还原为三价铁，使得石头呈现更红更艳丽的色彩。

朱砂也称辰砂，是硫化汞的变体之一，存在于自然界中的朱砂呈红色或红褐色，加热至一定高温即变为黑色，因其所含硫被氧化成二氧化硫蒸发，使朱砂还原成金属汞而呈现黑色，即水银。所谓朱砂点不仅天珠可见，许多玉髓玛瑙一类的珠子经常有呈现朱砂点的现象，可能是制作珠子时加热原石（原石加色）的工艺流程造成的。除了在一些天珠的珠体上能够观察到红色的朱砂点，在另一些天珠的珠体上有时也能观察到微小的黑色的斑点，如果这些斑点确为硫化汞而非铁元素的话，那么黑色的斑点即为朱砂在高温加热后升华而成的金属汞也即水银。（图150）

◆6-9-2　白天珠和不完美的天珠

南喀诺布教授在他的《象雄和西藏的历史》一书对天珠的分类中，将白天珠视为珍贵程度高于深底色（黑底和棕色底）天珠，但是南喀诺布没有具体解释他提到的“白天珠”究竟为何物及其细节。在藏族民间，白天珠被认为是不完美的、等级稍次的天珠。藏民族一般不会认为天珠的图案和色彩是人工染色的，因而色彩较弱的白天珠表明它作为护身符的力量稍弱。多数藏族相信，珠子表面的色彩慢慢淡化是因为珠子的法力逐渐消退所致，底色深黑和暗棕的天珠被认为代表更强的法力。

白珠一般只出现在纯天珠也就是型二的珠子身上，措思以及型一的珠子都没有白珠的情况，这是因为只有型二即白化工艺才可能造成白天珠的效果。据对白天珠样本的观察，其白色表面为工艺所致，即珠子经过了白化和使用抗染剂画花，但是在使用碱性染色剂对珠子进行黑化或糖化浸染的工艺不够完善，使得珠体未能完成黑化而仍旧呈现白化时的表面效果，这可能跟黑化时所使用的染色剂配方和工艺控

制都有关系。这种工艺未尽完善的白天珠并不常见。（图151）

不完美的天珠指天珠表面略带瑕疵和破损的天珠。许多天珠的珠体上往往都带有一些明显的小坑小瑕疵，民间称为“挖药”或“取药”的痕迹，赋予天珠更多具有保护意义的解释。挖药的情况在理论上是成立的，因为天珠的确可以入药，这在藏医药经典《晶珠本草》中有记载。但天珠挖药取药，事实上并不常见，因为天珠入药大多使用残珠、断珠和损坏很厉害的珠子磨成粉末入药，而不是在完整的珠体上直接获取。

虽然“挖药”、“取药”的说法在内地很流行，但藏族自己对天珠瑕疵的解释更有意思，他们认为天珠珠体上的小坑小瑕疵是故意人为的，因为天珠是神灵所赐，太完美的天珠应该属于天神而不是凡人，因为最完美的天珠不会一直跟随自己，终究一天会被天神取走。因而当有人得到一颗完美的天珠时，便故意在天珠身上凿一个小坑，让它变得不完美，这样天珠就会永远留在自己身边。捷克藏学家内贝斯基在他的《来自西藏史前的珠子》中也记录了一则西藏民间对瑟珠（天珠）瑕疵的传说（见4-1-4），据说瑟珠是天神［Lhai rgyan chha］佩戴的珠宝，当有些珠子受损出现瑕疵后，就被天神扔下凡间，这也是为什么很难看见哪一颗瑟珠是完美无瑕的，它们的表面总是有一些小损伤。（图152）

◆6-9-3 所谓火供珠

火供是一种古老的宗教仪式，即将祭品供奉于燃烧的火焰中的仪式。对火的崇拜和拜火是古代雅利安人古老的仪式，在印度吠陀教中，火代表摧毁一切的力量，无论印度-雅利安人还是伊朗人（两者均源于雅利安人，公元前1800年前后，前者从黑海周边南下印度，后者进入伊朗高原），拜火仪式都是宗教实践中重要的内容。作为波斯阿契美尼德帝国国教的琐罗亚斯德教即是以圣火坛［Atar］作为符号象征，萨桑波斯王朝还将圣火坛用于皇家标志，并出现在萨桑硬币上。后来的佛教和耆那教也都实践火供仪式。

天珠用于火供仪式是可能的，原始苯教仪轨中有拜火的实践，天珠是否作为火供祭品并无证据。佛教传入西藏以后，拜火仪式仍旧延续。火供本身为密宗的仪轨，大多用焚烧贡品、树枝、咒符等供养诸佛神灵，祈求吉祥平安，也用来超度亡灵、降妖伏魔。火供时所用贡品有五谷杂粮、油、金、银等物，分别象征贪、瞋、痴、嫉妒、傲慢及不同的业力，以天珠作为火供祭品是很少见的。

民间所谓“火供珠”大多为两种原因所致，一是真正经过火供或火烧，无论是仪式性的还是意外的火烧，这类珠子的表面特征为干涩无光泽、有小裂纹、色彩灰暗发白。另一类所谓“火供珠”则与火供无关，而是土埋对珠子造成的变化，珠子在被瘗埋之后，与土壤环境中各种微量元素发生反应，造成珠子表面甚至整个珠体

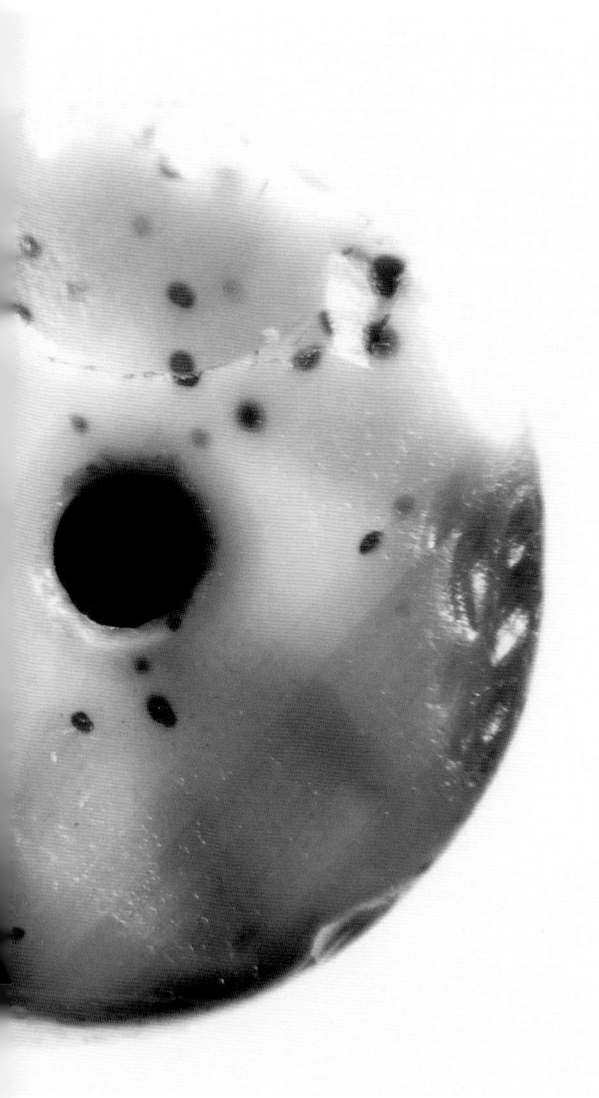

图150　有朱砂点的天珠。朱砂点是玛瑙和玉髓原矿自带的，目前没有科学检验显示其为硫化汞还是铁元素。除了红色的朱砂点，一些天珠的珠体上也能观察到黑色或者暗色的微小斑点，如果朱砂点确为硫化汞而非铁元素，这些黑色斑点应为朱砂加热后生成的金属汞即水银。民间传说天珠的朱砂点是因功德者的佩戴所致，这种说法言过其实，但人体温度和皮肤分泌物可导致天珠的表面色彩和光泽都更加鲜艳温润是事实，天珠所含朱砂点随之更加显现是可能的，这可以从物理角度得到解释而不必以功德论。图中小三眼和四眼天珠的珠体遍布朱砂点，小三眼天珠的图案也殊为独特，藏族珠商将其辨识为梵文字母。藏品分别由郭梁女士和覃尼斯女士提供，骆阳能先生拍摄。

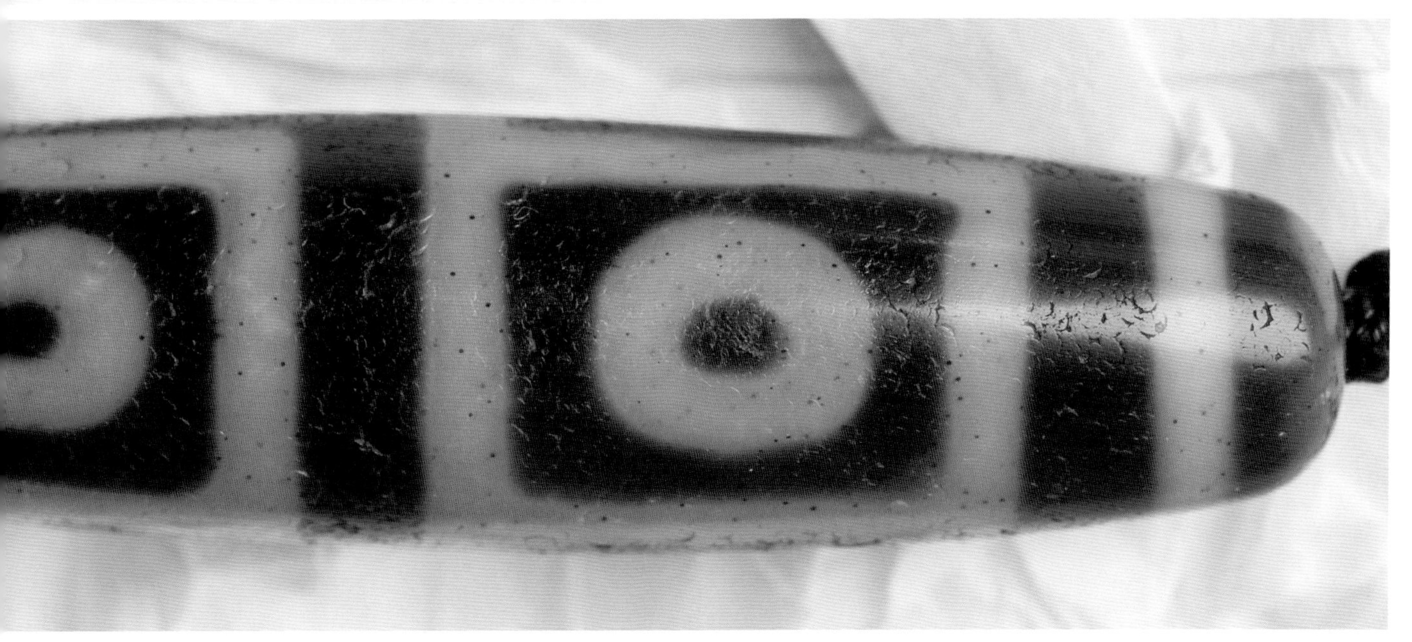

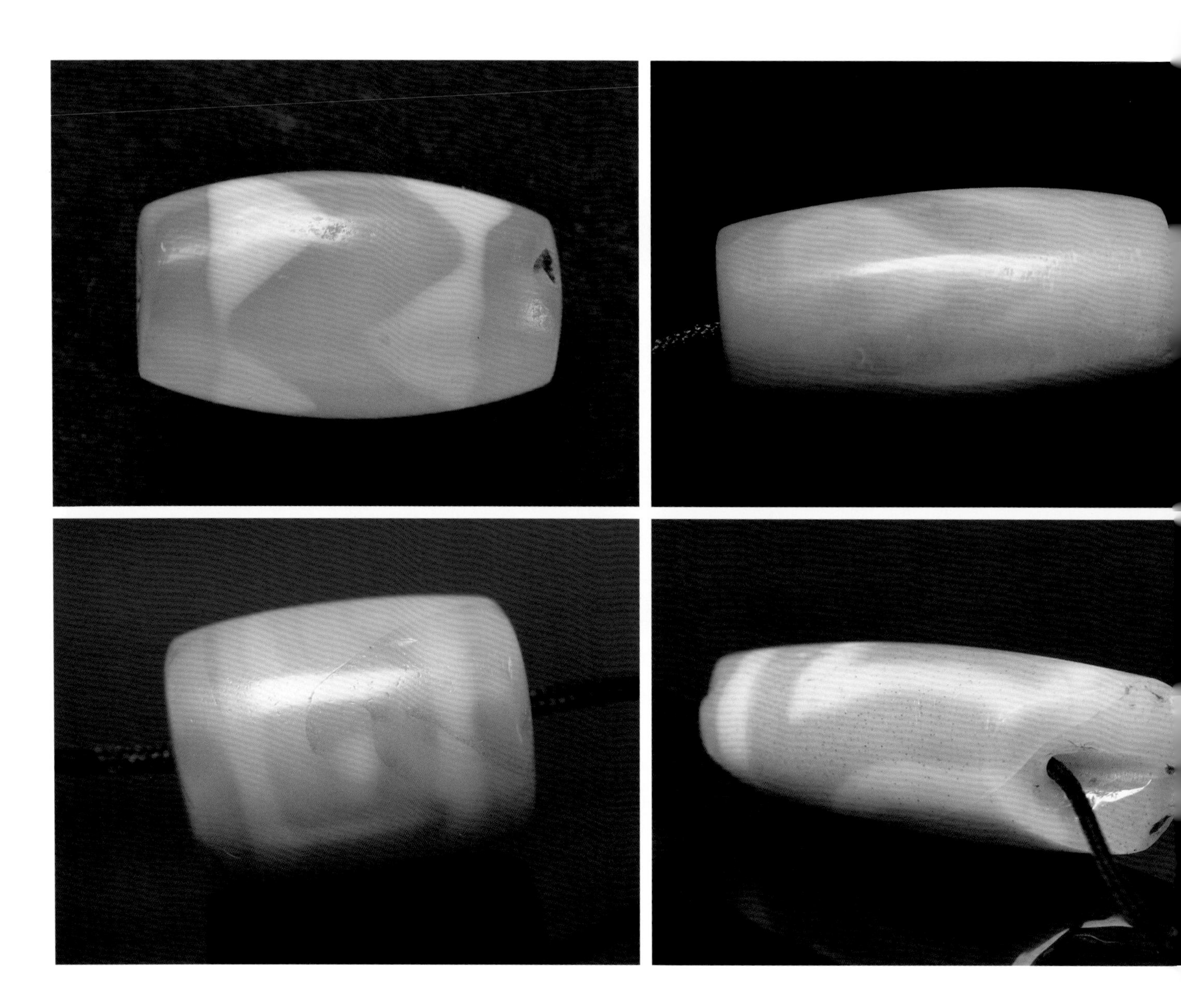

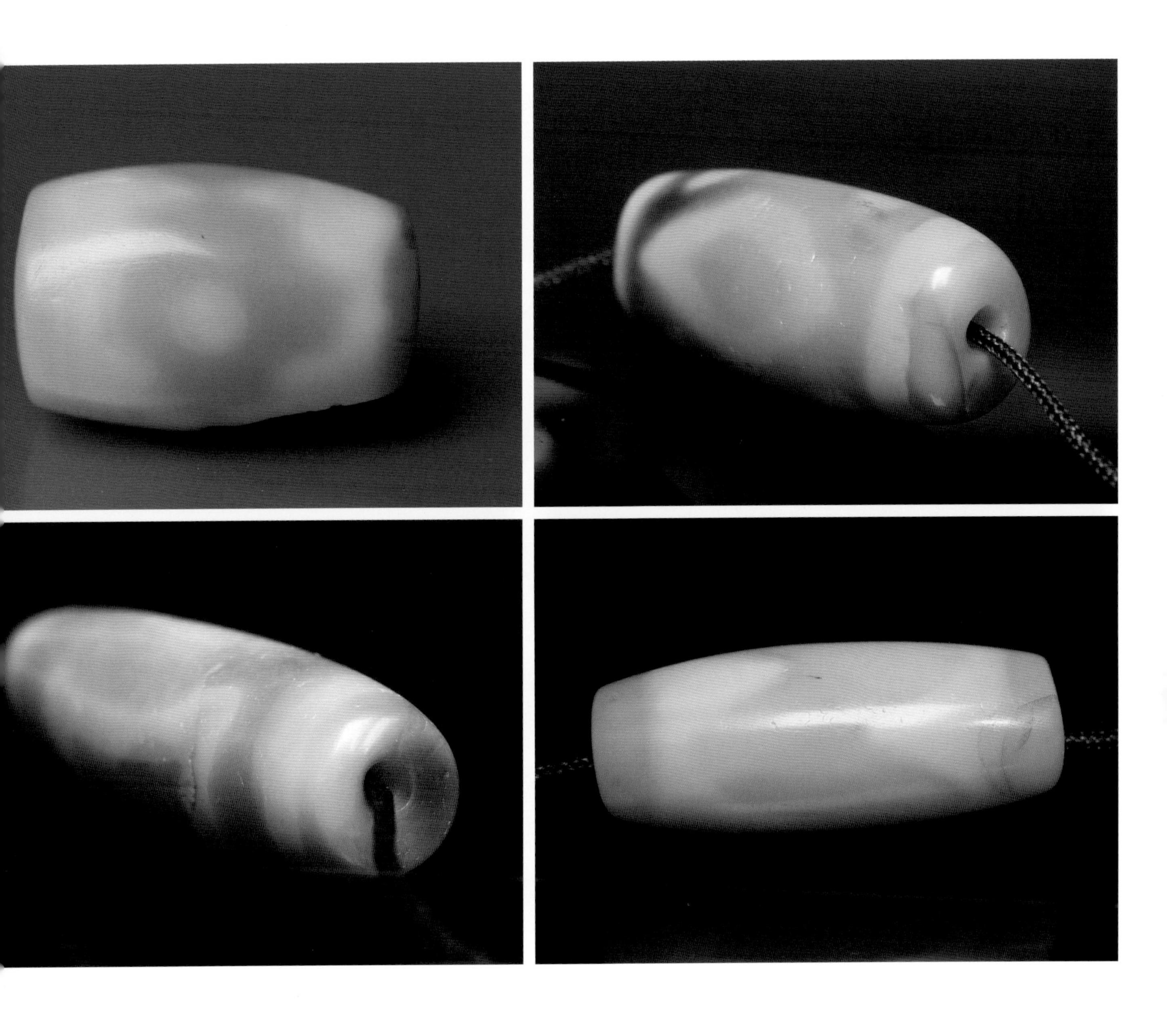

图151　白天珠及其表面细节。所谓白天珠应该是工艺不够完善造成的效果，据对现有的样本观察，珠子已经过白化和使用抗染剂画花的工艺流程，但是浸染黑化或糖化的工序中不够完善，使得珠子未能黑化或糖化，表面效果仍旧显现为第一道白化工序时的效果，这种情况的出现可能跟染色剂配方和工艺控制都有关系。南喀诺布教授在他的书中将天珠分类时，提到过白天珠，言称藏族对这种珠子尤其珍爱，从目前的资料和经验看，南喀诺布教授提到的白天珠应该不是这种工艺未经完善的一类。藏品由收藏家郭彬先生提供。

图152　天珠瑕疵。天珠大多在珠体表面有些瑕疵和人为损伤的痕迹，比如表面的小坑或一侧被磨平的现象，民间对这些人为痕迹有许多推测和想象，一般会认为小坑点是所谓“挖药”或“取药”造成，这种推测大多附会，因天珠入药多为断珠和过分残破的珠子。对天珠瑕疵的解释，藏族自己的说法更为有趣，他们认为过分完美的天珠属于天神而不属于凡人，当有人得到一颗完美的天珠时就在珠子表面故意凿出小坑或瑕疵，珠子便会一直留在人间。而一些天珠的一侧有磨平的现象，通常的说法是“磨唐卡”，即使用天珠为画唐卡时用来给画面某一部分抛光的工具，长期使用造成的一侧被磨平的现象。这种说法得到过证实，其使用或者与天珠的法力有关系。图中有文字标签的天珠为达兰萨拉藏医药学会博物馆的天珠展品，这种经磨平过的天珠也用于制作药物成分。其他藏品由伍金泽仁先生提供。骆阳能先生和宋博然先生拍摄。

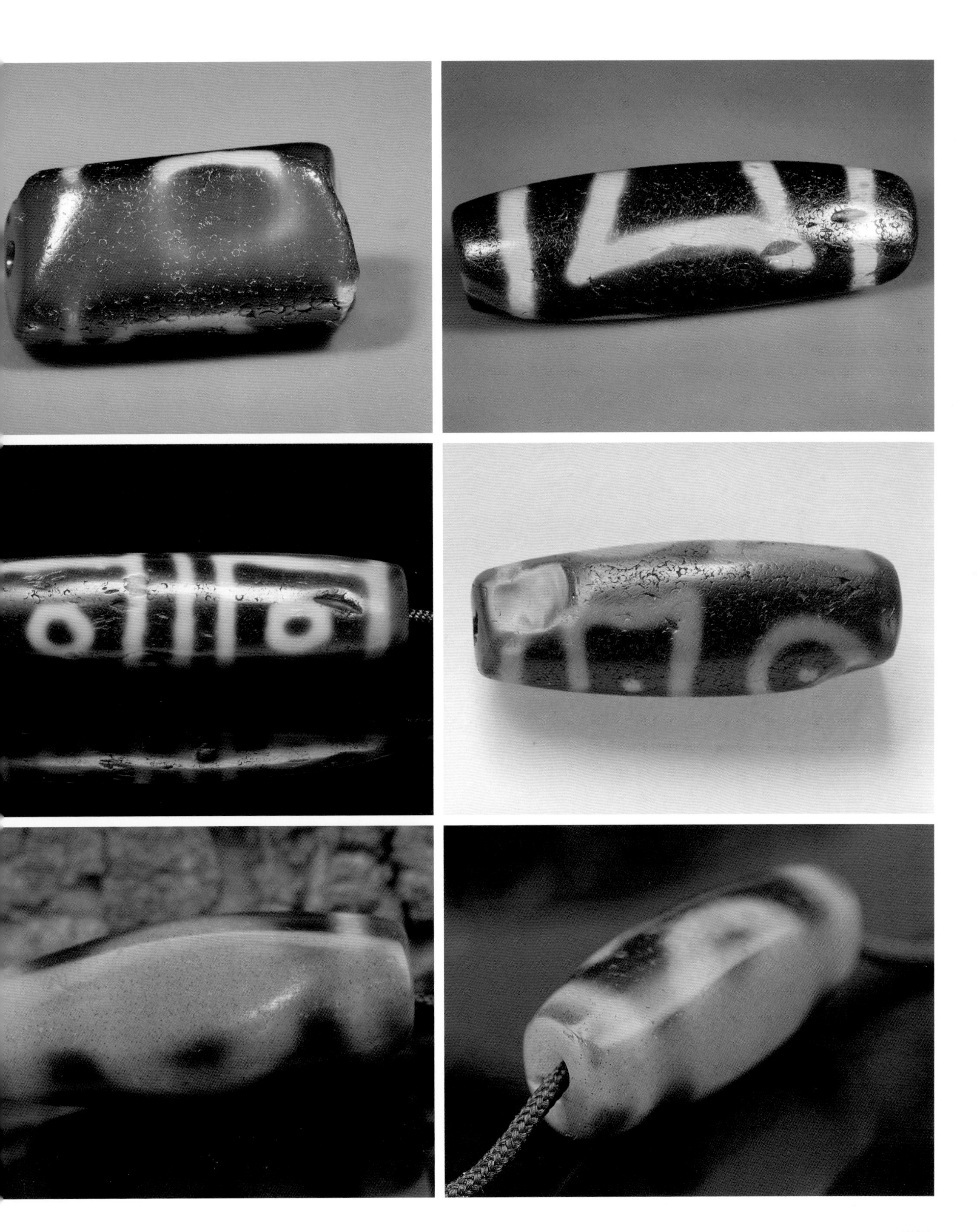

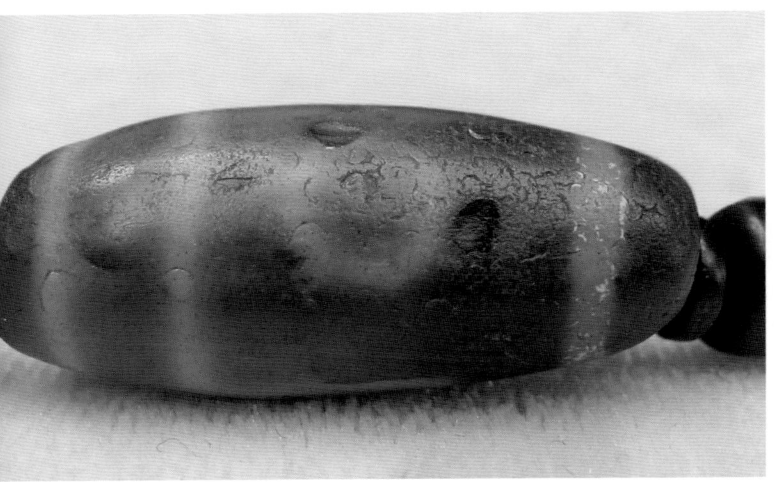

图153　地埋珠子和火供珠。玛瑙与透闪石类玉一样，长期埋藏于土壤环境中会有“受沁”和所谓“钙化”现象，视土壤酸碱度和土壤中所含微量元素而形成不同状况和不同程度的质地改变，呈现不同的表面特征。天珠中经常可见被民间称为“火供珠”的珠子，实际情况的火供珠是少见的，大多为土埋珠子。由于土壤环境的不同，土埋的珠子有受沁和钙化两种情况，受沁的珠子表面呈现一种灰白皮肤，这种珠子经过长期佩戴仍然能够最大程度恢复原有的质感和光泽度。而钙化的珠子则与所谓火供珠的质地和表面特征一样干涩无光，这类珠子一般很难恢复原初面貌。公元前3至前2世纪的希腊雅典娜头像玛瑙板珠和公元2世纪罗马安提尼乌斯头像玛瑙板珠均为瘗埋后出土，玛瑙质地已经在长期埋葬中被土壤环境改变，表面呈比较典型的土埋特征（见图047）。图片藏品分别由梵堂喜马拉雅天珠艺术馆、郭彬先生、骆阳能先生提供。

质地的改变。这类珠子的表面特征与火供相仿，程度视土壤环境和瘗埋时间。土埋过的天珠并不少见，一些藏族声称，在荒原野地有时能挖到珠子，有时珠子与铠甲片和武器同出，藏族认为这些珠子是战争或逃亡留下的。此外，藏族声称在老宅子和老寺院都能挖到天珠，出土的天珠大多表面有土沁，一些土沁不算严重的珠子经过佩戴，仍然能够显现出老天珠原有的光泽来。

一位长期往返拉萨和加德满都的尼泊尔商人曾讲述过天珠土埋的故事，他父亲从16岁开始做生意，往返于拉萨和尼泊尔。印象比较深的是在尼泊尔的流亡藏族社区买卖天珠时，经常会听到关于故意瘗埋天珠的故事。一些人在逃往尼泊尔或印度之前，会将一些暂时无法带走的东西埋在故地，如旧宅周围的野地，甚至有些人害怕遗忘瘗埋地点而将天珠一类的珍宝扔进宅子旁边的粪池，希望有一天回来可以方便取回。这些珠子有些被亲戚带到尼泊尔或印度，有些珠子的保存情况尚好，而另一些则已经在地下环境中被过度侵蚀如同枯萎一般，使得珠子的价值大减。（图153）

◆6-9-4　断珠

断天珠一般都是意外造成，藏族民间普遍认为，天珠意外损坏，是因为珠子为了保护主人免遭不可见的邪恶攻击时为主人挡灾辟邪而突然摔断的，因此珠子的法力消退。另外一种说法，当天珠佩戴在身上时突然破损或断裂，表明珠子吸走了主人身上的负能量或疾病。有意思的是，藏族并没有因为这些说法而将断珠丢弃，尽

管对于断天珠的内在法力是否还如完整的珠子一样有效的说法不一，一些藏族仍旧相信断珠保有法力。无论哪一种情况造成的断珠，藏族都会将其一直佩戴甚至世代相传，以至于那些断口都显现出油润的光泽来。（图154）

断珠也有故意人为的说法，这种说法并非来自藏族民间，而是来自瑟珠的原产地克什米尔和中亚。据当地人称，在古老的过去，天珠是珍贵的家传珍宝，一般家庭不会拥有太多的天珠，当一家人有两个女儿出嫁而父亲只有一颗天珠时，就将天珠一分为二，分别送给两个女儿做嫁妆。同样是克什米尔地区，当地那些了解天珠的珠商也认同天珠破裂或摔坏是为了给主人挡灾的说法，并且认为那些在山间河谷的野地中发现的断天珠是远古时珠子的主人故意丢弃的，因为珠子在断裂的过程中已失去了法力。这种说法在吉尔吉特流行，当地墓葬和非墓葬环境都能发现瑟珠，出土时有相当数量的断珠，而那些断珠并不是在挖掘过程中损坏的，他们与完整的珠子一起出土。

图154　断天珠。藏族普遍相信天珠意外摔断是珠子为主人挡灾辟邪造成的，大卫·艾宾豪斯在他的《藏族的瑟珠》中记录了这一民间说法（见4-1-5）。断天珠被认为在保护主人而断裂之时法力消退，但事实是多数藏族并未因此将珠子舍弃，而是继续随身佩戴，特别是仍旧保留了“眼睛”的断珠，藏族相信珠子仍然保有法力。讲究一些的藏族还不惜将贵金属与断天珠用来镶嵌成戒指或者其他首饰构件，这些首饰有些也已传递了数代人。如果珠子太过破损，藏族就将其送往藏药厂作为药味，藏药经典中记载的天珠入药据说始于象雄时期。成方于公元8世纪吐蕃盛期的“藏药七十味珍珠丸”中就须用天珠磨成粉末，与其他药味包括矿物和植物混合制成。无论断天珠的法力和功效如何，断珠都是最好的研究古代工艺的样本，为研究和探寻珠子的工艺和背景提供更多的信息。藏品由收藏家郭彬先生、伍金泽仁先生提供。骆阳能先生和宋博然先生拍摄。

第十节　藏民族珍爱的其他珠饰和护身符

◆6-10-1　旧时的西藏贵族服饰和珠宝

吐蕃雅砻部落在公元7世纪由松赞干布建立统一政权之后，将王城由雅砻河谷迁至逻些（拉萨），并制定了文武官职和相应的仪仗制度，任命各级论、尚（吐蕃王朝执政贵族的官职），各级论、尚的服饰须体现出森严的等级差别，相应服装样式和与之匹配的珠饰也形成制度。吐蕃的官制和管理制度大多借自唐朝和古象雄，在灭象雄一统西藏之后形成严格的社会分层结构。《新唐书・吐蕃传》对吐蕃官员按等级佩戴珠饰的制度都有记载，“其官之章饰，最上瑟瑟，金次之，金涂银又次之，银次之，最下至铜止，差大小，缀臂前以辨贵贱。”吐蕃官员佩戴的珠饰也是以“瑟瑟”最尚，金银均在其下。《新五代史》也说，“吐蕃男子冠中国帽，妇人辫发，戴瑟瑟珠，云珠之好者，一珠易一良马。”这里的“瑟瑟”就是藏族所称的“瑟”珠，现在所谓的天珠。古代西藏与现在一样，吐蕃男女都佩戴珠饰，是社会地位和财富的双重象征。吐蕃民族佩戴瑟珠的形象还在古代寺庙壁画中得以表现，位于印度喜马偕尔邦的塔波寺［Tabo monastery］所存11世纪壁画和手稿均有礼佛的吐蕃贵族女子佩戴瑟珠和其他珠饰的图像。（图155）

元朝于13世纪一统西藏，又分封原来各地方僧俗首领为宣抚使、安抚使、招讨使、万户、千户等职别，并规定其品级，不同品级的官员穿不同花饰的藏袍，戴不同顶珠的帽冠。由于贵族藏袍与民间藏袍在样式上没有太大区别而主要是质地和花纹的区别，珠饰仍然是身份地位最主要的区分标志。官品的主要标志表现在“江达”（圆冠）上的帽顶饰品，一品官饰以“母弟”（珍珠），二品官饰以“帕朗”（宝石），三品官饰以“求入”（珊瑚），四品官饰以“友”（绿松石）。贵族妇女的头饰同样受到蒙古样式的影响，头饰样式并没有制度上的规定，但有习惯上的区别，如卫藏地区（拉萨和日喀则）世袭贵族妇女头戴的卜柱，叫“母弟卜柱”（珍珠卜柱），这样的发饰普通贵族妇女不能戴，一般贵族妇女（包括大商人的夫人）只能戴“求入卜柱”（珊瑚卜柱）。“阿龙”（大耳坠）和“噶乌”（胸佩护身佛盒）项链则一般妇女都可以戴，但因财力不同而在材料和质地上有差异。

清朝在西藏建立起直接统治以康熙五十七年（1718年）清军驱逐准噶尔势力[99]

99　清军平定准噶尔是清代康熙、雍正、乾隆三朝为统一西北地区与准噶尔贵族进行的多次战争。这次战争起于康熙二十九年（1690年），讫于乾隆二十二年（1757年），历时67年，最终消弭叛乱，取得胜利。准噶尔原为北方蒙古族游牧部落之一，其实力在诸部中最强，曾联合沙俄势力吞并中国西北部分地方，一度征服青藏高原。康熙五十七年（1718年），六世达赖投靠清朝，清军驱逐准噶尔势力，进驻西藏。

为标志。清朝接管西藏以后，为了避免西藏发展成为独立的难以控制的政治势力，既废除了藏王（第悉）体制，“众建以分其势”是清朝处理边疆民族地区的政治手段，噶伦合议分辖体制便是清廷本着这一原则改造西藏的制度，这一体制持续到清朝灭亡。概括而言，清朝廷对西藏实行驻藏大臣、达赖、班禅联合执政下的政教合一体制，各级政权中均为僧俗合璧，清廷派驻官员进驻西藏。清朝廷对西藏的直接管理所施加的影响也一定程度反映在西藏上层社会官员和贵族的装饰风尚上，官员仍旧以帽顶和随身佩戴的珠饰区分官阶高低，官员的妻子则须佩戴与身份相符的珠饰，尤其是在拉萨这样的政治中心，官员妻子和贵族妇女均有一套程式化的服装规范和珠饰样式，无论外出走访或参加仪式，都须穿戴整齐无一遗漏才可出行。这种全身披挂的习惯一直延续到20世纪50年代西藏民主改革。

传统上，西藏各地无论男女均有佩戴噶乌项链的习惯，噶乌项链以噶乌为项链主题，标配是天珠和珊瑚。无论珊瑚还是噶乌，这两种装饰构件在西藏都有非常古老的传统。噶乌的形式和意义最早源自印度，无论是佛教还是印度教，早在公元前后就都已经开始使用类似噶乌一样的小型容器供奉圣物或具有辟邪功能的符咒和带有能量的珠子珠饰，以方便随身携带，不仅用于供奉膜拜，更多是作为护身符保护主人远离厄运，这种方式最终在西藏演绎成了噶乌的形式。西藏对珊瑚的热衷并非始于蒙古人的影响，在元朝一统西藏之前就存在。印度从公元前后就在与罗马的贸易中大量进口地中海珊瑚，是东方最大的珊瑚市场，珊瑚作为当时在东方难得一见的奢侈品，对从不出产珊瑚的内陆地区如中亚和西藏具有难以抗拒的吸引力。意大利大旅行家马可波罗在他的游记中对中亚山区和吐蕃人喜爱珊瑚的情形都有记载（见6-10-2）。由于与清朝廷密切的关系，西藏贵族妇女的珠饰样式也受到来自清宫廷的影响，一些内地的装饰元素比如清廷钟爱的翡翠和玉件也被引入作为装饰构件（图156）。

◆6-10-2　珊瑚、蜜蜡、绿松石

艰险的地理环境和凛冽的气候条件以及直接面对自然的生活习性，造就了藏民族信仰中山川有灵、万物皆神的崇拜，也造就了他们信仰中的邪灵概念。藏族认为人生中的各种不幸均由周遭环境中的邪灵造成，这些邪灵隐藏在动物牲畜甚至是自己的体内，因而珠饰坠饰一类的护身符是最必要的辟邪物，它可以避开邪恶，使自己受到保护，并且与正义的保护神发生联系。生活在喜马拉雅地域的人民，哪怕是最穷困和卑微的民众都会拥有几颗珊瑚和绿松石或其他具有辟邪意义的珠子。

在西藏民俗中，色彩同样具有特定的象征意义，其中红、蓝、白、黄、绿五色最受崇尚，一般白色是神的代表，也代表白云，象征纯洁、美好和正义；蓝色是天空和空气的象征；红色象征火焰和太阳；绿色是水的象征；黄色象征大地，而在佛教传入之后也把黄色视为教法的象征色。在佛教传入西藏之前，藏族先民就崇尚白

图155　塔波寺壁画和手稿中的吐蕃贵族妇女。塔波寺位于现印度北部喜马偕尔邦斯丕提河谷塔波村，这里公元前3世纪就存在一个信仰佛教的喜马拉雅库宁达王国（见1-3-8）。这里民间不断有非官方的瑟珠出土和秘密交易（见4-3-8）。无论是吐蕃之前的象雄文化还是吐蕃崛起之后的藏文化，都一直是这一区域的文化主体。塔波寺为藏传佛教寺庙，于公元996年由古格王朝始建，寺内至今留存大量古代壁画、唐卡、手稿和雕塑，最早可到10和11世纪古格王朝的繁荣期。寺庙被印度考古调查队列为国家级历史遗存。图中塔波寺壁画和手稿均为11世纪遗存，描绘的是古格贵族妇女礼佛听经的场面，她们脖子上均戴有瑟珠项链，瑟珠图案既有“眼睛”图案也有“虎牙”图案，是瑟珠系列中较常见的装饰类型。这些吐蕃贵族女子的服饰乃至发饰历时千年，虽然历经变化，但一些装饰样式却一直保留，她们的发辫和随形绿松石装饰的发饰至今仍能见到。资料由梵堂喜马拉雅天珠艺术馆提供。

图156　西藏旧时的贵族妇女及其珠饰。旧时西藏贵族妇女佩戴的首饰有一定传统规范，尤其是在拉萨这样的政治中心，官员妻子和贵族妇女均有一套程式化的服装规范和珠饰样式，无论外出走访或参加仪式，都须穿戴整齐无一遗漏才可出行。尽管拉萨与后藏（日喀则地区）及其他地方的发饰和珠饰样式各有不同，但穿缀天珠和珊瑚的“嘎乌项链”都是一样的，嘎乌内装各种圣物和具有法力的咒符，藏民族至今仍对随身佩戴嘎乌作为护身符的法力深信不疑。由于与清朝廷密切的关系，西藏贵族妇女的珠饰样式也受到来自清宫廷的影响，内地的装饰元素比如清廷钟爱的翡翠和玉件也被引入作为装饰构件，一些新的穿缀样式富于变化而活泼多样，这些珠饰至今保存在位于拉萨西郊的藏式园林宫殿罗布林卡。图中旧西藏贵族妇女摄于1921年的拉萨，图片现存牛津大学皮蒂河博物馆资料库，引自《西藏和喜马拉雅的珠饰》［*Jewellery of Tibet and the Himalayas*］一书，作者约翰·克拉克［John Clarke］。项饰图片引自中国藏学出版社《罗布林卡》一书。

事、白道，回避黑事、黑道，《格萨尔王》及其他民间故事中，多以白人、白马、白云等象征正义、善良、高尚的人和事件，而黑人、黑马、乌云等则象征邪魔、罪恶和不幸，白色象征纯洁、忠诚、祥和、善业和正义的观念是藏族民俗中鲜明的特点。

藏族群众偏爱有机宝石和色彩具有象征意义的半宝石，他们对切割宝石和宝石精工一无所知，因为那些过分细腻精致的奢侈品只代表多余的奢侈而不具备色彩的象征和艰难环境中必须的意义。他们更喜欢与他们生存环境联系紧密的色彩和周边所无的美好材质，如红色的珊瑚、白色的砗磲、绿色或蓝色的松石、黄色的蜜蜡（琥珀）等。西藏地区几乎不出产制作这些珠子的材料和工艺，珠子大都是贸易品，如蜜蜡（琥珀）来自波罗的海，珊瑚来自地中海，半宝石珠子则大多来自中亚、印度和中国内地，尼泊尔和东南亚同样与西藏有长期的贸易关系。这些珠子的材料本身就是财富，因而藏族群众大多偏爱个体较大的珠子而不是珠子的形制，一些有机材料比如蜜蜡[100]大多是随形制作而不求形制规矩，有些几乎就是原石的样子，绿松石同样经常是原石直接打孔穿戴的。

珊瑚是藏民族珍爱的贵重珠饰，藏族聚居区不出产珊瑚，藏族佩戴的珊瑚珠饰全部依赖贸易交换。人类使用珊瑚制作珠饰的历史很长，古埃及和史前欧洲的墓葬都有珊瑚珠饰出土。至少从公元前后，地中海至印度之间的珊瑚贸易就已经开通，罗马博物学家大普林尼（见注029）记载，印度对（地中海）珊瑚的需求量很大，从那时起，印度就是亚洲和东方最大的珊瑚贸易市场。13世纪著名的旅行家马可·波罗在他的游记（第一卷，从小亚美尼亚到大汗上都沿途各地的见闻录）中记

100　蜜蜡指不透明的琥珀，琥珀的拉丁文为succinum，英文amber。英语没有专门的“蜜蜡”一词，而多是描述性的词汇如“蜂蜜色泽”［honey-tinted］的琥珀。由于近年藏传珠饰在藏族聚居区以外的认知度的提高，坊间将藏族佩戴的蜜蜡称为“藏蜡”。藏蜡的形制有随形的粗打磨的原矿、大小不一的蜜蜡饼和形制较为规范的蜜蜡珠。除原矿打磨的随形蜜蜡外，蜜蜡饼有相当部分是使用“热压聚合”技术制作的。这是一种琥珀优化技术，早在19世纪70年代，位于波罗的海南岸哥尼斯堡［Königsberg］（1946年之前属德国，现属俄罗斯位于波兰和立陶宛边境的飞地）的斯坦丁与贝克尔公司［Stantien & Becker firm］就发明了该项技术，该公司是专门针对波罗的海琥珀开采和制作成立的。在当时，波罗的海出产的琥珀占全球琥珀市场供应量的90%以上。1881年，维也纳成为这种技术制作的中心，欧洲市场上大部分蜜蜡烟嘴和烟具以及其他优化琥珀珠饰是在这里使用热压聚合技术生产制作的。不久德国人成立工厂开始采用这种技术制作产品，他们诚实地在产品上标注了“热压琥珀”字样，他们的产品至今在北非、亚洲和欧洲流通。第二次世界大战后，俄国人接管了德国人的这项技术并进行改良，制作或透明或不透明的热压琥珀和蜜蜡，但俄国人未将天然琥珀和热压琥珀进行严格分级和标注。俄国著名的叶卡捷琳娜宫［Catherine Palace，也称Tsarskoye Selo］的琥珀屋就是用这种热压技术制作的琥珀蜜蜡装饰的。

对琥珀加热优化的技术实际上自古就有，古罗马人已经能够对不完美的琥珀原矿进行净化和加色，其制作中心位于现意大利北部城市阿奎莱亚［Aquileia］，工作在那些手工作坊中的工匠都有一套自己的工艺技术。现代“热压聚合”琥珀技术则是在密闭的容器中使用加热和液压技术将琥珀块热融并聚合而成，早期的工艺流程中使用亚麻籽油作为介质，未经添加其他化学成分。按照欧洲（主要针对波罗的海）琥珀的分级标准，市场上出现的（经过琢磨加工的宝石）琥珀按质地分为四级：1.天然琥珀［natural］，由未经任何物理和化学改变的琥珀原矿制成。2.优化琥珀［improved］，由热压聚合的琥珀料块制成。3.再生琥珀［reconstructed］，由琥珀碎料和琥珀粉高压而成。4.合成琥珀［doublets］，添加了其他化学物质成分合成的琥珀。尽管一百多年来，优化琥珀的技术一直在改良和提高，但基本的技术原理仍然持续至今。以上内容摘自《琥珀的各种优化》［*Various Modification of Amber*］一文，作者Wieslaw Giertowski。

载，“克什米尔王国有擅长巫术的居民和教士阶层”，“这个国家的本地人从不杀生，也不伤害任何动物……从欧洲带来的珊瑚在这里可以卖到高于世界任何地方的价格”。在他的游记（第二卷，忽必烈大汗和他的宫廷西南行程中各省区的见闻录）中，马可·波罗有专门的“西藏省”一节，“西藏从前是一个十分重要的国家，所以被划分为八个王国，拥有许多城市和城堡。它的境内有很多河流、湖沼与山岭。各河中有大量的金沙。这里的珊瑚的需求量很大，妇女用它来做项饰，并且还用它来装饰偶像……在这些人民中，可以找到最好的巫师。他们使用巫术，能变出许多最奇怪和虚幻的奇迹，都是前所未见，闻所未闻的”。

绿松石是藏民族特别喜爱的另一种珠饰材料。与珊瑚不同，绿松石大量出产在西藏的近邻中亚山区，英雄史诗《格萨尔王》中有岭国军队（吐蕃人）在中亚劫掠绿松石等宝藏的描写。绿松石是人类最早开采并用来制作珠饰的半宝石之一，中亚和伊朗一些绿松石矿区从远古开采一直沿用到今天。全球最大的绿松石产地包括伊朗、西奈半岛和现在的美国，中国的绿松石矿藏也很丰富，自新石器时代就开始制作绿松石珠子。西藏的绿松石珠子大多从祖国内地和中亚输入，11世纪的塔波寺古格壁画中已经有吐蕃贵族妇女头戴绿松石珠饰的图像，她们的发饰和服饰中的一些样式保留至今（见图156）。

藏民族偏爱这些半宝石的传统由来已久，英雄史诗《格萨尔王》几乎每一章回都出现半宝石珠饰和珍宝（见4-1-8）。《格萨尔王》以“宗”分章回，“宗”为藏语汇聚的意思，《格萨尔王》史诗中有许多“宗”均以半宝石命名，如《卡契松石宗》，卡契即克什米尔，该章回讲述格萨尔王率领的岭国大军大胜卡契军队后在此地抢夺珊瑚和绿松石等财宝回藏地的故事；又如《歇日珊瑚宗》、《杂日药物宗》、《阿扎玛瑙宗》、《雪山水晶宗》等，这些章回的地名经学者讨论大多为中亚和北印度（现巴基斯坦）及喜马拉雅山脉周边，这些地方均是古代盛产半宝石和擅长制作半宝石珠饰的地方，史诗中对来自西方和异域的珍宝充满珍爱之情和胜利后将其劫掠的骄傲。在今天的藏族节日中，藏族仍然会穿戴隆重出席盛大场合。在康巴地区草原的赛马节上，男女老少均隆重穿戴，集聚在草原上，赛马、比武、摔跤，展示全身披挂的艳丽珠饰。赛马节的盛大和隆重不仅表现了藏族对英雄和荣耀的崇拜，也表达了藏民族崇尚美好热爱生活的热情。（图157）

◆6-10-3　南红玛瑙珠和糖色玛瑙珠

明崇祯十二年（1639年）三月，地理学家、旅行家徐霞客从大理前往永昌（保山），在保山停留了4个月，对保山的地理地貌和矿藏资源进行了细致的考察和记录。徐霞客在他的《徐霞客游记》中对保山的玛瑙矿有详细记载，“上多危崖，藤树倒罨，凿崖迸石，则玛瑙嵌其中焉。其色月白有红，皆不甚大，仅如拳，此其蔓

图157　藏族珍爱的半宝石珠饰。藏族珍视珊瑚、蜜蜡、绿松石、砗磲几种半宝石，不仅仅因为材质的珍贵，这些半宝石的色彩在藏传佛教中均有各自的意义和象征。这些珠子一直穿戴在身上，有些经过几代人的传递，珠子表面光泽油润，传递出被珍爱和被崇尚的信息。珠子除了材质本身的珍贵，都具有护身符的意义。色彩是护身符有效的象征，这些象征意义与所象征物发生联系是护身符的力量所在，其中红色的珊瑚象征血液、火焰、光明；蓝色的绿松石象征天空、空气；绿色的绿松石象征水；黄色的琥珀和蜜蜡象征大地；白色的砗磲和珍珠则象征纯洁、吉祥和正义。佛教传入以后，色彩的象征意义继续被强化，西藏的密宗对色彩的象征意义有特别的规定，对应密宗仪规的内容。其中黄色表宝生佛及地大，绿色表不空成就佛及水大，红色表阿弥陀佛及火大，蓝色表不动佛及风大，白色表毗卢遮那佛及空大，这些色彩象征融入了藏民族生活的各个层面。玉树赛马节上的穿戴艳丽珠饰的藏族女子图片引自美国《国家地理》封面。

也”，文中描述的玛瑙应该是现在所谓“南红玛瑙”，云南保山是南红玛瑙的主要产地。保山玛瑙山出产的南红玛瑙品质最优，其色彩浓丽厚重、质地细腻温润。早在汉代，这里就是玛瑙开采地，保山玛瑙山至今还有汉代的矿口，使用保山玛瑙制作珠子和小饰品的历史至少起于战国或西汉，云南古滇国汉代墓葬中出土有南红玛瑙的串饰。

“南红玛瑙”名称起于什么时候已经很难考证，徐霞客在他的游记中没有使用过“南红玛瑙”，清代有南红玛瑙制作的宫廷摆件，未见使用“南红”一词，名称应该是近年才开始在民间流行起来的。尽管明代才有文献记载南红玛瑙矿，但是用南红玛瑙制作的珠子的历史很长并一直受藏族喜爱。藏族聚居区从什么时候开始从云南输入南红玛瑙（珠子）没有确实的记录，但不会早于公元7世纪吐蕃势力进入云南之前。公元680年，吐蕃攻入洱海，设置官员，征收赋税，摊派差役，正式开通滇藏线茶马古道，交通路线大致与现在的滇藏公路一致，即从今云南大理出发，北上至剑川、丽江，再北到盐井，沿澜沧江北上至现在的西藏芒康、左贡，分两路前往西藏：一路经八宿邦达到昌都；一路经波密、林芝前往拉萨。滇藏茶马古道一经开通，无论历史变幻、权政易手，古道上始终茶马互市，往来不断。大理三月街每年的“观音市”就是千年茶市，至今都有除了茶叶交易之外的各种小商品贩往藏族聚居区，包括珠子和银饰。（图158）

除了云南保山，南红玛瑙较著名的产地还有四川凉山和甘肃迭部。甘肃南红玛瑙的产地在以迭部为中心的甘南、陇南和四川阿坝州的东北部，其颜色偏亮，色域从橘红到大红，20世纪80年代，北京首饰公司曾在迭部短期开采原矿，制作珠饰和摆件。据一些藏族珠商称，甘肃的藏传寺院以前时有南红玛瑙珠流通，推测当地有专门制作南红玛瑙珠的匠人。四川凉山彝族自治州的南红玛瑙主要产地则在美姑县，是近年才发现的玛瑙矿源。美姑的南红玛瑙分布较广，目前8个乡10多个村方圆百余公里都有储量。早些时候当地人只把田间地头捡到的原石当作打火石，偶尔有外地的原石收集者前来寻石，长时间以来很少为外界所知。自媒体曝光后，美姑南红身价飙升，现已成为南红玛瑙的最大产地，新加工和玛瑙雕件和珠子按品质从普通价格直至高价，一度成为国内半宝石市场最大的热门。

糖色玛瑙珠民间称为“糖球”或“唐球”、“唐八棱”，珠子的形制有圆珠和多面棱形，色彩呈深棕色到棕黄色各种变化。糖色玛瑙珠实际上是用缠丝玛瑙制作的，其色彩和均匀的质地为人工染色，质地经过优化，呈半透明的、黏稠感的糖色。糖色珠子的染色配方与字面意思一样，就是用糖水（加糖的溶液）浸染的，在古代是使用蜂蜜，因而珠子的染色成本相对较高。对玛瑙进行人工染色的工艺很早就有，公元1世纪罗马时代的大普林尼（见注29）就在他的《自然史》中记载了玛瑙的染色和加色工艺。现代方法的玛瑙染色工艺是1819年在德国伊达尔-奥伯斯泰因试验成功的（见5-3-2）。

罗马时代的糖色玛瑙的染色工艺是怎样的不得而知，德国人在19世纪发明的染色工艺却被详细地记录了下来。英国矿物学家埃德温·斯特里斯在他的《宝石和半宝石，它们的历史、起源和特性》一书，“半宝石的加热和染色”一章中记录了现代糖色玛瑙工艺的基本流程：首先将条纹玛瑙原石彻底清洗，晾干；浸入蜂蜜和水的溶液（半磅蜂蜜加大约550克水）或者蔗糖和水（或者油）的溶液中，容器为平底的浅托盘；将托盘放置在温火的炉子上，保持溶液不会被煮沸的状态，这一加温过程持续至少两周；将原石取出，清洗干净，放入另一只盛有硫酸的容器，将容器密封，用炭火灰覆盖，保持炭火灰温度，此过程中硫酸渗入玛瑙，碳化内部的糖分或者油性物质被吸收，碳化的糖分使得石头呈现棕色；最后将石头从硫酸液体中取出，清洗干净，用炉子烤干，再在油里面浸泡一天，之后玛瑙便呈现均匀、干净、油润的质感来。古代和罗马人的糖色玛瑙工艺可能与文中描述有所不同，但是大普林尼提到的工艺过程中的几项基本元素，仍旧用于现代工艺。（图159）

◆6-10-4　马拉念珠

念珠在梵语中称为马拉［Malas］，意思是“花鬘”，源于古印度贵族璎珞缠身的装饰风俗。念珠并非佛教独有，印度教、天主教、伊斯兰教、锡克教等各大宗教都有持带念珠的习惯，英语“珠子”［beads］原初的意思是“祈祷者”。念珠究竟起于何时已经很难追溯具体的时间，但最早起源于印度是肯定的，印度有手持念珠的人物小雕像，年代约在公元前3世纪，最迟到公元2世纪。印度教毗湿奴派［Vaishnavism］已经普遍有持带念珠的习惯，很快风行于印度贵族婆罗门阶层，佛教使用念珠的风气可能始于同一时期，并衍生出与佛教相关的意义和仪轨。

公元7世纪佛教传入西藏，入藏传教的印度僧人和中原僧人都持带念珠，之前在西藏盛行的象雄苯教很可能也有使用念珠的习惯。正如佛教传入西藏之后与本土文化抵触融合而后形成独特的藏传佛教一样，念珠在西藏与本土文化和珠饰传统结合，从形式到色彩也都具有浓郁的藏民族的装饰意味，虽然它们当初并非为着装饰的目的制作的。藏传佛教通常使用108颗念珠，在冥想伏拜［prostrations］中也使用21或28颗念珠。掐捻念珠的同时唱诵经文，产生诸种功能，不同的经文用于不同的目的。同样的，不同材质的念珠配合不同的经文也可用于不同的目的或仪式，但多数时候，某种材质的念珠可用于所有的经文，最常见的是菩提念珠（图160）。半宝石、牙角类和金属材质的念珠也经常见到，有金、银、琉璃、砗磲、玛瑙、琥珀、珊瑚、玉石、各类宝石、果实、骨角（象牙、牛骨、犀牛角、牛角、人头骨等）、陶瓷、水晶、竹、木，现代工业社会还有玻璃、塑胶、合金等。

藏传佛教以密宗传承和修行，不同派系由于修法不同，对掐捻念珠的指法也有不同规定，就五部（金刚界）而言：佛部以右手拇指与食指掐珠；金刚部以右手拇指与中指掐珠；宝部以右手拇指与无名指掐珠；莲华部以右手拇指与小指掐珠；羯

图158　藏族聚居区流行的南红玛瑙珠。最早的南红玛瑙珠为云南古滇国（公元前278—前109年）出土，现藏云南省博物馆。古滇国于公元前278年楚国将领庄蹻率军入滇而立国，文献称“庄蹻王滇”。滇国擅工艺，青铜器、半宝石和玉器的制作发达，玛瑙珠饰工艺尤其精湛。云南矿藏资源丰富，产好茶，从公元7世纪吐蕃扩张至云南开始就与云南茶马互市，藏族聚居区的南红玛瑙珠很早就开始由云南输入。按照藏族的说法，南红玛瑙最初只是珊瑚的替代品，就材质而言，南红玛瑙的价值不及珊瑚，珊瑚这类有机宝石在藏族聚居区远比半宝石类的玛瑙珍贵难得。输入藏族聚居区的南红玛瑙珠形制相对单一固定，珠子呈鼓型，直径大于厚度，开孔大，表面油性光泽。近年由于藏家介入，经过藏族佩戴、世代相传的老南红珠成为古珠爱好者的热门。藏品由扎松女士提供。骆阳能先生拍摄。

图159　老糖色玛瑙珠。老糖色玛瑙珠坊间也称“糖球”，珠子是何年代、原产地在哪、什么时候开始输入藏族聚居区，目前都没有正式的资料证明。理论上讲，糖色玛瑙珠不会晚于大普林尼时代即公元1世纪，他在《自然史》中记载了制作“糖色”玛瑙的工艺。而民间一直有非正式资料出现，印度喜马偕尔邦斯丕提河谷曾有糖色玛瑙珠与天珠出土（见4-3-8），由伴生的青铜器和铁器推测墓葬年代不会晚于公元1世纪。这里曾经存在一个与古象雄时期平行的喜马拉雅王国库宁达（见1-3-8），吐蕃之后又曾为古格和拉达克的一部分。藏族珠饰大多传世，几乎不用于陪葬，没有考古地层作为依据。现今进入中国市场的糖色玛瑙多是巴基斯坦和阿富汗商人带来，有些珠子表面仍残留有入土造成的“灰皮”，类似中原出土玉器“受沁”的效果。糖色玛瑙包含工艺价值，历经岁月，质感喜人，一直备受藏族喜爱。德国伊达尔-奥伯斯泰因的糖色玛瑙，理论上与古代工艺类似，但是由于配方和工艺流程的控制，质地和表面效果均与老糖色玛瑙有区别（见图119）。藏品由郭彬先生、李超先生提供。

图160　菩提树和菩提子。菩提树［Ficus Religiosa］生长在印度、尼泊尔、中国西南部和印度尼西亚等地方。而通常称为“金刚菩提”的菩提子［Rudraksha］则为杜因属［elaeocarpus］乔木的无花果实，在梵文中称为“风暴神的眼泪”［Rudra's Tear Drops］。菩提树和菩提子对印度教、耆那教和佛教都具有非凡的意义，在古老的吠陀经典《薄伽梵歌》［*Bhagavad Gita*］中，克里希那主神［Krishna］曾说：“我是树中的菩提树，神仙中纳兰达，伎乐天中的首舞，圣贤中的数论。”在佛教经典中，释迦王子乔达摩·悉达多便是在菩提伽耶［Bodh Gaya］（位于印度东北城市比哈尔）的菩提树下冥想悟道而成为佛陀的。印度和东南亚的佛教寺庙至今都保有百年菩提，以为佛陀的象征，掐捻用菩提子穿成的菩提念珠则是佛教信徒必备的功课。

磨部以右手拇指与其余四指合捻珠。以三部（胎藏界）而言：佛部以右手拇指与无名指之指尖相合，中指与小指直立，食指略屈附于中指中节掐珠；莲华部以拇指与中指指尖相合，舒展其余三指而掐珠；金刚部以拇指与食指指尖相合，舒展其余三指而掐珠。密宗诸尊中，手持念珠者很多，胎藏界外金刚部之火天（护法神）、准提佛母、千手观音等都持念珠，其中千手观音系于其右方之一手持执念珠，称为数珠手。密宗念珠的用法与密宗诸尊的修法一样，形式繁复并且意义非凡，其复杂的构成以及与其他宗教法器的关系无不包含神秘幽深的宗教内涵。

藏传佛教的“四业”一般分别以四种颜色代表四业：息为白，增为黄，怀为红，诛为黑。因此，菩提子、白银或水晶、珍珠、白莲籽、砗磲、螺壳或象牙念珠用于息业。黄金、蜜蜡、金琥珀等一般用于增业。红珊瑚、红玛瑙、红琉璃等都用于怀业。无患子（龙堂、木患子），铁、铅、人骨或兽骨念珠用在诛业上。诛业所用的佛珠由头盖骨制成。同样的，念珠的珠数因“四业”不同而各异，一般情况下，息业用 108 颗弟子珠的念珠，增业用 110 颗的念珠，怀业用 50或112 颗的念珠，诛业用 60 、66 、80 或者88颗的念珠。唐卡中的一些怒相神，如大黑天神就手持或佩戴骷髅念珠，尽管骷髅头的数字没有具体规定，但通常画成十二、十六或二十一颗骷髅，象征二十一种纯净智慧。

佛教念珠无论派别，都以108颗最为常见（图161），大多将数目解释为求证百八三昧而断除百八烦恼，此外，其他数目的形式也经常使用：54颗，表示菩萨修行过程之五十四阶位，即十信、十住、十行、十回向、十地、四善根因地；42颗，表示菩萨修行过程之四十二阶位，即十住、十行、十回向、十地、等觉、妙觉；27颗，表示小乘修行四向四果之二十七贤位，即前四向三果之十八有学与第四果阿罗汉之九无学；21颗，表示十地、十波罗蜜、佛果等二十一位；14颗，表示观音之十四无畏；1080颗，表示十界各具有一百零八，故共成一千零八十；36颗与18颗的意义，一般认为与108颗相同，是为了便于携带，三分108为36，或六分为18，并没有其他的奥义。念珠颗数与表征意义之间的差别，多是历代祖师为方便教化所赋予的配合，并非源自原典经文。

念珠常附加有母珠、数取、记子、记子留等，以配合掐念时计数。以108颗串成之念珠为例，附加的母珠有一颗及两颗两种，母珠又称达摩珠，即民间称为“佛头”和“佛头塔”的珠子；数取又称四天珠，是按等距附加于108颗中间的4颗隔珠；密宗念珠通常在第7颗（自母珠开始算）与第21颗之后插入数取；记子又称弟子珠，藏族聚居区称为计数器，一般有10颗、20颗、40颗，串于母珠的另一端，以10颗为一小串，表示十波罗蜜，捻珠念佛满一百零八遍时即拨动一记子以为计数；记子留是指每串记子末端所附的珠子，藏传佛教使用铃铛和金刚杵作为记子留，铃铛示警醒，金刚杵示法力。据《金刚顶瑜伽念珠经》记载，108颗诸珠表示观音菩萨，母珠（佛头）表示无量寿佛或修行成满之佛果，故捻珠捻到母珠时，不得越过，须逆向而还，否则不合仪轨，被视为越法。

图161　藏传佛教念珠。佛教念珠无论派别，一般都以108颗最为常见。念珠的穿缀形式具有宗教规范，但是藏族会把他们喜爱或珍视的任何小东西穿挂在随身携带的念珠上，包括求来的符咒，某件自己相信的幸运物，甚至日常所用的钥匙，或者家传的、被认为具有法力的某位高祖的牙齿，以及得之因缘的高僧遗物。图中念珠由土多多吉先生、降拥西热先生提供。

◆6-10-5　嘎巴拉

嘎巴拉［Kapala］是梵语“头盖骨”的意思，指专门用于密宗仪式的用人头骨制作的碗，印度教怛特罗［Tantra］和佛教金刚乘［Vajrayana］都有使用嘎巴拉作为仪式法器的仪轨。在藏传佛教中，用人头骨制作的嘎巴拉碗既是密宗仪式中的法器，又是僧人进行密修的用具，大成就者、空行母和护法神都持有嘎巴拉碗，被视为大悲与空性的象征。嘎巴拉碗通常用于无上瑜伽密续（藏传佛教格鲁派的密修实践）的灌顶仪式，灌顶的意义是为修行者冲却一切污秽以开启智慧，断除我执。仪式中嘎巴拉碗用来盛放象征鲜肉和人血的面点和红酒，面点会被制作成人耳、眼睛和舌头的形状，与红酒一道献祭给怒神[101]。

西藏一直有使用人骨制作法器的传统，旨在令人常念生死无常，勿执念有形的存在。对嘎巴拉的信仰衍生了嘎巴拉念珠的使用，用人头骨制作的嘎巴拉念珠被视为具有强大的加持力。（图162）

除了嘎巴拉碗和念珠，用人头骨制作的密宗法器还有手鼓［damaru］和胫骨号［kangling］。手鼓又称阴阳骨，由一男一女的头盖骨制成。胫骨号与手鼓一样是密宗仪式中乐器，用于无上瑜伽密续施身法仪式和葬礼。在密宗的施身法［chod］（也称“断”）仪式中，参与者怀着慈悲和同情，吹响胫骨号作为一种施无畏的姿态，召唤饿鬼和邪灵，以此满足它们的饥饿并减轻它们遭受的罪孽，同时也是“断我执”的途径。犯刑事之人和非正常死亡的人胫骨是制作这些法器的首选，据传取自难产而死的妇女或意外死亡的少女的腿骨更具法力。人骨法器并非处处可求，因而有用木头作为人骨替代品的。（图163）

历史上一则著名的头盖骨故事是元代吐蕃萨迦派僧人杨琏真珈的盗墓事件。杨琏真珈是吐蕃高僧八思巴帝师[102]的弟子，见宠于忽必烈皇帝，至元二十二年（1285年）任江南总摄。杨琏真珈善于盗墓，曾盗掘南宋诸皇帝、皇后陵寝，公侯卿相坟墓达一百余座，把盗来的陪葬品变卖，用作修建寺庙的资金。在盗掘南宋六陵时，见宋理宗（南宋第五代皇帝赵昀）尸身保存完好，知其体内灌有水银防腐，将尸体

101　怒神［Wrathful deities］，即密宗忿怒尊，是密宗崇拜的护法神，本尊的一种。它的外貌凶恶，威力强大，可降伏魔神，保护修行者。密迹金刚、四大天王、明王，皆属忿怒尊。忿怒尊是诸佛菩萨的化身，对于刚强难驯之众生和为了降伏顽恶天魔、鬼神、恶人，示以忿怒之相使其归伏。

102　八思巴（1235—1280年），意为圣者，藏传佛教萨迦派第五代祖师，7岁能“诵经数十万言，能约通其大义，国人号之圣童”。1251年觐见忽必烈皇帝，得重用，封国师，即帝师。1269年，八思巴将自己根据吐蕃文字而设计的一套蒙古新文字献给元世祖忽必烈，共41个字母，1000多个字，同年忽必烈下诏以这套文字统一蒙古语文字，后世称这套文字为八思巴文。1274年八思巴回到出生地西藏萨迦，写成200多函《甘珠尔》经。至元十七年（1280年）11月22日，八思巴在萨迦南寺圆寂，时年46岁。

倒挂树上，流出水银，又截下理宗头盖骨制成嘎巴拉碗，献给八思巴为饮器。《明史》称："悉掘徽宗以下诸陵，攫取金宝，裒帝后遗骨，瘗于杭之故宫，筑浮屠其上，名曰镇南，以示厌胜，又截理宗颅骨为饮器。"直到洪武初年（1368年），明太祖朱元璋得知此事，"叹息良久"，派人专程找回理宗头盖骨，于洪武二年（1369年）以帝王礼葬于应天府（江苏南京），次年又将理宗的头骨归葬绍兴永穆陵旧址。

◆6-10-6 托甲（天铁）

托甲［Thogchag］是藏语"天铁"的音译，thog是雷电，chag是铁，托甲意即来自天空的铁。天铁是流行在藏族聚居区的小金属件，多是具有护身符意义的小装饰件、实用器、武器构件和小型法器。天铁是藏族独有的装饰艺术，与西藏所有的珠饰坠饰一样，天铁既可以作为装饰品随身携带，又是与信仰和意义关联的护身符。"天铁"的称谓不仅仅只是一个宗教隐喻，也包含了对天铁材质的物理属性的解释和古老起源的暗示。"天铁"的说法与"天珠"一样是信仰的物化，藏族相信天铁是从天空坠落，具有神力和辟邪的护身符，因而对其高度珍爱。由于藏族偶尔会在从事农事的田野和放牧的牧场上拾到托甲，这一事实导致他们相信托甲不是人力所为，而是经过雷劈电闪从天而降。

人类使用陨铁制作器物的历史并不太晚。早期人类的黑色冶金［ferrous metallurgy］（指铁合金冶炼技术）并不发达，技术上无法达到冶炼高温从铁矿石中炼取铁，而自然界几乎没有单质铁的存在，所以陨铁［meteorite］一度是铁的唯一来源。目前发现最早的由陨铁制成的铁器来自公元前4000年的埃及，同样是在埃及还发现了公元前3500年的陨铁珠子，那时起埃及人就将这种来自天空的金属视为神物，用来制作武器，图坦卡蒙墓中就出土了一把用陨铁制作的匕首。直到青铜时代晚期即公元前1300年前后，安纳托利亚高原的赫提人［Hittites］发明了最早的冶铁术，人类才开始使用熔炼铁。

最早的托甲可以追溯到史前时期，但不全都是用陨铁石制作的，也有铜合金和铁合金制作的。西藏高原不难发现陨铁石，出于对这种天外来石的敬意和信仰，使用陨铁制作托甲从早期一直持续到后来。托甲的起源并非藏族，早期的托甲远早于吐蕃（藏族）兴起。意大利藏学家图齐在他的《西藏考古》中记录了他在西藏调查期间遇到的藏族视为护身符的各种金属件（天铁），图齐认为其中很多题材和造型明显与中亚青铜时代的金属题材和造型有关，他认为是贸易甚至族群迁徙带来的。而另一些金属件则与苯教信仰有关，除了具有信仰意义的符号和抽象造型，还有些是实用器上的构件或者武器构件。

南喀诺布教授在他的《象雄和西藏的历史》（见4-1-6）也专门谈到托甲，他说藏族都相信天铁是因为雷电从天而降，而在降落之前属于非人类的神灵，有些属于天空的神灵，有些来自半空的神灵，而有些则来自地下世界的神灵。在谈到托甲的年代时，南喀诺布教授认为最早的托甲来自石器时代，尽管人们并不相信那时的古人会制造天铁一类的东西。南喀诺布教授将早期那些天铁上的圆圈纹样解释为“涟漪”，与天珠的“水眼”或“泉眼”的说法如出一辙（见6-8-1），仍然是原始苯教中自然崇拜的符号。并且南喀诺布还证实，早期那些带眼圈纹样的、造型简约抽象的金翅鸟既能看到美好也能看到邪恶，佩戴它既是装饰，也是勇敢和保护的符号象征。

托甲大致可分为两个时期：佛教传入前和佛教传入后，即前佛教时期和佛教时期。前期编年从史前（约公元前1000年青铜时代晚期）到公元8世纪佛教在西藏立足（莲花生大师入藏）；后期则从公元8世纪开始，下限不应超过清代。前期的题材除了图齐提到的中亚青铜时代的题材和造型，其中以各种牌饰居多，有抽象图案也有具象的主题如动物造型等，其余则是与苯教相关的题材。佛教传入后，天铁的题材明显变化，出现了许多与佛教相关的题材，比如佛教法器、咒语牌、佛塔、宝瓶和经书扣等，同时一些早期的题材仍在制作。托甲的材质分为陨铁石和合金两大类，合金大多为铜合金，工艺为铸件；而有一部分天铁确是用陨铁石制作的，工艺为打制，这种天铁出现得很早，但工艺一直有延续，因而并非所有陨铁制作的天铁都属于早期。

天铁的题材一般可以分成以下几类：1. 法器，如普巴杵、金刚杵、弯刀、天杖等。2. 咒语牌，如莲师咒、六大明咒、阿弥陀佛咒等。3. 佛像，如金刚手、不动明王、四臂观音等。4. 吉祥物和护身符，如噶乌、九宫八卦牌、金翅鸟、雪狮、龙、八吉祥、佛塔、宝瓶、螺号、蝎子等。5. 动物题材，如牛头、孔雀、马、羊、猴、鸟、乌龟等。6. 其他，如经书扣、印章、甘露匙、戒指、铠甲、牌饰、武器、乐器等。这些题材的分类不以编年为序，除了与佛教相关的题材，其他题材可能前期和后期都出现过。比较特殊的题材是十字形天铁，被认为与公元7世纪开始沿着丝绸之路传播的景教［Nestorianism］（基督教聂斯托里教派）有关，这类天铁在藏族聚居区也经常见到。（图164）

佛教传入之后的天铁很多是使用铜合金，但应与“利玛铜”区别开来。利玛为合金铜，在藏传佛教艺术品里有很多佛像、法器及其他用具是由合金铜为主，一般以铜色为准可分为红铜、黄铜、青铜三种，还有很多其他种类的合金铜，藏文都称“利玛”。《藏汉大辞典》解释其为“指各类响铜制品”。响铜就是指由铜、铅、锡按一定比例混合炼成的一种铜。响铜可以发出悦耳声响，在古代用来铸钟。例如在明代宋应星《天工开物》冶铸第八卷记载：“凡铸钟，高者铜质，下者铁质。今北极朝钟，则纯用响铜。”响铜常常被制成乐器，所以叫作“响器”或“响铜器”，其中最常见的响铜器就是铜锣、铙和钹。

图162　嘎巴拉念珠。2001年，湖北荆州钟祥市明代梁庄王墓出土了108颗嘎巴拉念珠，同出还有金轮等其他藏传佛教法器（图1、2、3）。明梁庄王墓为明仁宗朱高炽的第九个儿子朱瞻垍（1411—1441年）与魏妃的合葬墓，墓葬出土金器、玉器、瓷器等5300余件，各种镶嵌宝石700多颗，随葬物品的丰富与精美仅次于明十三陵中的定陵。现藏武汉博物馆。图中私人藏品分别为嘎巴拉念珠和钻取过嘎巴拉念珠的头盖骨片。藏品由收藏家刘俊先生、郭梁女士提供。

2

4

3

5

图163　嘎巴拉碗和其他人骨法器。嘎巴拉碗、人腿骨制作的胫骨号和头盖骨制作的手鼓均是密宗仪式和修法的法器，通常在特定的密宗仪式中配合使用。制作精良的嘎巴拉碗经常雕刻有繁复的装饰纹样并用贵金属和半宝石镶嵌，另用铜鎏银制成碗盖，装饰有吉祥八宝、莲花等藏传佛教的图案和象征，其隆重程度可见一斑。藏传佛教人骨法器的制作在20世纪70年代后期之后基本消失，寺院保留的人骨法器通常具有宗教和文物的双重价值，是密宗修炼者和古代手工艺品收藏家追求的珍品。

1

2

3

4

5

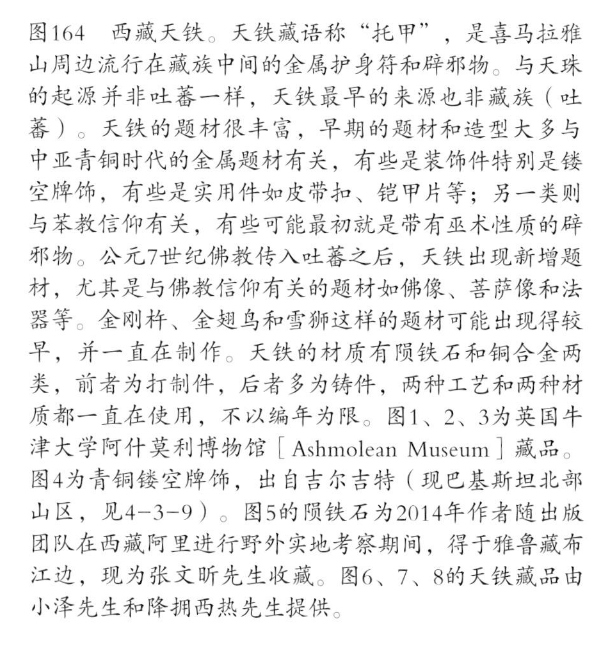

图164　西藏天铁。天铁藏语称“托甲”，是喜马拉雅山周边流行在藏族中间的金属护身符和辟邪物。与天珠的起源并非吐蕃一样，天铁最早的来源也非藏族（吐蕃）。天铁的题材很丰富，早期的题材和造型大多与中亚青铜时代的金属题材有关，有些是装饰件特别是镂空牌饰，有些是实用件如皮带扣、铠甲片等；另一类则与苯教信仰有关，有些可能最初就是带有巫术性质的辟邪物。公元7世纪佛教传入吐蕃之后，天铁出现新增题材，尤其是与佛教信仰有关的题材如佛像、菩萨像和法器等。金刚杵、金翅鸟和雪狮这样的题材可能出现得较早，并一直在制作。天铁的材质有陨铁石和铜合金两类，前者为打制件，后者多为铸件，两种工艺和两种材质都一直在使用，不以编年为限。图1、2、3为英国牛津大学阿什莫利博物馆［Ashmolean Museum］藏品。图4为青铜镂空牌饰，出自吉尔吉特（现巴基斯坦北部山区，见4-3-9）。图5的陨铁石为2014年作者随出版团队在西藏阿里进行野外实地考察期间，得于雅鲁藏布江边，现为张文昕先生收藏。图6、7、8的天铁藏品由小泽先生和降拥西热先生提供。

6

7

8

◎第七章◎
东南亚的蚀花玛瑙

第一节　南方丝绸之路——东南亚与印度和中国之间的贸易网络

◆7-1-1　南方丝绸之路

《史记·第一百一十六·西南夷列传》："及元狩元年（公元前122年），博望侯张骞使大夏来，言居大夏时见蜀布、邛竹杖，使问所从来，曰：'从东南身毒国（印度），可数千里，得蜀贾人市'。或闻邛西可二千里有身毒国。骞因盛言大夏在汉西南，慕中国，患匈奴隔其道，诚通蜀，身毒国道便近，有利无害。于是天子乃令王然于、柏始昌、吕越人等，使间出西夷西，指求身毒国。至滇，滇王尝羌乃留，为求道西十余辈。岁余，皆闭昆明，莫能通身毒国。"公元前122年，张骞出使西域回到中原，向汉武帝汇报他在大夏（大致今阿富汗及塔吉克斯坦，见注55）见到当地人出售蜀布（古代四川所产苧麻布）和邛竹杖，邛即现四川境内的邛崃山。当地人告知，这些物产得之于蜀（四川），经身毒（印度）转运数千里而来。由于匈奴阻隔西域丝路，汉武帝决定派人前往西南以求打通身毒，滇王曾派人协助，但因昆明国所阻，没有开通直接通往身毒的贸易路线。

早在汉武帝试图打通南方贸易路线之前的数个世纪，西南至南亚和东南亚就已经存在沿山间河谷穿行的贸易通道，隐藏在崇山峻岭中通往南亚次大陆（印度）及中南半岛的"走私通道"靠着马队一段一段接力式的转运，将蜀布、丝绸、邛竹杖这样的商品从蜀地出发，沿河谷而下，越过高黎贡山，抵达保山（今云南保山），与驻扎在那里的印度商人交换。东晋《华阳国志·南中志·永昌郡》记永昌郡（今云南保山一带）有“身毒人”（印度人）生活，民间与身毒的贸易早已存在。印度商人则接手货物，继续前行，越过那加山区［Naga Hills］到达印度阿萨姆邦，沿着布拉马普特拉河谷（雅鲁藏布江下游）抵达恒河平原，或沿着伊洛瓦底江进入缅甸、泰国，这便是南方丝路的“蜀身毒道”（图165）。铁器时代的南亚和东南亚沿河流发展起来的那些富裕的农业社区，同时就是贸易节点，也是手工业中心。在这条古商道上，中国商人与掸国（今缅甸北部）或身毒（印度）的商人进行货物交换，用蜀布和邛竹杖一类货物换回黄金、玉石、琥珀、玻璃制品，一路转运回西南，成就了成都在战国到西汉位列全国“五均”（均，市场）商业大都市的地位。

除了陆路的南方丝绸之路，最迟到汉武帝元鼎六年（公元前111年）平定南越国，在岭南设九郡（南海、苍梧、郁林、合浦、交趾、九真、日南、珠崖、儋耳），抵达东南沿海的“海上丝路”就已经存在。公元前1世纪，希腊航海家和商人西帕多斯［Hippalus］发现了季风［monsoon］，罗马海船因而能够借着季风从红海直接穿越印度洋到达印度西海岸的沿海港口；而印度则接手罗马人，经印度南方的阿里卡梅度［Arikamedu］到达东海岸，穿过孟加拉湾抵达缅甸伊洛瓦底三角洲［Irrawaddydelta］，并进一步到达马来半岛和中国。1945年，英国考古学家和军队指挥官莫蒂默·惠勒爵士［Sir Mortimer Wheeler］（1890—1976年）在阿里卡梅度主持了考古发掘，出土大量罗马硬币、陶器、双耳罐、玻璃制品、玻璃珠、印章宝石、半宝石珠饰以及其他货物，此外还发掘出了中国青瓷，后者年代晚于罗马货物。同样的物品也在马来半岛被发现，经中南半岛东海岸，罗马珠饰最远抵达了中国合浦（图166）。

罗马对东方物产的需求，刺激了印度对东南亚的“印度化”［Indianization］，从宗教文化到工艺技术，印度对东南亚的输入大多是依靠贸易和商业而非殖民和战争完成的。而东南亚在感受到印度文化之前，他们早已经有自己独特的文化，英国人类学家霍尔在他的《东南亚史》中简明扼要地总结了东南亚早期的物质文化特征：1.耕种有灌溉的稻田，2.驯养黄牛和水牛，3.使用金属，4.有航海技术。社会特征：1.母系世系，2.从灌溉农业中产生的组织。宗教方面：1.泛灵信仰，2.祖先崇拜与土地神崇拜，3.在高地建立祭坛，4.瓮棺葬和石冢葬，5.山对海、有翼动物对水生动物、山民对海岸人对立的二元论神话。东南亚民族的这些社会文化特征贯穿他们整个历史，甚至在被所谓“印度化”之后，乃至后来的伊斯兰化和欧洲殖民，那些基本的文化元素仍顽强地保存至今。随着公元4世纪罗马帝国的崩溃，罗马至印度的航线衰落，但是东南亚的贸易繁荣和工艺制作仍旧持续，直到中世纪阿拉伯人成为海陆贸易的主角。

◆7-1-2　条条大路通中国——合浦博物馆和云南李家山的出土资料

冶铁技术的推广和铁器的普遍使用使得东南亚那些农耕社区迅速富庶和壮大起来，整个铁器时代，印度、东南亚海陆贸易的频繁，反映了社会经济的繁荣和东南亚贸易城邦之间的互动。利益的驱动和对未知世界的好奇是原动力，人类天生对财富的追求和对异邦的向往驱使那些冒险家勇敢地深入异族和远方。最早的探险家都是商人，他们为异地的人民带去货物也带去鲜为人知的知识，我们应该向他们致敬。法显和玄奘这样的求法高僧和学者是沿着商路前行的。

在汉代，世界海运的发达程度也许超出我们基于文献和出土资料的认识，这些资料只是当时海运景象的冰山一角。张骞出使西域，在大夏（今阿富汗巴尔赫附近）看到蜀布和邛竹杖，当地人称这些东西来自身毒（印度），由此知道中原西南方向的蜀地有贸易通道通往印度，而印度正是东西方贸易的集散地，在它的北方是陆上交通必经的中亚，在南方则是海运的港口。这些港口在公元前后的几百年时间里，盘踞大量经商的外来民族，那时的东方充满了异国传奇和各种香料、丝绸和珍宝，对罗马而言，印度和东方就像是一团神秘富庶的迷雾，它诱发了罗马人骄奢淫逸的本性。大普林尼抱怨道，印度每年鲸吞了5000万塞斯特斯［Sestertius］（一种罗马青铜铸币），全部是为了购买东方那些使人变得柔弱的多余之物，印度和它的奢侈品把罗马变成了一个懦夫的城市。不论大普林尼的抱怨是否合理，事实是，由于海运技术的发达和成熟，东西方世界通过漫长的海上航线被连接了起来。

合浦是汉代最为兴盛的港口，犹如后来的泉州、上海和广州，富商巨贾云集在这里，也为后世留下诸多遗存。在合浦廉州镇附近东南的清水江至禁山一带的汉墓群就有墓葬近万座，面积约68平方公里，长约13公里，宽约5公里，是著名的大型汉墓群之一。以“珠还合浦”[103]闻名的合浦县，自汉元鼎六年（111年）汉武帝灭南越国，在岭南设九郡，县城所在的廉州镇一直是历代郡县、州、府治所。汉代继秦盛行厚葬之风，南来的官吏、将佐、富豪巨贾及西方商人等死后均葬于合浦，陪葬品都比较丰富。在近30年间清理发掘的1000多座汉墓中，出土了珍贵文物逾万件之多，其中有青铜器、玉器、金银器、陶瓷器、漆器、古钱币、香料、玻璃器皿，以及玻璃珠、玛瑙、水晶、琥珀等饰物和工艺品及罗马风格的黄金饰物，几乎在合浦发掘的每座汉墓中都有外国舶来的装饰品和器物。（图167）

103　《后汉书·循吏传·孟尝》：“（合浦）郡不产谷实，而海出珠宝，与交趾比境……尝到官，革易前敝，求民病利。曾未逾岁，去珠复还，百姓皆反其业。”说汉代的合浦盛产珍珠，由于过度捕捞，珠蚌迁移去了邻近的交趾（越南），孟尝任合浦太守时，整顿滥采之风，保护珠蚌资源，不久，珠蚌又回归合浦。

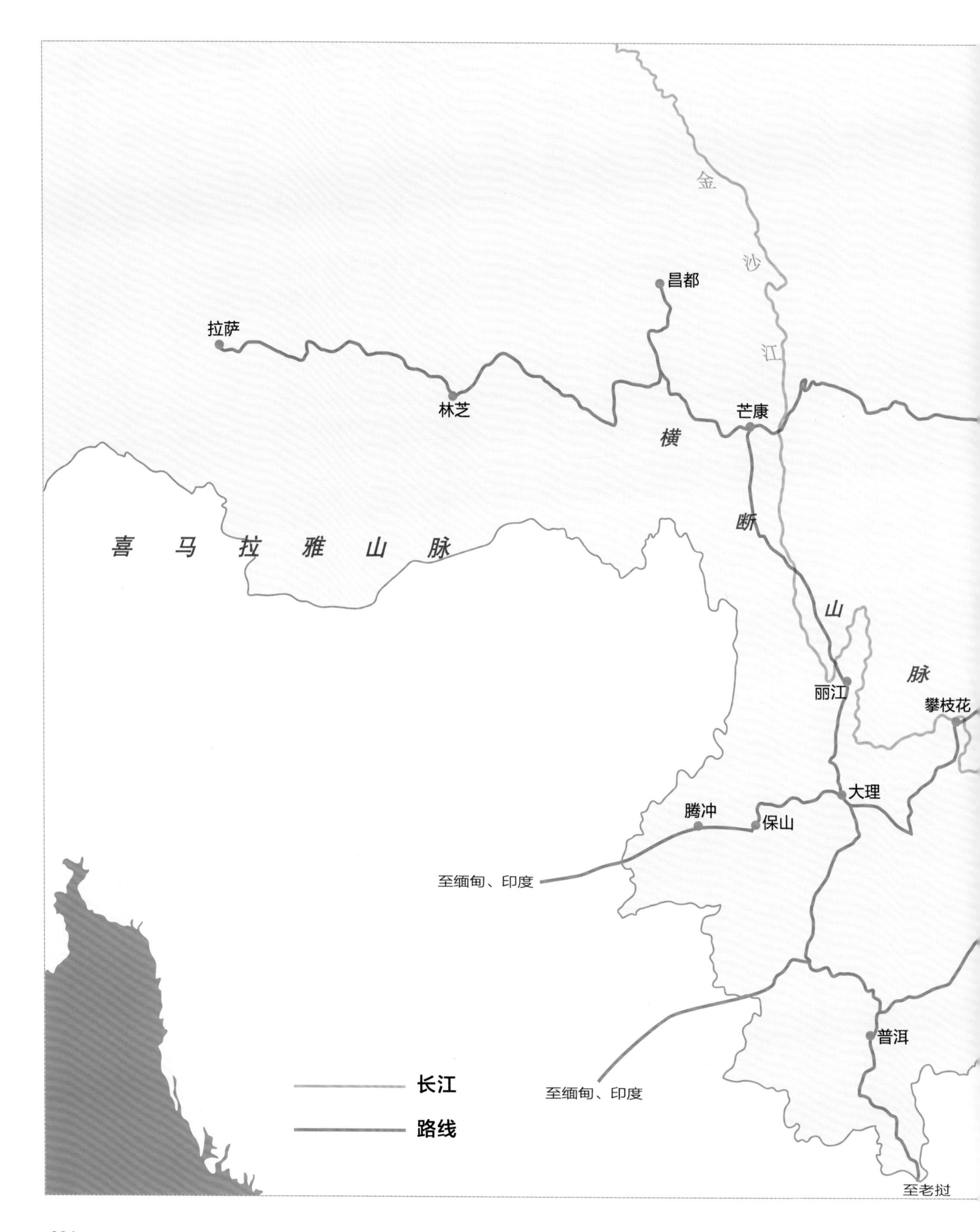
金
沙
江
昌都
拉萨
林芝
芒康
横
断
山
脉
喜　马　拉　雅　山　脉
丽江
攀枝花
大理
腾冲
保山
至缅甸、印度
普洱
至缅甸、印度
至老挝
长江
路线

图165　南方丝路之“蜀身毒道”。蜀身毒道分为南、西两道，南道分为岷江道、五尺道，岷江道自成都沿岷江南下至宜宾，是李冰烧崖劈山所筑；五尺道是秦将常頞所修筑，由宜宾至下关（大理），由于所经地域山峦险隘，驿道不同于秦朝常制，仅宽五尺，故称为五尺道，即南道由成都—宜宾—昭通—曲靖—昆明—楚雄—大理—保山（永昌）—腾冲—古永—缅甸（掸国）—印度（身毒）。西道又称牦牛道，是司马相如沿古牦牛羌部（西羌部落之一）南下故道修筑而成，即由成都—邛崃—芦山—泸沽—西昌—盐源—大姚—祥云—大理与南路汇合。之后可沿伊洛瓦底江南下或由布拉马普特拉河进入恒河平原。这些复杂的、分段式的贸易网络在沿线都留有遗物，云南李家山古滇国遗址所出东南亚蚀花玛瑙和线珠便是一例（见图168）。

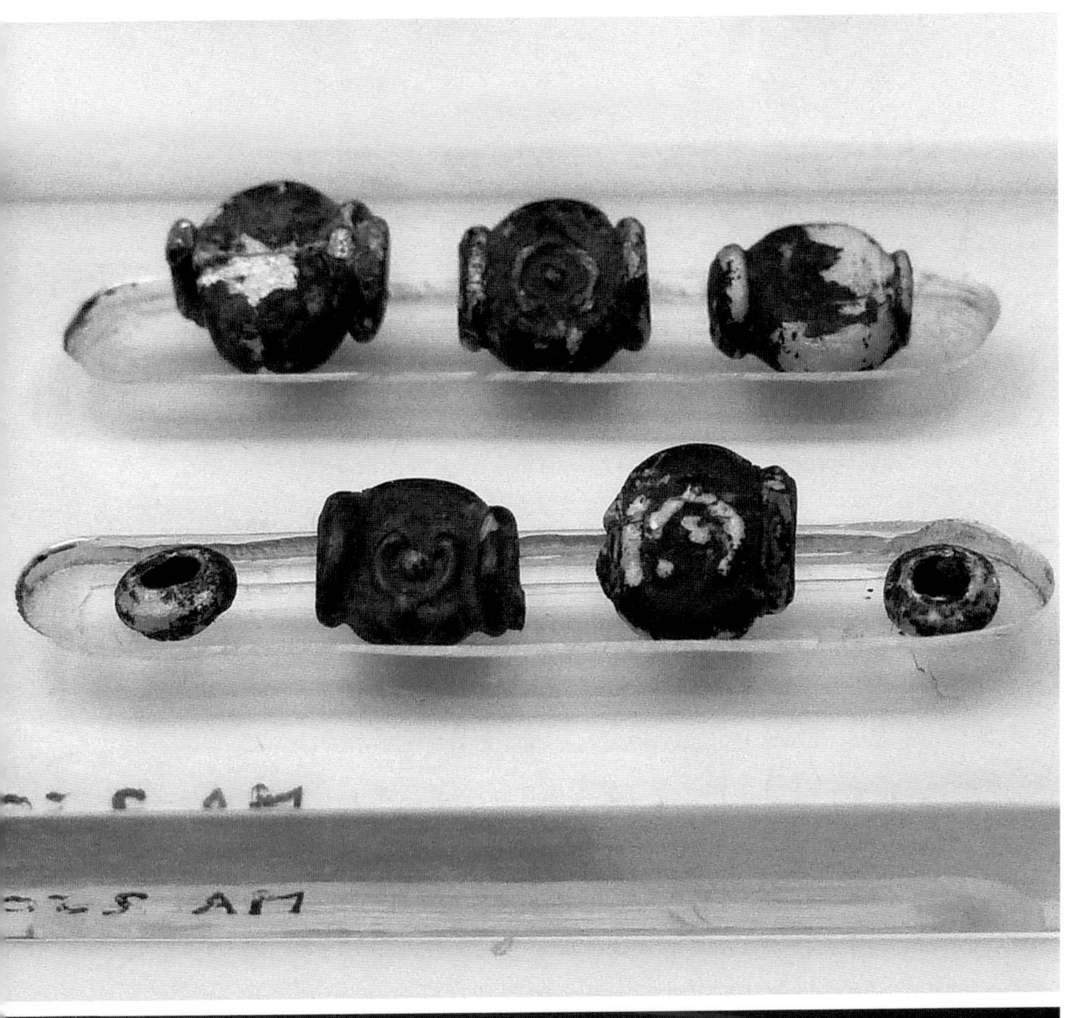

图166　印度阿里卡梅度出土的珠饰。由于航海知识和造船技术的限制，早期的海路贸易大多只能沿着近海短途转运。公元前1世纪，罗马人依靠季风航海，首次穿越了印度洋，建立起由地中海直达印度西海岸的海上丝绸之路。印度海岸城市阿里卡梅度出土的珠子，其中不乏罗马风格的金珠和玻璃珠。法国吉美博物馆［Guimet］藏。

形红玛瑙穿
Olive-shaped
公元25年

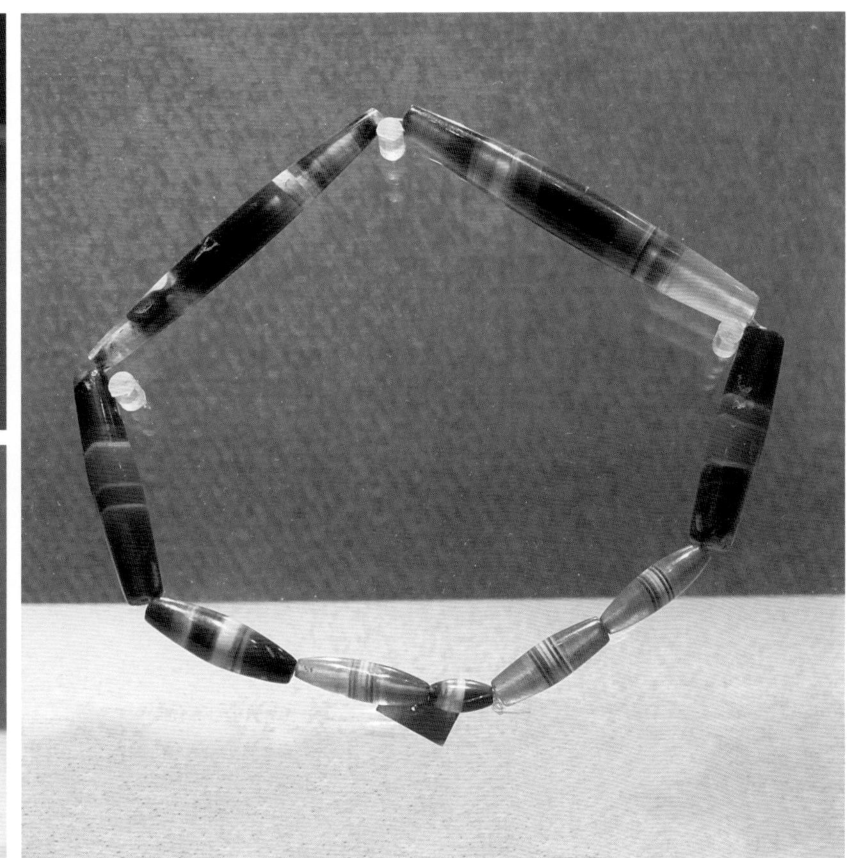

图167　合浦博物馆所藏贸易珠。广西合浦汉代墓葬群位于广西合浦县廉州镇东南，自1971年首次发掘以来，已发掘墓葬400余座，出土文物上万件。两汉时期，合浦商家把中国的陶瓷、蜀锦、谷种等商品装船，从北部湾港口出发，绕过中南半岛远航到印度，再转运埃及、罗马等地。合浦是古代中国与海外贸易交流的海上丝绸之路的始发港之一。在这条海上丝路之上，珠子是常见的贸易品，合浦博物馆所藏珠饰大多来自印度和东南亚，更远的则来自罗马帝国，有半宝石和玻璃等多种材质，其中蓝色玻璃可能来自越南，而黑白条纹的蚀花管则来自泰国和缅甸。藏品均为广西合浦博物馆藏。

合浦汉墓群出土贸易品为海上丝路之证据，而云南江川李家山古墓群所出贸易品则是南方陆路丝绸之路上持续贸易的沉淀。江川李家山为云南青铜文化的代表，是古滇国人聚居的中心地带。墓地位于云南江川县以北16公里的江城镇，考古编年从战国至东汉初期。1972年春，江川县李家山古墓群首次发掘，清理古墓葬27座；1991年云南省文物考古研究所联合江川县文化局对李家山古墓群进行第二次考古发掘，共清理墓葬58座；1997年发掘了编号M28-M87数十座墓葬，出土数量可观的随葬品，其中青铜器近3000件，金银器近6000件，另外还有大量珠饰，包括玛瑙、绿松石、海贝等材质。李家山出土的随葬品无论青铜器还是半宝石珠饰，造型独特、工艺精湛、艺术风格具有强烈的本土特征，与中原文明的艺术造型迥然有别。此外，墓葬所出一定数量的蚀花玛瑙则为南方丝路上的贸易品，正如合浦所出黑白装饰的蚀花线珠和其他贸易珠饰，这些珠饰的流传正值两汉国力强盛，贸易繁荣，北方有穿越西域的丝绸之路，南方则海路陆路皆通，在西方有所谓“条条大路通罗马”，在东方则是条条大路通中国。（图168）

◆7-1-3　越南的珠子

公元前257年，秦国灭古蜀，蜀国末代王子蜀泮（开明泮）率众出逃，至越南北部螺城（现河内附近），灭土著文郎国，建立瓯雒国，称安阳王，一度领有越南北部和广西、云南各一部分。公元前207年，秦国南海郡尉赵佗出兵灭瓯雒国，公元前203年又起兵自立为王，称“南越”国，统辖现广东、广西和越南北部，越南的名称即是“南越”的变形。公元前111年，汉武帝发兵灭南越，设九郡，从越南北部至中部地方分属交趾郡（现越南河内）、九真郡（现越南清化）、日南郡（位于越南中部，后又称林邑、占婆、占城）。公元192年，日南郡象林县功曹（功曹，官名，相当于县令辅佐）之子区连率当地土著占族攻杀林邑县令，建林邑国，后称占婆、占城。占城产稻米，擅手工，精商业，信婆罗门教，持续繁荣了一千年，直到15世纪被北部兴起的越南吞并。

越南境内最著名的考古遗址有北部的东山文化［Đông Sơn culture］和南方的沙黄文化［Sa Huỳnh culture］。东山文化可对应最早的文郎国，是雒越人创造的青铜文化，以铜鼓为典型器，形制和装饰手法与中国南方特别是云南出土的青铜鼓类似。之前推测东山青铜文化的青铜技术来自中国北方，然而1970年泰国北部班清青铜文化［Banchiang culture］遗址的发掘表明该地域是东南亚乃至亚洲最早的青铜文化，越南东山文化的青铜技术很可能来自更早的班清。大量青铜鼓和武器出现在公元前500年前后的东山文化；公元1世纪，来自中国的铜印、硬币、铜镜和长戟出现在这一地区。除了青铜器，越南东山文化的玉质和玻璃耳玦的形制和装饰风格殊为独特，工艺和装饰风格与南部的沙黄文化相关联，玻璃器很可能由后者（占城）输入。（图169）

沙黄文化考古遗址可对应中国古代文献中记载的林邑（后称占城、占婆），位于越南中部至南部，考古遗址沿湄公河三角洲［Mekong Delta］至广平省［Quang Binh province］，兴盛于公元前1000至公元200年，是占族［Cham people］的前身。这一地区原属西汉岭南九郡之日南郡，公元192年由日南郡象林县功曹之子区连率土著占族起兵建国，称林邑国。沙黄文化遗址发现于1909年，与北方的东山青铜文化擅长青铜技术不同，沙黄人擅长铁器制造，典型器有斧头、剑、矛头、短刀等武器和镰刀一类的劳动工具。此外，沙黄文化遗址出土大量珠饰和其他类型的个人装饰品，其中“双头动物”［two-headed animals］造型的耳饰十分独特，为沙黄文化典型器，不同造型变化均有玉石和玻璃两种材料制作（图170）。玻璃制作是沙黄文化的典型器，这一传统一直延续，直到明代中国文献还提及该地方（占城）的玻璃制作，《天工开物·珠玉》记占城人擅长玻璃（琉璃）制作一事：“凡琉璃石与中国水精、占城火齐（剂），其类相同……其石五色皆具。”

◆7-1-4　孟加拉考古出土的蚀花玛瑙

孟加拉与印度和缅甸接壤，位于富饶的恒河平原三角洲，是世界上人口密集的地方之一。流经孟加拉的布拉马普特拉河上游为西藏雅鲁藏布江，在孟加拉境内与印度恒河交汇，注入孟加拉湾。考古发掘表明，这一区域自两万年前的石器时代就有人类活动。青铜时代起，孟加拉就有农耕居民在这里耕耘定居。至少在铁器时代早期即公元前第一个千禧，这里已经发展出了以农业为基础的小型城邦，由于地处东南亚与印度的中间通道，其手工制造和贸易流通发展很早。

孟加拉的历史和文化大部分受印度主导，印度教和佛教势力曾在这一区域相争不下。公元9世纪，来自印度南方的文伽王建立了文伽王国［Vanga Kingdom］，文伽即孟加拉［Bongal］；14世纪伊斯兰教的传播在这里取得成功，并建立孟加拉苏丹国，定都达卡［Dhaka］；16世纪被印度莫卧儿帝国［Mughal Empire］征服；18世纪英国开始在这一地区殖民，基督教传入。1947年印巴分治[104]，孟加拉被划分为东西两部分，西孟加拉归印度，即现在的印度孟加拉邦；东孟加拉归属巴基斯坦，称东巴基斯坦，1971年宣布独立，即现在的孟加拉国。

公元前1500年，印度河谷文明制作蚀花玛瑙珠的哈拉巴和其他几个中心城市相继衰落，蚀花玛瑙工艺和珠子一度销声匿迹，那时的印度南部、孟加拉和东南亚等地可能对蚀花玛瑙还一无所知。公元前600年前后铁器时代的繁荣期，蚀花玛瑙的制作工艺再度兴起，从中亚山区开始，沿着整个喜马拉雅山脉南麓自西向东一直

104　印巴分治，是1947年发生在印度次大陆的重大历史事件。英国殖民期间，印度的上层社会普遍接受英式西方化教育及西方政治影响。1885年印度成立“国民大会党”，1920年，党内穆斯林脱离国大党。1942年，英国卷入第二次世界大战，无力顾及印度，大英帝国殖民统治下的英属印度解体。随着印度穆斯林与印度教徒和锡克教徒之间一系列难以调和的政治、民族、宗教冲突，最终导致位于北印度穆斯林地区的巴基斯坦与印度分治，诞生了印度联邦和巴基斯坦两个新国家。孟加拉东部一度归属巴基斯坦，1971年从巴基斯坦独立。

1

2

6

7

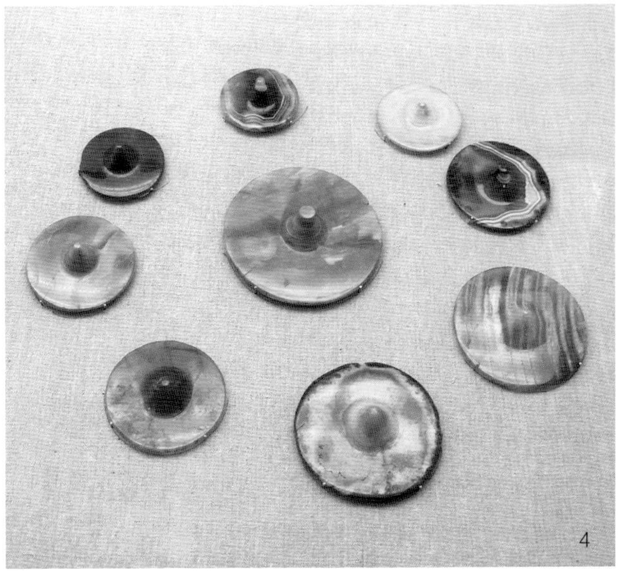

图168　云南江川县李家山古墓所出青铜器和半宝石珠饰。这件被称为"播种祭祀场面贮贝器"（图1）的青铜器物出自69号墓，一般认为是用来贮藏当时的钱币——贝币。器身铜鼓形，器盖上共雕铸人物35人，中央的立柱表明该场景是一次与农业耕种有关的祭祀活动，坐在肩舆（人工肩抬的车舆）上的鎏金妇人是此次仪式的主祭人，周围人物或骑行或步行，造型写实、神态各异、场面生动，反映了古滇国社会生活的真实场景，具有艺术和史料的双重价值。古墓还出土了大量具有本土风格特色的镶半宝石金属带扣、玛瑙乳突扣和玛瑙玦，是滇文化珠饰的典型器；另有红地白线的蚀花玛瑙管（图2、3）、三色蚀花的玛瑙羊角珠，这类珠子是沿着南方丝路来自古缅甸的贸易品，考古编年为公元前202年至公元220年的两汉间。李家山蚀花玛瑙的出土不仅是南方丝路的贸易证据，也为缅甸、泰国所出的同类型蚀花玛瑙提供了断代的参考。藏品均为云南江川县李家山青铜器博物馆藏。

图169　越南东山青铜文化的典型器。东山青铜文化遗址位于越南北部红河谷［Red River Valley］，考古编年为公元前700年至公元1世纪。红河发源于中国云南，富饶的河谷盆地适合稻米种植，从史前就有农业实践。越南东山青铜文化除了典型器青铜鼓，玉石器和玻璃饰品的形制独特，工艺和装饰风格与南部的沙黄文化相关联。部分图片为越南国家博物馆藏品。

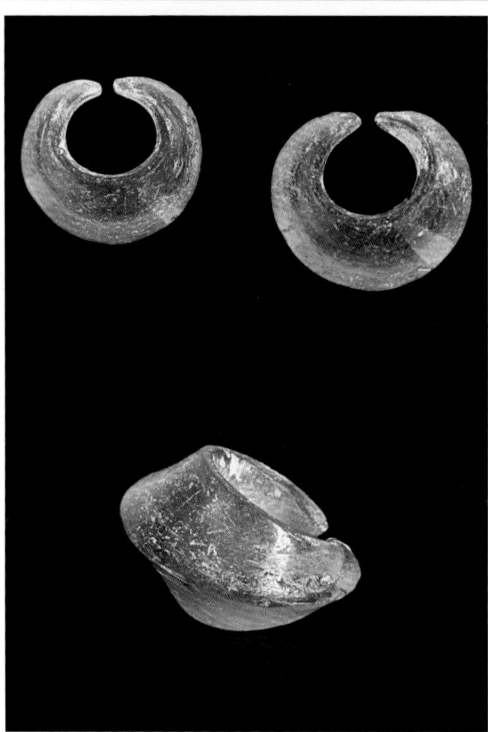

图170　越南沙黄文化所出耳饰和珠饰。沙黄文化位于越南中部至南部，考古遗址沿湄公河三角洲分布。双头型的耳饰是沙黄文化珠饰的典型器，各种造型变化均有玉石和玻璃两种材料制作。沙黄样式的耳玦也出现在泰国中部、菲律宾和中国台湾、南海诸岛的考古遗址中。此外，沙黄文化出土大量珠子，材料丰富，包括玉、玉髓、玛瑙、橄榄石、锆石、石榴石、黄金和其他材质，这些制作珠饰和装饰品的原材料大多依靠贸易输入。沙黄文化实行火葬，骨灰装入盖罐后入土；罐内除了各种珠子，大多伴有故意折断的耳饰，可能是与葬俗有关的某种仪式。沙黄文化为占城文化的前身，后继的占城文化延续了将其独特的玻璃制作技术，并蔓延至泰国洛布里等地方。部分图片为越南国家博物馆藏品。

延伸到孟加拉和东南亚，在将近3000公里的狭长地带，都在制作形制和装饰手法或不同或相关的蚀花玛瑙珠，并衍生出更加复杂的工艺和装饰类型，例如天珠和所谓"尼泊尔线珠"及缅甸蚀花骠珠等。公元前4世纪，印度孔雀王朝的建立（见1-3-2）是古印度在文化、意识形态和经济实力的全盛期，印度向他们可以到达的任何有人类定居的地方输送商人和传教士；贸易路线的开通使印度得以开始对整个东南亚"印度化"，印度对孟加拉和东南亚从文化到技术的输入大多是依靠贸易和宗教而非殖民和战争完成的。

孟加拉境内铁器时代的考古遗址，出土与印度在工艺和装饰风格上类似的陶器和珠子，2000年对瓦里-贝特肖的发掘，揭示了一个"印度化"的小型城邦。瓦里-贝特肖位于孟加拉中部布拉马普特拉河（上游为雅鲁藏布江）边，距孟加拉首都达卡70公里。早在1933年，当地村民在田间地头就挖到过装满硬币的陶罐，那些硬币的编年在公元前450年至前300年间；从那以后，间或又有古代银币和珠子被挖到，村民将其送交达卡国家博物馆［Dhaka National Museum］，引起孟加拉相关部门的注意。2000年，贾汉吉尔纳加尔大学［Jahangirnagar University］对瓦里-贝特肖进行了正式发掘，出土了陶器、银币、金属制品、武器、半宝石珠子和玻璃珠，并揭示出道路和房屋基址。之后相继发现围绕这一区域的50多个考古遗址，并在瓦里-贝特肖附近的村庄发掘出一座大型佛教寺庙，编年为公元前后，表明这一区域的居民在那时已经信仰佛教。

主持发掘的拉赫曼［Rahman］教授相信，瓦里-贝特肖便是托勒密（公元1世纪希腊化的埃及地理学家）在他的《地理学》一书中提到的商业中心，托勒密在书中同时还提到了印度的阿里卡梅度［Arikamedu］、斯里兰卡的曼泰［Mantai］、泰国的空托姆［Kion Thom］。托勒密还描述了所有这些城市都是内河港，并且都生产单色玻璃珠［monochrome glass beads］。瓦里-贝特肖出土的手工艺品与上述几个城市的考古出土物有相似特征，这里出土的罗莱特陶器［Rouletted ware］、圆鼓陶器［knobbed ware］、金箔玻璃珠［gold-foil glass beads］、印度-太平洋单色玻璃珠［Indo-Pacific monochrome glass beads］、冲压银币［Silver punch-marked coins］、半宝石珠子以及所处的地理位置都表明这座古代内河港口城市与印度、东南亚和罗马之间的贸易联系。（图171）

图171　孟加拉瓦里-贝特肖出土的珠子。瓦里-贝特肖出土的珠子大部分可作为南亚和东南亚蚀花玛瑙珠和其他半宝石珠子的典型器，形制包括橄榄形珠、圆珠、长管和桶形珠，这些珠子有些来自缅甸（骠珠），有些来自印度南方，而有些则是本地生产的。孟加拉的蚀花玛瑙工艺源自对印度的学习，但是其形制和装饰风格更偏向东南亚，或者说更具有地方风格。除了成品珠子，这里还发掘出大量由外地进口用于制作珠子的半宝石原料，包括缠丝玛瑙、碧玉、玉髓、石英、紫水晶等。一些学者推测，瓦里-贝特肖的工匠制作珠子的目的之一是为了获得念珠［rosary］，另外他们也用浸泡过珠子的水治病。学者并未解释他们是如何根据考古出土的珠子得出以上结论的，但是珠子在铁器时代的南亚和东南亚各地的社会生活、宗教信仰和葬礼葬俗中担任重要角色是肯定的。珠子现藏孟加拉国家博物馆［Bangladesh National Museum］。

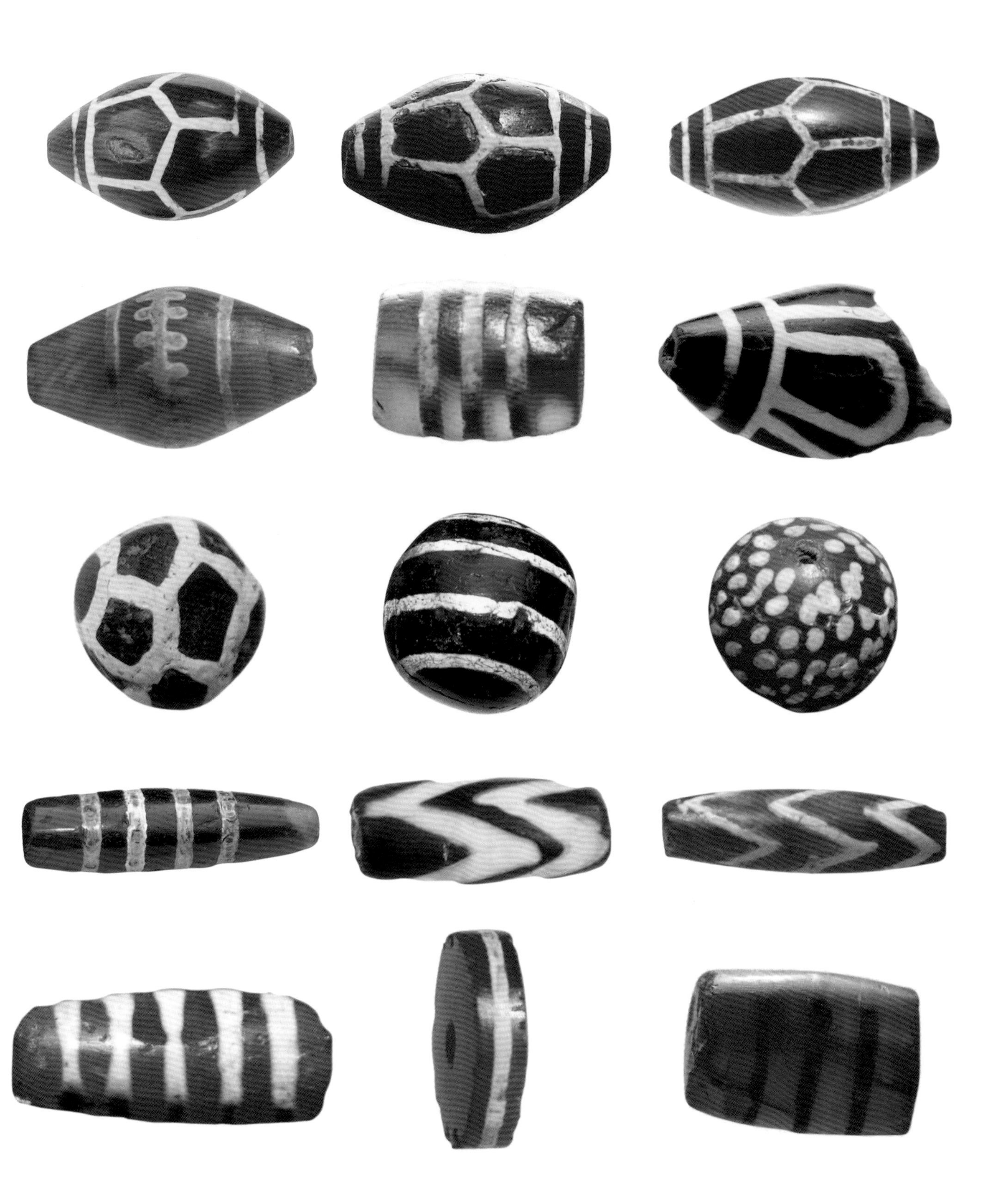

◆7-1-5 泰国国家博物馆考古出土的珠子

泰国的主体民族是泰人［Thai people］。古时候，定居在泰国中央平原的泰人族群，中国文献称其为暹罗人［Siamese］，早期的理论认为他们与南诏[105]有密切关系。语言学研究表明，泰人与现今分布在广西的壮族文化相通。广西曾为南越[106]所辖。考古资料显示，在青铜时代，泰国的几条河流冲积扇就分布着大大小小的定居土著社会，期间的历史一直不明朗，推测最早的土著为孟人［Mon］。孟人是中南半岛最早的居民，大多居于现缅甸境内和泰国南部与缅甸的边境周边。孟人曾是陀罗钵地王国［Dvaravati］（见7-1-6）的主体民族。

泰人大约于公元7世纪开始建立小型王国，直到公元12世纪，才第一次被吴哥窟［Angkor Wat］（现柬埔寨）的铭文提及，称其为“深棕色的人”。公元13世纪，泰人成为这一地区的统治力量，先后经历了素可泰［Sukhothai］、大城府［Ayutthaya］、吞武里［Thonburi］和曼谷王朝［Bangkok Period］。19世纪，英国等欧洲殖民列强曾试图进入泰国，曼谷王朝拉玛四世国王（1851—1868年）巧妙利用外交手段与欧洲国家缔结条约，使泰国成为唯一一个避免沦为西方殖民地的东南亚国家，并建立了现代泰国。泰国在历史上历经周边民族的入侵和迁入，今天的泰民族主要是文化人类学意义上的民族群体，而非种族或血缘上的族体。

泰国最著名的青铜时代考古遗址为班清文化［Ban Chiang culture］，位于泰国东北部的乌隆府依汉区班清村［Nong Han District, Udon Thani Province, Thailand］，处于澜沧江—湄公河流域中游，是泰国乃至东南亚青铜时代至铁器时代最重要的考古遗址。1967年，美国宾夕法尼亚大学在班清遗址进行首次正式发掘，出土物经“热释光”［thermoluminescence］技术检验，最早可到公元前4420年至前3400年，最晚到公元200年。这项结果使得班清成为世界上最早的青铜文化之一，甚至可能早于两河流域的青铜技术（公元前4000—前3000年）。班清遗址除了大量出土陶

---

105 南诏为洱海六诏之一。唐初云南洱海周边部族林立，其中六个大部落为：蒙嶲诏、越析诏、浪穹诏、邆赕诏、施浪诏、蒙舍诏，称为“六诏”，蒙舍诏在诸诏之南，称为“南诏”。唐朝有惮于新近崛起的吐蕃势力对云南的扩张，支持南诏（蒙舍诏）先后征服其他五诏，蒙舍诏首领皮罗阁于公元738年统一洱海地区，六诏合一。公元794年，唐朝封南诏为云南王，自此称南诏国。公元902年，南诏权臣郑买嗣起兵诛杀南诏王及王族八百余人，灭南诏，建大长和国；仅历时27年，于928年灭于部下杨干贞；又10年，杨干贞灭于部将段思平。公元937年，段思平建大理国。大理国举国崇信佛教，历代国君多于暮年禅位为僧。公元1253年，大理国被蒙古人所灭，一统归元。

106 南越国（公元前203—前111年）。秦始皇开发岭南设三郡：桂林郡（广西东部）、南海郡（广东大部分）、象郡（广西西部至越南中部），公元前203年秦国南海郡尉赵佗起兵兼并三郡，自立南越国。南越国存93年，历5代君主。公元前112年，汉武帝出兵10万，次年灭南越。设南海、郁林、苍梧、合浦、儋耳、珠崖、交趾、九真、日南九郡。

器，装饰品和珠饰则有青铜和石质的和半宝石手镯、铃铛、耳饰一类，另有大量玻璃制作的鼓型珠子、长管、耳玦。（图172）

泰国境内重要的铁器时代考古遗址则有班东湾［Ban Don Ta Phet］，遗址位于泰国西南部的北碧府［Kanchanaburi Province］，考古编年最早到2500年前。遗址出土大量金属、半宝石和玻璃手工艺品，半宝石珠饰多与缅甸境内铁器时代遗址所出相类似。珠子的装饰风格和形制表明这一地区在铁器时代与印度次大陆、缅甸、越南和菲律宾等地方有密切的贸易往来。（图173）泰国境内古代遗址密布，珠子一类遗存丰富，由于有限的考古发掘，民间捐赠也呈现在博物馆展示中，与班东湾同时在泰国国家博物馆展示的还有来自素攀武里府［Suphan Buri Province］民间捐赠的珠饰藏品（图174）。

◆7-1-6　洛布里的珠子

洛布里［Lopburi］，早期中文译名为华富里，位于泰国中部的洛布里河［Lopburi River］（湄南河支流）岸，距泰国首都曼谷150公里，是泰人兴起之前由孟人控辖的城邦。孟人早期生活在泰人崛起之前的泰国和上缅甸（曼德勒周边），他们是最早的东南亚土著居民，他们于青铜时代在缅甸钦敦江流域［Chindwin River］（伊洛瓦底江支流）留下的遗存现在已经被考古发掘所揭示。孟人很可能是在骠人从云南进入上缅甸后开始南迁的，在13世纪泰人兴起以前，他们控辖缅甸与泰国南部交接的周边地区。

传说洛布里城邦最早由来自北印度（现巴基斯坦）塔克西拉城的王子Kalavarnadit于公元450年建立，以印度教主神拉瓦［Lava］命名，意为“拉瓦之城”，中国古代文献将其势力范围称为罗涡国［Lavo Kingdom］。公元7世纪，洛布里成为孟人陀罗钵地王国［Dvaravati］（7世纪—13世纪）治下，大唐高僧玄奘在他的《大唐西域记》中称其为陀罗钵地。10世纪，受控于来自柬埔寨的高棉王国［Khmer Empire］。13世纪，泰国中央平原兴起泰人的国家素可泰［Sukhothai］，赶走高棉势力，基本上控制了大部分现代版图的泰国，同时也结束了洛布里以孟人为统治阶层的陀罗钵地时代。14世纪，紧邻洛布里的暹罗人（泰人）大城府王国［Ayutthaya Kingdom］兴起，兼并素可泰及其治下的洛布里，成为泰国的统治势力，直到18世纪中期缅甸攻陷大城府。

考古证据表明，洛布里自公元前3500年的青铜时代起就有定居群落，那时的居民制作大量刻花陶器。洛布里的繁荣可能与本地的铜矿资源有关，现今已有几处古代铜矿开采和熔炼遗址被发现。从铁器时代开始，这里已经形成小型城邦，在孟人陀罗钵地王朝统治的几百年间，起先受印度文化影响，之后又被高棉所控，但一直都是东南亚制作珠子和贸易珠子的集散地之一，泰国现今流传在古珠市场的珠子有

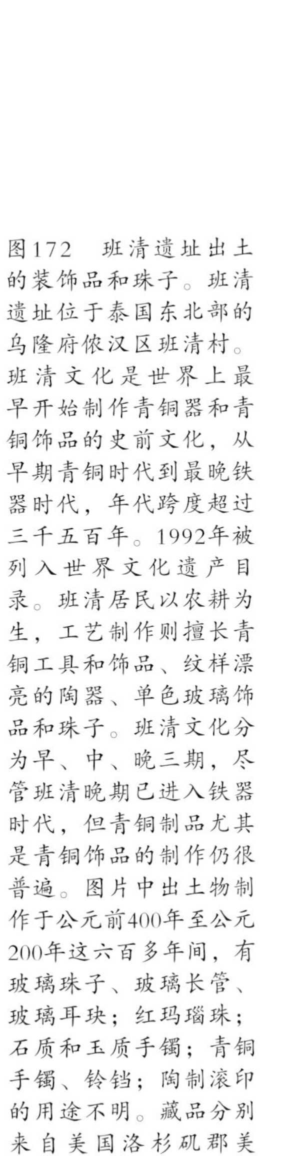

图172　班清遗址出土的装饰品和珠子。班清遗址位于泰国东北部的乌隆府侬汉区班清村。班清文化是世界上最早开始制作青铜器和青铜饰品的史前文化，从早期青铜时代到最晚铁器时代，年代跨度超过三千五百年。1992年被列入世界文化遗产目录。班清居民以农耕为生，工艺制作则擅长青铜工具和饰品、纹样漂亮的陶器、单色玻璃饰品和珠子。班清文化分为早、中、晚三期，尽管班清晚期已进入铁器时代，但青铜制品尤其是青铜饰品的制作仍很普遍。图片中出土物制作于公元前400年至公元200年这六百多年间，有玻璃珠子、玻璃长管、玻璃耳玦；红玛瑙珠；石质和玉质手镯；青铜手镯、铃铛；陶制滚印的用途不明。藏品分别来自美国洛杉矶郡美术博物馆［Los Angeles County Museum of Art］和泰国曼谷国家博物馆［Bangkok National Museum］。

图173　泰国境内铁器时代班东湾遗址出土的珠饰。班东湾遗址所在地与现缅甸相邻，考古编年可对应缅甸孟人建立的陀罗钵地王国（公元前4世纪—公元13世纪）。出土物尤其是珠饰多与缅甸境内铁器时代遗址所出相类似，有些可能直接由缅甸输入，有些则是在本地生产的。尤其是在公元前4至前2世纪的两百年间，东南亚自西向东的“印度化”过程，这一时期印度从工艺到文化乃至宗教对东南亚产生了极大的影响。图中肉红玉髓圆珠、黑白线型装饰蚀花玛瑙珠，混同一枚婴儿牙齿和头骨碎片一起，出自班东湾墓葬中一只青铜碗（翻转）的下面，珠子当初很可能是作为葬礼祭品一起埋葬的。班东湾大部分珠饰可作为缅甸和泰国（南部）铁器时代的珠子共同的标准器，包括典型的黑白线型装饰蚀花珠、红玉髓珠、玛瑙管、带穿孔的动物形珠饰和小雕件等。藏品来自泰国曼谷国家博物馆［Bangkok National Museum］。

图174　泰国曼谷国家博物馆的珠串。珠子大多出自紧邻洛布里的素攀武里府，捐赠品，无考古地层，博物馆标签将其编年范围定在陀罗钵地时期，即公元前4世纪—公元13世纪（博物馆标签为公元6世纪至11世纪之间）。这些珠串虽无考古地层，但其中一些珠饰如印度-太平洋玻璃珠在其他地方的考古遗址中有明确地层，这种色彩多样的单色小颗粒玻璃珠是著名的海上贸易珠，产自印度南方港口阿里卡梅度以及周边几个地方，珠子经贸易出现在东南亚、印度北方、中亚、西域、中原和远至东非海岸及波斯湾的许多地方。印度-太平洋玻璃珠的编年最早可到公元前3世纪甚至更早，最晚可持续到10世纪。铁器时代，素攀武里府曾是缅甸和印度贸易网络的节点，这里出土与缅甸和洛布里相似或相同的珠子和陶器。

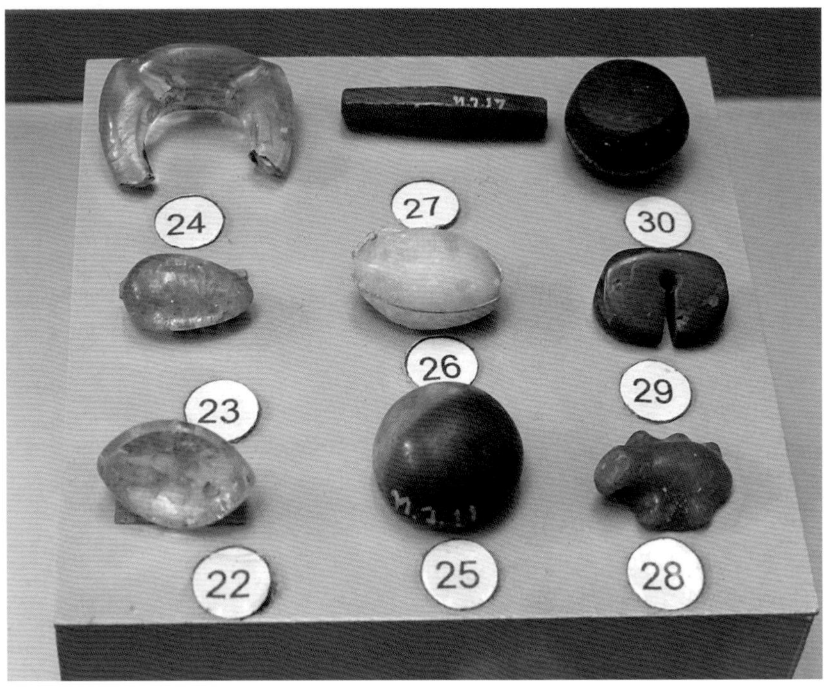
24
27
30
26
29
23
22
25
28

很大部分来自洛布里及其周边。洛布里曾发掘过铁器时代的遗址——洛布里炮兵中心［Lopburi Artillery centre］，遗址的考古编年从公元前700年到公元1225年，没有公布发掘报告。

洛布里的陀罗钵地时代一直与缅甸、印度、越南等地方保持频繁的贸易，这可以解释这里所出珠子由形制、装饰风格及其工艺都与缅甸境内所出珠子有很多相类似，也与周边班东湾考古遗址（见图173）所出和陈列在泰国国家博物馆来自素攀武里府（见图174）的捐赠品相类似。除了蚀花玛瑙珠、半宝石珠子、贝壳类手镯，洛布里也（非正式）出土数量可观、形制和色彩多样的玻璃珠饰，如珠串、耳饰、手镯等，其制作技艺非常娴熟。这些玻璃珠饰经常伴有玻璃料块出现，表明那些玻璃制品是在当地制作的。洛布里还出土形制各异的小动物，如大象、狮子、老虎、青蛙等，其中大象经常使用的材料是一种绿色的地方玉料，这种玉料也用于大量制作珠子、管子和耳玦，相同材料和形制的珠饰也出现在缅甸；而狮子、老虎一类小雕件则大多使用玛瑙和肉红玉髓制作，缅甸古骠国遗址也出土同样的东西；另外洛布里还出现一些带有符号意义的小雕件，比如三宝珠，这种形制的珠子是佛教佛、法、僧三宝的合体样式，珠子的符号意义与当时当地的宗教直接相关。（图175）

洛布里（陀罗钵地）的蚀花玛瑙在装饰类型和工艺制作方面与骠珠的关系密切，但是洛布里的蚀花玛瑙表面所呈现的玻璃光泽却与骠珠不同，这种表面抛光技术有自己独特的工艺手段，目前所见古代玛瑙抛光呈现玻璃光泽的有中原战国玛瑙环（及其他玛瑙组配构件）、滇文化玛瑙器（尤其是玛瑙扣），另外就是洛布里的蚀花玛瑙和（天然）缠丝玛瑙及黑白条纹玛瑙制作的珠子和管子。

洛布里的玻璃工艺最早可能来自（越南）占城，13世纪著名的意大利旅行家马可波罗在他的旅行笔记中提到，洛布里向南有一条通往占城［Champa］（192—1697年）的贸易路线，那里是通向洛布里的始发点。占城，中国古代文献称占婆、占波，位于中南半岛东南沿海地带，从今越南中部至南部地方。玻璃珠饰的制作是占城古老的传统，其技艺源自越南沙黄考古文化，中国古代文献对占城的玻璃（琉璃）工艺时有记载，明代《天工开物·珠玉》专门提到了占城人擅长玻璃（琉璃）制作一事（见7–1–3）。

图175　洛布里的珠子。洛布里位于泰国中部的洛布里河岸，距泰国首都曼谷150公里，是泰人兴起之前由孟人控辖的城邦。洛布里的陀罗钵地时代一直与缅甸、印度、越南等地方保持频繁的贸易，这可以解释这里所出珠子从形制、装饰风格及其工艺都与缅甸境内所出珠子有很多相类似。洛布里（非正式）出土数量可观、形制和色彩多样的玻璃珠饰，如珠串、耳饰、手镯等，其制作技艺娴熟，抛光尤其精致。洛布里一直未经正式考古发掘，珠子珠饰大多民间藏品。图中珠饰珠子大部分来自洛布里及泰国其他地方，民间藏品不作为考古标准器，仅作形制和断代的参考。藏品由收藏家张虎提供。

第二节　骠珠

◆7-2-1　缅甸古珠

缅甸的田野考古起步较晚，1948年独立以前，大部分调查工作都由西方人进行。从1885年第三次英国侵缅战争结束，到1942年日本入侵缅甸，英国统治缅甸全境近六十年。其间，设立缅甸考古调查局，组织缅甸研究学会，从事缅甸文物史料的发掘和搜集，同时出版了相关书籍和刊物。1902年缅甸官方成立考古调查局以前，缅甸的考古工作由印度考古部缅甸处负责。1948年缅甸独立，随即内战爆发，其间很少有田野考古发掘，大多注重历史时期的地面文物如佛寺塔庙的调查。

早在骠人进入缅甸建立骠国城邦之前，伊洛瓦底江几条支流河谷的孟人社会已经存在，他们制作珠子的技艺同样精湛，尤其是蚀花红玉髓，从图案装饰到打磨抛光皆为上佳。一般认为早期青铜文化的萨孟河谷［Samon river valley］（曼德勒以南）遗址属孟人文化，实际情况可能更复杂多样一些。骠人进入上缅甸［upperMyanmar］后，同样沿伊洛瓦底江建立骠人城邦，现在的考古发掘能够明确辨认出一些古城遗址为骠人城邦，而另一些遗址仍然很难确切辨识其文化背景。

贝塔诺［Beikthano］（又译毗湿奴城）是缅甸于1959年发掘的第一座骠国古城，贝塔诺是缅语毗湿奴（印度教主神）的意思，至少于公元前2世纪就已经形成城邦。一些学者认为贝塔诺就是中原文献提到的“林阳国”。遗址出土了材质丰富、形制多样的珠子，其中黑白蚀花珠有用玛瑙玉髓制作的，也有用木化石制作的（这些珠子与后来同为木化石制作的邦提克珠不同）。遗址还发现了有制作珠子的料坯和半成品的作坊，包括未经打孔的蚀花玛瑙珠，证实贝塔诺有专门的作坊成批量地制作各种珠子包括蚀花玛瑙珠。之后不论学术文章还是民间收藏，都习惯把这些缅甸骠国遗址出土的珠子统称为“骠珠”［Pyu beads］。黑白线条装饰的圆珠和红地白线的蚀花玛瑙管是骠珠中比较典型的珠子。云南李家山出土的蚀花肉红玉髓管很可能由缅甸古骠国输入（见图168）。

缅甸民间从偶然在田间地头发现古珠到形成专门挖掘（盗掘），出土数量可观、外观美丽的珠子吸引了曼德勒和仰光的古玩商大批购进，从20世纪80年代开始形成“珠子热”。村民以地表散落的陶器碎片为线索确定挖掘地点，大量的挖掘得出了经验性的结论：浅表地层为“穷人”墓葬，一般只有陶片和生锈的铁器伴生；深入一些的土层是“富人”墓葬，瓮罐中有玛瑙玉髓一类的珠子和金珠子陪葬；再深入一些的土层又将是“穷人”墓葬，多是青铜碎片和滑石类的珠子，这些东西皆不如“富人”墓葬出土的珠子好卖，该土层应该是更加早期的墓葬。（图176）

◆7-2-2　古骠国

缅甸自新石器时代就有人类居住。公元前1500年前后，伊洛瓦底江[107]流域早期的土著居民已经开始实践青铜技术，他们也是最早驯化家禽和猪的定居民，被称为孟人。他们在伊洛瓦底江的支流钦敦江［Chindwin］和萨孟河谷（曼德勒南部）建立起定居点，种植稻米，蓄养家禽，并且开始了与中国的贸易往来。铁器时代，缅甸的贸易繁荣得益于掸山［Shan hills］（跨云南、缅甸、泰国，与喜马拉雅山东端相连）的铜矿和汗林［Halin］的盐矿，这两项资源是缅甸当时的大宗贸易，经由伊洛瓦底江河道运输网络向周围输出。

然而最早被文献提及的缅甸居民是说藏缅语的骠人，他们被认为是中国西北古羌的一支，战国末年进入滇西，公元前2世纪逐渐南迁进入缅甸[108]，沿伊洛瓦底江建立起以农业为基础的小型城邦，最南到达卑谬［Pyay］（位于缅甸南部，伊洛瓦底江下游左岸）。《旧唐书·南蛮列传》记：“骠国，在永昌故郡南二千余里，去上都（长安）一万四千里。其国境，东西三千里，南北三千五百里。”其方位，“东邻真腊国（柬埔寨）”，“北通南诏（云南）”。《新唐书》则称：“骠，古朱波”。公元4世纪，佛教传入骠国。骠人喜敬佛，擅舞乐，唐代诗人白居易（公元772—846年）在他的《骠国乐》中描写了骠人在长安献伎乐舞蹈的盛景，“玉螺一吹椎髻耸，铜鼓一击文身踊。珠缨炫转星宿摇，花鬘斗薮龙蛇动。”

骠人到来之后，沿河建立起小型城邦并将其扩张至整个伊洛瓦底江流域的河谷平原。《新唐书》记载，骠国有18个城邦，其中有9个建有高大的城墙。缅甸迄今为止已经发掘了超过12个城邦遗址，其中5个大型城址均建有城墙，包括最早发掘的贝塔诺和近年发掘的汗林、施瑞凯陀［Sri Ksetra］（又译室利差呾罗、毗湿奴城）等几处城址（图177）。这些城邦与中国古代文献提及的几个东南亚古王国的编年大致平行，包括扶南［Funan］（后称真腊，柬埔寨）、占城（越南南部）、陀罗钵地（泰国）、三佛齐［Srivijaya］（苏门答腊东南）。骠国以农业立本，擅手工，精商贸，持续繁荣了一千年，直至9世纪灭于南诏，最终骠人从历史上消失。来自南诏的移民缅人开启了缅甸的蒲甘王朝时代，缅人即今天的缅甸人。

107　伊洛瓦底江，上游由发源于喜马拉雅山中国境内的独龙江［N'Mai River］和发源于缅甸可钦州的迈立开江［Mali River］汇合，由北至南流经缅甸全境，注入印度洋安达曼海。伊洛瓦底江自古就是缅甸最重要的商业通道和农业耕种区，由伊洛瓦底江连接的贸易网络可通往缅甸全境，英国诗人吉卜林［Rudyard Kipling］称其为“曼德勒之路”。

108　见《东南亚古代史》第六章第二节。梁志明、李谋主编，北京大学出版社，2013年3月第一版。

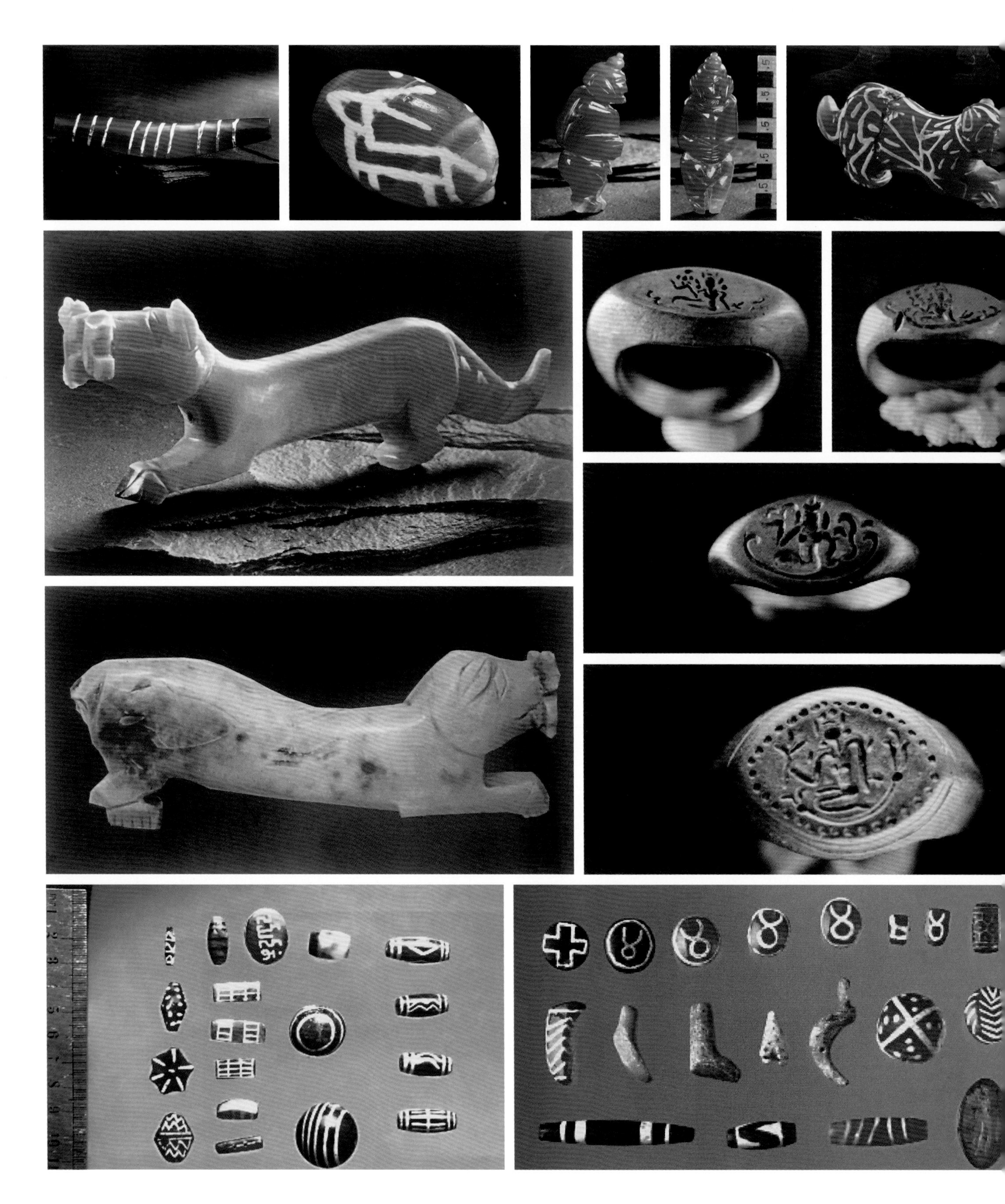

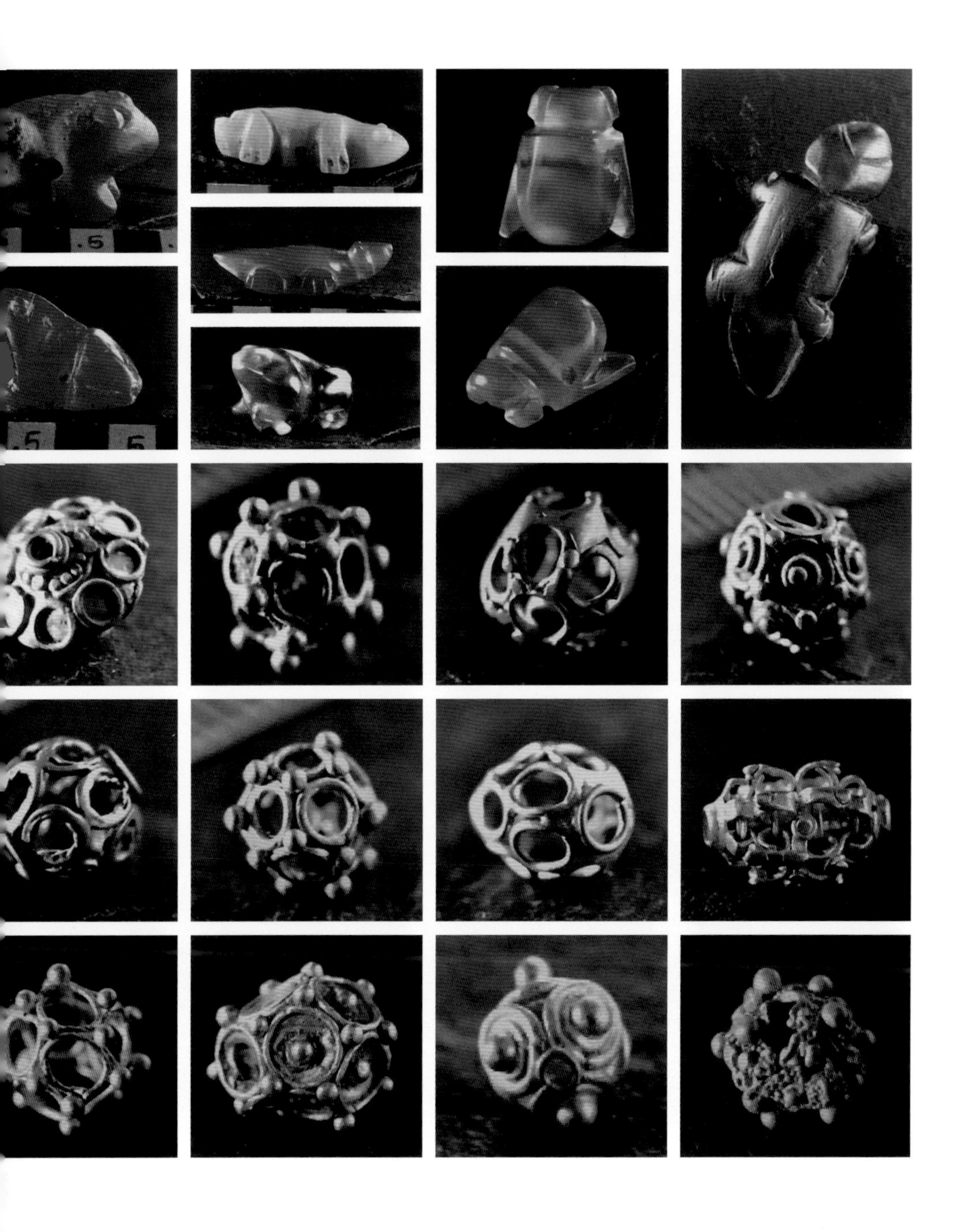

图176　各种材质和形制的缅甸古珠。早在骠人进入缅甸建立骠国城邦之前，伊洛瓦底江几条支流河谷的孟人社会已经存在，他们制作珠子的技艺同样精湛。骠珠则由古代缅甸的骠人制作，编年大致从公元前3世纪至公元9世纪。缅甸古珠材质丰富、形制多样，颇具特色。上缅甸［Upper Myanmar］富藏各种宝石和半宝石，目前发现的缅甸古珠的材料大部分出自上缅甸，包括缠丝玛瑙、玉髓、条纹玛瑙、蛋白石［opal］、碧玺［tourmaline］、黑曜石［obsidian］、红宝石［ruby］、蓝宝石［sapphire］和当地独有的木化石［fossil wood］，以及后来的翡翠［jadeite］。除了常见的圆珠和管珠，还有各种造型的小动物，有大象、狮子、老虎、青蛙、乌龟、鹦鹉、猪、狗、牛、鱼等，以及花卉花朵，同样有各种材质。除了半宝石、宝石和黄金珠子，缅甸也出土玻璃珠饰，包括手镯、耳饰和其他珠饰，这些珠饰有些是印度、越南和泰国的舶来品，有些则是在本土制作的。图片采自英国伦敦大学东方学院伊丽莎白·摩尔［Elizabeth Moore］教授的《缅甸的早期风景》［*Early Landscapes of Myanmar*］和缅甸作家Terence Tan《缅甸古代珠饰》［*Ancient Jewellery of Myanmar - from Prehistory to Pyu period*］。

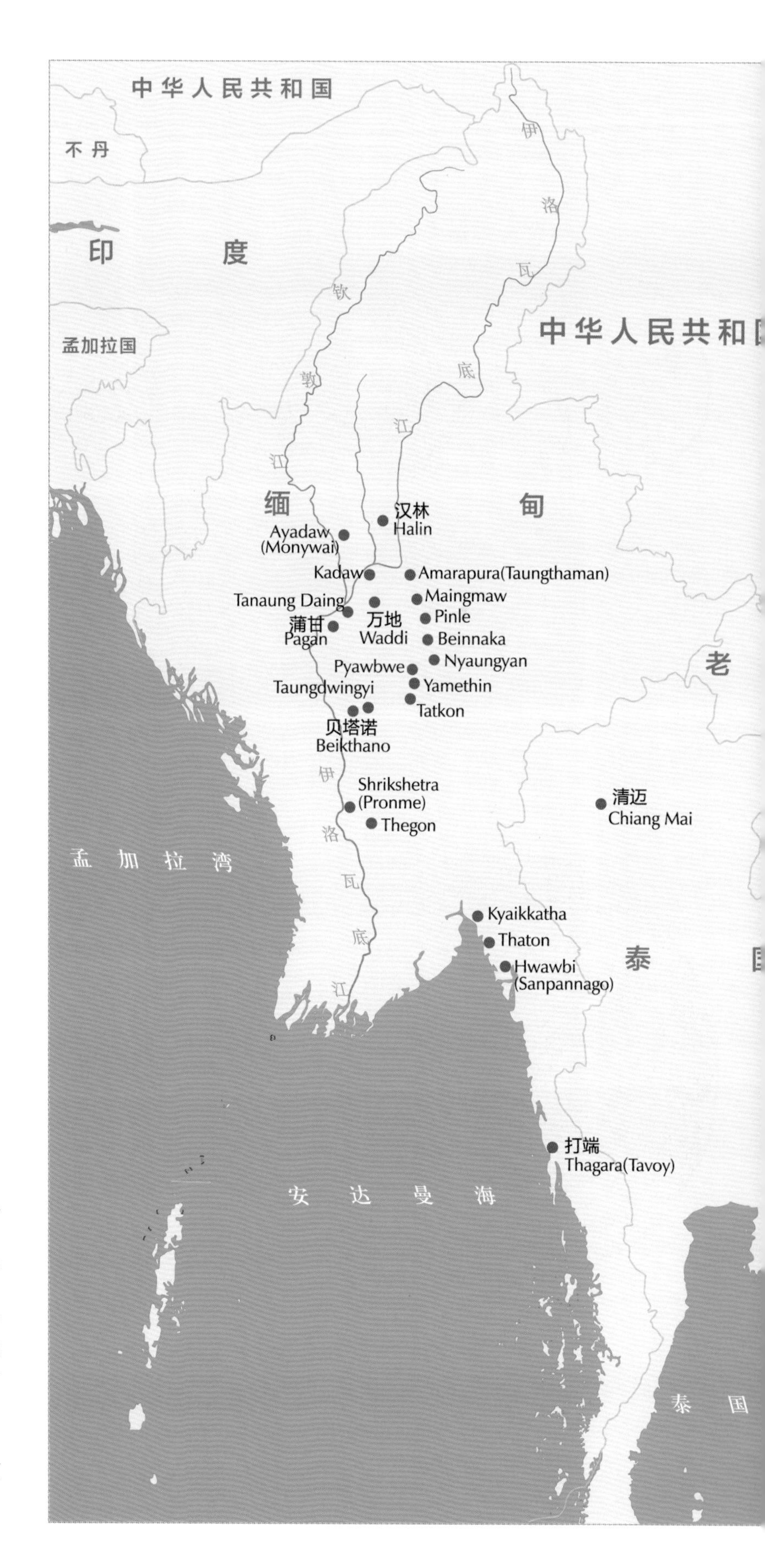

图177　古骠国遗址和银币。古骠国城邦沿伊洛瓦底江流域分布，既可灌溉，发展农业，又方便贸易交通。古骠国最主要的贸易伙伴是印度和中国，中国唐代文献记载，古骠国使用银币和金币作为货币流通，目前的考古实物证明了银币的存在，最早可追溯到公元5世纪。银币边缘大多有小孔，用于穿系随身携带，同时也用作护身符。典型的骠国银币图案一面是海螺，另一面是“吉祥天女结”［Shrivatsa］。骠国从公元9世纪灭于南诏之后直到19世纪的缅甸王国，期间一千年没有出现过金属硬币。

Coins Excavated at Halin

从20世纪90年代开始，缅甸考古部门与西方考古学家合作，在缅甸境内几处城址进行了发掘，确认了几处骠国古城。与原住民孟人的土葬习俗不同，骠人盛行瓮棺葬，人死后尸体火化，骨灰装入瓮罐中，珠子一类的陪葬品大多出自瓮罐内。早期发掘的贝塔诺城址出土了大量装有骨灰的瓮、罐，之后发掘的汗林、施瑞凯陀等骠人遗址与贝塔诺相差无几。葬俗和出土的其他手工艺品包括珠子的相似性，反映了骠人共同的文化形态。（图178）

缅甸大约在公元5世纪开始使用银币作为交换媒介。银币出现之前，珠子很可能是缅甸和东南亚其他地方常见的流通媒介，这种具备价值的小东西既可以像穿孔银币那样穿系起来随身携带，又美丽夺目。实际上，珠子作为货币流通的事实从远古一直存在于不久前的百年间，著名的非洲贸易珠［Africa Trade Beads］在欧洲殖民扩张时期就曾长期充当货币的角色，用于在非洲大陆换取黄金、象牙甚至奴隶等

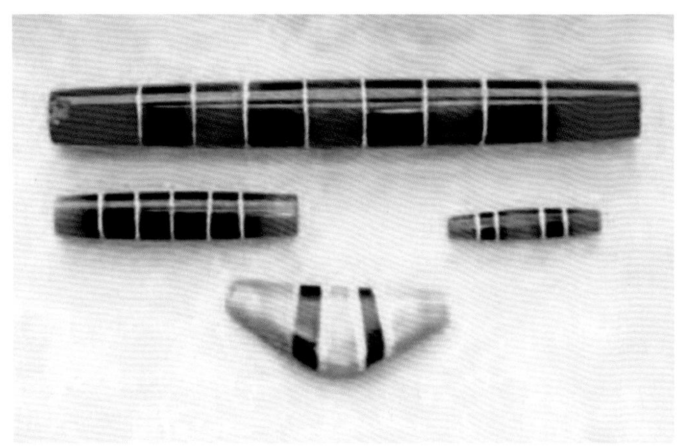

图178　古骠国遗址出土的古珠。缅甸境内几处较大的骠国古城均出土数量可观、形制多样、材质丰富的古珠，一般将这些珠子统称为“骠珠”。珠子的考古编年从公元前2世纪到公元9世纪骠国灭于南诏。图中骠珠及青铜佛像于骠国古城考古发掘出土，曾于2014年在美国纽约公开展出，向世人展示古骠国高超的古代手工艺技术和技艺。

当地资源。

除了承担流通职能，珠子的符号意义与信仰的关联尤其明显，一些珠子独有的形制和图案装饰即是本土宗教文化的符号象征。骠珠材质丰富、形制多样，缅甸富藏各种宝石和半宝石材料，其中最具本土特点的是木化石［fossil wood］。除了独有的材料，骠珠中的蚀花玛瑙也独具本土特色，（据西方学者推测）其蚀花技艺最初可能来自印度，但骠人利用本土的材料创造出了本土的装饰特色。特有的工艺特征和装饰风格使得骠国古珠的辨识度颇高，以至于在纷繁的古珠样式中很容易分辨出骠珠，类似的珠子在泰国一些地方如班东湾［Ban Don Ta Phet］（见图173）和洛布里（见7-1-6）都能看到。

◆7-2-3　骠珠和蚀花玛瑙

将缅甸骠珠作为蚀花玛瑙的一种工艺类型单独列为章节讨论的原因是，从目前考古出土的蚀花玛瑙珠的编年序列看，古代缅甸可能是蚀花玛瑙工艺沿喜马拉雅山南麓自西向东扩散的最后一站。泰国洛布里（华富里）所出陀罗钵地王国的蚀花玛瑙珠从工艺到装饰都是骠珠类型的，洛布里以东的高棉（柬埔寨）和占城（越南）都擅长制作珠子，但是都很少甚至没有使用蚀花玛瑙工艺，但是柬埔寨有所谓“糖化”染色工艺的玛瑙珠和管珠，越南（占城）则擅长玻璃饰品和地方玉料的制作，至少目前的资料是这样。另外，缅甸独有的邦提克木化石珠是蚀花玛瑙在时间线上延续的最后一种工艺类型，其编年的上限不会与骠珠的下限重叠。我们将在后面的章节专门讨论邦提克珠及其年代的推定。

骠珠的材料和形制都很丰富，蚀花玛瑙是骠珠中的一个大类，装饰效果分为黑白蚀花珠（黑地白花和白地黑花）、肉红蚀花珠（红地白花）和三色蚀花珠，涉及的材料有玛瑙、肉红玉髓和木化石。黑白蚀花珠（圆珠）和红地白花的蚀花肉红玉髓管是骠珠的典型器。黑白骠珠以线条装饰占多数，此外还有点状图案、空心十字、五边形图案（寿珠图案）、折线和其他图案；肉红玉髓管以弦纹（平行环线）装饰最具代表，其他形制的红玉髓珠则有线条图案、几何图案、动物形象的描绘和较随意的曲线构成的其他图案；三色蚀花珠一般为红、黑、白三色搭配，除了环线装饰，还有其他特殊图案的变化，形制有长管和羊角形珠。

骠珠蚀花珠的图案有些可能与信仰有关，有些则是生活化的装饰。伦敦大学亚非学院的伊丽莎白·摩尔教授长期从事缅甸田野调查，对考古发掘和民间收集的缅甸古珠都做了详细分类和总结。摩尔认为，目前发现的缅甸蚀花玛瑙珠以线条装饰为最主要的装饰图案，蚀花工艺则有三种办法：1.画花［painting］，2.刻花［incising］，3.抗染蚀花［alkali resist］（碱性溶液抗染）。其中以刻花较少见，贝塔诺古城出土过这种工艺的黑白珠，是在阴刻的线槽内填涂白色颜料的办法；肉红玉髓蚀花珠使用的则是珠子表面画花的办法，按照美国珠饰专家艾宾豪斯对蚀花玛瑙技术类型的分类，属于所谓型一的工艺（见4-1-5），也是蚀花玛瑙工艺中最基础的技术（图179）；黑白蚀花珠则大多使用抗染加染色的办法，即在（未经白化的）天然石头上同时施加黑白两种染色剂构成装饰图案，工艺相对复杂一些（图180）；另外，骠珠中还有一种三色工艺的珠子，一般由红、黑、白三色构成图案装饰，红色为肉红玉髓的天然色彩，但珠子在加热处理的过程中对玉髓有加色效果，黑白两色则是染色剂画花，经过加热（焙烤）处理使染色剂永久固着（图181）。

骠珠中黑白蚀花珠的技术可归为艾宾豪斯分类的型三变形B（见4-1-5），就工艺技术和装饰效果有以下特点：1.在天然灰白色玛瑙珠上使用（白色染色效果的）抗染剂画出所需要的图案，图案覆盖的部分在下一步“黑化”过程中不被染色，而

最后呈现白色。2.待抗染剂风干后，使用碱性黑色染色剂填涂余留的部分，值得注意的是，古代缅甸使用的黑色染色剂的着色效果强烈，这种表面填涂的染色剂同样可以浸染进入石头内部。另外不排除另有将珠子浸入黑色溶剂中“黑化”的办法，这种技艺似乎稍晚出现过。3.染色完成后，加热（炭火焙烤）珠子使得色彩永久性固着，之后被抗染剂覆盖的部分则显现出白色图案来，其余经过黑色染色剂侵蚀的部分则呈现为黑色（或其他暗色）底色，与抗染剂覆盖的部分形成黑白对比的装饰效果。4.黑白骠珠在蚀花工艺完成后，有些没有经过类似天珠那样的再抛光，这可以从珠体表面干结的抗染剂和黑化溶剂观察到；而有些则经过再次打磨抛光，珠体表面没有残留干结的溶剂，呈现玻璃光泽，质地显得比未经再抛光的骠珠坚硬，这类工艺的珠子可能出现得稍晚。

图179　骠珠的肉红玉髓蚀花珠。肉红蚀花珠的装饰图案和形制比黑白蚀花珠更加丰富，平行线、折线和其他几何图案大多用于装饰长管；点状图案、圆圈图案（眼睛）的则多是圆珠；多棱的橄榄形珠则有多种几何图案；空心十字装饰方形扁珠，图案和形制与黑白蚀花珠一样；特殊形制的肉红蚀花珠有动物造型和其他不常见的几何形制，图案除了抽象的线条或几何图形，还有具象的描绘，如小鹿、蜘蛛、花朵等。肉红蚀花珠大多是画花的办法，是蚀花玛瑙工艺中最基础也是最古老的技术类型，即在肉红玉髓的珠子上用白色碱性溶剂画花，直接加热而成。藏品由收藏家李超先生和张虎先生提供。

图180　骠珠的黑白蚀花珠。黑白蚀花珠以线条装饰最典型，有纵向线条装饰和平行环线装饰两种，形制有圆珠和管珠；空心十字出现在方形扁珠上；点状图案则多是椭圆或略呈橄榄状的珠子；平行折线大多用于装饰中段略鼓的管珠；此外也偶见其他装饰图案和形制的黑白蚀花珠。黑白骠珠的工艺为“抗染”碱性溶液抗染）的办法，就目前对实物的观察，大部分黑白蚀花骠珠是利用天然色灰白色玛瑙（玉髓）作为底色，而没有像天珠那样经过首先“白化”的工艺流程。图片藏品分别由收藏家张虎先生、祝念楚先生提供。

图181　骠珠的三色蚀花珠。三色珠一般由黑、白、红三色构成图案，这种珠子的形制有长管和羊角形两种，在缅甸和泰国民间也被称为“水蛭珠”，可能是由于珠子形制和环线装饰效果像东南亚常见的水蛭而得名。三色珠的工艺并不复杂，珠子未经白化，而是利用红玉髓本身的色彩为底色，但玉髓一般都经过加色处理，使其呈现更加鲜艳的肉红或橘红或红色，之后再分别使用黑白两种染色剂画出所需图案，其中一种须为抗染配方（一般白色为抗染剂），以防止加热过程中出现染色剂融合和相互侵蚀的现象。图片藏品分别由古珠收藏家Terence Tan先生（缅甸）、张虎先生提供。

第三节 邦提克珠

◆7-3-1 邦提克珠

邦提克珠最早出现在古珠藏家的视线中是20世纪80年代中期，当时正值美国和西方的珠子热。尤其是在美国，在60年代开始蔓延的嬉皮士运动中成长起来的几代人都热衷于寻求新的价值，这些价值投射在文学、艺术、生活风尚乃至个人装饰上，异文化、异民族和前所未闻的老珠子、古珠饰成为热门，印度、北非都是炙手可热的异文化的朝圣地。

当美国藏家第一次从印度珠商手里购买“邦提克”［Pumtek］时，只知道这些珠子来自印度东北部和缅甸山区的部落民族，珠串上除了穿有被称为邦提克的木化石珠，还有蚀花玛瑙一类的古骠珠。1986年，美国著名的珠饰研究家杰米・艾伦［Jamey Allen］第一个发表文章讨论邦提克珠，他根据英国殖民期间钦族山区的监管人佩里［N.E. Parry］于1932年出版的*The Lahkers*[109]一书，辨认出邦提克珠为生活在印度和缅甸山区的钦族（Chin）及亲缘部落的“传家宝”（图182）。

按照约定俗成，邦提克珠指用蚀花技术制作的木化石的钦族传家宝珠子，民间也称“木珠”，应与缅甸古代骠国同样用木化石制作的骠珠区别开来。邦提克的名称有多种说法，一说“埋藏的闪电”，佩里在他的*The Lahkers*一书中专门记录了邦提克之于钦族部落民的意义和功能，但没有提到“埋藏的闪电”的说法，而只是传家宝的意思。缅甸钦族以及生活在印度米佐兰的同族米佐人都有佩戴珠子的传统，他们都自称“莱人”[110]，将邦提克珠称为“莱替”，意思是“莱人的圆珠”。

钦族没有文字书写的历史，没有人知道他们的部族从什么时候开始用邦提克作为传家宝的，也没有人知道邦提克最初来自哪里，钦族自己也不能解释他们为什么偏爱那些线条装饰的黑白珠（或棕色和白色对比的珠子），尽管他们也喜欢其他色彩和形制的珠子，但是邦提克始终是最受珍爱的传家宝。对于邦提克珠，他们也有

109 英国殖民期间钦族山区的监管人佩里（N.E. Parry）于1932年出版的*The Lahkers*一书起意于对钦族内部民事案件调解所需的风俗调查，后扩展为一本民族学调查报告。佩里的调查地点为现印度阿萨姆邦米佐人（钦族）山区，佩里从1924年至1928年为卢塞山区莱克县［Lakher country］监管人，该地方几个村庄跨印度和缅甸边境。

110 莱人［Lai people］为米佐人［Mizo］的主要部落，分布在印度米佐兰［Mizoram］、缅甸钦山［Chin hills］和孟加拉的曼尼普尔［Manipuur］，即库基-钦-米佐人［Kuki-Chin-Mizo］，自称“莱人”。该族群为蒙古利亚人种［Mongoloid race］，最早生活在中国境内，莱人口头传说将自己的族源追溯到中国的晋代。

类似藏族认为天珠可以在牛羊粪便中被发现的传说。世人很晚才开始注意到钦族的这种传统，最早从人类学角度调查和记录钦族文化和风俗的，是1886年英国占领缅甸之后派驻的那些殖民官员，他们的文字记录是研究钦族文化传统的第一手资料。

就像藏族对他们珍爱的各种类型的瑟珠都有不同的命名一样，钦族对各种图案和形制的邦提克珠也都有单独的名字，佩里在他的 *The Lakhers* 一书中以当地语言的发音标注了每种不同类型的珠子的名字，但是没有解释那些名字的意思。钦族的男人和女人都佩戴邦提克，除了邦提克项链，钦族的传家宝还有铜锣和枪。钦族只在不得已的情况下出售或出让邦提克珠，无理由地出让邦提克是不祥的，有些村寨甚至认为丢失邦提克会造成妇女不能生育，但不是所有村寨都有类似的说法，随着现代社会新观念的侵入，钦族的传统观念也在变化。（图183）

钦族为佐人部落，也称米佐人、库基人、钦族、佐米人，在缅甸通常称为“钦族”，在印度称为“库基人”。佐人由有亲缘关系的藏缅语部落组成，分布在印度东北山区的那加兰、米佐兰、曼尼普尔、阿萨姆邦和缅甸西北山区的钦邦，这种分跨国界的分布情况是由英国19世纪殖民统治期间的政治划分造成。英国1886年灭缅甸王朝，之后对钦族进行殖民统治；1937年英国将钦族分为两部分，西部归英属印度，东部归英属缅甸；1948年，缅甸宣布独立，东部钦族山区归属缅甸，即现在的缅甸钦邦。现今看到的“原装”钦族邦提克项链上大多穿缀有硬币，多是在印度和缅甸的钦族均处于英国殖民统治时期、英国发行的有乔治国王头像的硬币，这些硬币大致从1900年至1950年之间。缅甸独立后，英国殖民时期的硬币不再通行，一些硬币便被钦族人作为装饰穿缀在了邦提克传家宝珠串上。

◆7-3-2　钦族和古骠人

钦族的邦提克传家宝项链上经常能看到古骠珠，钦族珍爱的邦提克木化石珠也与黑白蚀花骠珠十分相似，似乎暗示钦族与古骠人有着某种联系。一些学者也尝试用微弱的证据将两者联系起来，试图以此解释邦提克珠的来源和背景。钦族没有文字和文献，他们的历史大多依靠本族的口头传唱或者偶然被其他文献提及。骠人的历史同样分散而零星，近几十年对古骠国城址的考古发掘一定程度上完善和证实了文献缺失或不确定的部分。根据有限的文献资料对骠人历史事件的记载来看，古代骠人与钦族在历史上可能没有任何交集，更没有文化交流，这两个不同的族群及其文化分属不同的历史时期，只是生活的地域一度短暂重叠。

钦族原为中国境内藏缅语族群，最早分布在云南怒江、德宏和缅甸克钦邦一带的中缅边境及周边，公元9—10世纪才开始南迁进入缅甸钦敦江流域，当他们到

GEORGE V

图182　缅甸钦山和邦提克珠。邦提克在本族被称为“莱替”，意思是“莱人的圆珠”，“莱人”是本族自称，生活在印度米佐兰地区的被称为米佐人，生活在缅甸钦山的被称为钦族。邦提克作为传家宝由父母传给子女，一代代传下去，而不用于葬礼陪葬之类的仪式。在钦邦（包括印度和缅甸境内的钦族部落），邦提克珠通常会作为男方向女方求婚的聘礼呈献给女方的家长。1896年出版的《钦山》（作者Bertram S. Carey）一书中，作者列举了一份钦邦村寨男子送给女方父亲的聘礼清单：100颗邦提克珠、5口铜锣、5口铜锅和其他不那么重要的东西；而女方也会用家传的邦提克珠做嫁妆。图中邦提克珠串为原生状态，除了棕白两色对比的邦提克珠，还有黑白蚀花的骠珠、英国殖民期间的印度硬币，有时还会穿缀一些色彩和形制更丰富的珠子。邦提克珠进入古珠市场后，引起藏家兴趣，一些藏家和古玩商人亲自前往钦邦寻找珠子，同时也更多了解邦提克的背景故事，他们中间一些人像当年那些进行田野调查的西方人一样，采集了许多有用的信息和知识。图片由古珠收藏家李超摄于缅甸钦邦哈卡［Hakha］。

PAMTEK NECKLACE BELONGING TO RACHI, CHIEF OF CHAPI

The beads in the *pumtek* necklaces all have their own special names. Rachis necklace, illustrated opposite, consists of the following beads: (1) *Thingapa*; (2) *thikhongphiapa* (a flat bead); (3) *kiamei* (this is a very old bead indeed); (4) *thikhongphiapa*; (5) *paripilu* (a snake's head); (6) *thikhongphiapa*; (7) *thivakawngapa*; (8) *laikhaichanongpa*; (9) *kiamei*; (10) *thikhongphiapa*; (11) *paripilu*; (12) *paripilu*; (13) *thivakawngapa*; (14) *thikhongphiapa*; (15) *paripilu*; (16) *thikhongphiapa*; (17) *kiamei* (also a very old bead); (18) *thikhongphiapa*; (19) *laikhaichapawpa*. The round beads are called *Sisa*. Lakhers know every little mark on their old beads, and can identify them unfailingly.

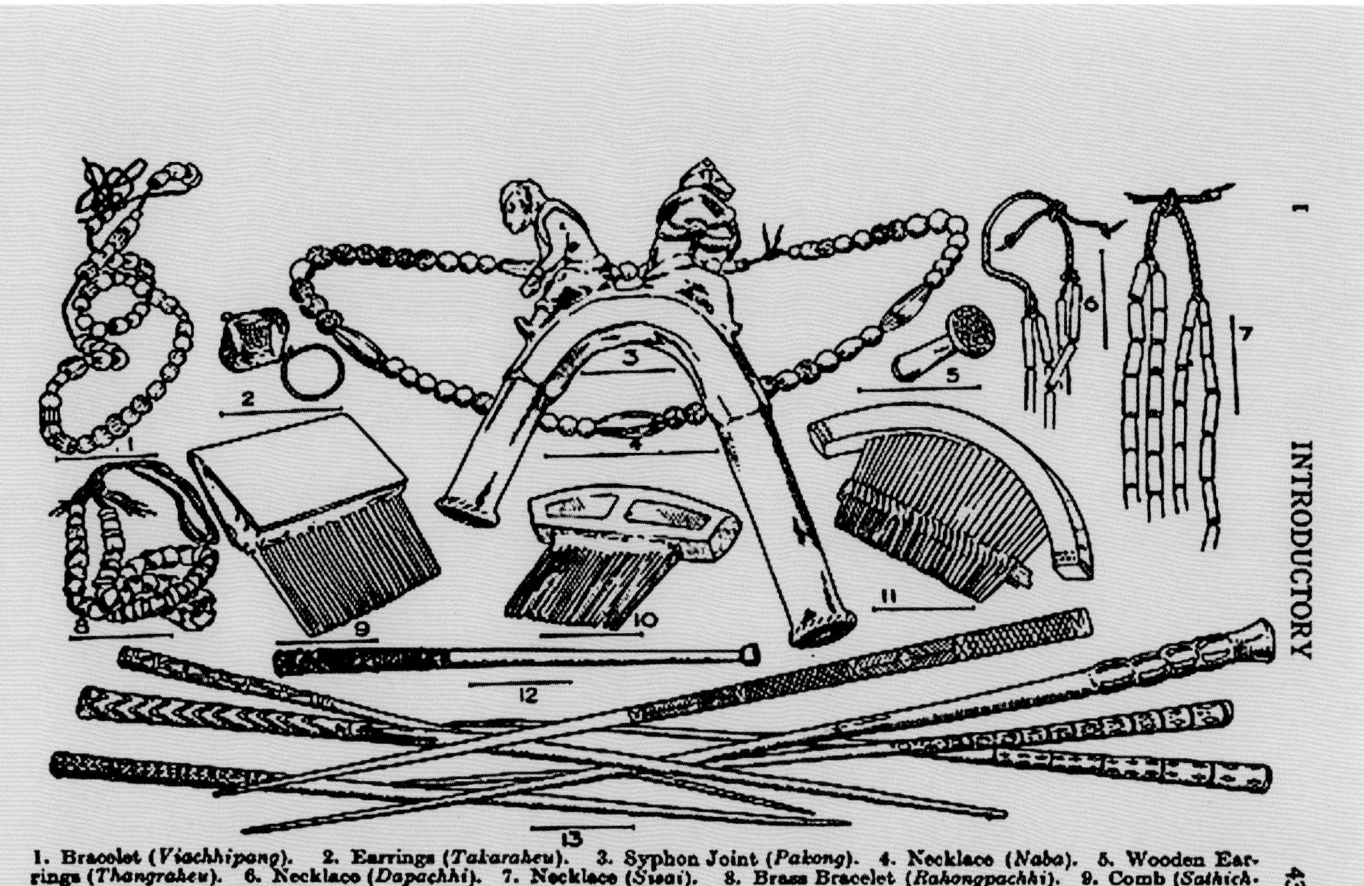

图183　钦族的邦提克传家宝及珠子的名称。邦提克珠作为钦族的传家宝备受珍爱，这些珠子分别有各自的名字，多数名字现在已经很难知道其原初的意义。从20世纪80年代邦提克珠流入古珠市场后，在藏家中间又有了新的命名，这些名字与原初的意义几乎没有关联，大多只是按照图案的表面效果附会的，以方便藏家和古玩商的交流。图片邦提克珠及其名称引自*The Lahkers*，作者为英国殖民期间钦族山区的监管人佩里［N.E. Parry］，1932年出版。

达钦敦江时，在那里存在了上千年的骠人城邦已经灭于南诏[111]。钦族留在了骠人故地钦敦江流域，他们可能目睹了亡国的骠人的流散，但是没有与骠文化产生交集。公元11世纪，最后一个骠人城邦施瑞凯陀并入南诏缅人建立的蒲甘王国［Pagan Kingdom］，骠人逐渐融入缅人社会，到12世纪，骠语已经彻底消失。

钦族在骠人灭国之后的300年里生活在骠人故地钦敦江流域，这期间，骠人早已离开故地，或融入缅人之中，或迁入异地，骠文化逐渐消失。钦族在骠人故地从来没有建立过类似骠人那样的城市，也没有像骠人那样组织起发达的贸易，他们始终以村寨部落的形式聚居在一起。公元14世纪，掸族［Shan］（傣族）从北方入侵，钦族被迫从钦敦江流域逃往西北钦山，并一直生活在那里直到今天。

我们假设在钦族留居骠人故地的300年间，他们不时发现骠人遗留的珠子，就像今天的缅甸村民不时在田间地头发现骠珠一样。钦族是如何将他们或捡到或挖到的珠子演绎成“传家宝”项链的不得而知，现在的钦族也不能解释从什么时候起、为什么会尤其偏爱那些黑白对比的线条装饰的蚀花珠子，但是他们在过去某一时期的确把那些珠子变成了自己的传统，以至于后来的人们大多会把那些珠子视为“钦族的珠子”，直到现代田野考古揭示古骠国遗址，人们最初仍旧以为那些骠珠是“钦族的珠子”，至少认为是钦族珍爱的珠子。

邦提克传家宝项链成了钦族传统和风俗之后，这些部族对珠子有了需求，即使不太富裕的家庭也会为了荣誉而努力置办一套能够代表家族传统的东西传递给下一代，就像传统社会的藏族，无论贵贱都多少会拥有一些珠子。根据19世纪晚和20世纪初英国殖民时期那些有关钦邦生活、风俗、社会组织方式的人类学书籍，钦族村民大多会自己织布和制作基本的生活用具，但是不会制作珠子，他们的珠子除了祖辈流传下来的那部分，一般都是去固定的集市或乡镇通过交换或购买获得，集市上的那些珠子也都是从山下买进的。几百年前的钦族社会可能大抵如此，尽管不能确切知道邦提克传家宝的风俗究竟起于何时——它们可能起于10世纪钦族留居骠人故地钦敦江流域的那段时期，也可能是14世纪钦族迁入钦邦山区之后——总之从传家宝珠串形成传统起，就有人开始使用当地的木化石制作珠子专门卖到钦山，这种制作邦提克珠的手艺在一些村落形成规模，据当地人解释，他们只知道都是家传手艺，并不知道究竟已经传递了多少代人。（图184）

伦敦大学亚非学院的伊丽莎白·摩尔教授在她的论文《缅甸的珠子》［“Beads of Myanmar”，*line decorated beads amongst the Pyu and Chin*］中专门记录并讨论了对邦提克珠的调查。文章对20世纪早期发生在骠国古城遗址挖掘珠子的事件有详细的记录，讲述这些故事的老者当年或者曾亲自参与挖掘或者是现场目击者。据一位

111　南诏国（738—902年），8世纪崛起于云贵高原，由蒙舍部落首领皮逻阁于开元二十六年（738年）建立。隋末唐初的洱海地区小国林立，分辖六个国王，称为六诏，分别是蒙巂诏、越析诏、浪穹诏、邆赕诏、施浪诏、蒙舍诏。蒙舍诏在诸诏之南，称为“南诏”。蒙舍诏在唐朝的支持下，先后征服洱河诸部，灭其他五诏，统一了洱海地区，建南诏国。公元832年，南诏出兵灭骠国。天复二年（902年），南诏权臣郑买嗣起兵灭南诏，自立为王，称大长和国。

图184 佩戴邦提克传家宝项链的钦族妇女和男子。1824年至1948年为英国在缅甸的殖民时期，期间英国曾派驻监管人进入钦族山区（包括现印度阿萨姆邦和缅甸钦邦），这些殖民官大多有现代人文学科的教育背景，对异族文化有浓厚的兴趣以及对田野调查的热情，他们收集和整理了对钦族文化、风俗、传统、环境、生活、耕作方式和社会组织形式的人类学调查记录并出版成书。图片引自1896年出版的《钦山》[*The Chin Hills*]，作者伯伦特·凯里[Bertram S. Carey]，照片均摄于1895年，图中钦族男子和妇女均佩戴有邦提克项链，其中穿缀了管状的骠珠。图片的拍摄早于20世纪20年代发生在骠国古城的珠子挖掘事件和20世纪40年代佩亚基村[Payagyi]工匠制作邦提克珠，钦族人那时佩戴的邦提克珠可能已经经过几代人的传递，之前这些珠子的制作年代不明确，但表明从很早开始就一直有人制作邦提克珠。

居住在骠国城邦遗址附近的老者回忆，大约1922年前后，当他还是个孩子的时候，（骠国）老城墙外发现了有珠子的墓地，村民挖出大量线条装饰的黑白珠，圆形的和管状的都有；此外还有其他颜色的珠子如橘色、番茄红、珊瑚红、棕色和绿色的珠子，另外还有金珠、银币和耳饰，这些珠子和银币和骨灰一起装在瓮罐里。

消息迅速传遍周边，挖掘出来的古珠十分受钦族的喜爱，钦族人纷纷下山求购古珠。珠子的畅销促成更多村民参与挖掘“钦族珠子”的行动，挖掘现场热闹非凡，引得邻近村庄的村民前来围观和小贩兜售食物。除了珠子，骠人遗址也出土许多未经完成和未打孔的珠子，表明当地有制作珠子的技术作坊。就这样，探宝和挖掘断断续续持续了近半个世纪，20世纪70年代，缅甸职能部门终于出面禁止民间挖掘。我们无法知道这样的挖掘事件是否在过去的几百年间早就发生过，也无法确定钦族最初的传家宝珠串是否就是通过这种从偶然发现到有意挖掘的事件中获得的，但事实是生活在远离骠国遗址的钦邦山区的钦族对骠珠情有独钟，而现在居住在骠国古城遗址上的缅人却没有使用骠珠或邦提克珠作为传家宝的传统。这有点像天珠的源头原本不是吐蕃（藏族），而最后却被藏族保存和珍爱并世代相传，以至于我们习惯称其为“西藏天珠”。

◆7-3-3　邦提克珠的断代

制作邦提克珠的材料是上缅甸很容易发现的木化石（硅化木）。与古代蚀花骠珠一样，邦提克的装饰图案也是使用蚀花技术制作的，但蚀花工艺和装饰图案与古骠珠都有细节上的区别，并且与骠珠是不同的文化概念。钦族将邦提克珠串视为传家宝，传家宝是文化人类学的概念，指某种承载家族传统的古物在具有血缘关系的家庭内部一代代传下去。传家宝可能承载了古老的信息，但是不能作为考古断代的依据。邦提克至今没有出现在考古环境中，对其年代、制作地和背景都不清楚，对于邦提克珠的了解大多来自或正式或非正式的田野调查。

钦族于公元9—10世纪出现在缅甸境内钦敦江流域时，那里的千年骠国已经灭于南诏的入侵。理论上，属于钦族的邦提克木化石珠既不可能早于骠珠出现，更不会与骠珠同时出现在墓葬环境中。如前文讨论的那样，钦族在骠人灭国后进入骠国故地，并在那里生活了300年，这期间他们有可能像今天的缅甸村民一样，偶然在田间地头挖到骠人遗留的珠子，是否那时已经有穿戴骠珠的习惯不得而知，如要形成传家宝意义上的传统则需要更长的时间。这种传统一经形成，就会促成了对珠子的需求，于是有人专门按照钦族的需求制作骠珠风格的珠子，选择的是与骠珠黑白蚀花相同的工艺和上缅甸容易获得的棕榈树木化石，这些珠子便是最早的邦提克珠，虽然并不清楚其确切的年代。

自20世纪80年代邦提克进入藏家视野，经过长时间的实践和交流，藏家和珠商习惯将那些年代较早的邦提克珠称为“第一代邦提克”，但是不能确定所谓第一代邦提克珠的年代上下限。为了区别年代较晚的珠子，又将后来制作的、穿戴和磨损痕迹明显较晚的邦提克珠称为“第二代邦提克”。从最早的邦提克制作开始，在之后的年代可能一直都有人断断续续在制作，尽管这些不同年代的珠子由于制作时间不同，穿戴造成的磨损和使用痕迹有明显区别，但要真正将邦提克珠子分成几代或几期是困难的。（图185）

总结起来，邦提克珠为钦族传家宝，而钦族于公元10世纪出现在骠国故地——钦敦江流域时，骠国已经灭于南诏，理论上讲，此为骠珠编年的下限、邦提克珠年代的上限。钦族和骠人在文化上没有交流，生活的年代也没有明显的交集，但钦族从北方南下之后，居住在骠人故地达300年，这期间他们可能偶然获得了骠人遗留的骠珠，倍加珍爱，逐渐将珠子视为传家宝。一些聪明的工匠针对钦族所需，利用上缅甸容易获得的木化石材料为钦族制作邦提克珠，此为最早的邦提克珠。公元14世纪，掸族从北方入侵，钦族被迫从钦敦江流域逃往西北钦山，并一直生活在那里直到今天，这期间的数百年间可能一直有人断断续续地在制作邦提克珠卖给钦族人。这些邦提克珠很难确定其具体年代，但一些珠子材质优良、工艺精致、图案装饰强，经过钦族人世世代代传承，珠子本身的价值和岁月的痕迹使得藏家对其倍加喜爱[112]。

◆7–3–4　邦提克珠的材料和工艺

工艺的角度，邦提克是蚀花玛瑙的一种，也可能是古老的蚀花工艺在时间线上延续的最后的演绎，其编年的上限不会与骠珠的下限重叠。蚀花玛瑙工艺从公元前2600年的印度河谷起源，中间一度消失，铁器时代再度兴起，其工艺衍生出了更多样、更复杂的制作方法，如天珠、措思、三色线珠等。邦提克珠从蚀花工艺到装饰风格最初都是对骠珠蚀花珠的模仿，使用的是与骠珠类似的蚀花技术，此后蚀花工艺没有再出现新的技术衍生。

邦提克的材料是缅甸的木化石，是树木在地下经过数百万年的埋藏，树木纤维

112　美国珠饰专家杰米·艾伦［Jamey Allen］于20世纪80年代第一个发表文章讨论邦提克珠，在世人对邦提克珠还一无所知的情况下，杰米·艾伦根据英国在缅甸殖民期间的文献辨认出邦提克珠为生活在印度和缅甸山区的钦族及亲缘部落的“传家宝”珠饰。但是杰米·艾伦对坊间关于邦提克的年代的说法一直持异议，他不认为所谓第一代邦提克的年代早于19世纪初或18世纪晚，也就是说，最老的邦提克也不会有超过200年的历史。按照杰米·艾伦的说法，邦提克的大量生产起于19世纪初缅甸民间对古骠珠的大量挖掘，这些珠子很受钦族喜爱，依靠挖掘出土的古骠珠很快被耗尽，人们便开始利用本土材料制作与骠珠装饰风格类似的邦提克珠，这些珠子就是最早的邦提克珠。这样的话，钦族的邦提克珠作为传家宝的传统是因为骠珠和邦提克珠大量进入钦邦后才形成的，而不是之前就有这种传统对珠子的需求。无论如何关于邦提克年代的推定至少目前都是基于假设，包括本书的相关推论。

图185　邦提克珠。邦提克作为钦族传家宝，有些已经传递了数代人，期间因为交换、聘礼和其他耗损，需不断添置和重新购进。钦族人并不十分介意珠子的年代和新老，只对珠子的装饰风格有明显偏好。从最早的邦提克开始，一直有工匠在制作这类珠子，有些工匠谨慎地遵守传统的装饰图案，有些却是新的创作，但无论怎样，都没有偏离黑白（和棕色与白色对比）线条的装饰类型。邦提克迄今没有考古记录，民间大多根据珠子的装饰风格和磨损程度对其进行简略的分期。图案变化丰富、装饰效果好，材质上乘、工艺精致的邦提克老珠深受藏家和珠商青睐。图中藏品为民间收藏，不做考古标准器，仅作参考。藏品由古珠收藏家闫振勇先生提供。

结构被二氧化硅置换而形成的硅化木。硅化木保留了树木的木质纹理，呈现为有纹理的白色、灰色、褐色等不同颜色，矿物种类属石英、玉髓类，摩斯硬度6.5左右。其物理性质与玛瑙玉髓相同，因而能够像玛瑙那样被人工染色、施加蚀花工艺。缅甸的木化石资源很丰富，上缅甸（曼德勒及其周边）出产纹理独特的棕榈树木化石，色彩有白色、灰白、黄色、棕色等。

尽管钦族不能解释他们为什么偏爱线条装饰的黑白蚀花珠，但是制作珠子的

工匠们了解钦族的喜好。当初那些制作邦提克珠的工匠在选择材料时，使用的都是上缅甸容易获得的棕榈树木化石，而蚀花工艺的获得则可能与今天的情况相似，是对骠珠黑白蚀花工艺的再发明。尽管早在古骠国时期，骠人就经常使用木化石制作骠珠，有圆珠也有扁珠和管珠，但是从工艺到表面效果，都与同样是木化石制作的邦提克珠有别，理论上这类古骠人制作的木化石珠仍旧归入骠珠，而不称其为邦提克。（图186）

图186　骠珠与邦提克珠。骠珠是骠人城邦遗址出土的珠子，其制作年代大约从公元前2世纪（或更早）到公元9世纪骠国灭于南诏。线条装饰的黑白蚀花骠珠与后来的邦提克珠从形制、工艺到装饰效果都很相似，但是邦提克珠与骠珠分属不同的年代、不同的文化背景和不同的族群。工艺和材料，两者也有明显的区别。骠珠有玛瑙材质，也有用木化石制作的，形制和画工都较古朴，一些骠珠在完成蚀花工艺后未经再抛光，而另一些骠珠则经过精细再抛光，这两类骠珠所使用的都是抗染蚀花的技术制作的。邦提克珠的制作时间晚于骠珠，其编年的上限不会早于骠珠的下限，形制无论圆珠、扁珠和管珠都更加规矩，珠子的装饰线画工也很规则，多数邦提克为棕色和白色线条或者乳白色线条对比的效果，也有黑白对比效果的邦提克珠。藏品由收藏家祝念楚先生和刘俊先生提供。

20世纪20年代，缅甸村民在几个古骠国遗址挖掘珠子的行动持续了多年，到20世纪50年代，骠国遗址那些古珠已逐渐耗尽，而钦族人对珠子的热情并没有消退，只要他们的传家宝传统还在，他们对珠子就有需求。这时，曼德勒周边一些村社便有人开始制作邦提克珠以取代钦族对古骠珠的需求。一位住在骠国古城遗址万地附近佩亚基村的村民开始制作邦提克珠子出售给钦族人，他使用的是万地周边就能获得的白色木化石，并对蚀花工艺进行了“完善”，但是他谨慎地遵守了古骠珠的装饰风格，只使用在骠珠上出现过的图案，没有自行创作新的图案装饰。20世纪60年代，其他地方也开始有人制作邦提克珠，并形成一定规模，珠子的价格随即下降，这位受到同行冲击的老匠人便停止了邦提克的制作。老匠人于1984年去世，他的孙女继承了他的手艺、设备和配方，随着近二十年来邦提克珠的升温，老匠人的孙女又开始继续制作骠珠风格的邦提克珠，出售给从钦山下来寻求珠子的钦族或商人。

伦敦大学亚非学院的伊丽莎白・摩尔教授在《缅甸的珠子》一文中记录了老匠人制作邦提克珠的工艺及流程，其制作工艺使用的是类似古骠珠的抗染的办法。其中抗染剂是用熟石灰、石英砂、肥皂、硼砂，加水和树胶混合成黏稠状，由于成分的原因，抗染剂的颜色在干燥之前一般呈浅红或浅黄；而碱性溶剂（染色剂）则由亚砷酸钠、硫酸铜、硫黄粉、砒霜混合而成，一般情况下还加入了母乳（据伦敦大学亚非学院伊丽莎白・摩尔教授的《缅甸的珠子》一文），各种成分混合后呈棕色黏稠状。工艺流程如下：1. 用小棍沾上抗染剂在珠子表面画线（或其他图案），待其干透；2. 使用碱性溶剂即染色剂填涂珠子表面除抗染剂覆盖的其余部分；3. 待珠子表面染色剂风干后将其放入家用的木炭火盆中焙烤，焙烤时间视珠子表面的抗染剂和染色剂干结程度而定；4. 将珠子取出用水彻底清洗，擦除附着在珠子表面干结的溶剂，这时之前抗染剂覆盖的部分便呈白色（图案），而碱性溶剂（染色剂）填涂的部分则呈现棕色或深棕色的底色，与白色线条（图案）对比构成图案。

值得一提的是邦提克珠与骠珠制作工艺的区别，骠珠使用的是抗染剂画花、碱性容易浸泡染色的工艺；而邦提克珠是在使用抗染剂画花之后，另使用碱性染色剂填涂其余部分，并没浸泡染色这一工艺流程，严格意义上讲这种办法更类似表面画花（蚀花工艺型一）而不是“抗染”技术，其技术实施过程比古骠珠简化，着色效果不及骠珠强烈。现今接受调查的缅甸工匠声称，他们的手艺、技术配方和工艺控制均来自老辈传授，但是他们也承认，他们仍旧在使用的工艺乃至配方可能有一些在过去已经流失，以至于有些珠子的制作效果不及以前。但是正如多数手工艺流传那样，工艺秘密会在某一代人中流失，而在后代又被再发明或者改良，制作珠子如邦提克珠的工艺技术同样如此。另外，现今制作邦提克珠都是先打孔后蚀花，而古骠珠一般是在完成了蚀花工艺之后再打孔。（图187）

现今仍在制作邦提克珠的缅甸工艺一如他们的先辈，一般都会选择村庄周围即可获得的白色木化石，就他们的工艺流程看，邦提克珠子没有类似天珠的第一道通体“白化”的工序，而是直接使用抗染剂画花后再用碱性染色剂填涂底色部分，抗染剂覆盖的图案部分则是利用了白色（或乳白）木化石材料本身的色彩，而碱性溶剂则是对基底材料的染色，但配方和工艺控制因不同的工匠会有所不同，这也是不同年代和不同工艺配方的制作的邦提克珠会呈现不同表面效果的原因之一。邦提克珠大多呈棕色底色与白色线条的对比，也有黑白效果的。制作邦提克的木化石材料也有不同的质地，未经完全硬化（硅化）、木质感强的材料较易着色，色彩效果往往对比鲜明；而蛋白化较彻底的木化石制作的邦提克珠，由于质地致密，珠子着色困难一些，因而大多呈稍浅一些的底色，比如灰色和浅棕色。

◆7-3-5　邦提克珠的形制和图案

邦提克珠的形制只限于不多的几种几何形状，没有像玛瑙和玉髓制作的骠珠形制那么丰富多样。骠珠除了圆珠、方形扁珠、管珠、橄榄形珠等，还有各种动物造型、人物和与宗教有关的符号化造型。而邦提克珠的形制最常见的是圆珠，其次是管珠和扁珠。圆珠的形制大多很规矩，接近正圆；管珠的形制都是中段略鼓、两端逐渐收缩的形状，少见直管状的；扁珠有正方形和长方形，少见圆形扁珠。特殊形制的邦提克珠偶有见到，形制具象的有梳子和坠子一类。（图188）

早期的邦提克珠大多模仿黑白蚀花骠珠的形制和图案装饰，作为传家宝随着一代代人不同的审美和价值判断，邦提克珠的图案随之变化，但仍是线条装饰和线条构成的几何图案，图案变化比骠珠丰富，据藏家粗略统计，各种形制的邦提克珠的图案至少超过数百种变化。最常见的邦提克珠的装饰图案是圆珠上的纵线装饰，坊间称为“西瓜珠”，以6线和12线占绝大多数，艾宾豪斯（《藏族的瑟珠》作者）基于奇数线条装饰的珠子十分少见的事实，认为这种装饰办法是在制作珠子时为了方便（等分）画线造成的。除了所谓西瓜珠，像黑白蚀花骠珠那种平行环线装饰的珠子少见一些，此外折线、菱形图案、圆圈（眼圈）、十字以及更多的线条组合和变化都能见到。

一般认为装饰图案与文化背景关联，抽象图案大多与其文化背景的意义和象征有关。钦族没有文字，他们的历史和风俗都是靠口头传诵，几经历史变故，或流失或误传。英国殖民期间钦族山区的监管人佩里于1932年出版的 *The Lahkers* 一书中，列举了钦族人对不同形制和图案的邦提克珠有不同的名称（见图183），这些名称很可能包含了图案的原初意义，但是大多流失在代代相传的岁月中。而在持续制作邦提克的数百年中，一些图案的演变乃至创新，大多与原本的意义和象征失去了关联，仅保留和强调图案的装饰效果。邦提克珠进入收藏市场之后，其制作工艺、材料质地和图案装饰都让藏家耳目一新，尽管它的文化背景和原初的意义已经流失于神秘。就像喜马拉雅天珠那样，它的起源和当初的意义已经无法完全解释，但是信徒和藏家对它所保有的价值深信不疑。

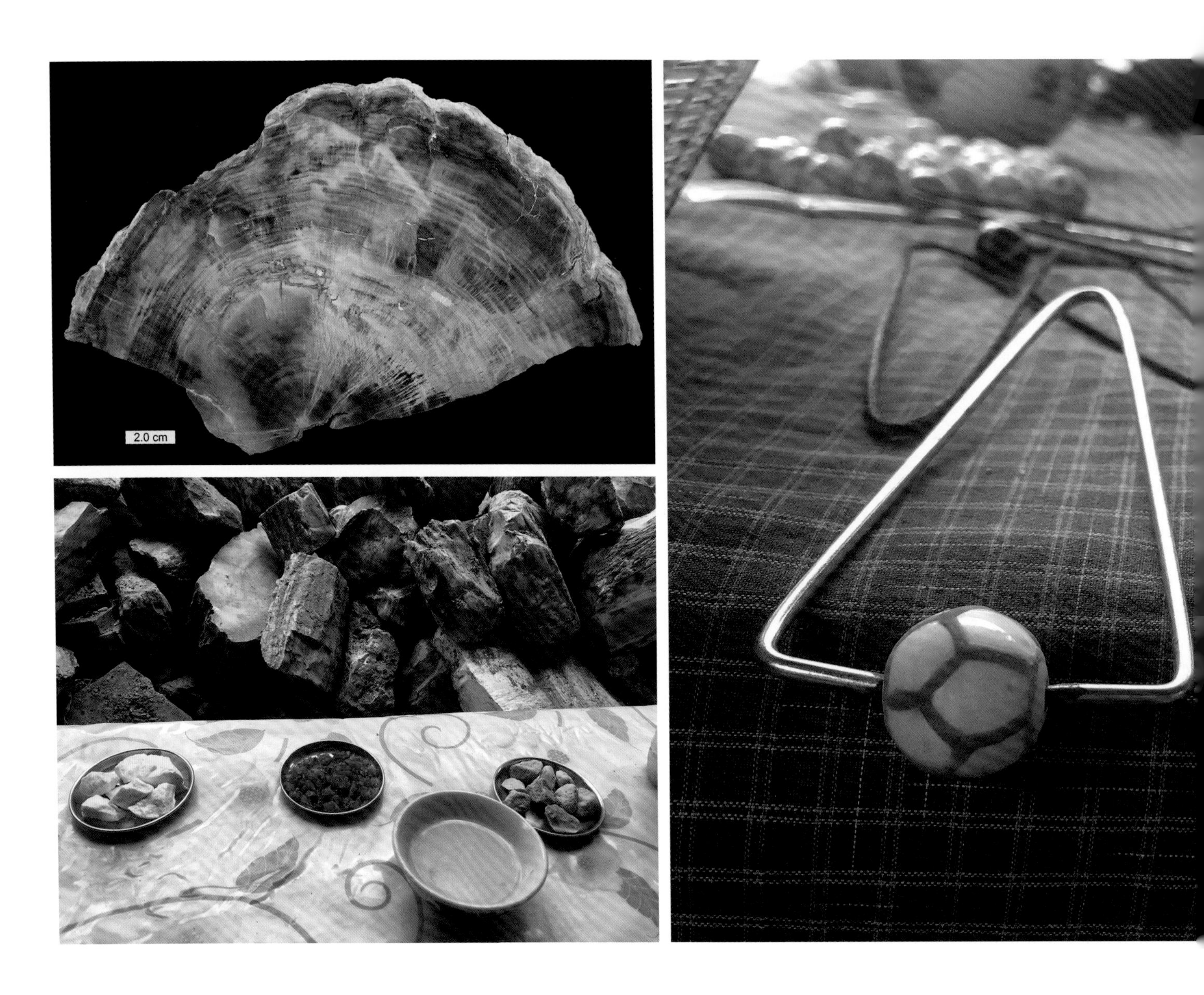
2.0 cm

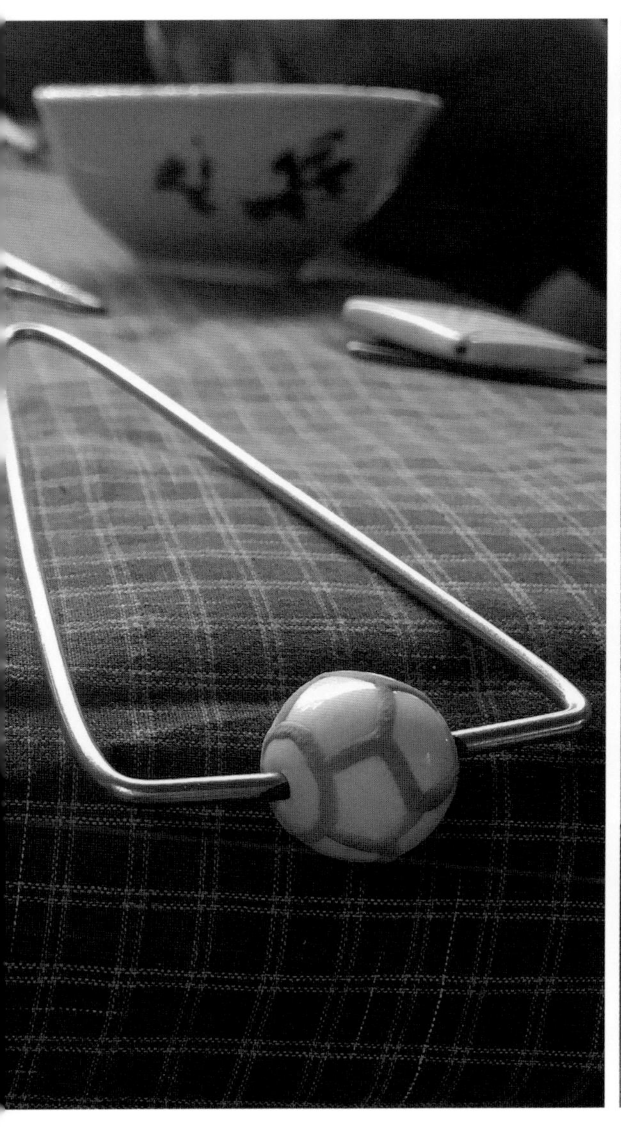

图187　邦提克珠的材料和工艺。现今仍在制作邦提克珠的缅甸工匠一如他们的先辈，一般都会选择村庄周围即可获得的白色木化石，就工艺流程而言，邦提克珠没有类似天珠的第一道通体“白化”的工序，而是直接使用（浅色）染色剂画上图案，再用（黑色或棕色）碱性染色剂填涂余留部分，染色剂风干后直接放入炭火焙烤，其染色剂配方和工艺控制因不同的工匠会有所不同。随着一代代人不同的审美和价值判断，邦提克图案也随之变化，工艺配方也在长期的流传中或有一部分流失或有新的演绎。现今仍在曼德勒周边制作邦提克珠的手工艺人承认，他们使用的染剂配方和工艺手段有些已经与老的传统不同。这种情况可能一直在发生，旧的传统很难一成不变被一直传承，这也是不同年代和不同工艺配方制作的邦提克珠会呈现不同表面效果的原因之一。图片资料由收藏家李超先生提供。

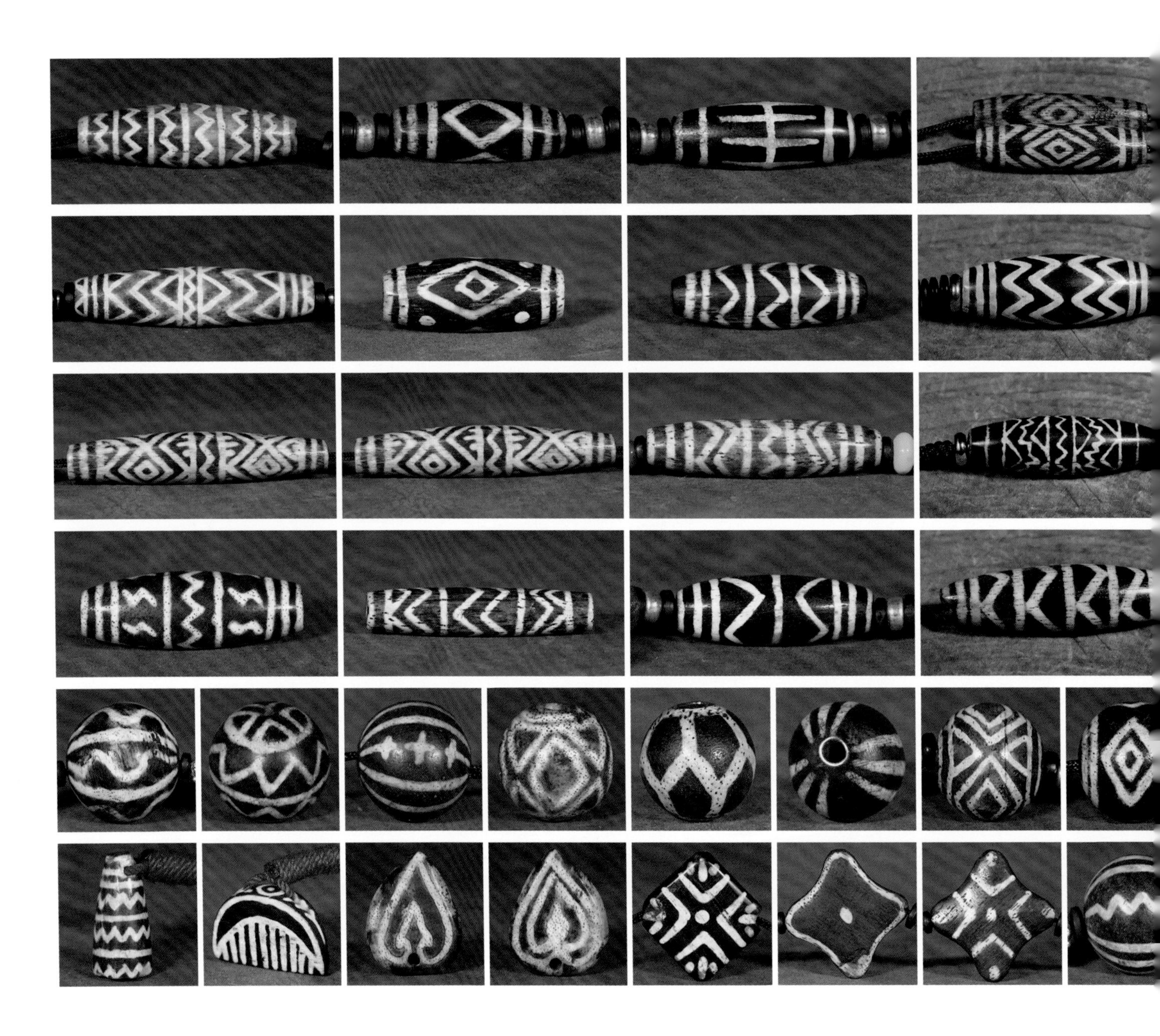

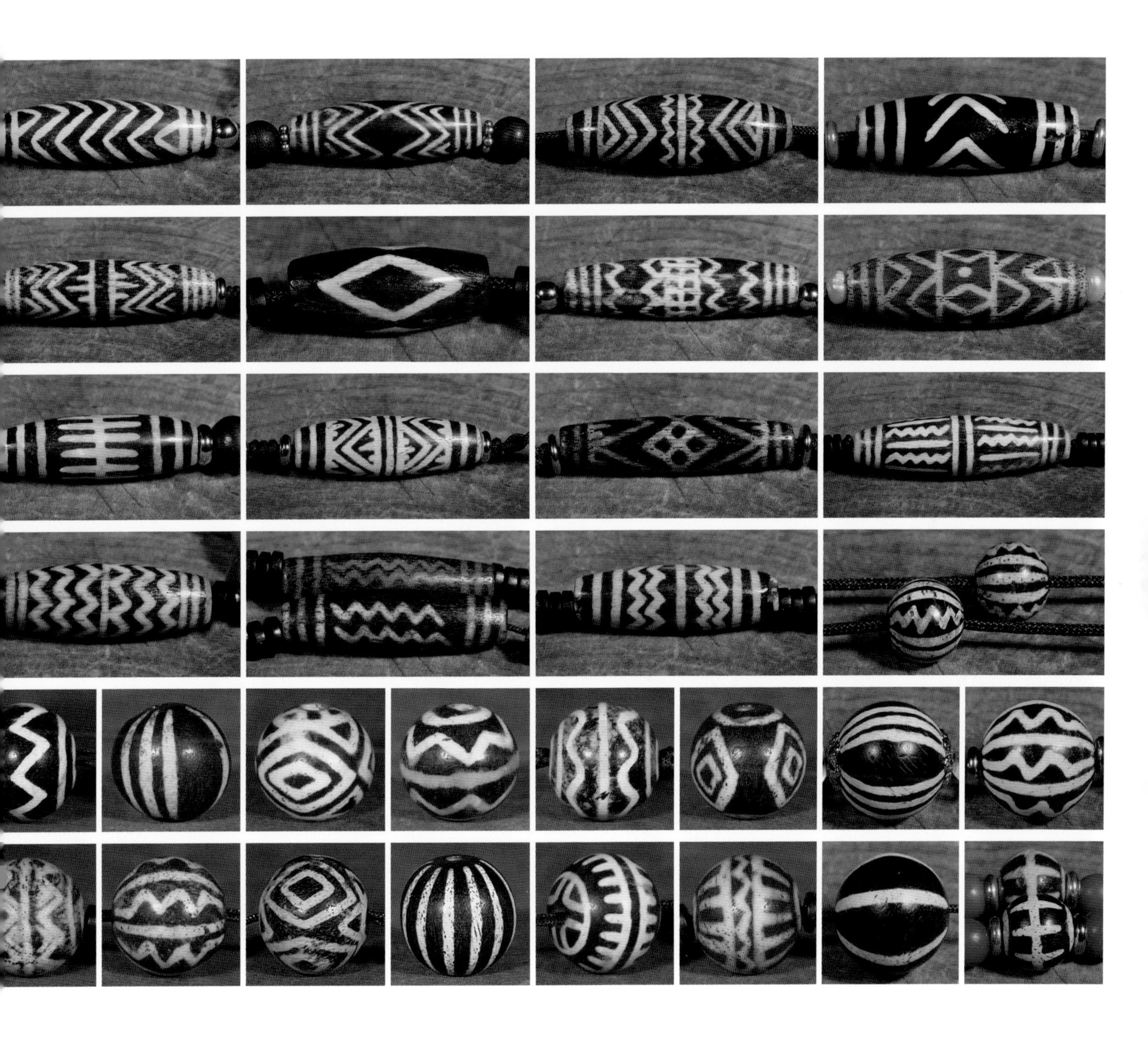

图188　邦提克珠的形制和图案。邦提克珠的形制仅限几种几何造型，有圆珠、扁珠、管珠、橄榄形珠等。特殊的形制偶有见到，比如梳形、心形和纺锤形制的坠子等，这类形制的邦提克珠很难确切推测其制作年代，大多根据使用痕迹和表面磨损确认为老珠子。邦提克珠的形制有限，但图案变化十分丰富，据藏家不完全统计，各种形制的邦提克图案至少超过数百种。邦提克图案大多是线条装饰和线条组成的几何图形，早期邦提克的传统图案大多模仿古瑟珠，与古老的文化和信仰仍保有某种关联，但是随着珠子的经年传递，以及无数代工匠制作邦提克的过程中对图案组合的创新和变化，原初的意义已经流失，现今对邦提克珠的命名大多是按图案组合的形式约定俗成。藏品由收藏家李超先生、闫振勇先生提供。

后 记

《喜马拉雅天珠》是我已经完成的三本书中写作最艰难的一本。尽管我所有的书都是关于古代珠子珠饰的，但是这本书涉及的文化背景大部分都是之前我不熟悉的。而这并不是写作过程中最困难的部分，因为学习本身并不困难，困难的是书中主题部分涉及的文化背景大多是文字缺失的、地域失落的、族群迁徙的，并且几乎没有考古发掘资料。这种情形让我无法像以往的美术史写作那样，多数时候都有文献和考古资料的支持。但是零星可靠的资料仍然是存在的，只是分散和隐秘在其他主题的文献和书籍中。除了一边大量阅读和学习，我的资料收集有很大一部分是在旅行中完成的。和以往一样，旅行本身也是写作的灵感来源。

美术史的角度，珠子和天珠只是研究的客体。对任何一种古代手工艺品的研究，都会着手其物理和文化两个层面。学科的态度，我应该是理性中立的，无论涉及工艺技术层面，还是文化背景及宗教信仰部分。但是同样是美术史的角度，对任何古代手工艺品的关注最终都是对人的关注，它们都是人类为了人的文化、信仰、哲学和审美创造的，没有对人的关注和关怀，古代手工艺品和艺术品的价值就无法显现。

珠子一类的小型手工艺品的确承载了远古的信息，包括文化的、信仰的、工艺的以及其他方面的信息。相比较而言，天珠可能比其他珠子承载更多的工艺信息和信仰的内容，我们管中窥豹，可见一斑，通过对天珠的探究和学习，发现古代文化中那些细微之处见惊喜的魅力，我把这种魅力称为魔法。珠子是人类最早的手工艺品，想想它们用了怎样的魔法使得人们从远古到今天仍旧为其着迷。2015年夏天，《藏族的瑟珠》作者大卫·艾宾豪斯先生（见4-1-5）来成都旅行，作者有幸与这位绅士面晤，当我问道，“你相信珠子有魔法吗？”大卫·艾宾豪斯想了想说，“我真的不知道。但是我手腕上和脖子上这几串珠子已经戴了几十年，如果有天我不戴上它们，觉得像自己的身体缺少了哪一部分。”这便是我称为“魔法”的东西。我因为这种“魔法”沉湎于阅读、学习、写作和旅行，如果上帝存在，我必须感激他赐予我的这一切。

本书涉及多个不同的文化背景，虽然那些古老的文化已经湮灭，但是那些背景失落的天珠和其他类型的手工艺品却以独特的形式在藏文化中得以保存，藏民族虔诚地相信它们是远古的神灵所赐。藏文化的魅力在于它一直执着地相信许多不可能性，在世界屋脊的高原上延续一种独特的文化，这本身就是一项奇迹。我们从小在城市长大，多数时候并不了解装饰品最初的意义，而只是把它们当成生活的点缀加以接受。城市有医疗、教育、法律、公共设施及自来水等各种保护，城市是人类建立在人群与自然之间的缓冲带。而生活在高原寒野和旷地沙漠中的人们却是赤裸面对自然，无论得其恩赐还是受其灾难，这时的人们无疑需要他们的神灵、信仰和宗教以及各种护身符和辟邪物的保护，这便是珠子珠饰这类毫无实用价值的小物件当初发生的原因。在西藏的旅行中所见所闻和所学都完全不同于书本所获，藏民族对信仰的虔诚、对自然的敬畏、坚韧乐观的性格和高原上壮阔的风景一同构成藏文化独步世界屋脊的高原景色。

在西藏的旅行中，无论是在拉萨还是日喀则，藏族兄弟都是尽全力为我们的旅行提供帮助，并尽最大可能与我交流，回答我关于天珠的问题。远在印度新德里郊外的藏村，集聚了很多天珠商人，他们与前去寻宝的商人或藏家进行交易。他们中间不乏经验丰富、眼力上佳的流通者，也有近年入行的新生代珠商，这些年轻的珠商精于现代科技设备，信息渠道广，学习能力强，大部分受过程度不同的现代教育，精通藏语之外的语言。与老一辈珠商相比较，他们更善于交流和学习。在藏村遇到的年轻珠商次仁达布给予了作者一行诸多帮助，次仁达布利用自己精通藏语、汉语、英语和印度语同时又通晓天珠知识的强项，为作者解释了许多语言问题造成的疑问，并在本书的写作中给予无条件的帮助和支持。

在本书的写作过程中，我遭遇的最为难的部分是某些实验性的工作，比如对瑟珠类型中变化最丰富的措思珠的分类，以及寿珠、板珠等其他瑟珠类型的珠子的分类。这些分类没有前人工作可以参照，包括对分类名称的设定。而随着不断接触更多的瑟珠类型，新的资料不时出现，我的分类和描述又需修改甚至重新再来。反复的调整让我怀疑我的工作可能挂一漏万，即使这种可能性很小，但书中对措思及其他瑟珠类型的分类很可能是不全面的。尽管如此，我还是在现有资料的情况下对其进行尽可能全面的分类，我希望这些分类在今后的实践中不会遭遇太大的错误，毕竟会有读者将其视为现成的标准使用。

这本书的完成无疑是许多人无私合力的结果。感谢我的编辑李钟全说服我写作这本以天珠为主题、围绕蚀花玛瑙工艺和类型、涉及多个文化尤其是藏史和藏文化为背景及其相关话题的书。在这几年的资料收集和学习中，我收获的不仅是知识，还有阅历和磨砺。感谢我的编辑团队从头至尾对我的支持和宽容，骆阳能先生不仅将他数年来拍摄收集的天珠图片全部无偿地交给我任由使用，并为本书所需要的任何重新指定的主题进行拍摄。感谢我的书帧设计师张文昕，他以其极大的耐心与我沟通，直至达到文字和图解同时了然纸上的目的。感谢“半闲居”餐饮股份有限公司、马书坐观文化（北京）有限公司郭梁和沈鹤鸣夫妇，他们是经验丰富、眼光独到的艺术品赞助人和投资人，当郭梁女士得知我为了印度的旅行经费踌躇时，慷慨地资助了我和团队的全部旅行。感谢在印度、尼泊尔和东南亚的旅行中陪伴我的团队，李钟全、骆阳能、覃春雷几位师友在旅行过程中不仅帮助我收集资料，同时还照顾旅程中各种具体事务的安排和落实。感谢我的研究生同门师妹常艳，不仅为我提供藏语典籍中少见的关于天珠工艺的记载，并请西藏大学最好的藏族老师帮我将其翻译成汉语。感谢收藏家郭彬先生几年来无私地将其藏品供我学习，并教给我书本所无的知识。感谢几位勤勉向上的年轻珠商和收藏家，他们最初都声称是我的读者，到现在都成了我的老师，他们穿行于各国收集珠子的经历和经验，经常给予我灵感和新的知识，他们的名字在本书的图例中多次出现。尽管以上已经是不算短的一篇名单的罗列，我仍怀疑遗漏了某些必须提到的部分。最后，却是最重要的，感谢那些无偿为我提供藏品图片的收藏家、珠商、珠子热爱者和读者，他们中的许多人与我素未谋面，但是无疑地，他们的无私和热情是我写作的动力。

朱晓丽

2016年9月于成都

ཧེ་མ་ལ་ཡའི་གཟི།
美在汉藏之间
西藏通史

附录一：参考文献

巴卧·祖拉陈瓦. 贤者喜宴. 周润年，译注. 北京：中央民族大学出版社，2010.
廓诺·迅鲁伯. 青史. 郭和卿，译. 2版. 拉萨：西藏人民出版社，2003.
根敦群培. 白史. 法尊法师，译. 北京：中国藏学出版社，2012.
阿底峡尊者发掘. 柱间史. 卢亚军，译注. 北京：中国藏学出版社，2010.
班钦索南查巴. 新红史. 黄颢，译. 2版. 拉萨：西藏人民出版社，2002.
索南坚赞. 西藏王统记. 刘立千，译注. 北京：民族出版社，2000.
智观巴·贡却乎丹巴绕吉. 安多政教史. 吴均，毛继祖，马世林，译. 兰州：甘肃民族出版社，1989.
土观·罗桑却季尼玛. 土观宗教源流. 刘立千，译. 拉萨：西藏人民出版社，1999.
范晔. 后汉书. 北京：中华书局，2007.
刘昫. 旧唐书. 北京：中华书局，2002.
欧阳修，宋祁，范镇，等. 新唐书. 北京：中华书局，1975.
帝玛尔·丹增彭措. 晶珠本草. 毛继祖，等重译. 上海：上海科学技术出版社，2012.
佚名. 月王药诊. 毛继祖，马世林，译注. 上海：上海科学技术出版社，2012.
佚名. 蓝琉璃. 毛继祖，卡洛，毛韶玲，译校. 上海：上海科技出版社，2012.
第悉·桑结嘉措. 格鲁派教法史——黄琉璃宝鉴. 许德存，译. 陈庆英，校. 拉萨：西藏人民出版社，2004.
德司·桑杰嘉错. 四部医典系列挂图全集. 强巴赤列，王镭，译. 3版. 拉萨：西藏人民出版社，2008.
中国社会科学院边疆考古研究中心. 前吐蕃与吐蕃时代. 北京：文物出版社，2013.
图齐. 喜马拉雅的人与神. 向红笳，译. 2版. 北京：中国藏学出版社，2012.
沃杰科维茨. 西藏的神灵和鬼怪. 谢继胜，译. 拉萨：西藏人民出版社，1993.
故宫博物院. 藏传佛教造像. 北京：紫禁城出版社，2009.
杜齐. 西藏考古. 向红笳，译. 2版. 拉萨：西藏人民出版社，2004.
图齐. 西藏宗教之旅. 耿昇，译. 2版. 北京：中国藏学出版社，2012.
石泰安. 西藏的文明. 耿昇，译. 2版. 北京：中国藏学出版社，2012.
王尧，王启龙，邓小咏. 中国藏学史（1949年前）. 北京：中国社会科学出版社，2013.
才让. 吐蕃史稿. 兰州：甘肃人民出版社，2010.
察仓·尕藏才旦. 西藏本教. 拉萨：西藏人民出版社，2006.
陈观浔. 西藏志. 成都：巴蜀书社，1986.
陈庆英. 西藏历史. 2版. 北京：五洲传播出版社，2004.
李方桂，柯蔚南. 古代西藏碑文研究. 王启龙，译. 拉萨：西藏人民出版社，2006.
曲杰·南喀诺布. 苯教与西藏神话的起源. 向红笳，才让太，译. 北京：中国藏学出版社，2014.

埃克瓦尔，劳费尔．藏族与周边民族文化交流研究．苏发祥，洛赛，编译．北京：中央民族大学出版社，2013.

王小甫．唐、吐蕃、大食政治关系史．北京：北京大学出版社，1992.

石泰安．西藏史诗和说唱艺人．耿昇，译．北京：中国藏学出版社，2013.

石泰安．汉藏走廊古部族．耿昇，译．北京：中国藏学出版社，2013.

戴密微．吐蕃僧诤记．耿昇，译．北京：中国藏学出版社，2013.

张云．上古西藏与波斯文明．北京：中国藏学出版社，2005.

玄奘，辩機．大唐西域记汇校．范祥雍，汇校．上海：上海古籍出版社，2011.

法显．法显传校注．章巽，校注．北京：中华书局，2008.

法显．佛国记．田川，译注．重庆：重庆出版社，2008.

沈卫荣．何谓密教——关于密教的定义、修习、符号和历史的诠释与争论．北京：中国藏学出版社，2013.

萨拉特·钱德拉·达斯．拉萨及西藏中部旅行记．陈观胜，李培茉，译．2版．北京：中国藏学出版社，2006.

戈尔斯坦．喇嘛王国的覆灭．杜永彬，译．北京：中国藏学出版社，2005.

格勒．藏族早期历史与文化．北京：商务印书馆，2006.

泰勒．发现西藏．耿昇，译．2版．北京：中国藏学出版社，2012.

魏正中，萨尔吉．探索西藏的心灵——图齐及其西藏行迹．上海：上海古籍出版社，2009.

汤用彤．印度佛教汉文资料选编．北京：北京大学出版社，2010.

次仁央宗．西藏贵族世家．2版．北京：中国藏学出版社，2006.

张长虹，廖旸．越过喜马拉雅．成都：四川大学出版社，2007.

柳陞祺．西藏的寺与僧（1940年代）．北京：中国藏学出版社，2010.

沈宗濂，柳陞祺．西藏与西藏人．柳晓青，译．北京：中国藏学出版社，2006.

扎洛．清代西藏与布鲁克巴．北京：中国社会科学出版社，2012.

任乃强．民国川边游踪之西康札记．北京：中国藏学出版社，2010.

任乃强．民国川边游踪之天芦宝札记．北京：中国藏学出版社，2010.

任乃强．民国川边游踪之泸定考察记．北京：中国藏学出版社，2010.

王明珂．羌在汉藏之间——川西羌族的历史人类学研究．北京：中华书局，2008.

扎雅·罗丹西饶．藏族文化中的佛教象征符号．丁涛，拉巴次旦，译．北京：中国藏学出版社，2008.

比尔．藏传佛教象征符号与器物图解．向红茄，译．北京：中国藏学出版社，2007.

强桑．藏族服饰艺术．拉萨：西藏人民出版社，2009.

伯果，土旦才让．藏传佛教美术简史．西宁：青海人民出版社，2013.

角巴东主．汉译本系列丛书：格萨尔王传．北京：高等教育出版社，2011.

阿来．格萨尔王．重庆：重庆出版社，2009.

降边嘉措，吴伟．格萨尔王传．北京：五洲传播出版社，2011.

王东，张耀．消失的王国：吐蕃王朝．北京：中国国际广播出版社，2013.

《华夏地理》杂志社．西藏:世界围绕着冈仁波齐．北京：生活·读书·新知三联书店，2014.

丹尼，马松．中亚文明史·第一卷：文明的曙光：远古时代至公元前700年．芮传明，译．北京：中国对外翻译出版公司，2002.
哈尔马塔．中亚文明史·第二卷：定居文明与游牧文明的发展：公元前700年至公元250年．徐文勘，芮传明，译．北京：中国对外翻译出版公司，2002.
李特文斯基．中亚文明史·第三卷：文明的交会：公元250年至750年．马小鹤，译．北京：中国对外翻译出版公司，2003.
博斯沃思，阿西莫夫．中亚文明史·第四卷（上、下）：辉煌时代：公元750年至15世纪末．刘迎胜，译．北京：中国对外翻译出版公司，2010.
阿德尔，哈比卜．中亚文明史·第五卷：对照鲜明的发展：15世纪至19世纪中叶．蓝琪，译．北京：中国对外翻译出版公司，2006.
阿德尔．中亚文明史·第六卷：走向现代文明：19世纪中叶至20世纪末．吴强，许德华，译．北京：中国对外翻译出版公司，2013.
鲁保罗．西域的历史与文明．耿昇，译．拉萨：新疆人民出版社，2012.
伯希和，等．伯希和西域探险记．耿昇，译．昆明：云南人民出版社，2011.
斯坦因．西域考古记．北京：商务印书馆，2013.
斯坦因．沿着古代中亚的道路．巫兴华，译．桂林：广西师范大学出版社，2008.
格鲁塞．草原帝国．蓝琪，译．北京：商务印书馆，1998.
马苏第．黄金草原．耿昇，译．西宁：青海人民出版社，1998.
古伯察．鞑靼西藏旅行记．耿昇，译．2版．北京：中国藏学出版社，2012.
陈序经．匈奴史稿．北京：中国人民大学出版社，2007.
于格 E．海市蜃楼中的帝国：丝绸之路上的人神与神话．耿昇，译．北京：中国藏学出版社，2013.
杉山正明．游牧民族的世界史．黄美善，译．2版．北京：中华工商联合出版社，2014.
库尔克，罗特蒙特．印度史．王立新，周红江，译．北京：中国青年出版社，2008.
奥姆斯特德．波斯帝国史．李铁匠，顾国梅，译．上海：上海三联书店，2010.
烈维．王玄策使印度记．冯承钧，译．北京：中国国际广播出版社，2013.
恰译师曲吉贝．13世纪一个藏族僧人的印度朝圣之旅——恰译师曲吉贝传．曲白达江，笔录．马维光，刘洪记，译编．北京：中国藏学出版社，2013.
妮尔．一个巴黎女子的拉萨历险记．耿昇，译．北京：中国国际广播出版社，2012.
河口慧海．100年前西藏独行记．齐立娟，译．北京：金城出版社，2014.
达尼．历史之城塔克西拉．刘丽敏，译．陆水林，校．北京：中国人民大学出版社，2005.
福布斯．西亚、欧洲古代工艺技术研究．安忠义，译．北京：中国人民大学出版社，2008.
马里克．巴基斯坦史．张文涛，译．北京：中国大百科全书出版社，2010.
瓦哈卜，扬格曼．阿富汗史．杨军，马旭俊，译．北京：中国大百科全书出版社，2010.
达尼．喀喇昆仑公路沿线人类文明遗迹。赵俏，译．北京：中国藏学出版社，2013.
达尼．巴基斯坦北部地区史．杨柳，黄丽莎，译．北京：中国藏学出版社，2013.
哈斯拉特．巴尔蒂斯坦（小西藏）的历史与文化．陆水林，译．北京：中国藏学出版社，2011.
勒克科．中亚艺术与文化史图鉴．赵崇民，巫新华，译．北京：中国人民大学出版社，2005.

玛雅尔．中世纪初期吐鲁番绿洲的物质生活．耿昇，译．北京：中国国际广播出版社，2012.

霍尔．东南亚史．中山大学东南亚历史研究所，译．北京：商务出版社，1982.

塔林．剑桥东南亚史．贺圣达，陈明华，俞亚克，译．昆明：云南人民出版社，2003.

斯科特．逃避统治的艺术:东南亚高地的无政府主义历史．王晓毅，译．北京：生活・读书・新知三联书店，2016.

梁志明，李谋，杨保筠．东南亚古代史．北京：北京大学出版社，2013.

阿姆斯特朗．轴心时代（公元前800年—公元前200年）：塑造人类精神与世界观的大转折时代．孙艳燕，白彦兵，译．海口：海南出版社，2010.

林东广．西藏天珠．台北：藏传佛教文物，2001.

张宏宝．管窥天珠．台北：淑馨出版社，1991.

ALLEN J D，张宏实，张文文．藏珠之乐Ⅱ．台北：淑馨出版社，2000.

GREGORY L P. The Indus Civilization: A Contemporary Perspective. U.S.:AltaMira Press, 2002.

NORBU N.The Light of Kailash,A History of Zhang Zhung and Tibet. Italy: Shang Shung Publication, 2013.

DIKSHIT M G. Etched Beads in India, Decorative Patterns and the Geographical Factors in Their Distribution. Deccan College Postgraduate and Research Institute, 1949.

NEBESKY-WOJKOWITZ R. Prehistoric Beads from Tibet. Royal Anthropological Institute of Great Britain and Ireland: Man, 1952(52): 131-132.

EBBINGHOUSE D, WINSTEN M.Tibetan dZi Beads. The Tibet Journal ,13 (1): 38-56.

BECK H C. The Beads from Taxila. New Delhi: The Director Genaral Archaeological Survey of India Janpath, 1999.

BECK H C. Etched Carnelian Beads. The Society of Antiquaries of London:The Antiquaries Journal, 1933, 13(04): 384-398.

DURING CASPERS E C L. Etched Carnelian Beads. Bulletin of the Institute of Archaeology, 1971(10): 83-98.

READE J E.Early Etched Beads and the Indus-Mesopotamia Trade. London: British Museum Occasional Paper, 1979(2): 36.

IAN C. Alkaline Etched Beads East of India in the Late Prehistoric and Early Historic Periods.Glover and Bérénice Bellina, Bulletin de l'Ecole française d'Extrême-Orient:Tome 88. 2001: 191-215.

CLARKE J. Jewellery of Tibet and the Himalayas. London: V&A Publications, 2004.

MOORE E,MYINT U A. Beads of Myanmar -Line Decorated Beads Amongst the Pyu and Chin.

ALLEN J D. PYU Pictorial & Essay. Global Beads, Inc., 2005.

Jr. FRANCIS P. Beads of the World.Schiffer,1999.

Jr. FRANCIS P. The Pumtek Bead: What Is Its Story.The Margaretologist, 1992,5(1).

DUBIN L S.The History of Beads: From 30,000 B.C. to the Present.Harry N. Abrams, 1987.

LANKTON J W.A Bead Timeline. The Bead Society of Greater Washington, 2003.

ROBERT K L. Collectible Beads: A Universal Aesthetic. Ornament Inc,1995.

Jr. PETER. Asia's Maritime Bead Trade: 300 B.C. to the Present.University of Hawaii Press,2002.

RUSSELL D.Historic Methods of Artificially Coloring Agates. 2008.

PARRY N E. The Lakhers.Macmillan and Company Limited, 1932.

BERTRAM S,CAREY,TUCK H N. The Chin Hills: A History of Our People. Rangoon, Burma:the superintendent, government printing ,1896.

CHESTER U.The Chin People: A Selective History and Anthropology of the Chin People. Strait:XLIBRIS, 2014.

LALL V. The Golden Lands: Cambodia, Indonesia, Laos, Myanmar,Thailand &Vietnam（Architecture of the Buddhist World）. New York: Abbeville Press, 2014.

KING C W.Antique Gems: Their Origin,Uses, and Value as Interpreters of Ancient History; and as Illustrative of Ancient Art; With Hints to Gem Collectors. London: Forgotten Books, 2012.

KUNZ G F.The Magic of Jewels and Charms. Mineola, New York:Dover Publication, INC. 2005.

HENDERSON J, Hughes-Brock H, Glover I C.Ornaments from the Past: Bead Studies after Beck. London: Bead Study Trust, c2003.

ELIZABETH H. Eaerly Landscapes of Myanmer. Moore: River Books Press Dist A C, 2007.

NIHARIKA. A Study of Stone Beads in Ancient India. New Delhi:Bharatiya Kala Prakashan, 1995.

附录二：英文目录

Himalayan dZi Beads

Contents

图书在版编目（CIP）数据

喜马拉雅天珠 / 朱晓丽著. —南宁：广西美术出版社，2017.1（2023.3重印）
ISBN 978-7-5494-1621-9

Ⅰ. ①喜… Ⅱ. ①朱… Ⅲ. ①宝石—研究 Ⅳ. ①TS933.21

中国版本图书馆CIP数据核字（2016）第317567号

喜马拉雅天珠

XIMALAYA TIANZHU

朱晓丽 著

总 策 划 郭 梁
出版策划 沈鹤鸣
图书策划 李钟全
特约编辑 骆阳能

出 版 人 陈 明
终 审 谢 冬
策划编辑 邓 欣
责任编辑 白 桦
梁秋芬
钟志宏
美术编辑 张文昕
责任校对 肖丽新
装帧设计 张文昕
摄 影 骆阳能
封面底图 宗同昌
藏文书名 多吉顿珠
出版发行 广西美术出版社
社 址 广西南宁市望园路9号
邮 编 530023
网 址 www.gxmscbs.com
制 版 广西朗博文化发展有限公司
印 刷 雅昌文化（集团）有限公司
开 本 889 mm × 1194 mm 1/16
印 张 30
版 次 2017年1月第1版
印 次 2023年3月第3次印刷
审 图 号 GS（2022）4454号
书 号 ISBN 978-7-5494-1621-9
定 价 800.00元